信息论与信源编译码技术

Information Theory and Source Coding/Decoding Technology

刘立柱 王刚 等编著

国防工业出版社

·北京·

内 容 简 介

本书是信息处理与信息传输进行优化的科学技术，是展现智慧地进行理论与技术融合的美丽画卷。主要包括信源数字特性分析模块（第2章），表明冗余来自信源符号的统计相关性和符号概率分布的非均匀性；去除冗余模块：一是去相关理论与技术（第3章）；二是优化编译码：第4章~第9章分别为信源符号、符号序列熵编码理论与编译码技术，综合压缩码分析与译码技术；信道数字特性分析模块：第10章~第12章信道信息传输、传输能力分析以及信道的编译码；限失真信源编码模块：第13章限失真信源编译码理论与技术；纠错译码模块：把信源码译码技术与智能信息处理融合，解决传输误码纠正难题，包括第14章~第16章，分别阐述了图像、视频和数据压缩码流的纠错译码理论与技术，系统优化设计模块：第17章为通信系统优化设计。

本书特色：融合——信息论与信源编码融合、理论与技术融合、编码与译码融合；创新——模块链体系结构创新、信源码纠错译码技术创新、冗余度理论创新；优化——编译码算法优化、信息系统优化设计；实用——学以致用、易学会用的目标追求，跟踪前沿、优化致用的理念，使书中包含广泛的实用化编译码技术、丰富的纠错译码创新技术。

本书可供科技、工程领域的从业人员和研究科研人员学习，以及大学相关专业教师参考；可作为大学高年级信息工程、通信工程、智能科技类专业本科生、研究生的教材。

图书在版编目(CIP)数据

信息论与信源编译码技术/刘立柱等编著. —北京：
国防工业出版社,2023.6
ISBN 978 – 7 – 118 – 12982 – 3

Ⅰ.①信… Ⅱ.①刘… Ⅲ.①信息论 – 研究 ②信源编码 – 研究 Ⅳ.①TN911.2

中国国家版本馆CIP数据核字(2023)第099023号

※

国防工业出版社出版发行
（北京市海淀区紫竹院南路23号　邮政编码100048）
莱州市丰源印刷有限公司印刷
新华书店经售

*

开本 787×1092　1/16　印张 18¼　字数 480千字
2023年6月第1版第1次印刷　印数 1—2000册　定价 69.00元

（本书如有印装错误，我社负责调换）

国防书店：(010)88540777　　书店传真：(010)88540776
发行业务：(010)88540717　　发行传真：(010)88540762

前　言

在当今的信息化时代,科技在发展,社会在变革,回顾科技与社会发展历史,第一次工业革命,是蒸汽技术革命时代;又经历了电力技术革命、信息技术革命的时代;目前正是利用信息技术与产业、社会融合产生大变革的时代,亦称智能化时代。

在当今大变革的年代,我们从信息科学技术发展的视角,分析新的信息技术与传统制造业进行深度融合,催生出信息物理系统(简称 CPS)是水到渠成之事;它是通信、计算与控制融合为一体的高度综合的新智能系统,基于人机交互接口与物理进程的融合交互,实现了对物理实体的有效操控。它与物联网有许多类似之处,但也有本质的差异,更突出了对实体的控制,其总体上完全符合信息科学认识世界与改造世界相统一的科学观,信息科学所研究的是信息的产生、感知、再生和施效的规律以及传输规律,也正是 CPS 构成的基本要素,即"感知、分析、决策、执行"加通信,所形成的完整闭环系统。其感知是对实体特性信息的获取,主要器件是各种各样的传感器,没有状态感知功能的系统是不可能成为智能系统的;实时分析是对感知信息的处理,是由以计算器为核心的处理芯片,以及相应的算法来实现的,主要是完成实时的特性分析、目标分类和识别等,实现知识的生成、提取等;决策,基于分析结果以及已有知识与推理规则的融合,通过软件编程所实现的算法,产生决策信息,这是信息再生的环节;执行,由执行器完成决策信息到执行信息的转化,以及执行信息到执行力的转变,执行力实施对实体的控制,这是人类改造世界的体现。信息科学研究的目标是实现人工智能的科技理论,信息物理系统研究的是人工智能的工程应用技术,人类必将通过智慧的人机交互,达到"天人合一"的新境界。

目前,强国之间的竞争、大国之间的博弈场,正是基于"信息物理系统"的智能制造业、智能经济的诸多领域。我国政府已做出重要部署,直面基于信息物理系统的智能装备、智能工厂等引领制造方式的变革……并确定以推动智能制造作为主攻方向。德国、美国等国也高度重视 CPS 的发展,德国称为第四次工业革命(工业 4.0);美国称为工业互联网。名称虽然各异,但其本质都是要推进智能制造、实现智能工厂和动态配置的生产方式。争取占领新经济增长制高点。我国出现新的智能经济形态。新产品、新产业不断涌现,重构着人类生产方式、社会行为和组织模式,人类社会处于向现代化迈进的新时代。中国发展研究基金会和百度联合发布了"新基建,新机遇:中国智能经济发展白皮书"。

关于智能经济,是以数据为基础,跨界融合,人机协同,共创共享为特征,由智能技术支撑形成和发展的一种新经济形态。且具有"工业化+信息化+智能化"的三维递进形态。核心是全企业、全产业、全领域的开拓创新。智能经济的发展道路:产业智能化+智能产业化。智能技术应用于传统产业,形成了智能制造产业,医疗、教育、金融行业智慧化,城市交通、安检智能化以及智能家居等产业智能化大趋势;同时,实时地把智能科技与行业、产业和社会需求大力融合,形成从微观到宏观各领域的新智能化需求,形成智能经济的新产业领域、新产业层级。总之智能经济的发展,既有新机遇,也有新挑战。

正如《白皮书》中所指出的,需要完善智能经济人才培养专业化新体系,遵循"智能+X",即"智能+专业"的人才培养目标,探索人才培养交叉融合的新机制。培育造就一大批智能经济技术和应用创新人才。满足实体经济发展的新需求。

众所周知,"新工科理念",是在新科技革命和产业变革背景下提出,2017 年,教育部召开了三次高等工程教育研讨会,在创建新工科专业、重建人才培养知识新体系,达成了共识、形成实施方案。培养能引领技术与产业发展的工程科技大军,是新工科建设的战略任务,新工科人才培养举措:一是创办新专业;二是传统专业升级再造;三是已有科技人才自学升级,目标都是培养优秀工程科技人才,促进我国的工程教育由大到强,在全球发挥我国的影响力。

由上述分析可见,智能经济人才与新工科人才面对的科技和产业领域具有一致性、互通性,在人才培养中的专业知识体系研究,是当前具有现实意义的重大研究课题。由于智能经济,具有"工业化+信息化+智能化"的三维层级递进形态。她直接决定了人才应具有的素质和能力。也进一步决定了人们的知识构成和体系。因此,我们需要讨论如下问题。

(1) 何谓智能?即信息获取、处理能力,利用信息解决实际问题的能力。智能是人脑的高级活动,体现在自主学习能力、思维与推理能力、应用知识解决问题的能力。

(2) 何谓智能产品?随着网络,尤其是物联网技术的发展,智能产品热正在兴起,给人们的生活带来很多改变,智能硬件,是通过软件与硬件结合,对传统设备进行改造,使之具有智能特性,具备网络连接能力,实现网络服务加载,形成"云+端"的体系架构,添加了大数据等附加的价值。

(3) 何谓智能系统?即具有合理、完备的物理结构、丰富、完善的知识系统、健全、智慧的思维机制的系统。亦即能产生人类智能行为的计算机系统。智能系统处理的对象,不仅有数据,而且还有获取、存取和处理知识的能力。

(4) 数字化、信息化、知识化、智能化关系如何?

首先,信号、消息、信息、数据之间的相互关系如何?信号,是具体的物理量,能测量、可描述、可显示。它既是消息的物理载体,也是信息的实际载体。消息,可描述为符号、语言文字、图片等,能够被感知,它是载荷信息的、具体的、非物理的媒介。信息是指各个事物运动的状态及状态的变化的方式。数据是载有信息的、可检测、可传输、可存储及可处理的信号。

信息、知识和智能是信息过程中的不同发展阶段,信息为低端的原材料,智能处于发展的高端应用阶段。在经济、社会发展的历程中,信息化、知识化和智能化是既关联又有差异的递进层次,如何把信息转换成知识,再把知识转化成为智能,这不仅是建设新工科、发展智能经济所提出的迫切需求,也是我们研究培养智能经济人才和新工科人才重要的基石。

数字化是指利用计算机技术、模数转换、编码技术,把模拟的电信号转换成数字信号。换言之,把语音、文字和图像等消息,经声、光等与电的转换、数字化和编码技术,变换成为数字信号,并用于传输、交换与处理的过程。

信息化,众所周知,数字信号与模拟信号相比,具有抗失真、抗干扰能力强,便于计算机处理等诸多优点。大力实施工业化与信息化融合发展,涌现更多的信息化生产工具,形成新的信息化生产力,造福于人类社会发展的全过程。

智能化即以计算机、通信、物联网和智能科技为支撑,通过智能技术的广泛深入的应用,生产工具具有感知能力、自主学习能力和行动决策能力,具有"拟人智能"的功能特性,促进生产力水平迈上新台阶。例如,无人驾驶系统,它将传感器、无线互联网、大数据分析、自动遥测遥控以及智能科技融为一体,所建造的无人公交车,满足人的舒适旅行需求;不同类型的无人机,可满足人类物品快递需求等。

我国的"十四五"信息化和工业化深度融合发展规划指出:一是培育新业态、制造新产品,发展新型智能产品、智能制造等;二是加大推进绿色制造等6个行业和数字化升级;三是建设新信息设施、提升核心技术支撑能力、推动工业大数据创新发展、完善两化深度融合标准体系;四是企业作为主体,进一步激发新的活力;五是推动产业与供应链升级,推动产学研用深化融合等举措,打造新发展生态。

通过上述分析可见,智能经济人才与新工科人才素质应为"文化素质、信息素质、专业素质"较高,研究开发能力、实践应用能力、创新开拓能力较强,具有"国际视野"的智能水平较高的人。

从培养造就智能水平较高的人的角度看,信息科学与技术方面的著作、教材、读物都是极其重要的基础。例如,全信息与人工智能,智能信息处理,模糊信息处理,神经网络信息处理,智能控制等。都与信息论、编码有关,不严密地说:没有信息论难以高效的进行信息处理,没有信息处理就没有智能。

我们对"信息论与编码",尤其是"信息论与信源编译码技术"进行了较长时间的探索与实践,面向不同层次的读者,为了适应智能经济、新工科建设对著作内容的具体要求,遵循"学以致用、易学会用,跟踪科技前沿、优化方可致用"的基本原则,以理论与技术融合为手段,对著作内容进行了研究和设计,具体内容如下。

1. 致力于信息论与编码深度融合的学科体系建设

1)创立起信息论与编译码技术密切融合的模块化体系

改变了经典信息论中,先介绍信源熵、后讨论信道互信息,再阐述编码的惯例。我们首先设计了信源的数学模型及分类与各种信源熵以及特性分析模块,深入探讨信源冗余度、信源编码冗余度和信道编码冗余度,"冗余度"是理论与技术融合之"桥"。过桥就是"去除信源符号之间相关性技术和信源无失真编译码技术"模块,形成了理论与技术紧密融合的模块链;

信道的互信息、信道容量、容量代价函数为第三个模块;速率失真函数与限失真信源编译码技术为第四个模块;译码技术与智能信息处理融合构成的纠错译码技术,为第五模块。全书的内容,形成了理论与技术相融合的模块链体系结构,这是达到"学以致用、易学会用,跟踪科技前沿、优化方可致用"的基石。使读者切实体验理论与技术、学与用紧密关联的奥妙,激发兴趣、唤醒灵感。

2)探索出整合优化的新运行机制

模块链,为既研究编、译码原理,又探讨实用的编、译码技术,既讨论信道信息传输能力又探讨信息系统优化设计,提供了运行的轨道。这样的运行机制有助于学以致用,有助于研究能力、设计能力和创新能力提升。

例如,讨论变长编码时,讨论了 HSF 码基于码表的编码、译码技术;深入阐述了 MH 码编译码原理与技术;在讨论限失真编、译码理论时,以矢量量化技术例证性阐述具体的编、译码技术;讨论了信源-信道编码定理以及在优化设计中的应用。

2. 创造出纠错译码的新科技体系

建立了以信道传输误码为研究对象,以信源译码过程中的误码发现、定位、纠正三大难题为主要研究内容,以译码技术与智能信息处理融合为研究方法,以提高恢复信息质量为目标的新科学技术体系。

在译码过程中,融合智能信息处理技术,解决信源编码级的纠错难题,具有重要的现实意义,这也是最具挑战性的研究课题。通过对这一问题的探索,提高分析问题解决问题的能力,焕发创新激情。具体描述如下。

(1)在 JPEG、JBIG、MH、MMR 码译码技术中,研制出"基于误码多线搜索的""基于自动综合判决准则的"纠错译码算法、实现技术。

(2)在 deflate 译码技术中,研制出"基于遍历准则"和"基于复相关的"纠错译码算法、技术。

(3)在 JBIG2、JPEG2000 译码技术,提出了"针对高权重比特域突发错误的纠错译码技术"。

(4)创立了视频编码抗误码译码新技术:基于假设检验的纠错译码算法;抗误码融合技术;错误隐藏技术。

本书由刘立柱教授、王刚博士总体设计、撰写和统审定稿;海洁教授编写 2.1 节~2.4 节以及第 13 章;张军副教授编写第 10 章、第 11 章;这是集体智慧的结晶。

本书是在《信息理论与编译码技术》一书的基础上,由 2018 年获批的河南省民办高校品牌专业建设——"电子信息工程"(教政法[2018]502 号)建设成果与作者们科研成果的融合创新之作,并得到"电子信息工程"品牌专业建设项目的出版支持。

特别指出,本书的出版,得到郑州西亚斯学院赵予新副校长,教务科研处朱琳处长,电子信息工程学院沈阳院长,电子工程系罗中剑主任,以及有关校、院机关和老师们的大力支持;得到国防工业出版社领导与编辑的支持和帮助;作者在此深表感谢!

对于在编写过程中所参阅的著作、论文,在《信息理论与编译码技术》一书中列出的参考文献,本书没再列写,对涉及的所有作者一并表示谢意!

信息论与信源编译码技术,适合广大科技人员搞科研时参考,适合大学教师在教学科研中参考,适合大学信息工程、通信工程、智能科技类专业大学生、研究生作为教材使用。

由于学术水平所限,时间也比较紧,存在不妥之处,敬请广大读者批评指正。

编著者

2023 年 4 月

目 录

第1章 概论 ················· 1
  1.1 信息论诞生与发展 ········· 1
    1.1.1 通信系统结构与信息论 ··· 1
    1.1.2 信息论的发展与信息科学 ············· 2
  1.2 信息论及其应用 ············ 4
    1.2.1 香农信息论与模糊信息论 ············ 4
    1.2.2 香农信息论与编码 ····· 4
    1.2.3 香农信息论与信息处理 ··· 5
  1.3 智能科技与智能时代 ········ 6
    1.3.1 智能与智能科技 ········ 6
    1.3.2 智能科技与信息物理系统 ············· 7
    1.3.3 智能科技与智能化社会 ··· 8

第2章 信源数字特性分析 ········ 10
  2.1 信源的数学模型与分类 ····· 10
    2.1.1 信源的概率空间 ······· 10
    2.1.2 基于信源统计特性的分类 ············· 10
  2.2 离散信源的数字特性分析 ··· 12
    2.2.1 信源数字特性的物理意义 ············· 12
    2.2.2 信源数字特性分析 ···· 14
    2.2.3 信源的交叉熵和相对熵分析 ············ 16
  2.3 连续信源数字特性分析 ····· 17
    2.3.1 连续信源的数字特性分析 ············· 17
    2.3.2 连续信源的最大微分熵 ············· 18

  2.4 矢量信源数字特性分析 ····· 19
    2.4.1 扩展矢量信源数字特性分析 ············ 19
    2.4.2 矢量信源数字特性分析 ············· 20
    2.4.3 联合信源数字特性分析 ············· 21
    2.4.4 具已知条件的信源数字特性分析 ········· 22
  2.5 冗余度分析与计算 ········· 23
    2.5.1 信源冗余概念与分类 ··· 23
    2.5.2 信源冗余度的分析与计算 ············· 24
    2.5.3 信源编码冗余度分析与计算 ············ 31
    2.5.4 信道编码冗余度分析与计算 ············ 32

第3章 去相关理论与技术 ········ 34
  3.1 预测去相关 ··············· 34
    3.1.1 预测去相关原理 ······· 34
    3.1.2 语音预测编码技术 ···· 34
    3.1.3 预测编码性能分析 ····· 35
  3.2 正交变换去相关 ·········· 37
    3.2.1 正交变换去相关原理 ··· 37
    3.2.2 变换域采样与编码 ···· 40
  3.3 并元处理去相关 ·········· 42
    3.3.1 非等长同元并元处理去相关 ············ 42
    3.3.2 等长异元并元处理去相关 ············· 42
  3.4 字典索引去相关 ·········· 43
    3.4.1 LZ77 算法 ············ 43
    3.4.2 LZ78 算法 ············ 46
    3.4.3 LZW 算法编译码方法 ·· 48

第4章 无失真信源编码理论与技术 …… 51

- 4.1 无失真信源编码 …… 51
  - 4.1.1 无失真信源编码概念 … 51
  - 4.1.2 编码举例 …… 52
- 4.2 定长编码分析 …… 53
  - 4.2.1 信源序列特性分析 …… 53
  - 4.2.2 无失真信源编码方法 …… 55
  - 4.2.3 定长编码应用分析 …… 56
- 4.3 变长编码理论分析 …… 59
  - 4.3.1 变长编码基本概念 …… 59
  - 4.3.2 变长码的码长特性分析 …… 60
  - 4.3.3 变长码平均码长下限分析 …… 63
  - 4.3.4 逼近变长码平均码长下限的技术途径 …… 64
- 4.4 变长码的编码方法 …… 65
  - 4.4.1 Huffman 码 …… 65
  - 4.4.2 Shannon–Fano 码 …… 68
- 4.5 HSF 码的编译码方法与技术 …… 70
  - 4.5.1 HSF 码编译码方法 …… 70
  - 4.5.2 HSF 码编译码技术 …… 71

第5章 MH 码分析与编译码技术 …… 73

- 5.1 MH 码编码原理与技术 …… 73
  - 5.1.1 MH 码编码特性分析 …… 73
  - 5.1.2 MH 码编码实现技术 …… 79
- 5.2 MH 码译码原理与技术 …… 82
  - 5.2.1 MH 码译码技术 …… 82
  - 5.2.2 MH 码快速译码技术 …… 84

第6章 高压缩比实用码分析与编译码技术 …… 87

- 6.1 MR 码编码原理与技术 …… 87
  - 6.1.1 MR 码编码规则 …… 87
  - 6.1.2 传输码流格式 …… 91
  - 6.1.3 MR 码的编码实现技术 …… 91
- 6.2 MR 码译码原理与技术 …… 93
  - 6.2.1 MR 码译码原理 …… 93
  - 6.2.2 MR 码译码技术 …… 94
- 6.3 MR 码提高压缩比理论与技术分析 …… 95
  - 6.3.1 MH 码平均码长分析与计算 …… 95
  - 6.3.2 MR 码平均码长分析与计算 …… 99
- 6.4 MMR 码编、译码原理与技术 …… 100
  - 6.4.1 编码规则 …… 100
  - 6.4.2 传真编码的控制功能 … 100
  - 6.4.3 编、译码技术 …… 100

第7章 信源符号序列码分析与编译码技术 …… 102

- 7.1 JBIG 码编码原理 …… 102
  - 7.1.1 研究背景 …… 102
  - 7.1.2 JBIG 码理论基础 …… 102
  - 7.1.3 编码算法 …… 104
- 7.2 JBIG 码译码原理 …… 106
  - 7.2.1 算术码译码算法 …… 106
  - 7.2.2 二进制算术编码的改进 …… 107
- 7.3 JBIG 码的数据流格式分析 …… 112
  - 7.3.1 JBIG 参数与数据格式 …… 112
  - 7.3.2 浮点标记字段 …… 116
  - 7.3.3 最低层典型预测 …… 117
- 7.4 实用 JBIG 码编译码技术 …… 117
  - 7.4.1 编码处理 …… 117
  - 7.4.2 编、译码流图 …… 118

第8章 JBIG2 码分析与译码技术 …… 122

- 8.1 JBIG2 编码分析 …… 122
  - 8.1.1 JBIG2 编码目标 …… 122
  - 8.1.2 JBIG2 码编码原理 …… 122
- 8.2 JBIG2 码解码原理 …… 124
  - 8.2.1 解码概述 …… 124
  - 8.2.2 过程的详细描述 …… 125
- 8.3 JBIG2 的文件格式 …… 127
  - 8.3.1 比特流组织方式 …… 127
  - 8.3.2 JBIG2 编码比特流分析 …… 128

第9章 文本压缩码分析与译码技术 …… 131

- 9.1 PKZIP 压缩编码原理分析 … 131
  - 9.1.1 PKZIP 压缩编码原理 … 131
  - 9.1.2 PKZIP 压缩编码举例 … 132
- 9.2 PKZIP 文件格式分析 ………… 133
  - 9.2.1 ZIP 压缩文件的结构分析 ………………… 133
  - 9.2.2 压缩方式分析 ……… 134
- 9.3 PKZIP 编译码理论与技术 …… 135
  - 9.3.1 ZIP 压缩中所采用的压缩算法分析 ……………… 135
  - 9.3.2 DEFLATE1 压缩算法 … 137
  - 9.3.3 DEFLATE2 压缩算法 … 137

第10章 信道与信息传输分析 ………… 140

- 10.1 信道特性与信道疑义度分析 … 140
  - 10.1.1 信道的描述与分类 … 140
  - 10.1.2 信道疑义度与极值分析 ………………… 141
  - 10.1.3 信道疑义度极值与 Fano 不等式 …………… 143
- 10.2 信道的信息传输特性分析 …… 144
  - 10.2.1 互信息函数定义 …… 144
  - 10.2.2 互信息函数特性分析 ………………… 145
- 10.3 数据处理定理 ……………… 149
  - 10.3.1 数据处理定理分析 … 149
  - 10.3.2 数据处理定理的应用 ………………… 151
- 10.4 信道传输序列信息特性分析 … 153
  - 10.4.1 信道扩展 …………… 153
  - 10.4.2 有限序列信息传输分析 ………………… 154
  - 10.4.3 连续信源的信息传输分析 ………………… 157

第11章 信道信息传输能力分析 ……… 159

- 11.1 无约束条件信道信息传输极值分析 ………………… 159
  - 11.1.1 信道信息传输极值含义 ……………… 159
  - 11.1.2 对称信道的信息传输极值的计算 ………… 160
- 11.2 有约束条件下 DMC 的信息传输极值分析 ………………… 161
  - 11.2.1 容量代价函数物理意义 ……………… 161
  - 11.2.2 容量代价函数特性分析 ……………… 162
- 11.3 高斯信道的信息传输极值分析 ……………………… 168
  - 11.3.1 高斯信道的描述 …… 168
  - 11.3.2 高斯信道信息传输极值的计算 ………… 169
  - 11.3.3 信息传输极值在接入网中的应用 ………… 171

第12章 信道编码定理与编译码方法 … 177

- 12.1 信道编码理论 ……………… 177
  - 12.1.1 编码信道误码特性分析 ……………… 177
  - 12.1.2 信道编码举例 ……… 179
  - 12.1.3 信道编码定理 ……… 181
- 12.2 分组信道编码方法 ………… 184
  - 12.2.1 线性分组码的基本概念 ……………… 184
  - 12.2.2 线性分组码的特性分析 ……………… 186
- 12.3 分组码的译码方法 ………… 187
  - 12.3.1 标准阵列法译码 …… 187
  - 12.3.2 监督矩阵与最小距离的关系 …………… 188

第13章 限失真信源编码理论与技术 … 189

- 13.1 速率失真函数 ……………… 189
  - 13.1.1 速率失真函数研究背景 ……………… 189
  - 13.1.2 离散无记忆信源的速率失真函数 ……… 190
  - 13.1.3 速率失真函数特性分析 ……………… 192
  - 13.1.4 对称信源的速率失真函数 ……………… 200

13.2 高斯信源的 $R(\delta)$ 函数 ……… 201
 13.2.1 高斯信源的 $R(\delta)$ …… 201
 13.2.2 高斯信源 $R(\delta)$ 特性分析 ……………… 203
13.3 限失真信源编码定理 ………… 205
 13.3.1 数据压缩系统描述 … 205
 13.3.2 限失真条件下信源编码定理 ……………… 207
13.4 限失真信源编译码技术 ……… 210
 13.4.1 限失真编译码原理分析 …………………… 210
 13.4.2 限失真编译码关键技术分析 ……………… 212
 13.4.3 限失真编译码设计举例 …………………… 213

第14章 信源码纠错译码理论与技术 … 215

14.1 信源码纠错译码分析 ………… 215
 14.1.1 信源码纠错译码背景分析 ………………… 215
 14.1.2 信源码纠错译码目标与分类 …………… 215
14.2 MH 码纠错译码技术 ………… 216
 14.2.1 误码分类 …………… 216
 14.2.2 MH 码误码发现技术 ……………………… 217
 14.2.3 基于多游程补偿的 MH 码纠错译码算法 …… 217
 14.2.4 性能测试与结果分析 …………………… 221
14.3 MMR 码纠错译码技术 ……… 222
 14.3.1 MMR 码误码发现技术 ………………… 222
 14.3.2 MMR 码重同步技术研究 ………………… 223
 14.3.3 基于单比特反转的 MMR 码纠错译码算法 … 223
 14.3.4 基于误码多线搜索的 MMR 码纠错译码算法 …… 224

 14.3.5 性能测试与结果分析 …………………… 228
14.4 数据压缩编码纠错译码原理与技术 …………………… 230
 14.4.1 LZSS 压缩编码的检错原理与技术 ………… 230
 14.4.2 ZIP 文件中参数区数据格式分析 ………… 233
 14.4.3 Deflate 编码的纠错译码原理与技术 ………… 235
14.5 JBIG 码纠错译码技术 ……… 241
 14.5.1 算法描述 …………… 241
 14.5.2 综合判决准则 ……… 242
 14.5.3 纠错算法性能测试 … 243
 14.5.4 JBIG2 纠错译码算法 ……………………… 244

第15章 图像编码分析与纠错译码技术 ……………………… 245

15.1 JPEG 码分析与译码技术 …… 245
 15.1.1 JPEG 码编码规则分析 …………………… 245
 15.1.2 JPEG 码流分析 …… 247
 15.1.3 JPEG 码译码技术 … 250
15.2 JPEG2000 码分析与译码技术 ………………………… 251
 15.2.1 JPEG2000 编码规则分析 ………………… 251
 15.2.2 JPEG2000 关键技术分析 ………………… 254
15.3 针对高权重比特域突发错误的纠错译码算法 …………… 257
 15.3.1 算法分析与设计 …… 257
 15.3.2 实验结果与分析 …… 259

第16章 视频编码分析与纠错译码技术 ……………………… 262

16.1 研究视频码纠错的技术背景 … 262
 16.1.1 视频编码技术发展 … 262
 16.1.2 MPEG-2 中三类图像的编码方法分析 ………… 263

16.2 信源码抗误码译码新理论与新技术 ………………… 265
 16.2.1 信源码抗误码译码新机制 ………………… 265
 16.2.2 视频信源码译码抗误码新技术 ………………… 266
 16.2.3 实验结果 ………… 271

第17章 通信系统优化设计 …… 273
17.1 通信系统优化指标 ……… 273
 17.1.1 衡量编码性能的主要指标 ………………… 273
 17.1.2 提高语音编码质量的途径 ………………… 275
17.2 通信系统优化设计 ……… 275
 17.2.1 通信系统优化设计原理 ………………… 275
 17.2.2 通信系统优化设计举例 ………………… 277

参考文献 ……………………… 279

第1章 概 论

1.1 信息论诞生与发展

1.1.1 通信系统结构与信息论

香农(Shannon)研究了通信系统,于1948年发表了"通信的数学理论",在论文中提出了"通信的基本问题是在某一点(终端——信宿)准确地或近似地再现从另一点(信息源)选择的消息。"这句话提出了以下两类问题。第一类问题是,从信源中如何选择消息?第二类问题是,如何把已选用的消息可靠地传送出去?也就是说,既要解决传输的有效性,也要解决传输的可靠性问题。由此可见,对信源而言核心问题是它包含的信息到底有多少?这就是信源熵函数问题;信道的核心问题是,它最多能传送多少信息?这就是信道的容量问题,在一定的限制条件下,就是容量-代价函数问题;如何编码才能使信息源的信息被充分表示、信道容量才能被充分利用,这些编、译码方法是否存在,这是编码定理所解答的问题;在牺牲一定的保真度的条件下,具有更大压缩比的编、译码方法是否存在,或者说,压缩与失真如何折中,这就是速率失真函数问题。总之,香农信息论是研究通信系统的可靠性、有效性和低成本问题,是寻求系统优化的基本理论。

通信系统结构如图1.1所示。

图1.1 通信系统模型

所谓信源,是消息的来源,是产生消息(或消息序列)的源,是任何一类在某个地方产生在另一个地方感兴趣消息的设备,如一本书、一张布告以及舞蹈、音乐等导致了多种多样的信息表现形式。

所谓编码,一般包括信源编码、信道编码。

信源编码:实际上就是用符号来表示信息,或者说是用适合于信道传输的符号来表示信源输出的符号。用编码字母串(码字)表示信源字符串(消息)的方法称为信源编码。

信道编码:将信源编码器输出的码字序列(数字序列),将每 k 个比特组变换为长度 E(大于 k)的分组(亦称码字),把这样的处理方法称为信道编码。

信道。用于传输信息的任何一类物理媒介,或者说是载荷着信息的信号所通过的通道(途径),如电线、一条电缆、射频波束、人造卫星等。

译码。即编码的逆变换。与发送方对应的,具体包括信源码译码、信道码译码。

信宿。即接收消息的人或机器。

香农对信息给出了定量的规定,从而开辟了对信息的了解和研究,香农的基本思路大致可归结为以下两个基本观点。

1. 形式化方法

对于"通信中的消息",在描述和度量时,单纯考虑信息的形式化因素,只关注信号的具体形式,而不考虑信号的语义,以及信号对接收者具体价值。

2. 非决定论观点

众所周知,在科学史上,直到20世纪初,拉普拉斯的决定论观点一直处于统治地位。认为世界上一切事物的运动都严格地遵循一定的机械规律。即只要知道了某个事物的初始条件和运动规律,就可以唯一地确定它在各个时刻的运动状态。这种观点只承认必然性,排斥、否认偶然性。

根据对通信问题中研究对象的特点分析,信息理论按照非决定论的观点,即采用了概率统计的方法,作为数学工具,比以往的研究更切合实际、更科学、更具吸引力。

信息的本质:信息是用来消除不确定性的东西;接收者在收到信息之前,对其内容是未知的;信息是能使认识主体对某一事物的未知性和不确定性减少的有用知识;信息可以产生,也可以消失,同时,它可以被携带、被存储及处理;信息是可以度量的。

接收者收到某一消息后所获得的信息量,可以用接收者在通信前后"不确定性"的消除量来度量。简言之,接收者所得到的信息量,在数量上等于通信前后"不确定性"的消除量(或减小量)。

总之,香农揭示通信系统传递的对象就是信息,并提出了信息熵的概念,对信息给出了定量的科学描述,涉及信息度量、信息特性、信息传输速率、信道容量等方面的知识,并指出通信系统的中心问题是在噪声下如何有效而可靠地传送信息,实现这一目标的主要方法是编码(信源编码、信道编码)。1948年,香农发表的"通信的数学理论",标志信息论的诞生。

1.1.2 信息论的发展与信息科学

在20世纪后期,以信息作为主要研究对象、以信息的运动规律为主要研究内容、以现代科学方法论为主要研究方法、以扩展人的信息功能(尤其是其中的智力功能)为主要研究目标的一门科学诞生了,称为"信息科学"。信息所研究的运动规律包括信息产生规律、信息提取规律、信息再生规律、信息施效规律。利用信息科学方法论研究在机器上复现主体的提取信息的功能、传递信息的功能、处理信息的功能、再生信息的功能、施用信息的功能,尤其是这些功能的综合即智力功能,就是信息科学的研究目标。

目前,信息科学的研究重点可概括为:揭示利用信息来描述系统和优化系统的方法和原理;寻求通过加工信息来生成智能的机制和途径。

能够扩展人的信息器官功能的技术群,称为信息技术。它包括感测技术——感觉器官功能延伸、通信技术——传导神经功能延伸、计算机技术——思维器官功能延伸、控制技术——效应器官功能延伸。

通信技术和计算机技术是信息技术的核心,感测技术和控制技术是核心与外部世界的接口,信息技术四基元是一个完整的体系。因此,可以说,信息技术是指遥感遥测、通信、计算机、控制等技术的整体。

何谓信息? 有人说,"信息就是消息""通信的内容就是信息"。这些说法不够严谨,信息与消息是有区别的。信息是指各个事物运动的状态及状态变化的方式,是抽象的、非物理的,是哲学层面的表达。消息是信息的载荷体,是信息的具体化,是非物理的,是信息的数学层面的表达,可描述为语言文字、符号、数据、图片,能够被感觉到。它是信息论中主要描述形式。

所谓信息,必须具有"能消除某些知识的不肯定性"的秉性。就是说能改变人们的知识状态,使从无知变为有知、从不肯定变为肯定。广义信息是指人类感官所能感知(直接的或间接的)的一切有意义的东西,如电话、电视、雷达、声呐可以给我们传来信息。意大利学者 G. Longo 在 1975 年出版的《信息论:新的趋势与未决问题》一书序言中,称"信息是反映事物的形式、关系和差别的东西,它包含在事物的差异之中,而不在事物本身。我国已故电子学家冯秉铨先生也赞同"信息就是差异"的理解。钟义信教授在他的《信息科学原理》一书中对信息进行了精辟的阐述,并扩充为"全信息",我们简介如下。

关于信息的定义,从层级的角度划分如下。

(1) 本体论层次的信息:就是事物运动的状态和状态改变的方式。

(2) 认识论层次的信息:就是认识主体所感知或所表述的事物运动的状态和状态改变的方式。

从功用特性的角度划分如下。

(1) 语法信息:就是认识主体所感知或所表述的事物运动的状态和方式的形式化关系。

(2) 语义信息:就是认识主体所感知或所表述的事物运动的状态和方式的逻辑含义。

(3) 语用信息:就是认识主体所感知或所表述的事物运动的状态和方式相对于某种目的的效用。

从表现形式的角度划分如下。

(1) 概率型语法信息。

(2) 偶发型语法信息。

(3) 模糊型语法信息。

(4) 确定型语法信息。

关于语法、语义和语用信息的含义,可通过一个例子来进一步说明之。例如,爱因斯坦的著名的物理学公式 $E=mc^2$ 给出了能量与质量之间转换关系的信息。从语法信息的角度看,这个公式规定了 E、m、c 和数字2的一种排列方式,在没看到该公式之前,我们不知道哪几个字母、哪个数字会出现,也不知道它们以何种方式排列,具有一定的不定性。在观察到该公式时,我们得知了它们的"存在状态和方式",消除了先前的不定性而获得了语法信息。然而,若不知道这些字母、数字和它们的排列方式有何含义,可以说,我们并不知该式的语义何在,当得知 E 代表能量、m 代表质量、c 代表光速、2代表平方关系时,才知道了这个公式的含义,消除了先前的语义不定性而获得了语义信息。对于观察者是否有价值,那要看是做什么工作的,如对搞核能开发而言,他根据这一公式就可以通过改变原子核的质量状态而获得巨大的原子核能。

另一个例子是香农著名的限带限功率高斯信道容量公式 $C=W\log\left(1+\dfrac{P}{NW}\right)$,当我们知道了 W 为信道带宽、P 为信号功率、N 为噪声功率谱密度以后,也就知道了该式的逻辑含义,才由此得知,当信道容量一定时,带宽与信噪比可以互换,由此发展了扩频通信技术。这个公式对通信科技工作者而言显然是非常重要的。扩频通信技术是通信领域中一个发展迅速的技术分支,扩频通信是一种信号隐藏传输技术,即是把信号淹没在噪声之中,在军事通中占有重要的位置,这个公式没有给出具体的实施方案,而是指明了一个方向,这就是科学理论的意义所在。

应该指出,语法信息仅涉及"事物运动的状态和状态改变的方式",是最基本的层次。大家知道,在语言学里只考虑"词与词的结合方式"的研究称为语法学。在此我们把只考虑"状态和状态改变的方式"这一层次的信息称为语法信息。同理,借用语言学中的语义学这个术语把只考虑"状态和状态改变的方式的含义"这一层次的信息称为语义信息。借用语言学中的语用学术语,而把只考虑"状态和状态改变的方式的含义的效用"这一层次的信息称为语用信息。

在语法信息中,根据运动状态和方式的不同可细分为概率信息、偶发信息、确定型信息和模糊信息,概率信息与运动状态是完全按照概率规则和统计规律出现相联系,偶发信息则是指各状态的出现是随机的而不是确定性的,但是由于这类试验只能进行若干次而不可能大量重复,不能用概率统计规则来描述,因此,这类实验所提供的信息称为偶发信息。确定型的运动方式是指其各状态的出现规则能用经典数学公式来描述,而未知因素表现在初始条件和环境影响方面,与这类运动方式相对应的信息称为确定型信息。

1.2 信息论及其应用

1.2.1 香农信息论与模糊信息论

在信息科学发展历程中,模糊信息理论,目前是有发展潜力值得注意的一个方向,它与香农信息论既有着本质的区别,又有类似的理论体系,下面先介绍几个基本概念。

(1)模糊信息,我们首先承认由于存在模糊性,就必然存在着某种不确定性。例如,在传真通信中,一张本来黑白分明的传真图像,由于某种原因变得模糊不清了,对于那些半白半黑的灰度色调究竟应算作白还是黑呢?这就产生了不确定性,而为了消除这种不确定性就需要信息。因此,我们就把与事物的模糊性相联系的信息称为模糊信息。也可以说,模糊信息是以模糊状态呈现出的一种表现形式。

(2)模糊信息论,即研究模糊信息的本质、模糊信息的度量、模糊信息的处理、模糊模式识别、模糊检测、模糊决策、模糊信息优化处理等领域的理论,研究模糊现象的数学工具是模糊数学;研究的目标是构筑智能系统;应用领域为信息技术的四大领域,即通信、计算机、控制和感测技术领域。

应该指出,模糊性与随机性是存在本质区别的,所谓随机性是对事件的发生与否而言的,由于条件不充分,事件可能发生也可能不发生,即事件的发生存在一定的概率,但事物本身的含义是明确的。例如,抛掷硬币,国徽朝上与否无法确定,是随机的,但国徽含义是明确的。我们可以通过多次抛掷得出国徽朝上的概率。研究随机性的工具为统计数学。香农信息论以通信问题为背景,所追求的目标是通信系统的有效性和可靠性。模糊性是指事件本身的含义就是不明确的,但事件发生与否是明确的。例如,"老张的病不轻",老张有病是确定的,但老张病重到何种程度却是不明确的。研究模糊现象的数学工具是模糊数学。模糊信息论以信息技术领域为背景,所追求的目标是信息系统的智能化或智能化水平的提高。可见,模糊信息论与香农信息论同属于语法信息的研究领域,但有着不同的研究对象、不同的研究工具、不同的研究内容、不同的应用环境和不同的研究目标。

1.2.2 香农信息论与编码

香农信息论,研究的主要目标是信息传输的有效性和可靠性。信息传输的有效性,即将信源产生的信号(或数据),在传输前删除信号中的冗余成分,这就是信源编码或称为数据压缩。能去除信源中冗余成分的所有技术,常常称为压缩编码技术。信息传输的可靠性,即如何抗御信道噪声或干扰影响,防止传输的码元符号的变形,造成接收端判决时的误判,在送往信道前,需要采用收发双方共知规律的添加冗余码元,接收方可利用添加的冗余码元,发现传输错误或纠正传输错误,这种技术措施,就是信道编码或纠错编码。

1. 信源编码

按照媒体来分,简述如下。

(1)语音压缩编码。

① 波形编码。应用最早的语音编码方法。例如,脉冲编码调制 PCM,在 G.711 建议中,规定了 A 律或 μ 律两种规格。

② 参数编码。根据语音信号产生的数学模型,提取语音信号特征参数,再对参数进行编码。在接收端,首先恢复特征参数,再结合数学模型,恢复语音。主要目标是使重建语音保持尽可能高的可懂度,重建波形同原始语音信号的波形可能会有较大的差异。例如,线性预测(LPC)编码类,

其编码速率为 1.2~2.4kb/s,对环境噪声敏感。

③ 混合编码。将波形编码与参数编码相结合,在 1.2~2.4kb/s 速率上能够得到高质量的合成语音。

(2) 传真压缩编码。传真通信中采用的压缩编码主要有面对二值图像的 MH 码、MR 码、MMR 码、JBIG 码、JBIG2 码,以及面对灰度图像或彩色图像的 MMR 码、JBIG 码、JBIG2 码和 JPEG 码。

(3) 图像压缩编码。主要有 JPEG 码、JBIG2 和 JPEG2000 码。在不同图像文件格式中出现的还有游程编码等。

(4) 数据压缩编码。主要有字典压缩编码,如 LZ77 码、LZ78 码、LZW 码、deflate 码,以及 ZIP、RAR、PDF 等桌面压缩系统。

(5) 视频压缩编码。在视频压缩编码中,分为两个系列,即 MPEG-1、MPEG-2、MPEG-4 和 H.261、H.263、H.263+、H.26++、H.264 标准中,压缩中的最后算法,均采用了变长编码(Huffman 编码)。

2. 信道编码

信道编码(Channel Coding),为了与信道的统计特性相匹配,主要是提高通信的可靠性,在信源编码以后,按规律加入新的监督码元,以实现纠正传输错误的编码。换言之,通过信道编码器和译码器实现的用于提高信道可靠性的理论和方法。可以分为两类问题:一是信道编码定理,从理论上解决编、译码器的存在性问题,也就是解决信道能传送的最大信息率的可能性和超过这个最大值时的传输问题;二是构造性的编码方法以及这些方法能达到的性能界限。

从策略的角度看,增加人为冗余码元方法是多种多样的,根据加入规则将信道编码分为两种类型:一种是加入冗余码元与信息码元分组呈线性规律,即线性关系,就称这类信道编码为线性码;另一种是加入冗余码元既与本信息码元分组有关,同时也与前面的信息码元分组有关,这种编码称为卷积码;近年来,又结合信息处理技术发展了 Turbo 码,进一步提高了信道编码性能。

1.2.3 香农信息论与信息处理

熵、交叉熵、相对熵在检测领域,在遥感图像处理、在机器学习中都有应用。下面进行简要的介绍。

1. 相对熵(KL 散度)用于比较两个概率分布

相对熵,又称为 KL 散度,是一种表示两个概率分布之间相似性的方法。在实际工作中,用 KL 散度衡量一个分布与另一个分布之间的差异。差异越大,则相对熵越大;差异越小,则相对熵越小。特别地,若二者相同,则相对熵为 0。

我们有一些数据,假设它的真实分布是 P。但是我们并不知道 P,选择一个新的分布 Q 来近似 P 时,由于 Q 只是近似值,它无法像 P 那样准确地逼近数据,会造成一些信息的丢失,信息损失的大小,可由 KL 散度给出,即

$$D(P \| Q) = H(P,Q) - H(P)$$

式中:$D(P \| Q)$ 为相对熵;$H(P,Q)$ 为交叉熵;$H(P)$ 为 P 分布的熵。

当 P 的分布确定后,$H(P)$ 就是一个常数,所以优化 $H(P,Q)$ 实际上就等价于优化 $D(P \| Q)$,也就是说,优化交叉熵等同于优化相对熵或优化 KL 散度。由此可见,交叉熵、相对熵或 KL 散度混淆使用,原因就在这里。

2. 信息熵在检测领域中的应用

在对某一物理量进行测量前,待测量 x 在其取值范围内有确定的分布规律 $p(x)$,但它具体落在此取值范围内的哪一点处却是不确定的,根据信息论原理,有

$$H(X) = -\int p(x)\log p(x)\mathrm{d}x$$

作了测量实验 α 后,降低为

$$H_\alpha(X) = -\iint p(x)p_\alpha(x)\log p_\alpha(x)\mathrm{d}x\mathrm{d}x = -\int p(x)p(x|y)\log p(x|y)\mathrm{d}x$$

式中:$H_\alpha(X)$ 为残留熵。由实验 α 带来的关于待测量 x 的信息量为

$$I_{x-\alpha} = H(X) - H_\alpha(X) = H(X) - H(X|Y)$$

仍未获得的那部分信息量(即残留熵)则反映了测量误差的大小。

3. 信息熵在遥感图像处理中的应用

近年来,在遥感数据融合处理研究中,信息熵常作为对融合图像信息质量的客观评价指标,在遥感图像处理研究中,为了寻找快速有效的图像处理方法,越来越多地关注信息论的应用。

例如,图像配准(Image Registration)是遥感图像处理的任务之一,即将不同时间、不同传感器或不同条件下(气候、摄像位置和角度等)获取的两幅或多幅图像进行匹配、叠加的过程。

互信息通常用于描述两个系统间的相关性,是两个随机变量之间统计相关性的量度,或是一个变量包含另一个变量的信息量的量度,描述如下:

$$I(X;Y) = H(X) + H(Y) - H(X,Y) = H(X) + H(Y|X) = H(X|Y) + H(Y)$$

式中:$H(X)$、$H(Y)$、$H(X,Y)$ 分别是 X、Y 的熵和联合熵;$H(Y|X)$、$H(X|Y)$ 分别是已知 X 条件下 Y 的条件熵,已知 Y 条件下 X 的条件熵。

基于互信息的图像配准是用两幅图像的联合概率分布与完全独立时的概率分布的广义距离来估计互信息,并作为图像配准的测度。当两幅图像达到最佳配准时,它们的灰度互信息值达到最大。这是一种只依赖图像本身、不需要图像特征点提取、自动有效的配准法算法。

基于互信息的图像配准技术,首先,将待配准图像进行坐标变换和插值,得到变换后的图像;其次,与参考图像求解两幅图像之间的互信息 I_1,进而改变坐标变换和插值,再与参考图像求解两幅图像之间的互信息 I_2;$I_2 \geq I_1$,以优化的策略继续求解 I_i;再次,寻找到使 $I_i \to I_{max}$,与 I_{max} 所对应的坐标变换参数就是最佳参数;最后,以最佳变换参数所对待配准图像进行坐标变换就得到了最终所要的配准图像。

1.3 智能科技与智能时代

1.3.1 智能与智能科技

当今,社会信息化进程是社会发展的大趋势,社会各领域不仅需要信息,也都在产生信息,总体发展方向可归纳为数字化、网络化、可视化、智能化。

智能化是信息科学与技术的发展的必然趋势,使人们有能力在机器上复现人(主体)的那些信息过程的机制,一方面导致大量高级智能信息系统的问世,另一方面也孕育着新的智能科学与技术的诞生,有的专家断言在21世纪的技术变革中,信息技术发展方向将是智能化,必将产生信息技术的升级版——智能科技——智能系统,使人类进入智能时代。

首先,我们说明何谓智能?我国出版的《辞海》中是这样描述的:"智能是人认识客观事物并运用知识解决实际问题的能力,集中表现在反映客观事物深刻、正确、完全程度上和应用知识解决实际问题的速度与质量上,往往通过观察、记忆、想象、思考、判断等表现出来。"福格尔(Fogel)等提

出:"智能是一种有目的以某种好的方法使用某个有用信息的能力。"我国钟义信教授把智能定义为:智能,即是获取信息、处理信息、利用信息的能力。刘增良博士则把智能表述为:智能,就是能获取存储知识并运用知识解决实际问题的能力。由此可见:知识是智能行为的基础,智能是一种能力,是一种学习能力、思维能力、分析问题和解决问题的能力、认识世界和改造世界的能力。还要指出:智能是一种"动态"行为,特别是一种"思维"行为,是一种知识和经验的综合运用过程。可以说,"思维"是智能行为的核心。直感和灵感也是一种思维活动,它与逻辑思维、形象思维不同的是,速度上的差异,直感和灵感来得迅速。至此,我们可以说:知识是智能的基础,智能是知识的提升物,是对知识加工、变换和利用的产物。

通过上述分析我们认为,一个智能系统应具有合理的物理结构、完善的知识系统、健全的思维机制。一个智能系统的功能主要是一种"信息加工"功能,其智力即"信息加工"的速度和能力。

我们也可以认为,一个智能系统就是可实现一种信息"映射"的部件,可将智能系统分为以下两类。

第一类,即系统的输出和输入信息之间不在保持固定不变的简单对应,而是在一定的"知识平面"内"线性"可变,这类系统在运用固有特性和本能进行信息处理时,有一定的灵活性和适应性,是一类"适应性"系统,可称为适应性智能系统,也称为低级智能系统。

第二类智能科技系统,具备了以主观能动性为特征的有意识的自学习和创造功能。具有灵活运用其本身固有的特性和本能的"能力",也就是说,本身也不是相对稳定的。这类系统可称为意识型能动性智能系统,也称为高级智能系统。

应该指出的是,智能系统首先必须具有"适应能力",即智能体对外部信息不但具有感知能力,还具备经过"思维"灵活做出"适应性"反映的能力。其次是具有"学习能力",否则,它就无法"获取"作为信息处理基础的"知识",也无法改进其"思维能力"。正因为如此,一个智能科技系统,当且仅当具有"学习功能"和"思维功能"时才可称为智能科技系统。

L. A. Zadeh 教授在接受 1989 年本田奖仪式上的讲话时说:"……我认为模糊理论今后在两个领域取得较大进展。一个是熟练技术者替代系统,这种系统将人无意识进行的操作由机器替代,如日本仙台市营地铁的自动驾驶系统。另一个是替代专家的专家系统,像山一证券公司的股票交易系统及医疗诊断系统。"为使专家头脑中所进行的思考与决策实现自动化,模糊理论将起重要作用。当然,模糊理论并不能解决所有问题,但是只要不回避现实中的不确定事物并加以认真对待,就有可能大大提高在不确定(模糊)环境中进行智慧思考与决策的人及机器的能力。

日本明治大学信息科学中心所长、工学博士,从事模糊理论、多值逻辑和安全技术研究的向殿政南教授在 1990 年 6 月,趣谈"模糊"时指出,要想发展智能工业,必须能输入模糊信息,特别是人类知识大多使用语言表达的,不能不使用模糊理论。

1.3.2 智能科技与信息物理系统

自从 1965 年美国 L. A. Zadeh 教授提出"模糊集"理论之后,模糊数学得到了迅速的发展,模糊信息理论、模糊控制理论、模糊计算机理论等也有多年的发展历程,同时信息科学的普及与发展,人工智能(AI)理论的发展,神经网络、专家系统的发展,其目标都是为了发展智能工业。在 21 世纪信息技术的发展必将对智能科学与技术提出更高的需求,因此,我们对"智能科学与技术"应给予足够的重视。从目前来看,智能科学与技术应包括模糊信息处理理论、人工智能理论、模式识别、模糊逻辑与智能控制、神经网络、专家系统等研究领域。

计算机(IT)技术、通信技术、感测技术和控制技术,以及以 IT 技术为基础的综合技术——信息网络技术,必将向深度和广度发展。发展历程:计算机网络—互联网—网格—物联网。计算机网把一台台计算机连了起来;互联网把计算机网实现了互连;万维网,把一个个网页连了起来;网格,则是一个个应用的互联互通。网格可以说是构筑在因特网上的一组新技术,它使人们可以动态地共享分布在网上不同地方的各种资源,如大型计算机、数据库、应用、服务等。是互联网发展的第三个里程碑。

奥巴马就任美国总统后,与美国工商业领袖举行了一次"圆桌会议",IBM 首席执行官彭明盛首次提出"智慧的地球"这一概念,建议新政府投资新一代的智慧型基础设施,阐明其短期和长期效益。奥巴马对此给予了积极的回应:"经济刺激资金将会投入到宽带网络等新兴技术中去,毫无疑问,这就是美国在 21 世纪保持和夺回竞争优势的方式。"

该战略认为,IT 产业下一阶段的任务是把新一代 IT 技术充分运用在各行各业之中,具体地说,就是把感应器嵌入和装备到电网、铁路、桥梁、隧道、公路、建筑、供水系统、大坝、油气管道等各种物体中,并且被普遍连接,形成所谓的"物联网",然后将"物联网"与现有的互联网整合起来,实现人类社会与物理系统的整合,在这个整合的网络当中,存在能力超级强大的中心计算机群,能够对整合网络内的人员、机器、设备和基础设施实施实时的管理与控制,在此基础上,人类可以以更加精细和动态的方式管理生产与生活,达到"智慧"状态,提高资源利用率和生产力水平,改善人与自然间的关系。

科技的进步催生出所谓信息物理系统(Cyber – Physical System,CPS),它是一个计算进程和物理进程的统一体,是集计算、通信与控制于一体的下一代智能系统。在目前这个大变革的时代,利用信息物理系统将生产中的供应、制造、销售信息数字化、网络化、智能化、个性化,实现快速、高效、优质的产品制造与供应。

信息物理系统的基本任务,是通过人机交互界面实现与物理进程的交互,使用网络空间以远程的、可靠的、实时的、安全的、协作的方式操控一个物理实体。主要应用于设备互连、物联传感、智能家居、机器人、智能导航等智能系统之中。

1.3.3　智能科技与智能化社会

技术在创新、社会在发展、时代在变迁,每出现一次新的进程,都将颠覆人们的工作模式和生活方式。家庭是社会的细胞,社区就是社会的单元,所以,社区建设是社会建设的缩影。智能化社会建设从社区智能系统入手,社区智能系统如下。

1. 自助访问系统

被访业主通过 APP 登记访客的访问时间、访客信息,系统自动生成二维码,访客在社区入口、单元门入口处扫描二维码即可自由进出。

2. 车辆智能管控系统

车辆进出,以快速高效、准确可靠的智能车牌识别系统为基础,采用智能感应技术、快速记录、识别车牌号码,自动通行。

3. 视频安防监控系统

社区 24h 安防监控系统,全天候 360°无死角监控,监控数据能够提供准确的帮助资料,快速、有效解决问题,实时再现被监视对象的画面,保障业主及财产的安全。

4. 智能化门禁系统

智能化门禁,支持刷卡、二维码等多种开门方式,高清可视对讲提供访客与住户之间可视通话,达到图像、语音双重识别,增强社区安全。

5. 社区音乐系统

喜欢在社区的园林里散步者,可享受全天候室外草坪音乐,营造轻松和谐的社区氛围,让业主心情愉悦、身心健康。

6. 智能自助废品回收系统

智能自助废品回收系统，可 24h 为您提供有一定价值的分类废品收集，让住户尽情享受生活的便利。

总之，社区智能化系统，让生活与智能化技术紧密对接，为业主开启了智慧生活的美好乐章。

显而易见，以上所述既不是社区智能化系统的全部，也不是智能化系统全部。只是智能化系统冰山一角。随着智能技术的进步，各种智能化系统必将不断地被创造，必将辅助人们更高效的工作、更美好的生活。

在当今大变革的时代，也可称为后信息化时代，以 CPS 为基础，促使信息技术与传统制造业进行深度融合，总体上完全符合信息科学认识世界、改造世界的科学观，信息科学所研究的信息的产生、感知、再生和施效四大规律以及传输规律，也正是 CPS 构成的基本要素，即"感知、分析、决策、执行"+通信，形成了完整的闭环系统。其感知，是对实体特性信息的获取，各种各样的传感器不可或缺，没有状态感知不可能成为智能系统；实时分析，是对感知信息的处理，由计算器及相应的算法来实现的，主要是实时的特性分析、目标分类和识别等，实现知识的生成、提取等；决策，一是基于分析结果，二是已有知识与推理规则的融合，通过编程实现的算法，产生决策信息；执行，由执行器完成决策信息到执行信息的转化，以及执行信息到执行力的转变，执行力实施对实体的控制，这是人类改造世界的体现。由此可见，信息物理系统研究的是人工智能的工程应用技术，人类必将通过更智慧的劳动，实现更有效的改天换地，达到"天人合一"的新境界。

第 2 章 信源数字特性分析

信源即信息的产生源,信源的数字特性是我们所关注的特性之一,因为它与信源编码关系非常密切、极其重要,毫不夸张地说,对数字特性的分析正是信源编码技术指路明灯。为此,在本章首先对各种信源的信息特性进行讨论,主要包括信源数学模型与分类,信源符号的自信息 $I(x)$,自信息的数学期望 $H(X)$,矢量信源熵 $H(\boldsymbol{X})$,连续信源的微分熵 $h(X)$、$h(\boldsymbol{X})$ 等函数,讨论它们的基本概念、主要特性,重点是它们的物理意义。

2.1 信源的数学模型与分类

2.1.1 信源的概率空间

为了深入研究对信源符号的处理、编码等问题,我们首先讨论各种信源的描述,即信源的数学模型,进一步研究信源的数字特征和物理特性。例如,掷一颗均匀骰子,每掷一次出现哪个点数是不可预测的,也就是说是随机的。因此,该试验可用随机变量 X 表示实验结果,其值域 $R=\{1,2,3,4,5,6\}$,每个数值出现的概率为 $p_i = 1/6(i = 1,2,3,4,5,6)$。该实验信源的数学模型由概率空间 $[R,P]$ 表示,即

$$[R,P] = \begin{bmatrix} 1 & 2 & 3 & 4 & 5 & 6 \\ p_1 & p_2 & p_3 & p_4 & p_5 & p_6 \end{bmatrix}$$

要指出的是,我们以后所研究的随机变量、随机序列以及随机过程都可作为信源的统计数学模型。基于该模型,下面将讨论分类、各类信源的数字特性,为进一步对信源进行处理打好基础。

按照取值特性的信源分类如下。

(1) 离散信源,就是随机变量的值域 R 为一离散集合。记 X 的值域 $R = \{x_1, x_2, \cdots, x_n\}$,要充分描述 X,需要给出 R 集合中各个元素出现的概率 $p(x_i)$。一般地,把 X 的值域 R 和 R 集合的概率分布称为概率空间,并简记为 $[R,P]$,并且

$$[R,P] = \begin{bmatrix} x_1 & x_2 & \cdots & x_n \\ p(x_1) & p(x_2) & \cdots & p(x_n) \end{bmatrix}, \quad \sum p(x_i) = 1$$

(2) 连续信源,即出现的消息数是无限的或不可数的。可用连续性随机变量来描述,其数学模型为

$$[R,P] = \begin{bmatrix} R \\ p(x) \end{bmatrix}, \quad \int p(x)\mathrm{d}x = 1$$

式中:$R = (a,b)$,$R = (-\infty, \infty)$,$p(x)$ 为连续随机变量 X 的概率密度函数。

2.1.2 基于信源统计特性的分类

按照信源的输出值,亦即事件的取值特性,已将信源分成离散和连续两大类,并给出了数学描述。下面按照统计特性讨论信源的分类。

应该指出,实际上,信源发出的不一定都是一个一个的信源符号,而是一系列的信源符号,更为一般的是时间的函数 $X(t)$,通过抽样可得到时间上离散的诸个随机变量,可用随机序列表示,即

$$X_1, X_2, \cdots, X_N, \text{ 或 } X_1, X_2, \cdots, X_h, \cdots$$

若 $X = (X_1, X_2, \cdots, X_N)$,当 X_h 的值域 $R = \{x_1, x_2, \cdots, x_n\}$ ($h = 1, 2, \cdots, N$),那么,有

$$\boldsymbol{x} = (x_1, x_2, \cdots, x_N) \in R^N$$

$$p(\boldsymbol{x}) = p(x_1, x_2, \cdots, x_N) = p(X_1 = x_1, X_2 = x_2, \cdots, X_N = x_N)$$

可见,X 的取值有 n^N 种,若对每一种 X 的取值 x 规定了概率量度,也就充分描述了随机矢量 X。信源的具体分类如下。

1. 无记忆信源与有记忆信源

当 X_h 相互独立时,并且有同样的概率密度函数,则有

$$p(\boldsymbol{x}) = \prod_{h=1}^{N} p(x_h)$$

与此相对应的信源称为无记忆信源;反之,就是有关联的,与此相对应的信源称为有记忆信源。

有记忆信源的描述相对比较困难,因此,在实际问题中往往限制记忆的长度,即 X_h 的概率密度仅仅与它前面的 1 个(X_{h-1}) 或 M 个($X_{h-1}, X_{h-2}, \cdots, X_{h-M}$) 有关,当只与 X_{h-1} 有关时,称为马尔可夫链性质,这样的信源就是有记忆的信源。

2. 平稳性信源与非平稳信源

就是指信源发出的消息序列 $X_1, X_2, \cdots, X_h, \cdots$ 具有下属特性。

(1) 信源在 $t = h$ 时刻发出什么符号与信源在 $t = h$ 时刻随机变量 X_h 取 x_h 符号的概率分布 $p(x)$ 有关。一般情况下,在 $t = i$ 时的 $p(x_i) \neq p(x_h)$。

(2) 信源在 $t = h$ 时刻发出什么符号与信源在 $t = h$ 时刻以前发出的符号有关,即与 $p(x_h / x_{h-1}, x_{h-2}, \cdots)$ 有关。一般情况下,$p(x_h / x_{h-1}, x_{h-2}, \cdots)$ 为时间 t 的函数,即

$$p(x_h / x_{h-1}, x_{h-2}, \cdots) \neq p(x_i / x_{i-1}, x_{i-2}, \cdots)$$

这样的信源称为非平稳信源。把满足

$$p(x_i) = p(x_h) \text{ 和 } p(x_h / x_{h-1}, x_{h-2}, \cdots) = p(x_i / x_{i-1}, x_{i-2}, \cdots)$$

的信源称为平稳信源。它的统计特性与时间的起点无关。平稳信源发出的符号序列中,不同符号组的联合概率应满足

$$\begin{cases} p(x_h, x_{h+1}) = p(x_h) p(x_{h+1} | x_h) \\ p(x_h, x_{h+1}, x_{h+2}) = p(x_h) p(x_{h+1} | x_h) p(x_{h+2} | x_h, x_{h+1}) \\ \quad \vdots \\ p(x_h, x_{h+1}, \cdots x_{h+N}) = p(x_h) p(x_{h+1} | x_h) \cdots p(x_{h+N} | x_{h+N-1}, \cdots, x_h) \\ \quad \vdots \end{cases}$$

且有

$$p(x_{h+N} | x_{h+N-1}, \cdots, x_h) = p(x_{i+N} | x_{i+N-1}, \cdots, x_i)$$
$$= p(x_N | x_{N-1}, \cdots, x_1)$$

3. 随机过程信源

即信源输出可用随机过程来描述。此时,随机变量 $X(t)$ 是时间 t 的函数,$t \in T$,$T = R$ 或 $T =$

$(a,b) \in R$,R 为实数集。比较简单的过程有限时、限频过程。

(1) 所谓限时过程,就是随机过程 $X(t)$,$t \in (a,b)$。

(2) 限频过程,是指 $X(t)$ 具有频谱函数 $H(f)$,$H(f) = 0$,$|f| > F$。

这两种过程都可以展开成傅里叶级数,当然,展开式系数之间一般还是线性相关的。对于限时随机过程也可以进行 K-L 变换,此时的展开式系数之间是相互独立或线性无关。

2.2 离散信源的数字特性分析

2.2.1 信源数字特性的物理意义

设信源 X,X 的值域 $R = \{x_1, x_2, \cdots\}$ 是有限的或可数的,令 $p_i = p(X = x_i)$。这就是说,信源输出的信号是随机的,我们在未观测到信号之前,对信源发出什么信号是不能肯定的,否则通信就没有什么意义。通信的目的就是要想办法使接收者把它肯定下来,那么,信号中到底具有多大的不肯定度? 即判断某一随机事件是否发生的难易程度如何? 接收者要收到多少信息才能把信号肯定下来? 下面就来讨论这些问题。

1. 信源符号的自信息

若信源概率空间为

$$\begin{bmatrix} X \\ P \end{bmatrix} = \begin{bmatrix} x_1 & x_2 & \cdots & x_n \\ p_1 & p_2 & \cdots & p_n \end{bmatrix}$$

对于信源符号 x_i,定义自信息函数

$$I(x_i) = \log \frac{1}{p(x_i)} = -\log p(x_i) \tag{2.1}$$

说明:

(1) 信源符号 x_i 发生前,表示 x_i 发生的不确定性大小,且 $p(x_i)$ 越小,$I(x_i)$ 就越大。

(2) 信源符号 x_i 发生后,表示 x_i 发生所携带的信息量大小;小概率事件的发生会带来更大的信息量。一个几乎不可能事件发生时,却提供了一个很大的信息量,当然,可靠事件(以概率 1 发生的事件)反而不存在什么信息。

我们不难想到,$I(x)$ 是 $p(x)$ 的函数,它的曲线如图 2.1 所示。

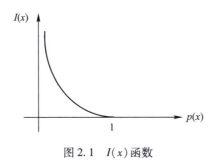

图 2.1 $I(x)$ 函数

(3) 在定义式中关于对数的底未作明确规定。

如果取对数的底为 2,$I(x_i)$ 单位为比特(bit);如果取对数的底为 e,$I(x_i)$ 单位为奈特(nat);如果取对数的底为 10,$I(x_i)$ 单位为哈特(Hart)。

(4) $I(x_i)$ 是随机变量 X 的函数,且也是一个随机变量,与 X 有相同的概率分布,即 $p(x)$。

自信息函数的特性：
(1) 一致性，$p(x_i) = p(x_j)$，$I(x_i) = I(x_j)$；
(2) 取正性，即 $p(x_i) > 0$，$I(x_i) > 0$；
(3) 确定性，$p(x_i) = p(x_j) = 1$，$I(x_i) = I(x_j) = 0$；
(4) 极值性，$I(x_i) \to \infty$；
(5) 变化趋势的对等性，$p(x_i)\big|_{0 \to 1} = p(x_j)\big|_{0 \to 1}$，$I(x_i)\big|_{\infty \to 0} = I(x_j)\big|_{\infty \to 0}$。

2. 自信息的数学期望 – 信源熵

自信息的数学期望 – 信源熵（Entropy）函数定义为

$$H(X) = -\sum_{i=1}^{n} p_i \log p_i \tag{2.2}$$

这是信息论中第二个函数，也是最基本的公式之一。给出这个公式的目的是为讨论信源的特性，为继而探索对信源的处理提供定量数值的依据，其意义如下。

(1) $H(X)$是一个确定的量，是信源的一个总体性、数字型特征。
(2) 信源符号X发生前，表示X的发生平均不确定性大小；信源符号X发生后，表示X发生前不确定性完全消除条件下，所携带的平均信息量大小。
(3) 在定义式中关于对数的底未作明确规定。

如果取对数的底为2，$H(X)$单位为bit；如果取对数的底为e，$H(X)$单位为nat；如果取对数的底为10，$H(X)$单位为Hart。

我们就把该式等于1的情况看作为$H(X)$的单位，则
$$X = \{x_1 = 0.5, x_2 = 0.5\}$$
那么

$$H(X) = -\sum_{i=1}^{n} p_i \log p_i = \frac{1}{2}\log 2 + \frac{1}{2}\log 2 \tag{2.3}$$

显然，当对数底为2时，式(2.3)恰等于1。若以e为底时，$H(X) = 0.693147$。可见，式(2.3)之所以等于1，一是因为两个事件的概率相等，二是必须以2作为对数的底。我们把这样得到的1叫作1bit。不严密地说，式(2.2)可解释为"两个事件的概率相等时，其不肯定度为1bit"。

两个等可能事件的概率空间是最简单而又经常遇到，将它的不肯定度作为单位是合适的。这是因为一个N进制的波形总可以用若干个二进制波形来表示。同时以2为底时运算也简单方便，而在数字通信中又常以二进制传输。对于多进制而言，如$N = 2^K (K = 1, 2, \cdots)$，有

$$H(X) = -\sum_{i=1}^{N=2^K} p_i \log p_i$$

由于$P_i = 1/N$，所以$H(X) = -\log_2(1/N) = \log_2 2^K = K$bit。这就是说：$N$进制的每一波形包含的不肯定度恰恰是二进制每一波形所包含的不肯定度的K倍。当对数底为e时，其单位为nat；以10为底时，记为Hart。

例2.1 令X表示一个完好的骰子单纯滚动时的输出，于是，$R = \{1, 2, 3, 4, 5, 6\}$，对每一i都有$p_i = 1/6$。这时，熵函数为

$$H(X) = \log 6 = 2.58 \text{bit} = 1.79 \text{nat}$$

例2.2 令X的值域$R = \{0, 1\}$，$p\{x = 0\} = p$，$p\{x = 1\} = 1 - p$，那么，有

$$H(X) = -p\log p - (1-p)\log(1-p) = H(p)$$

13

$H(p)$ 是 p 的函数,如图 2.2 所示。

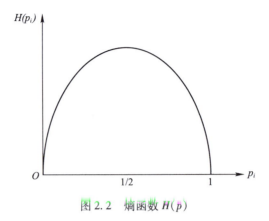

图 2.2 熵函数 $H(p)$

应该指出的是,在式(2.1)中 $p_i\log p_i$ 项,当 $p_i=0$ 时,它是不定元,而我们规定它为 0,当然这个规定不是主观随意的。

要强调指出的是,信源熵是信源的一个数值特征,熵函数的特性折射出信源本身的特性,是值得我们关注的。

2.2.2 信源数字特性分析

1. $H(X)$ 的数字特性

(1) 一致性,即可表示为

$$H(p_1,p_2,\cdots,p_n) = H(p_2,p_1,p_3,\cdots,p_n) = H(p_3,p_2,p_1,\cdots,p_n) = H(p_n,p_{n-1},\cdots,p_1)$$

这就是说,所有变元 p_i 是可以互换的,而不影响熵的大小,这一点说明了熵的总体性。也说明熵不能反映信源符号的个性化特性。

(2) 扩展性,即可表示为

$$\lim_{\varepsilon \to 0} H(p_1,p_2,\cdots,p_n-\varepsilon,\varepsilon) = H(p_1,p_2,\cdots,p_n)$$

这就是说,一个随机变量其值域有 n 个元素。另一个有 $n+1$ 个元素,若后者中有一种元素出现的概率趋于零,而其他元素出现的概率与前者总体上相同时,则二者的熵是相等的。其原因为 $\lim_{\varepsilon \to 0}\varepsilon\log\varepsilon = 0$,这说明了取值虽可以增多,但概率很小(近于0),是可以忽略不计的。这就是熵的扩展性,也是熵的总体性的另一种表现形式。

(3) 非负性,即可表示为

$$H(X) \geq 0$$

这是显而易见的,因为对任一 p_i 都有 $0 \leq p_i \leq 1$,那么,当对数底大于 1 时,每一项 $-p_i\log p_i$ 均为正值,正值的和仍是正的。应该指出,对于连续信源,在相对熵的概念下,它的熵可能出现负值。

(4) 确定性,即可表示为

$$H(1,0) = H(0,1) = H(1,0,0,\cdots) = \cdots = 0$$

它的意义是说,0、1 分布信源已变成确知的事件,无不肯定性而言。

(5) 极值性,可表示为

$$H(p_1,p_2,\cdots,p_n) \leq -\sum_{i=1}^{n} p_i\log g_i, \quad \sum_i p_i = \sum_i g_i = 1, g_i = \frac{1}{n}$$

这就是说,对任一概率分布 p_i,它对其他概率分布 g_i 的自信息($\log g_i^{-1}$)取概率平均时必不小于

p_i 自身的熵。

证:由不等式 $\ln x \leq x-1, x>0$,可得

$$\ln \frac{g_i}{p_i} \leq \frac{g_i}{p_i} - 1$$

则有

$$\sum_i p_i \ln \frac{g_i}{p_i} \leq \sum_i p_i \left(\frac{g_i}{p_i} - 1\right) = \sum_i g_i - \sum_i p_i = 0$$

即

$$-\sum_i p_i \ln p_i + \sum_i p_i \ln g_i \leq 0$$

进一步则有

$$H(p_1, p_2, \cdots, p_n) \leq -\sum_i p_i \ln g_i$$

若令 $g_i = \frac{1}{n}$,那么,上式则可写成 $H(p_1, p_2, \cdots, p_n) \leq \ln n$。

说明所有概率分布 p_i 所给出的熵,以等概率时为最大,这是一个重要的结果,也称为最大离散熵定理。不严密地说,一个随机变量,等概率分布时具有最大的"随机性"。

(6) 对称性,即熵函数曲线对称于等概分布点 $H(p_1, p_2, \cdots, p_n) = \ln n$。

二元信源可表示为

$$H(X) = -p\log p - (1-p)\log(1-p) = H(p)$$

$H(p)$ 是 p 的函数,如图 2.3 所示。

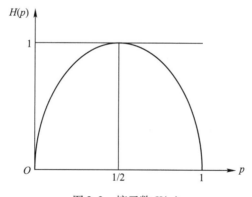

图 2.3 熵函数 $H(p)$

2. $H(X)$ 的物理意义

我们知道,要实现由不肯定向比较肯定或完全肯定的转变,一定要获取一定的信息量,如收到一封电报,说某人已平安到达目的地,这就消除了你的疑虑,或对随机事件 x 进行了观测,知道了某事件的状态符合我们的要求,这将使你去除了某种担心,这正是由于你获得了信息的结果,由此可见,信息量就等于不肯定度的缩减量。于是,平均信息量则可定义为

$$\text{平均信息量} \underline{\text{def}} \text{不肯定度的平均减小量} \tag{2.4}$$

我们说信源的熵是在平均意义上表征了信源的总体特性的,代表了信源的平均不肯定度。某一信源不管它是否输出符号,只要具有概率分布,就一定有信源的熵 $H(X)$。然而,信息量则不同,只有当信源输出符号被接收者收到之后,消除了不肯定度,这时才可以说给接收者以信息量。也

只有这时信息量才有意义。

此外,在香农信息论中,信息总是与随机变量(随机矢量、随机过程)联系在一起的,因此,在含义上信息与熵将有不少共同之处,以致香农信息论被称为信息熵理论。

综上所述,$H(X)$从平均意义上表征信源的总体数字特性,其物理意义如下。

（1）在信源输出前,表示信源的平均不肯定性。

（2）在信源输出后,表示一个信源符号所提供的平均信息量。

（3）表示信源的随机性,$H(X)$越大,随机性就越大。

（4）对信源进行无失真编码时,$H(X)$是平均码长的下限,这是一个非常漂亮的物理意义。

最后还应着重指出,我们在这里说到的"信息量"这一技术术语,其含义是在不考虑事件发生的具体意义,也不涉及事件发生的重要程度,而只是根据事件发生的概率而言的。例如,两本书,一本是小说,另一本是自然科学史,若书中出现的汉字个数恰好相算,而且每个汉字出现的频度也相同。按照香农信息论的观点,我们可以计算出每一个汉字所具有的不肯定度,或者说看到一个字平均所获取的信息量。然而,不难想象,这两部书的含义是不同的,对不同的读者,也有不同的使用价值。因此,香农信息论中,关于信息量这一术语,是在忽略了信源消息的具体含义,不考虑对接收消息者的使用效用(价值)的情况下而定量的。这一点既使得香农信息论具有通用性,又使香农信息论具有局限性。

2.2.3 信源的交叉熵和相对熵分析

1. 交叉熵及其应用分析

交叉熵(Cross Entropy)是近年来信息论中的一个重要概念,定义如下:

$$H(p,q) = \sum_{i=1}^{n} p_i \log \frac{1}{q_i} = -\sum_{i=1}^{n} p_i \log q_i$$

应该指出的是,交叉熵应用越来越广泛,具体有如下几个领域。

（1）可以用于定义机器学习问题和最优化问题的损失函数。假定 p_i 为真实标记的分布,q_i 则为训练后模型的预测标记分布,我们可通过计算交叉熵来衡量 p_i 和 q_i 的相似度,然后对模型进行进一步的优化。

（2）在特征工程中用以判决准则,可以用来衡量两个随机变量之间的相似度。

（3）自然语言处理(Natural Language Process,NLP)方面,就是开发能够理解人类语言的应用程序。由于真实的分布 p 是未知的,在语言模型中,模型是通过训练集得到的,交叉熵就是衡量这个模型在测试集上的正确率。

2. 相对熵及其特性分析

相对熵又称为 KL 散度(Kullback – Leibler divergence,KLD)。

定义:两个概率分布为 $p(x)$ 和 $q(x)$ 之间的相对熵为

$$D(p \parallel q) = H(p,q) - H(p) = \sum_{i=1}^{n} p_i \log \frac{1}{q_i} - \sum_{i=1}^{n} p_i \log \frac{1}{p_i}$$

特性:

$$D(p \parallel q) \geq 0$$

证明:

$$H(p) - H(p,q) = \sum_{i=1}^{n} p_i \log \frac{q_i}{p_i} \leq \sum_{i=1}^{n} p_i \left(\frac{q_i}{p_i} - 1 \right) = \sum_{i=1}^{n} p_i \frac{q_i}{p_i} - \sum_{i=1}^{n} p_i = 0$$

$$H(p,q) \geq H(p)$$

对于两个随机变量之间相差多少? 也就是说,这两个随机变量的分布函数相似吗? 如果不相似,那么它们之间差可以量化吗? 相对熵就是回答以上的问题,它给出了两个分布之间的差异程度的量化,也就是说,相对熵代表的是这两个分布的"距离"。差异越大,则相对熵越大;差异越小,则相对熵越小。特别地,若二者相同则相对熵为0。

从编码的角度分析,针对真实分布为 p,可以构造出描述长度为 $H(p)$ 的码。但是,如果使用针对 q 的码,在平均意义上就是需要 $H(p) + D(p \| q)$ 比特来描述这个随机变量。也可以说,需要增加 $D(p \| q)$ 比特。

应用举例:如含有4个字母(A,B,C,D)的数据集中,真实分布 $p = (1/2, 1/2, 0, 0)$,有

$$H(p) = \sum_{i=1}^{n} p_i \log \frac{1}{p_i} = \frac{1}{2} \log_2 2 + \frac{1}{2} \log_2 2 = 1 \mathrm{b/s}$$

如果使用分布 $q = (1/4, 1/4, 1/4, 1/4)$ 编码,有

$$H(p,q) = \sum_{i=1}^{n} p_i \log \frac{1}{q_i} = \frac{1}{2} \log_2 4 + \frac{1}{2} \log_2 4 = 2 \mathrm{b/s}$$

于是,有

$$D(p \| q) = H(p, q) - H(p) = 2 - 1 = 1 \mathrm{b/s}$$

由此可见,使用非真实分布 q 进行编码处理时,平均编码长多出1bit。

另一个应用场景:假设某一个样本服从分布 $p(x)$,我们通过样本拟合出来的分布是 $q(x)$,那么,它们之间的差异程度就是 $D(p \| q)$,这样就具体量化了两个分布之间的"距离"了。

2.3 连续信源数字特性分析

在这一节中,我们首先讨论连续随机变量的微分熵,再讨论随机矢量的熵。随机矢量,包括单变量的 n 次扩展矢量和一般 n 维矢量,它们的熵函数及其物理含义也是我们下面要讨论的具体内容。

2.3.1 连续信源的数字特性分析

连续信源与离散信源有所不同,首先是它的描述方式,连续信源描述是用符号的概率密度函数。众所周知,时间上连续的过程一般是可以展开成为时间上离散的序列,实现了时间离散化,然而,序列元素的取值在数轴上还是连续的,要实现数值上离散化,我们采用的方法就是量化。

关于离散量化问题,我们下面就来进行讨论。为此,设 X 是一个分布函数为 $F(x) = P\{X \leq x\}$ 随机变量,如果 $p = \{s_i, i = 1, 2, \cdots\}$ 是把实轴 R 分割为有限个或可数个子区间的划分,即由 P 对 X 的量化,由 $[X]_P$ 或只是 $[X]$ 表示相应的离散随机变量,其概率分布为

$$P\{[X] = i\} = P\{X \in S_i\} = \int_{s_i} p(x) \mathrm{d}x = p(x_i) \Delta x = p(x_i) s_i$$

式中:$p(x)$ 为 x 的连续函数,由中值定理可知,必存在一个 x_i 值使上式成立。这样所得的取值域为 $x_i (i = 1, 2, \cdots)$ 的离散随机变量是连续变量 X 的近似,当 $\Delta x \to 0$ 时,极限存在,就以连续变量 X 为其极限。

当 $S_i (i = 1, 2, \cdots, n)$ 为常数时,即等间隔分割时,有

$$p_i = p\{[x] = i\} = p(x_i) \Delta, \qquad \Delta = \frac{X \text{的值域}}{n} = \frac{[a, b]}{n}$$

则有

$$h_n(X) = -\sum_{i=1}^{n} p_i \log p_i = -\sum_{i=1}^{n} p(x_i)\Delta \log p(x_i)\Delta$$

$$= -\sum_{i=1}^{n} p(x_i)\Delta \log p(x_i) - \sum_{i=1}^{n} p(x_i)\Delta \log \Delta$$

$$= -\sum p(x_i)\Delta \log p(x_i) - \left(\sum p(x_i)\Delta\right)\log \Delta$$

于是,有

$$\lim_{\Delta \to 0} h_n(X) = -\int_a^b p(x)\log p(x)dx - \lim_{\Delta \to 0}\log \Delta$$

显然,$\lim_{\Delta \to 0}\log\Delta \to \infty$,称为绝对熵。但是我们仍定义连续随机变量 X 的微分熵(差熵)为

$$h(X) = -\int p(x)p(x)dx \qquad (2.5)$$

这样定义的熵仍具有可加性,但 $h(X)$ 不具有非负性。

例 2.3 当 $p(x) = \begin{cases} \dfrac{1}{b-a}, & a \le x \le b \\ 0, & x > b, x < a \end{cases}$

这个连续信源 X 的熵为

$$h(X) = -\int_a^b \frac{1}{b-a}\log\frac{1}{b-a}dx = -\frac{1}{b-a}\log\frac{1}{b-a}x\bigg|_a^b = \log(b-a)$$

而当 $b-a<1$ 时,$h(X)<0$,由此可见,$h(X)$ 有时就不能作为信源的不肯定度的量度。

强调指出,连续信源的微分熵 $h(X)$,只是其中的一部分;忽略了无穷大的绝对熵,因为它与信源概率密度函数无关且都为无穷大;可见,也只有微分熵才具有某一信源所独有的物理特性之一。

2.3.2 连续信源的最大微分熵

对于连续信源,有两个最大微分熵定理:限峰值最大熵定理;限功率最大熵定理。下面首先给出限峰值最大熵定理。

定理 2.1(a) 若连续型随机变量 X 的取值范围在区间 $(-M,M)$ 之内,则 $h(X) \le \log_a 2M$;只有当 X 服从 $U(-M,M)$ 分布时,才有

$$h(X) = \log_a 2M$$

即幅度受限的随机变量,当均匀分布时有最大的微分熵。

证明: 连续型随机变量 X 的概率密度函数 $p(x)$,取值范围在区间 $(-M,M)$ 之内,其微分熵

$$h(X) \le \log_a 2M$$

设另一概率密度函数 $q(x)$ 为均匀分布,取值范围为 $(-M,M)$,则有

$$q(x) = \begin{cases} \dfrac{1}{2M}, & x \in [-M,M] \\ 0, & 其他 \end{cases}$$

相对熵为

$$D(p \| q) = h(p,q) - h(p) \geq 0$$

$$h(p,q) = \int p(x) \log \frac{1}{q(x)} dx = \int p(x) \log 2M dx = \log 2M$$

所以

$$h(p) \leq h(p,q) = \log 2M$$

定理 2.1(b) 若连续型随机变量 X 的方差 σ^2,则

$$h(X) \leq \frac{1}{2} \log_a 2\pi e \sigma^2$$

只有当 X 服从 $N(\mu, \sigma^2)$ 分布时,有

$$h(X) = \frac{1}{2} \log_a 2\pi e \sigma^2$$

即功率受限的连续信源,随机变量具有高斯分布时,有最大的微分熵。

2.4 矢量信源数字特性分析

2.4.1 扩展矢量信源数字特性分析

对一个离散无记忆信源 $X = \{x_1, x_2, \cdots, x_r\}$,其 n 次扩展记为 X^n,即

$$X^n = (X_1, X_2, \cdots, X_n)$$

其中 $X_1, X_2, \cdots, X_n$ 的取值域相同,且概率分布也是一致的。X^n 的取值形式有 r^n 种,且概率分布为

$$p(x^n) = p(x_1, x_2, \cdots, x_n) = p(x_1) p(x_2) \cdots p(x_n)$$

那么,X^n 的熵定义为

$$H(X^n) = -\sum_{x^n} p(x^n) \log p(x^n)$$

且有

$$H(X^n) = -\sum_{x^n} p(x^n) \log p(x_1) p(x_2) \cdots p(x_n)$$

$$= -\sum_{x^n} p(x^n) \log p(x_1) - \sum_{x^n} p(x^n) \log p(x_2) \cdots - \sum_{x^n} p(x^n) \log p(x_n)$$

$$= -\sum_{x_1} p(x_1) \log p(x_1) - \sum_{x_2} p(x_2) \log p(x_2) \cdots - \sum_{x_n} p(x_n) \log p(x_n)$$

$$= H(X_1) + H(X_2) + \cdots + H(X_N) = \sum_{i=1}^{n} H(X_i)$$

因为同分布,所以有

$$H(X^n) = nH(X) \tag{2.6}$$

例 2.4 有一 DMS,$X = \{0,1\}$ 且 $P(0) = P(1) = 1/2$,试求其二次扩展的熵 $H(X^2)$。

解：$X^n = \{00,01,10,11\}$，其概率分布为

$$p(00) = \frac{1}{2} \times \frac{1}{2} = \frac{1}{4}, p(01) = p(10) = p(11) = \frac{1}{2} \times \frac{1}{2} = \frac{1}{4}$$

$$pH(X^2) = 2H(X) = 2\text{bit}$$

对于有记忆扩展信源，则有

$$H(X^n) \leqslant \sum_{i=1}^{n} H(X_i) = nH(X)$$

2.4.2 矢量信源数字特性分析

对于随机矢量 $\boldsymbol{X} = (X_1, X_2, \cdots, X_n)$，其概率分布为 $p(\boldsymbol{x}) = p(x_1)p(x_2)\cdots p(x_n)$，它的熵定义为

$$H(\boldsymbol{X}) = -\sum_{\boldsymbol{x}} p(\boldsymbol{x})\log p(\boldsymbol{x})$$

且有

$$H(\boldsymbol{X}) \leqslant \sum_{i=1}^{n} H(X_i)$$

证明：

$$H(\boldsymbol{X}) - \sum_{i=1}^{n} H(X_i)$$

$$= -\sum_{x^n} p(\boldsymbol{x})\log p(x_1)p(x_2|x_1)\cdots p(x_n|x_1 x_2\cdots x_{n-1})$$

$$+ \sum_{x^n} p(\boldsymbol{x})\log p(x_1) + \sum_{x^n} p(\boldsymbol{x})\log p(x_2) + \cdots + \sum_{x^n} p(\boldsymbol{x})\log p(x_n)$$

$$= -\sum_{x^n} p(\boldsymbol{x})\log p(x_1)p(x_2|x_1)\cdots p(x_n|x_1 x_2\cdots x_{n-1}) + \sum_{x^n} p(\boldsymbol{x})\log p(x_1)p(x_2)\cdots p(x_n)$$

$$= \sum_{x^n} p(\boldsymbol{x})\log \frac{p(x_1)p(x_2)\cdots p(x_n)}{p(x_1)p(x_2|x_1)\cdots p(x_n|x_1 x_2\cdots x_{n-1})}$$

$$\leqslant \sum_{x^n} p(\boldsymbol{x})\left(\frac{p(x_1)p(x_2)\cdots p(x_n)}{p(x_1)p(x_2|x_1)\cdots p(x_n|x_1 x_2\cdots x_{n-1})} - 1\right)$$

$$= \sum_{x^n} p(x_1)p(x_2)\cdots p(x_n) - \sum_{x^n} p(x^n) = 1 - 1 = 0$$

所以，$H(\boldsymbol{X}) \leqslant \sum_{i=1}^{n} H(X_i)$，这说明，矢量的各分量之间的关联性，使的矢量熵变小了。

假设有一 n 维连续随机矢量 $\boldsymbol{X}$，其 n 维连续密度函数为 $p(\boldsymbol{x})$，那么 $\boldsymbol{X}$ 的熵为

$$h(\boldsymbol{X}) = -\int p(\boldsymbol{x})\log p(\boldsymbol{x})\mathrm{d}\boldsymbol{x}$$

例 2.5 令 $\boldsymbol{X} = (X_1, X_2, \cdots, X_n)$，这里的 X_i 是独立的，高斯型的均值为 μ_i，方差为 σ_i^2 的随机变量。那么，$\boldsymbol{X}$ 的密度函数为

$$g(\boldsymbol{x}) = \prod_{i=1}^{n} (2\pi\sigma_i^2)^{-\frac{1}{2}} \exp\left[-\frac{(x_i - \mu_i)^2}{2\sigma_i^2}\right]$$

它的熵为

$$h(X) = \int g(x)\log\frac{1}{p(x)}dx = \sum_{i=1}^{n}\int g(x)\log(2\pi\sigma_i^2)^{\frac{1}{2}}\exp\left[\frac{(x_i-\mu_i)^2}{2\sigma_i^2}\right]dx$$

$$= \sum_{i=1}^{n}\int g_i(x_i)\left[\frac{1}{2}\log(2\pi\sigma_i^2) + \frac{(x_i-\mu_i)^2}{2\sigma_i^2}\right]dx_i$$

$$= \sum_{i=1}^{n}\frac{1}{2}\left[\log(2\pi\sigma_i^2) + 1\right]$$

$$\left(g_i(x_i) = \frac{1}{\sqrt{2\pi\sigma_i^2}}\exp\left[-\frac{(x_i-\mu_i)^2}{2\sigma_i^2}\right]\int g_i(x_i)dx_i = 1, \int g_i(x_i)(x_i-\mu_i)2dx_i = \sigma_i^2\right)$$

$$= \sum_{i=1}^{n}\frac{1}{2}\left[\log(2\pi\sigma_i^2) + \log e\right] \quad (\log e = \ln e = 1)$$

$$= \sum_{i=1}^{n}\frac{1}{2}\left[\log 2\pi e + \log \sigma_i^2\right] = \sum_{i=1}^{n}\frac{1}{2}\log 2\pi e + \sum_{i=1}^{n}\frac{1}{2}\log \sigma_i^2$$

$$= \frac{n}{2}\log 2\pi e + \frac{n}{2}\log(\sigma_1^2\sigma_2^2\cdots\sigma_n^2)^{\frac{1}{n}} = \frac{n}{2}\log 2\pi e(\sigma_1^2\sigma_2^2\cdots\sigma_n^2)^{\frac{1}{n}} \quad (2.7)$$

而当 $n=1$ 时,则有

$$h(X) = \frac{1}{2}\log 2\pi e\sigma^2$$

对所有的 n 维已知方差的随机矢量中,有趣的是:一个重要的事实为,独立高斯随机矢量具有最大的微分熵,见如下定理。

定理 2.2 若 $X = (X_1, X_2, \cdots, X_n)$ 的密度函数为 $p(x)$,如果 $E[(x_i-\mu_i)^2] = \sigma_i^2 (i=1,2,\cdots, n)$,那么,$h(X) \leq \frac{n}{2}\log 2\pi e(\sigma_1^2\sigma_2^2\cdots\sigma_n^2)^{\frac{1}{n}}$,当且仅当 $p(x) \underline{ae} g(x)$ 时("ae"表示几乎处处相等),上式为等式。

证明: 由假设,x_i 的边缘密度函数 $p_i(x)$ 满足 $\int p_i(x)dx = 1, \int p_i(x)(x_i-\mu_i)^2 dx = \sigma_i^2$。因此,由例 2.5 的计算可知

$$\int P(x)\log\frac{1}{g(x)}dx = \frac{n}{2}\log 2\pi e(\sigma_1^2\sigma_2^2\cdots\sigma_n^2)^{\frac{1}{n}}$$

因此,若 Y 表示一 n 维随机矢量,具有高斯密度函数 $g(x)$,那么

$$h(X) - h(Y) = \int p(x)\log\frac{g(x)}{p(x)}dx$$

由 Jensen 不等式可得

$$\leq \log\int p(x)\frac{g(x)}{p(x)}dx = \log\int g(x)dx = 0$$

当且仅当,对所有的 $x, p(x) \underline{ae} g(x)$ 时,等式成立。

2.4.3 联合信源数字特性分析

关于联合信源,可理解为对若干个信源综合进行观测,也可理解为对扩展信源的综合考察。关于联合信源的熵,定义为

$$H(Y,X) = \sum_{x,y} p(x,y) \log \frac{1}{p(x,y)}$$

$$= \sum_{x,y} p(x,y) \log \frac{1}{p(y|x)p(x)} = H(X) + H(Y|X) \qquad (2.8)$$

$$= \sum_{x,y} p(x,y) \log \frac{1}{p(x|y)p(y)} = H(Y) + H(X|Y)$$

这种属性就是熵函数的可加性。

若 X 和 Y 的概率分布分别为 $(p_1, p_2, \cdots, p_n)$ 和 $(g_1, g_2, \cdots, g_m)$，且 $\sum_i p_i = 1$，$\sum_i g_i = 1$，当 X、Y 独立时，有

$$H(Y,X) = H(X) + H(Y)$$

这是熵函数的弱可加性。可加性是熵函数的一个重要特性，正是因为要求它具有可加性，因而可以证明熵函数的形式是唯一的。

2.4.4 具已知条件的信源数字特性分析

作为 X、Y 两个随机变量，如果我们要观测 X，通过示波器或其他测试设备进行观测，实际上我们看到的并不是真实的 X，而是 X 输入到检测设备以后，经过设备内部电子系统处理后的 Y。通过对 Y 的分析，理想情况下完全可以确定 X，但是也可能不能做出确切的判断，对 X 仍留有不肯定性，此时的不肯定性如何衡量呢？我们引入条件熵 $H(X|Y)$：

$$H(X|Y) = E\left[\log \frac{1}{p(x|y)}\right] = \sum_{x,y} p(x,y) \log \frac{1}{p(x|y)} \qquad (2.9)$$

（在此仍有 $0\log 0^{-1} = 0$，而当和式发散时，$H(X|Y) = +\infty$）

定理 2.3 对于平稳随机变量序列 $X_1, X_2, \cdots, X_N$，则有

$$H(X_N) \geq H(X_N|X_{N-1}) \geq H(X_N|X_{N-2}X_{N-1}) \cdots H(X_N|X_1X_2\cdots X_{N-2}X_{N-1})$$

证明：

$$H(X_N|X_1, X_2, \cdots, X_{N-1}) - H(X_N|X_1, X_2, \cdots, X_{N-2})$$

$$= -\sum_x p(x_1 x_2 \cdots x_N) \log p(x_N|x_1 x_2 \cdots x_{N-1})$$

$$+ \sum_x p(x_1 x_2 \cdots x_N) \log p(x_N|x_1 x_2 \cdots x_{N-2})$$

$$= \sum_x p(x_N|x_1 x_2 \cdots x_{N-1}) p(x_1 x_2 \cdots x_{N-1}) \log \frac{p(x_N|x_1 x_2 \cdots x_{N-2})}{p(x_N|x_1 x_2 \cdots x_{N-1})}$$

$$\leq \sum_x p(x_N|x_1 x_2 \cdots x_{N-1}) p(x_1 x_2 \cdots x_{N-1}) \left(\frac{p(x_N|x_1 x_2 \cdots x_{N-2})}{p(x_N|x_1 x_2 \cdots x_{N-1})} - 1\right)$$

$$= \sum_x p(x_1 x_2 \cdots x_{N-1}) p(x_N|x_1 x_2 \cdots x_{N-2}) - \sum_x p(x_N|x_1 x_2 \cdots x_{N-1}) p(x_1 x_2 \cdots x_{N-1})$$

$$= \sum_{x_1 x_2 \cdots x_{N-2} x_N} p(x_1 x_2 \cdots x_{N-2} x_N) - \sum_x p(x_1 x_2 \cdots x_{N-1} x_N) = 1 - 1 = 0$$

所以

$$H(X_N|X_1, X_2, \cdots, X_{N-1}) \leq H(X_N|X_1, X_2, \cdots, X_{N-2})$$

这个定理说明了,为什么预测变换编码能够压缩数码率。也就是说,上述定理给出了预测编码进行数据压缩的理论依据,一般说来,高阶预测的压缩比要高于低阶预测的压缩比。

2.5 冗余度分析与计算

2.5.1 信源冗余概念与分类

冗余度(redundancy rate)是1993年公布的电子学名词,通常是指通过多重备份来增加系统的可靠性。在信息论中,它表征信源信息率的多余程度,是描述信源客观统计特性的一个物理量。

已知信源,即信息的产生器。信源产生的信号,其表现形式为字符信号、数据信号、波形信号、图像信号、视频信号等。信号是信息的表现形式,信号中存在冗余,分类如下。

1. 空间冗余(spatial redundancy)

在图像中,相邻各样点的取值相近或相同,就是空间冗余的表现形式。像素之间的变化量越大,相关性越小;反之亦然。

在正常的图像中,一些区域的像素可能会描述同一个目标,如天空或者云,这种情况下像素之间的变化很小,不用记录每个像素中的亮度 Y 和色度信息,可基于统计信息进行编码。例如,利用 DCT 技术,并对量化的离散余弦变换(DCT)系数进行游程编码(Run Length Encoding,RLE)和变长编码,有效地消除了图像数据的空间相关性。

2. 时间冗余(temporal redundancy)

在序列图像和语音数据中所包含的与时间紧密相关的冗余,称为时间冗余。视频有一系列的图像(称为帧)组成,每一帧由大量的像素来描述。在运动的情况下,使得每一帧有些像素相对于前一帧有所变化,有些像素却没有多少改变。当帧率很高时(25～30 帧/s),很多像素与前一帧的相同。帧之间样值的变化量越大,帧间相关性越小;反之亦然。显而易见,帧图像之间存在着很强的相关性。因此,没有必要传输每一帧的所有像素信息,只传两帧之间的变化信息就行了。两帧之间的变化信息,体现在两帧之间的差值之中,可由运动矢量来表示,这就是时域或帧间压缩的基本依据。

采用已经编码的图像对后续待编码的图像进行运动估计和补偿预测,再对运动矢量和预测差值进行编码,能充分消除相邻两帧图像间的强相关性,得到较高的压缩比。

3. 视觉冗余(vision redundancy)

在多媒体技术的应用中,人的眼睛就是图像信息的接收者,相对于人眼的视觉特性来说,人的视觉系统并不能把图像的任何变化都察觉到,对亮度信号相比色度信号更敏感,对静止图像相较运动图像更敏感,对整体结构相较于内部细节更敏感,对低频信号相较于高频信号更敏感。也就是说,在色度信号、运动图像、高频信号中的一些数据,并不能增强图像的清晰度,相应的这些数据称为冗余数据。

人类的视网膜和视觉皮层天生就能超精确地分辨物体的边缘,这也许是因为人类在进化过程中,识别目标比分辨细节更重要。人类视觉特点可以用在基于对象的编码,如 MPEG-4,就采用了基于轮廓(对象)的图像编码。

它充分利用了人眼睛对亮度信号比色度信号较敏感的特性,在视频信源中对色度信号进行了亚抽样,形成了 YUV12(即 Y:U:V = 4:1:1 格式),使得平均每个像素的数据量由原来的 24bit(Y、U、V 各占 8bit)降低为 12bit(Y 占 8bit,U、V 各占 2bit),从而使数据量减少了 50%,消除了视觉冗余。

4. 统计冗余(statistics redundancy)

在信息论中,对于一个随机变量而言,有多个取值,每个值的概率统计值是不同的,正是由于概率分布的非均匀性,使得信源熵降低了;概率统计关联性,也使得信源熵降低了。其本质就是每个样值携带信息的能力下降了,要直接传输这样的样值数据,使得传输效率降低,这种表现形式称为统计冗余,也称为熵冗余。

在自然图像中,不是所有的样值都等概率发生。正因为如此,可以用较少的位数来对频繁出现的样值进行编码,而用较多的位数来对较少出现的样值编码。这种类型的编码可减少码流的码率,如 Huffman 编码技术。

从 $H(X)$ 的特性可得如下结论。

(1) $H(X) \leq \log n$,即当且仅当信源概率分布为等概分布时,其熵取最大值。

(2) $H(Y/Y) \leq H(Y)$,这就是熵的不增原理,即在信息处理过程中,条件越多熵就越小。

(3) $H(X_1, X_2, \cdots, X_n) = H(X_1) + H(X_2/X_1) + \cdots + H(X_n/X_1, X_2, \cdots, X_{n-1}) \leq nH(X_i)$

即当且仅当各 X_i 相互独立时,等式成立。

对于单一信源 X 的熵取决于各个事件的概率 P_i,且当所有 n 个概率相等时,达到其最大值。对于扩展信源 $X_i(i=1,2,\cdots,n)$,只有相互独立时,$H(X_1, X_2, \cdots, X_n) = nH(X_i)$。

根据上述结论,可以把数据的冗余度 R 定义为:某一符号集合中数据的最大熵与其实际熵之差,即

$$R = \log_2 n + \sum_i p_i \log_2 p_i$$

数据的冗余度 R,可分为源数据冗余 R_D 和编码冗余 R_C。当 $R_C < R_D$ 时,通过编码已获得了编码增益。

强调指出,数据的冗余来自两个方面。

(1) 信源符号的统计相关性。
(2) 信源符号概率统计分布的非均匀性。

具体表现在信源熵不能达到最大值,这就是冗余度的本质和数字表现形式。

2.5.2 信源冗余度的分析与计算

在有关数据压缩的任何讨论中,冗余度是一个相当重要的概念。

所谓冗余度(多余度),是指除了在传输或恢复消息时所需要的最少信息之外,其他出现在信源、码、消息、信号、信道或系统中某一细节的符号都称为多余的,多余的程度由多余度来表示,信源的多余度 D 的定义为

$$R_D = 1 - \frac{H_\infty(X^\infty)}{H(X)_{\max}} \tag{2.10}$$

式中:$\dfrac{H_\infty(X^\infty)}{H(X)_{\max}}$ 为相对熵;$H(X)_{\max}$ 表示一个信源符号所具有的平均最大不定度;$H_\infty(X^\infty)$ 是指一个信源符号实际上所具有的平均不定度,称为极限熵(X^∞ 表示无限维随机序列)。

对于无限平稳序列,可以证明

$$\lim_{N \to \infty} H_N(X^N) = \lim_{N \to \infty} H(X_N | X_1, X_2, \cdots, X_{N-1}) \tag{2.11}$$

式中 $H_N(X^N) = \dfrac{1}{N} H(X_1, X_2, \cdots, X_N)$。可证明:是 N 的单调非增函数。

证明：
$$H(X^{N+1}) - H(X^N) = -\sum_{i_1,i_2,\cdots,i_{N+1}} p(x_1,\cdots,x_{N+1})\log p(x_1,\cdots,x_{N+1}) +$$
$$\sum_{i_1,i_2,\cdots,i_N}\sum_{i_{N+1}} p(x_1,\cdots,x_{N+1})\log p(x_1,\cdots,x_N)$$
$$= \sum_{i_1,i_2,\cdots,i_{N+1}} p(x_1,\cdots,x_{N+1})\log \frac{p(x_1,\cdots,x_N)}{p(x_1,\cdots,x_{N+1})}$$
$$\leq \sum_{i_1,i_2,\cdots,i_{N+1}} p(x_1,\cdots,x_{N+1})\left(\frac{p(x_1,\cdots,x_N)}{p(x_1,\cdots,x_{N+1})} - 1\right)$$
$$= \sum_{i_1,i_2,\cdots,i_N} p(x_1,\cdots,x_N) - \sum_{i_1,i_2,\cdots,i_{N+1}} p(x_1,\cdots,x_{N+1}) = 0$$

所以
$$H(X^{N+1}) \leq H(X^N)$$
$$\frac{1}{N}H(X^{N+1}) \leq \frac{1}{N}H(X^N)$$
$$\frac{1}{N+1}H(X^{N+1}) < \frac{1}{N}H(X^{N+1})$$

所以
$$H_{N+1}(X^{N+1}) \leq H_N(X^N)$$

现在来证明式(2.11)，我们把式(2.8)进行推广，则有
$$H_N(X^N) = \frac{1}{N}H(X_1,X_2,\cdots,X_N)$$
$$= \frac{1}{N}[H(X_1) + H(X_2|X_1) + \cdots + H(X_N|X_1,X_2,\cdots,X_{N-1})]$$

由定理2.3可得
$$H_N(X^N) \geq \frac{1}{N}[H(X_N|X_1,X_2,\cdots,X_{N-1}) + H(X_N|X_1,X_2,\cdots,X_{N-1})$$
$$+ \cdots + H(X_N|X_1,X_2,\cdots,X_{N-1})]$$
$$= H(X_N|X_1,X_2,\cdots,X_{N-1})$$

另外，若有
$$H_{N+K}(X^{N+K}) = \frac{1}{N+K}H(X_1,X_2,\cdots,X_{N+K})$$
$$= \frac{1}{N+K}[H(X_1,X_2,\cdots,X_{N-1}) + H(X_N|X_1,X_2,\cdots,X_{N-1})$$
$$+ H(X_{N+1}|X_1,X_2,\cdots,X_N) + \cdots + H(X_{N+K}|X_1,X_2,\cdots,X_{N+K-1})]$$

由定理2.3，则有
$$H_{N+K}(X^{N+K}) \leq \frac{1}{N+K}[H(X_1,X_2,\cdots,X_{N-1})$$
$$+ \cdots + H(X_N|X_1,X_2,\cdots,X_{N-1}) + H(X_N|X_1,X_2,\cdots,X_{N-1})$$
$$+ \cdots + H(X_N|X_1,X_2,\cdots,X_{N-1})]$$

$$= \frac{1}{N+K}[H(X_1, X_2, \cdots, X_{N-1})$$
$$+ \frac{K+1}{N+K}H(X_N|X_1, X_2, \cdots, X_{N-1})]$$

当 N 已给定时，$H(X_1,X_2,\cdots,X_N)$，$H(X_N|X_1,X_2,\cdots,X_{N-1})$ 是一个定值。因此，上式中的第一项随 K 的增大而消失；又因为 $K+1/N+K$，当 $K\to\infty$ 时，而趋于1，所以第二项应为 $H(X_N|X_1,X_2,\cdots,X_{N-1})$。综上所述，可得

$$H_{N+K}(X^{N+K}) \leqslant H(X_N,X_1,X_2,\cdots,X_{N-1}) \leqslant H_N(X^N)$$

当 $N\to\infty$ 时，假定极限是存在的，可得

$$\lim_{N\to\infty}H_{N+K}(X^{N+K}) = \lim_{N\to\infty}H_N(X^N) = H_\infty(X^\infty)$$

即

$$\lim_{N\to\infty}H_N(X^N) = \lim_{N\to\infty}H(X_N|X_1,X_2,\cdots,X_{N-1})$$

证毕。

在此强调指出，式(2.11)具有很漂亮的物理意义，等式左右两边的表达式给出了两种等价的数据压缩编码方法，即长序列编码与高阶预测编码具有等价性；信源熵随着 N 增长而越来越低，即序列编码与预测编码是逼近平均码长下限(压缩比上限)的有效技术途径。

在此，我们提出一个与工程技术息息相关的问题，那就是采取何种方法才能使信源冗余度等于0？

从式(2.10)可见，只有当 $H_\infty(X^\infty) = H(X)_{max}$ 时，可实现冗余度等于0。由前面的分可知，第一，当信源符号统计独立时，即 $H_\infty(X^\infty) \to H_N(X^N) \to H(X)$，即首先消除了信源符号的统计关联，其实现技术就是各种各样的去相关技术；第二，当信源符号统计等概分布时，即 $H(X) \to H(X)_{max}$，即实现符号概率均匀化，其实现技术就是各种各样的信源编码技术。

下面探讨极限熵 $H_\infty(X^\infty)$ 计算方法。

对于遍历的 m 阶马尔可夫链，有

$$H_\infty(X^\infty) = H(X_{m+1}|X_1,X_2,\cdots,X_m) \tag{2.12}$$

如一阶马氏链

$$H_\infty(X^\infty) = H_2 = H(X_N|X_{N-1}) = H(X_{N-1}|X_{N-2}) = \cdots = H(X_2|X_1)$$

即一阶马氏信源的熵就等于条件熵。

由上述对式(2.11)的证明可见，对于平稳无限序列来说，平均符号熵的下限值是可以用计算的方法来确定的。然而，实际上要求这个值是很困难的。由式(2.11)可见，极限熵 H_∞ 可以通过条件熵来计算，而当序列具有马尔可夫链性质时，可用转移概率进行计算，这就是式(2.12)的内涵所在。应该指出的是，H_∞ 也称为平稳信源的熵率，物理意义是它代表了一般离散平稳有记忆信源，每个符号平均携带的信息量。

下面我们就来讨论马尔可夫信源，以及熵的计算问题。

我们说马尔可夫信源是用来使信号比较接近实际情况的一种表示方法。像前面已讨论过的平稳信源，它的极限熵 H_∞ 是难求得的。然而，我们若把信号的关联限制在有限个符号之间时，也就是说，发生的符号的概率只与前面的 m 个符号有关，与更前面的符号无关，这时的信源称为 m 阶马尔可夫信源。

例如，3阶马尔可夫信源，$X = \{中文单字\}$，它将根据前面已经发生的三个中文单字来决定发

出一个单字应该采用什么概率分布,像前面三个单字是"无所不",那么接着是"谈""有""包"等单字的概率就要大一些,其他字发生的概率就小一些,甚至不可能发生,这时相当于以一种概率分布来决定即时发生的单字;若已经发生的三个单字是"自欺欺",下一个单字几乎就是"人"字,即以概率1发出的是"人"字。这时就是以另一种概率分布来决定即时发生的单字。也就是说,发信号所用的概率分不是不改变的,而是发完一个信号换一种概率分布,发第 i 个信号时所用的概率分布,由前面已经发出的 m 个信号来决定。这正是马尔可夫信源与平稳信源所不同的地方。

马尔可夫信源的数学模型为

$$X: \begin{cases} a_1, a_2, \cdots, a_g \\ p(a_{k_{m+1}} | a_{k_1}, a_{k_2}, \cdots, a_{k_m}) \end{cases}$$

$k_1, k_2, \cdots, k_{m+1} = 1, 2, \cdots, g$,并且满足 $\sum_{k_{m+1}=1}^{g} p(a_{k_{m+1}} | a_{k_1}, a_{k_2}, \cdots, a_{k_m}) = 1$。信源状态数为 g^m 个(信源符为 g,m 阶是指只与前 m 个符号有关,故有 g^m 个不同的状态),所以条件概率可表示为

$$p(a_{k_{m+1}} | a_{k_1}, a_{k_2}, \cdots, a_{k_m}) = p(a_{k_{m+1}} | s_i) = p(a_k | s_i)$$

式中:$i = 1, 2, \cdots, g^m$;s_i 表示信源状态。

那么,$p(a_{k_{m+1}} | s_i)$ 表示任何时刻,信源处于状态 s_i 时,发出信源符号 $a_{k_{m+1}}$ 的概率,$a_{k_{m+1}} = \{a_1, a_2, \cdots, a_g\}$,$a_{k_{m+1}}$ 可简记为 a_k。

由上述模型可见,当信源处于某一状态 s_i 时,信源再发出一个符号后,即时的信源状态也就改变了。信源从一个状态转移到另一个状态完全由前一时刻的状态和发出的符号所决定。这样,我们就可以把信源输出的符号序列变成状态序列,这状态序列在数学模型上可作为马尔可夫链来研究它。另外,我们还可以用状态图来表示这个信源。在状态图上,我们把 g^m 个可能的状态中的每一状态用一个圆圈表示。然后,用箭头表示发生什么符号由某一状态转移到另一状态。

例2.6 有一个二进制二阶马尔可夫信源,其信源符号为$\{0,1\}$,条件概率为

$$\begin{cases} P(0|00) = P(1|11) = 0.8 \\ P(1|00) = P(0|11) = 0.2 \\ P(0|01) = P(0|10) = P(1|01) = P(1|10) = 0.5 \end{cases}$$

这是一个二阶马尔可夫信源,信源发出什么符号只与前面两个符号有关,与更前面的无关。那么,信源就有 $2^2 = 4$ 个可能的状态,即为 00、01、10、11,其状态图如图 2.4 所示。
状态转移概率为

$$\begin{cases} p(s_1|s_1) = p(s_4|s_4) = 0.8 \\ p(s_2|s_1) = p(s_3|s_4) = 0.2 \\ p(s_3|s_2) = p(s_2|s_3) = p(s_4|s_2) = p(s_1|s_3) = 0.5 \end{cases}$$

可见,状态转移概率与给定的发出符号的条件概率完全相关。这样一来,信源输出的一串二进制序列就可变换成状态 $s_i (i = 1, 2, 3, 4)$ 的序列。这状态序列构成了时齐的马尔可夫链,即任何时刻状态之间的转移都由一步转移概率来决定。

对于一般的 m 阶马尔可夫信源都可将它的数学模型转换成时齐马尔可夫链来描述。时齐马尔可夫链可由一组状态和状态的一步转移概率确定:

$$\text{状态集 } E: \begin{cases} s_1, s_2, \cdots, s_{g^m} \\ p(s_j | s_i) \end{cases}$$

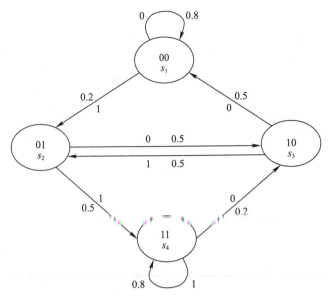

图 2.4 二阶马尔可夫信源状态图

其中 $s_i = (a_{i_1} a_{i_2} \cdots a_{i_m})$，$i_1, i_2, \cdots, i_m = 1, 2, \cdots, g$。状态转移概率由条件概率 $p(a_{k_{m+1}} | a_{k_1}, a_{k_2}, \cdots, a_{k_m})$ 确定。我们只研究信源状态形成的马尔可夫链是各态历经的马尔可夫链，这样的信源称为历经的马尔可夫信源。时齐历经的马尔可夫链，一定存在极限概率 $g(s_i)$，即

$$\lim_{l \to \infty} p(s_l = s_i | s_1 = s_j) = \lim_{l \to \infty} p_{ji}(l) = g(s_i) \tag{2.13}$$

而 $g(s_i)$ 满足

$$\sum_{j \in E} g(s_j) p(s_i | s_j) = g(s_i), s_i \in E, \sum_{j \in E} g(s_j) = 1 \tag{2.14}$$

$g(s_i)$ 的表达式，表示转移步数 l 足够长以后，状态的 l 步转移概率与初始状态无关。这意味着，信源在初始时刻可以处于任意状态，然后，状态之间可以互相转移，经过足够长时间以后，信源处于什么状态已与初始状态无关，这时，每种状态出现的概率已达到一种稳定分布。这种稳定分布由式(2.13)决定。因此，在足够长时间以后，信源所处的状态序列可以看作是一种平稳的随机序列，可作为平稳信源来处理。

下面我们开始讨论信源极限熵 H_∞ 的计算问题。

对于历经的 m 阶马尔可夫信源，当时间足够长以后，可作为平稳信源来处理，又由信源发出的符号只与前 m 个符号有关，所以

$$H_\infty = \lim_{N \to \infty} H(X_N | X_1, X_2, \cdots, X_{N-1})$$
$$= H(X_{m+1} | X_1, X_2, \cdots, X_m)$$
$$= H_{m+1}$$

而

$$H_{m+1} = H(X_{m+1} | X_1, X_2, \cdots, X_m)$$
$$= - \sum_{k_{m+1}, k_m, \cdots, k_1} p(a_{k_{m+1}}, a_{k_m}, \cdots, a_{k_2}, a_{k_1}) \log p(a_{k_{m+1}} | a_{k_m}, a_{k_{m-1}}, \cdots, a_{k_1})$$

因为

$$s_i = (a_{k_1}, a_{k_2}, \cdots, a_{k_m}), k_1, k_2, \cdots, k_{m+1} = 1, 2, \cdots, g$$

$$p(a_{k_{m+1}}, a_{k_m}, \cdots, a_{k_1}) = p(a_{k_m}, \cdots, a_{k_1}) p(a_{k_{m+1}} | a_{k_1}, \cdots, a_{k_m})$$

$$= p(s_i) p(a_k | s_i)$$

于是,可得

$$H_{m+1} = -\sum_{s_i \in E} \sum_X g(s_i) p(a_k | s_i) \log p(a_k | s_i)$$

$$= -\sum_{s_i \in E} g(s_i) H(X | s_i)$$

式中:$g(s_i)$是状态的极限概率;$H(X|s_i)$表示信源处于某状态s_i时发出一个信源符号的平均不确定性。

对于一阶马尔可夫信源,其概率空间为

$$X: \begin{Bmatrix} a_1, a_2, \cdots, a_g \\ p(a_k | a_{k-1}) \end{Bmatrix}, \quad \sum_{k_{m+1}=1}^g p(a_k | a_{k-1}) = 1$$

它的马尔可夫链的状态集空间也和概率空间一样,即

$$E: \begin{Bmatrix} a_1, a_2, \cdots, a_g \\ p(a_k | s_i) = p(a_k | a_{k-1}) \end{Bmatrix}, \quad \sum_{k_{m+1}=1}^g p(a_k | a_{k-1}) = 1$$

所以,信源熵为

$$H_\infty = H_2 = \sum_k \sum_{k-1} p(a_k) p(a_k | a_{k-1}) \log p(a_k | a_{k-1})$$

$$= H(X_N | X_{N-1}) = H(X_2 | X_1)$$

由此可见,一阶马氏信源的熵等于条件熵。应指出的是,式中的符号概率分布$p(a_k)$应是信源达到平稳以后的分布,并不是起始符号的概率分布,它不一定等于起始符号的概率分布。

例 2.7 (续例 2.6)这四个状态都是常返的,并具有历经性,为此有

$$g(s_1) = 0.8 g(s_1) + 0.5 g(s_3)$$

$$g(s_2) = 0.2 g(s_1) + 0.5 g(s_3)$$

$$g(s_3) = 0.5 g(s_2) + 0.2 g(s_4)$$

$$g(s_4) = 0.8 g(s_4) + 0.5 g(s_2)$$

$$g(s_1) + g(s_2) + g(s_3) + g(s_4) = 1$$

由此可求得

$$g(s_1) = g(s_4) = \frac{5}{14}$$

$$g(s_2) = g(s_3) = \frac{2}{14}$$

因此

$$H_\infty = H_3 = -\sum_{s_i}\sum_k g(s_i)p(a_k|s_i)\log p(a_k|s_i)$$

$$= \sum_{s_i} g(s_i)H(X|s_i)$$

$$= \frac{5}{14}H(0.8,0.2) + \frac{2}{14}H(0.5,0.5) + \frac{2}{14}H(0.5,0.5) + \frac{5}{14}H(0.8,0.2)$$

$$= \frac{5}{7}\times 0.7219 + \frac{2}{7}\times 1$$

$$= 0.8\text{bit}$$

显然,这个二进制信源的冗余度为

$$R_D = 1 - \frac{H_\infty}{H(X)_{\max}} = 1 - \frac{0.8}{1} = 0.2$$

综上讨论,我们可以做出结论:对于一个平稳信源,当我们已得到 N 足够大时的条件概率 $p(X_N|X_1,X_2,\cdots,X_{N-1})$,就可近似地计算 H_∞。当然,这样处理也是有困难,更简单的方法是:当作 m 阶马尔可夫链来处理,这时用 H_{m+1} 来近似 H_∞。

根据前面的讨论,可有下述不等式,即

$$\log q = H_0 \geq H_1 \geq H_2 \geq \cdots \geq H_{m+1} \geq H_{m+2} \geq \cdots \geq H_\infty$$

这说明,实际信源的符号熵为 H_∞,从理论上讲,就是只要能传送 H_∞ 的手段就够了,而我们只能得到 H_m,只好采用能传送 H_m 的手段,这当然是不经济的。也就是说,传送设备太富余了。

例如,设一个信源能输出 26 个英文字母,各字母出现的概率均等,并且字母与字母之间没有空间,那么,信源的熵为

$$H_0 = \sum_{i=1}^{26}\frac{1}{26}\log 26 = 4.7\text{bit}$$

但是,实际上英语的熵远小于这个数值,其原因如下。

(1) 各个字母出现的概率彼此并非是相等的,例如,对某一英文的统计如表 2.1 所列。它的熵 $H_1 = 4.16\text{bit}$。

表 2.1 英文字母概率统计分布

字符	概率	字符	概率	字符	概率	字符	概率
A	0.081	H	0.051	O	0.079	V	0.009
B	0.016	I	0.072	P	0.023	W	0.020
C	0.032	J	0.001	Q	0.002	X	0.002
D	0.037	K	0.005	R	0.060	Y	0.019
E	0.124	L	0.040	S	0.066	Z	0.001
F	0.023	M	0.022	T	0.096		
G	0.016	N	0.072	U	0.031		

(2) 由于并非什么字母都能组成单字,也不是什么单字都能组成有意义的句子缘故。考虑到字母之间的依赖关系时,即二维结构、三维结构,以至多维结构,可以算出它们的熵为 $H_2 = 3.32\text{bit}$,而 $H_3 = 3.1\text{bit}$。对 H_∞ 这个值,有不少近似值,一般就取为 $H_\infty = 1.4\text{bit}$。于是,英文的多余度为

$$R_D = 1 - \frac{H_\infty}{H(X)_{max}} = 1 - \frac{H_\infty}{H_0} = 1 - \frac{1.4}{4.7} = 0.7$$

这就说明了,英文的冗余度是很大的,可以进行压缩,像100页文件,压缩后大概只相当于29页的文件,这样就可大量地节省传输容量或存储空间。

2.5.3 信源编码冗余度分析与计算

无失真信源编码概念:

众所周知,要把信源发出的信息进行传输或存储,根据前面的分析已知,信源的冗余度存在于信源符号的记忆特性之中,也蕴藏于各符号出现的概率非均等特性当中。因此,各种各样的去相关技术发展迅速,同时各种统计编码技术也得到学术界的高度重视。

设某个无记忆信源 X 共有 N 个消息 $\{x_1, x_2, \cdots, x_N\}$,它们的概率分布为 $\{p_1, p_2, \cdots, p_N\}$。信源的概率空间记为 $\bar{X}$,或者简记为 X,即

$$X = \begin{Bmatrix} x_1, x_2, \cdots, x_N \\ p_1, p_2, \cdots, p_N \end{Bmatrix} \tag{2.15}$$

例 2.8 某一信源,它的概率空间为

$$X = \begin{Bmatrix} x_1, & x_2, & x_3, & x_4 \\ 0.5, & 0.25, & 0.125, & 0.125 \end{Bmatrix}$$

那么,信源熵为

$$H(X) = -\frac{1}{2}\log\frac{1}{2} - \frac{1}{4}\log\frac{1}{4} - \frac{1}{8}\log\frac{1}{8} - \frac{1}{8}\log\frac{1}{8} = \frac{7}{4}(\text{bit})$$

若对这个信源进行编码,编码字母表 $B = \{b_1, b_2, \cdots, b_M\}$,对应于每个消息的码字由 l_i 个编码符号组成。那么,每个消息的平均码长为

$$\bar{L} = \sum_{i=1}^{N} p_i l_i \tag{2.16}$$

因此,平均说来,每编码符号所具有的熵应为 $H(X)/\bar{L}$。根据前述的规定,编码字符是在字母集中选取的。假设编码后是一个新的等概率的无记忆信源,由于字符个数为 M,那么,它所含有的熵为

$$\log M \text{ bit} \tag{2.17}$$

这是一个极值。若 $H(X)/\bar{L} = \log M$,则认为编码效率已达到100%。若 $H(X)/\bar{L} < \log M$,则认为编码效率较低,故定义编码效率为

$$\eta_1 = \frac{H(X)/\bar{L}}{\log M} = \frac{H(X)}{\bar{L} \log M} \tag{2.18}$$

很显然,当 $\eta < 1$ 时,可认为还有冗余度存在,故编码冗余度 R_C 定义为

$$R_C = 1 - \eta_1 = \frac{\bar{L} \log M - H(X)}{\bar{L} \log M} \tag{2.19}$$

由此可见,编码问题就在于降低 $\bar{L}$,使得 $R_d=0$。若

$$\bar{L} = \frac{H(X)}{\log_2 M}\bigg|_{M=2} = H(X) \Rightarrow \eta = 1 \Rightarrow R_C = 0$$

这就是平均码长的下限,举例说明如下。

例 2.9 对例 2.8 中的信源,进行编码。

取 $B=\{0,1\}$,即 $M=2$,那么,有

$$x_1 \to 00, \quad x_2 \to 01, \quad x_3 \to 10, \quad x_4 \to 11$$

这时可得

$$\bar{L} = 2\left(\frac{1}{2} + \frac{1}{4} + \frac{1}{8} + \frac{1}{8}\right) = 2, \quad \eta_1 = \frac{7}{8}, \quad R_C = 1 - \eta_1 = \frac{1}{8}$$

由此可见,$\bar{L}$ 并没有达到下限。

仍取 $B=\{0,1\}$,但是改变编码方法,p_i 较大的消息 x_i 则取较短的码字;反之,则选取较长的码字。如

$$x_1 \to 0, \quad x_2 \to 10, \quad x_3 \to 110, \quad x_4 \to 111$$

可计算出

$$\bar{L} = \frac{7}{4}, \quad \eta_1 = 1, \quad R_C = 1 - \eta_1 = 0$$

这就达到了 $\bar{L}$ 的下限,即信源熵。

由上述可见,不同的编码方法其共同的特点是:消息与码字之间是一对一的,这是无失真编码的概念的根基。这种编码的宗旨是:第一,在消息和码字之间找到明确的一一对应关系,以便在收端准确无误地再现出来;第二,是使平均码长 $\bar{L}$ 压低到最低程度为目标,$\bar{L}$ 的下限值,在无失真的情况下就是信源熵 $H(X)$。

2.5.4 信道编码冗余度分析与计算

信道编码的基本思想:

信道编码的对象是信源输出的数字序列或经编码器输出的数字序列,称为信息序列,通常是由二元符号 0、1 组成的序列。所谓信道编码,就是在需要发送的信息序列中,按一定规律人为地加入长度不等的冗余码元序列,这些冗余的码元可以提供纠正经传输所发生的码元错误,以提高传输系统的可靠性。信道编码的根本任务,就是构造以增加最小冗余度换取最大抗噪声性能的编码,这也正是把信道编码称为纠错编码的理由。编码冗余度的定义式为

$$R_{C2} = 1 - \eta_2 = 1 - \frac{\text{信息序列比特数} k}{\text{信道编码码字比特数} e} \tag{2.20}$$

显然,η_2 越小,增加的比特数越多,R_{C2} 冗余度越大,抗噪声干扰能力越强,传输效率就越低。举例说明这一概念和特性。

例 2.10 信道的输入、输出 $X=Y=\{0,1\}$,信道如图 2.5 所示。

其转移概率矩阵 $\boldsymbol{Q} = \begin{bmatrix} g & p \\ p & g \end{bmatrix}$,错误传输概率 $p < \frac{1}{2}, g = 1-p$。

编码:采用二元编码,编码长度为 3,$C=\{(000),(111)\}$,速率 $=1/3$ bit/符号。

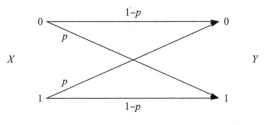

图 2.5 信道图

译码规则:采用"择多判决"准则,即 $f(y_1y_2y_3) = (xxx) \to x$,这里的 $x = y_1$、y_2 和 y_3 的多数元。

$$p_E^{(1)} = p\{f(\mathbf{y}) \neq \mathbf{x}_i\} = \sum \{p(\mathbf{y}/\mathbf{x}_i) : f(\mathbf{y}) \neq \mathbf{x}_i\}$$
$$= \sum_{k=2}^{3} \binom{k}{3} p^k (1-p)^{3-k} = \frac{3!}{2!} p^2(1-p) + \frac{3!}{3!} p^3(1-p)^{3-3} \quad (2.21)$$
$$= 3p^2(1-p) + p^3 = 3p^2 - 2p^3$$

它小于原错误率 p。说明如下:

$$p - p_E^{(1)} = p - (3p^2 - 2p^3) = p - 3p^2 - 2p^3 = p(1 - 3p + 2p^2)$$
$$= p \underbrace{(2p-1)}_{<0} \underbrace{(p-1)}_{<0} \bigg|_{p<\frac{1}{2}} > 0$$

所以
$$p > 3p^2 - 2p^3$$

信道编码冗余度为
$$R_d = 1 - \eta_2 = 1 - \frac{k}{e} = 1 - \frac{1}{3} = \frac{2}{3}$$

可见,增加了传输数据流的冗余度,传输错误的概率降低了。若把编码长度增加至 5,即

$$R_{C2} = 1 - \eta_2 = 1 - \frac{k}{e} = 1 - \frac{1}{5} = \frac{4}{5} = \frac{12}{15} > \frac{2}{3} = \frac{10}{15}$$

$$p_E^{(1)} = \sum_{k=3}^{5} \binom{k}{5} p^k (1-p)^{3-k}$$
$$= \frac{5!}{2! \times 3!} p^3(1-p)^2 + \frac{5!}{1! \times 4!} p^4(1-p)^1 + \frac{5!}{0! \times 5!} p^5(1-p)^0$$
$$= 10p^3(1-p)^2 + 5p^4(1-p) + p^5$$
$$= 10p^3 - 20p^4 + 10p^5 + 5p^4 - 5p^5 + p^5$$
$$= 6p^5 - 15p^4 + 10p^3$$
$$= (6p^2 - 15p + 10)p^3$$

会降得更低。例如,信道原错误概率 $p = 0.1$,即有如下计算式:

$$R_{C2} = \frac{2}{3}$$
$$p_E^{(1)} = 3p^2 - 2p^3 = 3 \times 0.01 - 2 \times 0.001 = 0.028$$
$$R_{C2} = \frac{4}{5}$$
$$p_E^{(1)} = (6p^2 - 15p + 10)p^3 = (0.06 - 1.5 + 10) \times 0.001$$
$$= 0.00856 \ll 0.028$$

第3章 去相关理论与技术

3.1 预测去相关

3.1.1 预测去相关原理

预测变换编码是信源编码中的一类，其基本思想是，利用信源输出采样点信号的相关性，对未来时刻信号进行预测或估计，估值与实际信号样值之差，即预测误差信号。预测变换编码系统就把预测误差信号作为传输信号，一般经过量化、编码等处理。

香农信息论的创立，为我们研究通信问题、信息技术领域的许多课题，提供了强有力的理论指导，使我们变得更"聪明"了，减少了实验、设计活动中的盲目性，下面将进行例证性的阐述。

预测变换编码原理：

预测变换编码是信源编码的一个重要的组成部分。基本思想如下。

（1）利用信号的相关性，对未来时刻的样值进行估计（预测），估计值与实际值之差，为预测误差信号，称为差值信号。对差值信号进行编码、传输，由于差值信号的数值范围以及概率分布均发生了变化，使得 $H(P_e) < H(X)$，因此减少了每样值所要传输的比特数，实现了数据压缩。其理论基础就是 K 阶马尔可夫信源理论：

$$\log |X| \geq H(X|X) \geq H(X|X^2) \geq \cdots \geq H(X|X^K)$$

（2）基于当失真小于某一规定值时，并不被人们所察觉（听觉和视觉）或即使察觉了也不妨碍。利用容许的失真来换取更大的数据压缩比是一个实际感兴趣的理论问题和实践问题。其理论基础就是速率失真函数。这里的失真是指量化失真。

例 3.1 DM 利用前一样值对即时样值进行估计。即 $\hat{x}_i = x_{i-1}$，称为前值预测。其预测误差为 $e_i = x_i - \hat{x}_i = x_i - x_{i-1}$。将 e_i 量化成 $\pm\Delta$，由"1""0"表示。系统框图如图 3.1 所示。

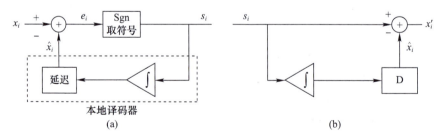

图 3.1 DM 系统框图

3.1.2 语音预测编码技术

德尔塔调制方式 DM、自适应德尔塔调制方式 ADM、差分脉冲编码调制 DPCM 和自适应差分脉冲编码调制 ADPCM，其 ITU-T 标准为 G.721、G.723、G.726、G.727 等。这类编码，明显的不足之处是编码带宽较宽，亦即数码率较高。

1. 线性预测编码

语音信号一般被看作是非平稳信号;然而,在短时段(一般是30ms)内具有平稳性。因此,对未来语音信号幅度进行预测是可行的,将预测值与实际值求差值,再将差值进行编码,可提高压缩效率。预测值与其先前的若干数值之间为线性关系的,就称为线性预测(LP)。最简单的预测是相邻两个样点间求差分,或称为前值预测,然后对差分信号再进行编码,如G.721,但更广泛应用的是语音信号的线性预测编码(LPC)。很多编码器都要用到LPC,如G.728、G.729、G.723.1建议。

全球移动通信系统GSM 13kb/s编码器,选择了一种有长时预测器的简化LPC系统,用于全欧数字移动通信系统中,码率为13kb/s,这种编码器称为RPE-LTP。

应该指出,从利用相关性角度考虑,对于即时的样值进行预测,它不仅与本行它前面的样值有关,还与前一行的有关样值相关,甚至还与前一帧的相应的样值相关联。因此,根据预测器所利用的相关联的样值,可分为一维预测、二维预测、三维预测等。预测即时样值,取用以前的样值模型,如图3.2所示。

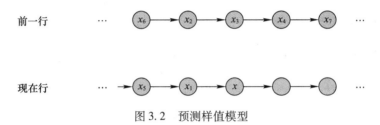

图3.2 预测样值模型

从对前面样值的组合方式来看,又分为线性预测和非线性预测(自适应预测)。

2. 自适应预测编码

例3.2 ADM原理图如图3.3所示。

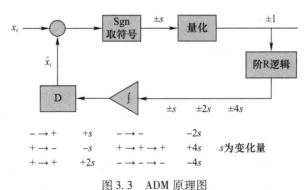

图3.3 ADM原理图

例3.3 LPC为线性预测编码,与DM不同的是预测器的预测函数为

$$\hat{x}_i = \alpha_1 x_{i-1} + \alpha_2 x_{i-2} + \cdots + \alpha_N x_{i-N} \tag{3.1}$$

式中:$\alpha_1, \alpha_2, \cdots, \alpha^N$为预测参数。

3.1.3 预测编码性能分析

1. 预测编码系统

预测变换编码系统传输的信号,实际上是预测误差信号经过量化后的数字信号。减少码流中的多余度,实质上就是要减小量化噪声。也就是说,量化噪声越小,证明信号关联利用的越充分。因为关联利用得越充分,预测就会越准确,误差信号越于0附近集中,即概率分布更加非均匀化,使$H(e) < H(X)$,而且样值e_i更趋于独立化。

例如,对于均匀量化来说,量化噪声功率为

$$\overline{y}^2 = \frac{1}{\Delta}\int_{-\frac{\Delta}{2}}^{\frac{\Delta}{2}} y^2 \mathrm{d}y = \frac{1}{\Delta}\frac{1}{3}y^3 \Big|_{-\frac{\Delta}{2}}^{\frac{\Delta}{2}} = \frac{\frac{1}{8}\Delta^3 + \frac{1}{8}\Delta^3}{3\Delta} = \frac{\Delta^2}{12} \tag{3.2}$$

由此可见,当信息率一定时(量化分层数一定),平均量化噪声 $\overline{y}^2$ 越小,Δ 越小,y 的变化范围越小,y 越向 0 附近集中。

对于无记忆高斯信源,信息率为

$$R(\delta) \geqslant \frac{1}{2}\log\frac{\sigma^2}{\delta} \quad (\text{b/每样值}) \tag{3.3}$$

对于一般信源而言,有

$$R(\delta) \geqslant W\log_2\frac{Q}{\delta} \quad (\text{b/s})$$

式中:W 为信号带宽;Q 为熵功率,定义为

$$Q = \frac{1}{2\pi\mathrm{e}}\mathrm{e}^{2h}$$

式中:h 为信源的微分熵,即

$$h(y) = \int p(y)\ln p(y)\mathrm{d}y$$

式中:$p(y)$ 为误差信号的概率密度函数。当 $p(y)$ 为正态分布且 y_i 独立时,$Q = \sigma_y^2$,$\sigma_y^2 = \int p(y)y^2\mathrm{d}y$。所谓熵功率,是指与平均功率为 N 的非高斯信源有同样熵的高斯信源的平均功率。高斯信源的熵为 $\frac{1}{2}\ln 2\pi\mathrm{e}Q$,因此,有

$$\frac{1}{2}\ln 2\pi\mathrm{e}Q = h = -\int_{-\infty}^{\infty} p(y)\ln p(y)\mathrm{d}y$$

则

$$2\pi\mathrm{e}Q = \mathrm{e}^{2h}, \quad Q = \frac{1}{2\pi\mathrm{e}}\mathrm{e}^{2h}$$

2. 预测增益

若输入信号的概率度函数是高斯的,那么抽样序列为 $\{x_i\}$,若预测采用线性的,误差序列为 $\{y_i\}$,y_i 为高斯随机变量。应用线性预测理论,根据信号的统计特性,我们可以确定 K 个预测系数 $a_1, a_2, \cdots, a_K$ 使 $\{y_i\}$ 的方差达到最小值 $\sigma_{\min}^2$。这时,可以认为 y_i 是统计独立的,并且 y_i 又是高斯型的,故熵功率 $Q = \sigma_{\min}^2$,也是最小的。信噪比用 dB 表示,即

$$\frac{S}{N} = 10\log\frac{\sigma^2}{\sigma_q^2} \tag{3.4}$$

将 $Q = \sigma_{\min}^2$ 代入 $R(\delta)$ 表示式,且 $R = 2Wn$,于是,有

$$2Wn = R \geqslant W\log\frac{Q}{\delta} = W\log\frac{Q_e}{\sigma_q^2}$$

$$2n \geqslant \log\frac{\sigma^2\sigma_{\min}^2}{\sigma^2} \Big/ \sigma_q^2 = \log\frac{\sigma^2\sigma_{\min}^2}{\sigma^2\sigma_q^2} = \log\frac{\sigma^2}{\sigma_q^2} + \log\frac{\sigma_{\min}^2}{\sigma^2}$$

则

$$\log_2 \frac{\sigma^2}{\sigma_q^2} \leq 2n + \log_2 \frac{\sigma^2}{\sigma_{\min}^2}$$

换成以 10 为底,有

$$\frac{\lg \frac{\sigma^2}{\sigma_q^2}}{\lg 2} \leq 2n + \frac{\lg \frac{\sigma^2}{\sigma_{\min}^2}}{\lg 2} \quad (\text{以 dB 表示})$$

$$10\lg \frac{\sigma^2}{\sigma_q^2} \leq 10 \times 2n \times \lg 2 + 10\lg \frac{\sigma^2}{\sigma_{\min}^2} \quad (3.5)$$

$$\frac{S}{N}\Big|_{dB} \leq 6n + 10\lg \frac{\sigma^2}{\sigma_{\min}^2} = 6 \times \frac{R}{2W} + 10\lg \frac{\sigma^2}{\sigma_{\min}^2}$$

所以

$$10\lg \frac{\sigma^2}{\sigma_{\min}^2} \geq 10\lg \frac{\sigma^2}{\sigma_q^2} - 6 \times \frac{R}{2W}$$

预测增益,即经预测信号方差 σ^2 降为误差信号方差 $\sigma_{\min}^2$ 时,最小增益为 $10\lg \frac{\sigma^2}{\sigma_q^2} - 6 \times \frac{R}{2W}$ (dB)。

3.2 正交变换去相关

变换编码:

变换编码是语音压缩中的一类重要的方法,也是主要的压缩方法之一。例如,运动图像专家组(MPEG)伴音压缩算法用到快速傅里叶变换(FFT)、改进离散余弦变换(MDCT),AC-3 杜比立体声也用到 MDCT,G.722.1 建议中采用了调制重叠的变换(MLT)。近年来,出现的低速率语音编码算法中,小波变换在其中也有应用。

子带编码,一般都与波形编码结合使用,如 G.722 采用了 SB-ADPCM 技术。需要指出的是,子带的划分多是对频域系数的划分,因此,在子带编码中,先要应用某种变换方法得到频域系数,在 G.722.1 中使用 MLT;MPEG 伴音中用 FFT 或 MDCT,划分的子带数高达 32 个。

3.2.1 正交变换去相关原理

正交变换编码原理

正交变换编码,对原信源输出信号进行正交变换,即把原信号域转移到了变换域,如沃尔什(Walsh)变换、离散余弦变换(DCT)等。它是信源编码中非常重要的一个组成部分,实质是将信源所产生的信号进行正交变换,在变换域中的域值发生了向某局部区域集中的现象,而且变换域的域值具有独立性或不相关特性,这样一来,在一定的失真条件下(一方面,有些变换域数值可忽略不计,缩小需要编码的域值范围;另一方面,根据人眼视觉特性,一般采用分区、分等级量化技术,即低频区域变换系数采用精细量化,高频区域变换系数采用粗糙量化,减小量化失真),再对量化后的系数进行无失真编码,这样就可实现数据压缩,这就是变换编码。变换编码系统模型如图 3.4 所示。

正交变换算法比较多,如离散余弦变换、K-L 变换-最佳变换、离散傅里叶变换(DFT)、沃尔

信源序列 → 变换 → 变换域采样 → 量化编码 → 输出

图 3.4 变换编码模型

什变换等。它们的共同特征就是变换域的样值具有独立或不相关特性,而且较大幅度样值集中于某一区域。下面举例进行说明。

例 3.4 Walsh–Hadamard 变换的基本图像,以 $M = N = 4$ 为例加以说明。对于具有 4×4 个元素组成的图像信号矩阵$[f]$,其二维 WHT 为

$$[F] = \frac{1}{4} T_{WH}(4)[f] T_{WH}(4) \tag{3.6}$$

其中

$$T_{WH}(4) = \begin{bmatrix} 1 & 1 & 1 & 1 \\ 1 & -1 & 1 & -1 \\ 1 & 1 & -1 & -1 \\ 1 & -1 & -1 & 1 \end{bmatrix}, \quad [f] = \begin{bmatrix} -1 & -1 & -1 & -1 \\ -1 & -1 & -1 & -1 \\ -1 & -1 & 1 & 1 \\ -1 & -1 & 1 & 1 \end{bmatrix}$$

$$[F] = 2 \begin{bmatrix} -1 & 0 & -1 & 0 \\ 0 & 0 & 0 & 0 \\ -1 & 0 & 1 & 0 \\ 0 & 0 & 0 & 0 \end{bmatrix}$$

其反变换为

$$\begin{aligned}[f] &= \frac{1}{4} T_{WH}(4)[F] T_{WH}(4) \\ &= \frac{1}{2} \begin{bmatrix} 1 & 1 & 1 & 1 \\ 1 & -1 & 1 & -1 \\ 1 & 1 & -1 & -1 \\ 1 & -1 & -1 & 1 \end{bmatrix} \begin{bmatrix} -1 & 0 & -1 & 0 \\ 0 & 0 & 0 & 0 \\ -1 & 0 & 1 & 0 \\ 0 & 0 & 0 & 0 \end{bmatrix} \begin{bmatrix} 1 & 1 & 1 & 1 \\ 1 & -1 & 1 & -1 \\ 1 & 1 & -1 & -1 \\ 1 & -1 & -1 & 1 \end{bmatrix} \end{aligned} \tag{3.7}$$

可得到 Walsh 的基本图像及其二维谱,如图 3.5 所示。

$[f]$可由式(3.7)求出,同时也可由 Walsh 基本图像的加权和来表示,即

$$[f] = \frac{1}{4} [-2W_{00} + 2W_{22} - 2W_{02} - 2W_{20}]$$

$$= -\frac{1}{2} \begin{bmatrix} 1 & 1 & 1 & 1 \\ 1 & 1 & 1 & 1 \\ 1 & 1 & 1 & 1 \\ 1 & 1 & 1 & 1 \end{bmatrix} + \frac{1}{2} \begin{bmatrix} 1 & 1 & -1 & -1 \\ 1 & 1 & -1 & -1 \\ -1 & -1 & 1 & 1 \\ -1 & -1 & 1 & 1 \end{bmatrix}$$

$$- \frac{1}{2} \begin{bmatrix} 1 & 1 & -1 & -1 \\ 1 & 1 & -1 & -1 \\ 1 & 1 & -1 & -1 \\ 1 & 1 & -1 & -1 \end{bmatrix} - \frac{1}{2} \begin{bmatrix} 1 & 1 & 1 & 1 \\ 1 & 1 & 1 & 1 \\ -1 & -1 & -1 & -1 \\ -1 & -1 & -1 & -1 \end{bmatrix}$$

$$= \frac{1}{2} \begin{bmatrix} 0 & 0 & -2 & -2 \\ 0 & 0 & -2 & -2 \\ -2 & -2 & 0 & 0 \\ -2 & -2 & 0 & 0 \end{bmatrix} - \frac{1}{2} \begin{bmatrix} 2 & 2 & 0 & 0 \\ 2 & 2 & 0 & 0 \\ 0 & 0 & -2 & -2 \\ 0 & 0 & -2 & -2 \end{bmatrix} = \frac{1}{2} \begin{bmatrix} -2 & -2 & -2 & -2 \\ -2 & -2 & -2 & -2 \\ -2 & -2 & 2 & 2 \\ -2 & -2 & 2 & 2 \end{bmatrix}$$

$$
\begin{array}{cccc}
1\ 1\ 1\ 1 & 1\ -1\ 1\ -1 & 1\ 1\ -1\ -1 & 1\ -1\ -1\ 1 \\
1\ 1\ 1\ 1 & 1\ -1\ 1\ -1 & 1\ 1\ -1\ -1 & 1\ -1\ -1\ 1 \\
1\ 1\ 1\ 1 & 1\ -1\ 1\ -1 & 1\ 1\ -1\ -1 & 1\ -1\ -1\ 1 \\
1\ 1\ 1\ 1 & 1\ -1\ 1\ -1 & 1\ 1\ -1\ -1 & 1\ -1\ -1\ 1 \\
W_{00} & W_{01} & W_{02} & W_{03} \\[4pt]
1\ 1\ 1\ 1 & 1\ -1\ 1\ -1 & 1\ 1\ -1\ -1 & 1\ -1\ -1\ 1 \\
-1\ -1\ -1\ -1 & -1\ 1\ -1\ 1 & -1\ -1\ 1\ 1 & -1\ 1\ 1\ -1 \\
1\ 1\ 1\ 1 & 1\ -1\ 1\ -1 & 1\ 1\ -1\ -1 & 1\ -1\ -1\ 1 \\
-1\ -1\ -1\ -1 & -1\ 1\ -1\ 1 & -1\ -1\ 1\ 1 & -1\ 1\ 1\ -1 \\
W_{10} & W_{11} & W_{12} & W_{13} \\[4pt]
1\ 1\ 1\ 1 & 1\ -1\ 1\ -1 & 1\ 1\ -1\ -1 & 1\ -1\ -1\ 1 \\
1\ 1\ 1\ 1 & 1\ -1\ 1\ -1 & 1\ 1\ -1\ -1 & 1\ -1\ -1\ 1 \\
-1\ -1\ -1\ -1 & -1\ 1\ -1\ 1 & -1\ -1\ 1\ 1 & -1\ 1\ 1\ -1 \\
-1\ -1\ -1\ -1 & -1\ 1\ -1\ 1 & -1\ -1\ 1\ 1 & -1\ 1\ 1\ -1 \\
W_{20} & W_{21} & W_{22} & W_{23} \\[4pt]
1\ 1\ 1\ 1 & 1\ -1\ 1\ -1 & 1\ 1\ -1\ -1 & 1\ -1\ -1\ 1 \\
-1\ -1\ -1\ -1 & -1\ 1\ -1\ 1 & -1\ -1\ 1\ 1 & -1\ 1\ 1\ -1 \\
-1\ -1\ -1\ -1 & -1\ 1\ -1\ 1 & -1\ -1\ 1\ 1 & -1\ 1\ 1\ -1 \\
1\ 1\ 1\ 1 & 1\ -1\ 1\ -1 & 1\ 1\ -1\ -1 & 1\ -1\ -1\ 1 \\
W_{30} & W_{31} & W_{32} & W_{33}
\end{array}
$$

(a)

$$
\begin{array}{cccc}
1\ 0\ 0\ 0 & 0\ 1\ 0\ 0 & 0\ 0\ 1\ 0 & 0\ 0\ 0\ 1 \\
0\ 0\ 0\ 0 & 0\ 0\ 0\ 0 & 0\ 0\ 0\ 0 & 0\ 0\ 0\ 0 \\
0\ 0\ 0\ 0 & 0\ 0\ 0\ 0 & 0\ 0\ 0\ 0 & 0\ 0\ 0\ 0 \\
0\ 0\ 0\ 0 & 0\ 0\ 0\ 0 & 0\ 0\ 0\ 0 & 0\ 0\ 0\ 0 \\[4pt]
0\ 0\ 0\ 0 & 0\ 0\ 0\ 0 & 0\ 0\ 0\ 0 & 0\ 0\ 0\ 0 \\
1\ 0\ 0\ 0 & 0\ 1\ 0\ 0 & 0\ 0\ 1\ 0 & 0\ 0\ 0\ 1 \\
0\ 0\ 0\ 0 & 0\ 0\ 0\ 0 & 0\ 0\ 0\ 0 & 0\ 0\ 0\ 0 \\
0\ 0\ 0\ 0 & 0\ 0\ 0\ 0 & 0\ 0\ 0\ 0 & 0\ 0\ 0\ 0 \\[4pt]
0\ 0\ 0\ 0 & 0\ 0\ 0\ 0 & 0\ 0\ 0\ 0 & 0\ 0\ 0\ 0 \\
0\ 0\ 0\ 0 & 0\ 0\ 0\ 0 & 0\ 0\ 0\ 0 & 0\ 0\ 0\ 0 \\
1\ 0\ 0\ 0 & 0\ 1\ 0\ 0 & 0\ 0\ 1\ 0 & 0\ 0\ 0\ 1 \\
0\ 0\ 0\ 0 & 0\ 0\ 0\ 0 & 0\ 0\ 0\ 0 & 0\ 0\ 0\ 0 \\[4pt]
0\ 0\ 0\ 0 & 0\ 0\ 0\ 0 & 0\ 0\ 0\ 0 & 0\ 0\ 0\ 0 \\
0\ 0\ 0\ 0 & 0\ 0\ 0\ 0 & 0\ 0\ 0\ 0 & 0\ 0\ 0\ 0 \\
0\ 0\ 0\ 0 & 0\ 0\ 0\ 0 & 0\ 0\ 0\ 0 & 0\ 0\ 0\ 0 \\
1\ 0\ 0\ 0 & 0\ 1\ 0\ 0 & 0\ 0\ 1\ 0 & 0\ 0\ 0\ 1
\end{array}
$$

(b)

图 3.5 Walsh 基本图像及基二维谱

(a) Walsh 基本图像；(b) 二维谱。

应该指出，第二种表示法属于信号分析法。在此，Walsh – Hadamard 变换的基本图像，可以证明是正交的。可根据如下思路进行证明：

$$\int_{t_1}^{t_2} f_1(t) f_2(t) \mathrm{d}t = 0$$

则 $f_1(t)$、$f_2(t)$，在 $t_1 < t < t_2$ 区间是正交的。对于离散的 Walsh – Hadamard 变换，$w_{ij} \otimes w_{mn} = 0$，$i,j$，$m,n = 0,1,2,3$，如

$$w_{00} \otimes w_{01} = \begin{bmatrix} 1 & 1 & 1 & 1 \\ 1 & 1 & 1 & 1 \\ 1 & 1 & 1 & 1 \\ 1 & 1 & 1 & 1 \end{bmatrix} \otimes \begin{bmatrix} 1 & -1 & 1 & -1 \\ 1 & -1 & 1 & -1 \\ 1 & -1 & 1 & -1 \\ 1 & -1 & 1 & -1 \end{bmatrix}$$

$$= 4 - 4 + 4 - 4 + 4 - 4 + 4 - 4 + 4 - 4 + 4 - 4 + 4 - 4 + 4 - 4 = 0$$

由上述分析可得以下结论。

（1）对一般图像而言,在二维 Walsh 变换域中的变换系数,其幅度较大者都在低频率区域,即集中在左上角,这为实现压缩编码奠定了基础。

（2）parseval 定理,即

$$\sum_{s=0}^{M-1}\sum_{t=0}^{N-1}[F(s,t)]^2 = \frac{1}{N^2}\sum_{m=0}^{M-1}\sum_{n=0}^{N-1}[f(m,n)]^2 \tag{3.8}$$

其物理意义是:当 $f(m,n)$ 已知时,式的右边是一个常量。因此,变换系数中只有少数幅度较大,那么必有多数个系数幅值较小,当丢弃小幅度系数时,可实现限失真的数据压缩,而当丢弃的部分系数,其能量仅占总能量的一小部分时,可认为这部分能量丢失不至于对图像质量产生大的影响,这就是限失真压缩编码的理论基础。

3.2.2 变换域采样与编码

在前面几节中,我们讨论了正交变换问题,主要阐述了正交变换的构成方法、去相关性能分析、正交变换的基本图像及其意义,还有正交变换的谱结构。这为我讨论编码问题提供了理论基础。所谓正交变换编码,实质上就是把信源信号先变换后处理(采样、编码),从采样的角度来看,目前比较实用的是带状采样和门限采样(方差准则)。从采样与量化综合考虑,变换编码可分为区域采样法、区域编码法和阈值编码法三种编码方法。阈值编码法实际上是一种自适应编码方法。下面将分别进行讨论。

1. 区域采样法

区域采样法也就是带状采样法,是指只对变换域系数矩阵中的左上角"低频"率系数进行采样与量化,即编码,右下角的阴影区中的系数既不编码也不传输(或存储),这就相当于将变换域系数矩阵通过一个二维低通滤波器,只保留这些低频系数,而把高频率系数滤掉。对保留的待传输的系数进行等比特量化。例如,每样值系数都用 8bit 量化,如图 3.6 所示。

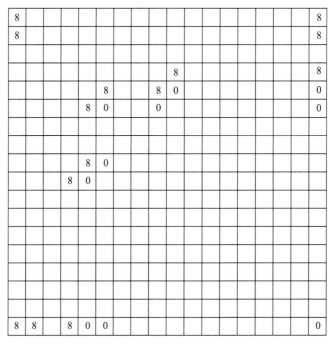

图 3.6 区域取样法示意图

应该指出,区域采样法有两个缺点:一是采样值均用等比特编码,即不管样值的大小都采用等比特量化,这无疑是一种浪费;二是区域采样法,所丢弃的高频率系数,将使图像信源的细致结构模糊,也就是说,图像出现了散焦现象,分辨力降低。可见,尽管高频分量的能量小,但其影响重大。为了克服上述缺点,又有如下编码方法。

2. 区域编码法

区域编码法,是将变换系数矩阵的低频率区域分成为若干个子区域,每个子区域中的系数样值,采用等比特量化,而且量化比特数与该子区域里单个变换系数的能量成正比。其示意图如图3.7所示。

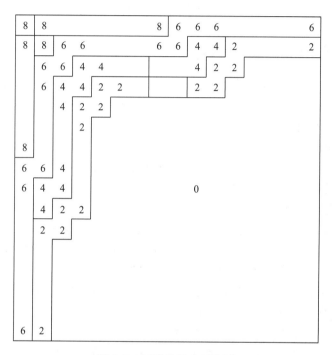

图 3.7 区域编码法示意图

应该指出,区域编码法仍有使图像分辨力降低的缺点。

3. 阈值编码法(自适应变换编码法)

阈值编码法,也称为门限采样编码法,是为了克服前两种编码法使图像分辨力下降的缺点所采用的方案之一。它只对幅度大于某一阈值的变换系数(称为重要样值)进行量化编码,显然还要编以相应的地址供恢复端识别,以便正确复原图像。这样的方法,有可能保留某些高频率变换系数。对阈值以下的高频样值予以丢弃。

为了保持一定的数码率,可以根据子图像的总比特数的多少,适当地自动调整阈值,因而,这种编码方法对子图像的结构有一定的自适应性。

关于各种编码方法的性能,从数据压缩的角度考虑,应该说,区域编码法有较高的压缩率。在此不再作具体分析了。

例 3.5 有一二维图像信号

$$[f] = \begin{bmatrix} 2 & 2 & 1 & 1 \\ 2 & 2 & 1 & 1 \\ 1 & 1 & 0 & 0 \\ 1 & 1 & 0 & 0 \end{bmatrix}$$

试对其进行 Walsh 变换，说明应采用哪一种编码方法，则

$$[F] = \frac{1}{4}\begin{bmatrix} 1 & 1 & 1 & 1 \\ 1 & 1 & -1 & -1 \\ 1 & -1 & -1 & 1 \\ 1 & -1 & 1 & -1 \end{bmatrix}\begin{bmatrix} 2 & 2 & 1 & 1 \\ 2 & 2 & 1 & 1 \\ 1 & 1 & 0 & 0 \\ 1 & 1 & 0 & 0 \end{bmatrix}\begin{bmatrix} 1 & 1 & 1 & 1 \\ 1 & 1 & -1 & -1 \\ 1 & -1 & -1 & 1 \\ 1 & -1 & 1 & -1 \end{bmatrix} = \frac{1}{4}\begin{bmatrix} 16 & 8 & 0 & 0 \\ 8 & 0 & 0 & 0 \\ 0 & 0 & 0 & 0 \\ 0 & 0 & 0 & 0 \end{bmatrix}$$

由 $[F]$ 可见，应采用区域编码法为宜。

3.3 并元处理去相关

3.3.1 非等长同元并元处理去相关

我们知道，对一个二值传真信源来说，一幅传真图像是由扫描线上的像素组成的，而每一扫描线又总是由一些接连的黑像素和白像素组成的，我们称连续发生的黑像素为连"1"，白像素为连"0"，也称为黑游程和白游程。连"1"的个数称为黑游程长度，连"0"的个数称为白游程长度。黑白游程总是交替出现的。

在传真信源编码中，首先把数字序列进行并元处理，即把连续0（或1）的个数作为一个游程（看作为一个信源符号），这样就从0、1序列域转换到游程长度域，把具有相关性的二值序列转变成了无相关性的黑、白游程域。

不同长度的游程其发生的概率也是不同的，即若游程长度集合为 $\{1,2,\cdots,M\}$，那么 $P\{L_i\} = P_i$ 是一个非均匀分布（$i=1,2,\cdots,M$），当 $i=1$ 时，游程长度 $L_1=1$ 为单点像素，而 $i=M$ 时，游程长度就等于一条扫描线上的像素总数，A4 幅面一般为 1728。

根据 $P\{L_i\}$ 分别赋予不同长度的码字，这种编码方法就称为基于游程的统计编码，其实质是：先采用了游程编码 + 再进行统计编码。

所谓"游程编码"，其码字的构成形式一般为

$$\underbrace{\text{游程颜色标志码} + \text{游程长度码} + \text{游程终止码}}_{\text{游程编码的码字}}$$

对于二值传真图像而言，只有黑白两种游程，并且规定每一扫描线均由白游程开始，若实际扫描线由黑游程开始，则前面加一个长度为0的白游程，这样一来，游程编码的码字仅仅为

$$\underbrace{\text{游程长度码}}_{\text{游程编码的码字}}$$

经游程编码后，每一扫描线由0和1构成0、1数字序列，就变成了由白和黑游程构成的白、黑游程序列。可以将黑白游程混合统一编码，也可以将黑白游程分开来分别进行编码。

在游程长度域，各个游程长度已经是各自独立、互不相关了，但各个游程出现的概率即是非均等的，为此，以游程为符号的信源仍然具有冗余度，我们在前面已经得知，信源的冗余来自信源符号的"相关性"和"信源符号出现概率的非均等性"。通过游程长度识别，把传真图像从"像素域"变换到"游程长度域"，消除了游程长度符号 L_i 之间的相关性，我们再通过最优二元编码，再把信源从游程长度域变换到以0、1为编码符号的0、1二元域。该域中"0""1"出现的概率应该是均等的或近均等的。该0、1符号就是信源编码输出的符号，也就是送往信道传输的符号。

3.3.2 等长异元并元处理去相关

在矢量量化编码中，首先通过并元处理技术，将 N 个变量看作一个矢量，然后，通过聚类将矢

量空间分割成 M 个子空间,并根据某种规则确定 M 个矢量构成码本或码书。编码时,将要编码的矢量与码本中的矢量进行比较,并以最接近的矢量的脚标作为码字。这样一来,就把相关性较强的变量域编码转换到了几乎不相关的矢量脚标域编码,实现了较好的数据压缩。

3.4 字典索引去相关

在字典压缩中,不管是 LZ77 还是 LZ78,其本质都是建立字典,在这个基础上,把编码符号流中"符号组合"或"符号串",与字典中的"符号组合"或"符号串"进行匹配,找到匹配后,把"符号串"之间距离和"符号串"长度作为编码结果而输出。因此,字典压缩编码输出的"符号串"的"距离"和"长度"码之间是不相关的。一般还要对"距离"和"长度"码再进行等概化编码,进一步提高压缩比。

3.4.1 LZ77 算法

1. 概述

1977 年、1978 年,以色列人 Jacob Ziv 和 Abraham Lempel 描述了使用自适应字典的两种压缩方法,即 LZ77 算法和 LZ78 算法。1977 年,Jacob Ziv 和 Abraham Lempel 的论文"A Universal Algorithm for Sequential Data Compression"(数据压缩的一个通用算法)在 *IEEE Transaction on Information Theory* 上发表;1978 年,发表了"Compression of Individual Sequences via Variable-Rate Coding"(通过可变比率编码的独立序列的压缩)。这两篇文章激起了基于字典压缩算法研究的洪流。

字典式编码技术是一类重要的无失真数据压缩编码技术,广泛应用于通信、计算机文件存档等方面。字典式编码分为两类:①固定字典式编码;②自适应字典式编码。自适应字典式编码又分为:①滑动窗口字典式编码,即 LZ77 算法;②动态字典式编码,即 LZ78 算法。

字典式编码的基本思想是:将长度可变的字符串集合一起,犹如编成一本字典,给每个字符串规定一个标号(INDEX)作为其代码,在编码后,就把原始数据变换成了"由标号代码组成的码流"。在存储时以文件的形式进行存储。在通信中,只发送标号代码而不传送字符串本身,在接收到标号码后,通过查阅字典将标号码转换成字符串。显然,与统计编码中将单个字符编码成可变长度的比特流有本质的区别。

例 3.6 现有一本英文字典:*Random House Dictionary of the English Language*,该字典有 2200 页,并且每页上词条少于 256 个。若我们约定,每个英文字以它所在页的页号和在该页的序号作为其标号码。如下面句子:

    A good example of how dictionary based compression

根据编码规则,可转换成如下标号码流:

    1/1 822/3 674/4 1343/60 928/75 550/32 173/46 421/2

由于该字典共 2200 页,页号编码需要 12bit;每页上词条少于 256 个,单词序号编码需要 8 位,每个词需要 20 位(2.5B)。在原来句子中有 8 个单词共使用 43B,而编码后的消息只使用 $2.5 \times 8 = 20$B,压缩率约 50%。

应该指出,在这种编码中,字典是关键,发端和收端必须保持相同的字典;在设计字典时,必须考虑字典的大小、如何选择条目以及构造方式等。根据建立和维护字典的方式,字典式编码分为固定字典式编码和自适应字典式编码。在固定字典式编码中,字典是在压缩之前建立的,而且长时间保持不变。其压缩效率可能受到如下两个因素的影响:①字典不能最佳匹配不同类型的待传文本;

②有时要将字典与已压缩的文本一道传送给收方。在自适应方式字典编码中,压缩之前是没有字典的,字典的建立与字符的编码同步进行,而且随着所发文本的变化不断地修改字典。自适应字典式编码:一是滑动窗口式编码,即 LZ77 算法;二是动态字典式编码,即 LZ78 算法。这两种算法的共同之处是字典随待压缩的文本而变化,但是两者建立字典的方式不同;LZ77 算法又称为滑动窗口式压缩编码,LZ78 算法又称为字典式压缩编码。

2. LZ77 算法

LZ77 算法是一种字典式编码,由于所用的字典是由前面已处理过的一串字符所构成的,随着编码的进行,字典也不断地滑动,故取名为滑动窗口编码。文本窗口分成两个部分:第一部分为搜索缓存区(Search Buffer),用于存放部分最近已编码的序列,即字典;第二部分为前视缓存区(Look-ahead Buffer),一般要小一些,用于存放刚被读入但尚未编码的字符,如图 3.8 所示。需要指出的是,此处,搜索缓存区可存放几个字符,前视缓存区可存放几个字符,实际中两个缓存区要大得多,这里仅是一个示意图。

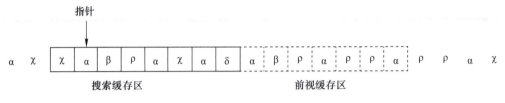

图 3.8 LZ77 算法示意图

LZ77 算法的实质就是在字典中寻找一个尽可能长的字符串,与前视缓冲区中待编码的第一个字符为首的字符串相匹配,然后产生一个说明该匹配字符串的码字,码字包括三部分。

在搜索缓存区所找到的匹配字符串的第一个字符与前视缓存区中待编码的第一个字符的距离(记为 D)、匹配串的长度(记为 L)以及匹配串之后的第一个字符(记为 C)。例如,在图 3.8 中,箭头指向最长匹配字符串的起点,距离 $D=7$,匹配串长度 $L=4$,匹配串之后的第一个字符 $C=\rho$。之所以要发送匹配串之后的第一个字符,主要是照顾到有时找不到匹配串,此时,$D=0,L=0$。

在编码过程中,可能会有三种情况出现:①没有搜索到匹配字符串;②搜索到长度不超过前视缓冲区长度的匹配字符串;③搜索到一个其长度超过前视缓冲区长度的匹配字符串。

如果搜索缓存区长度为 S,窗口(包括搜索缓存区和前视缓冲区)长度为 W,信源字母表尺寸为 A,采用固定长度码对 $D、L、C$ 三个参数编码所需比特数为 $\lceil\log_2 S\rceil+\lceil\log_2 W\rceil+\lceil\log_2 A\rceil$,$\lceil x \rceil$ 表示取 $\geq x$ 的最小整数。注意:第二项是 $\lceil\log_2 W\rceil$,而不是 $\lceil\log_2(W-S)\rceil$,这是因为匹配串的长度可能超过搜索缓存区长度。

例 3.7 假设待编码的序列为

…cabracadabrarrarrad…

窗口长度是 13,前视缓存器长度是 6,窗口现在状态如下:

| cabraca | dabrar |

其中 dabrar 在前视缓存器中。此时没有搜索到匹配字符串,故发送一个三元数组 $\langle 0,0,C(\text{d})\rangle$,其中前两个参数表示在搜索缓存器中没有 d 的匹配字符串,$C(\text{d})$ 是字符 d 的码字。接着将窗口移动一个字符,缓存器现在的内容为

| abracad | abrarr |

其中，abrarr 在前视缓存器中。现在继续在搜索缓存器中寻找以待编码的第一个字符 a 为起头的匹配字符串，结果是在距离 a 两个字符处有一个匹配字符串 a，匹配长度为 1；在距离 a 4 个字符处有第二个匹配字符串 a，匹配长度仍为 1；在距离 a7 个字符处第三个匹配字符串 abra，匹配长度为 4，如图 3.9 所示。第三个最长，故代表字符串 abra 的码字是 $\langle 7,4,C(\mathrm{r})\rangle$。窗口移动 5 个字符后的内容为

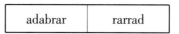

其中 rarrad 在前视缓存器中。现在继续搜索，结果是在距离 r 一个字符处有一个匹配字符串 r，在距离 r 三个字符处有第二个匹配字符串，匹配串的长度初看是 3，而实际上我们取 5。其原因在下面介绍译码时给予说明。

搜索指针

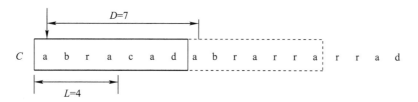

图 3.9 编码过程

为了说明译码过程，假设我们业已完成序列 cabraca 的译码，并收到三元数组 $\langle 0,0,C(\mathrm{d})\rangle$，$\langle 7,4,C(\mathrm{r})\rangle$，$\langle 3,5,C(\mathrm{d})\rangle$。第一个三元数组的译码很简单，在已译码的序列中没有匹配串，下一个字符是 d，故已译码的序列是 cabracad。第二个三元数组告诉译码器将备份指针后退 7 个字符，并从该点起复制 4 个字符，如图 3.10 所示。最后对三元数组 $\langle 3,5,C(\mathrm{d})\rangle$ 译码，将指针后退 3 个字符并开始复制，所复制的前三个字符是 rar。备份指针再次后退，以便备份刚刚复制过来的字符 r，如图 3.11 所示。按同样方式复制下一个字符 a。尽管开始时我们只复制 3 个字符，而最后完成了 5 个字符的译码。我们可以看出，匹配字符串的起点只能在搜索缓存器中，但它可能延伸到前视缓存器。事实上，如果前视缓存器中最后 1 个字符是 r 而不是 d，并且后面跟若干组 rar，用一个三元数组便可对整个由 rar 重复构成的序列编码。

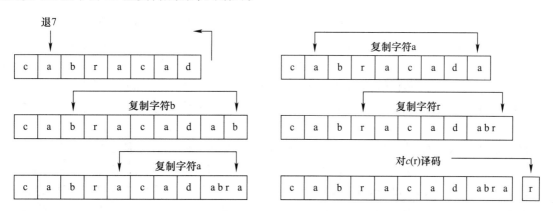

图 3.10 $\langle 7,4,C(\mathrm{r})\rangle$ 的译码

上述的 LZ77 编译码算法的演进过程，表述了滑动窗口编码的基本思想，它的突出问题是效率不高。因此，在 LZ77 算法基础上又推出了改进算法，如 LZSS 算法、LZB 算法等。

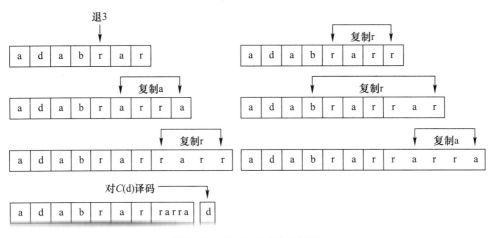

图 3.11 〈3,5,C(d)〉的译码

3.4.2 LZ78 算法

1. LZ78 算法分析

LZ77 算法固定了窗口的大小,这就意味着窗口中字典的内容不断地移出,新的内容又不断地补充,构成新的字典。LZ77 算法的基础是基于对待编码的字符串而言,最新进入字典的字符串重复出现的可能性较大,而最早进入字典的字符串重复出现的可能性较小。然而,实际上这一假设并非符合实际,已经移出窗口的字符串或许与待编码的字符串存在更密切的联系。图 3.12 列举了 LZ77 算法缺陷的一种极端情况,此时输入字符是周期为 9 的重复图样,周期正好比搜索缓存器长 1 个字节,不然输入文本会被大大压缩。如果通过增加窗口尺寸来解决这一问题:一是会影响编码效率和处理速度;二是增加窗口尺寸总是有限度的。所以必须寻求新的解决办法,在此背景下,Ziv 和 Lempel 又提出了被人们称为 LZ78 的新的压缩算法。

图 3.12 LZ77 算法的缺陷示意图

LZ78 算法仍是基于字典的,与 LZ77 算法一样,在压缩编码之初,所用的字典是空的,随着编码的进程,字典由已处理的文本逐步构成。但与 LZ77 算法的实现思路有本质的区别:LZ78 算法放弃了窗口滑动的概念,采用树形结构组织字典,保存短语。字典的大小没有限制,凡是已出现过的短语都被收入在字典之中。编码输出的码字由两部分构成:字典中短语的标号和紧跟在该短语之后的第一个字符的标号(或字符码)。与 LZ77 不同,不给出匹配字符串的长度,其长度可由算法本身的规则来确定。

在实现 LZ78 算法时,字典的构作和维护十分重要。LZ78 算法用一棵多叉树存放字典,每个结点对应一个短语,即一串字符,并且被赋予一个固定的标号,码树的根结点是空字符(NULL)。LZ78 算法开始压缩时从 NULL 开始构造字典。每读入源文件的一个字符,与字典已存放的短语逐一比较,如果与某一条目匹配,继续输入下一个字符,直至找不到匹配的条目为止。这时,将最后找到也是最长的匹配字符串的标号和未匹配的字符作为输入串的压缩码字输出,同时,将匹配字符串和紧随其后不匹配的字符级连,构成一个新的短语,加入到字典中。下面用一个例子说明 LZ78 算法是如何工作的。

2. LZ78 算法举例

例 3.8 现在我们用 LZ78 算法对如下一段歌词进行压缩编码：

wabba □ wabba □ wabba □ wabba □ woo □ woo □ woo

其中,□ 代表间隔。开始时字典是空的,所以前几个字符编码所用的标号都规定为"0"。编码器输出的前三个码字为 $\langle 0,C(w)\rangle$、$\langle 0,C(a)\rangle$、$\langle 0,C(b)\rangle$,所形成的字典如表 3.1 所列。

表 3.1　字典的前三个条目

条目的标号	条目代表的字符串
1	w
2	a
3	b

第 4 个字符是 b,它是字典中第 3 个条目,如果在 b 之后再附加下一个字符 a,便得字符串 ba,它不在字典之中,所以将字符串 ba 编码为 $\langle 3,2\rangle$,并且将 ba 作为第 4 个条目加入字典。如此方式,继续进行下去,编码器的输出及字典的形成过程如表 3.2 所列。字典的树形结构如图 3.13 所示。可以看出,字典的条目是在不断加长的,如果像在歌词中那样有一个句子被重复,那么,不一会儿,整个句子会成为字典的一个条目。

表 3.2　LZ78 的字典形成过程

编码器的输出	字典	
	条目的标号	条目代表的字符串
$\langle 0,C(w)\rangle$	1	w
$\langle 0,C(a)\rangle$	2	a
$\langle 0,C(b)\rangle$	3	b
$\langle 3,2\rangle$	4	ba
$\langle 0,C(\square)\rangle$	5	□
$\langle 1,2\rangle$	6	wa
$\langle 3,3\rangle$	7	bb
$\langle 2,5\rangle$	8	a□
$\langle 6,3\rangle$	9	wab
$\langle 4,5\rangle$	10	ba□
$\langle 9,3\rangle$	11	wabb
$\langle 8,1\rangle$	12	a□w
$\langle 0,C(o)\rangle$	13	o
$\langle 13,5\rangle$	14	o□
$\langle 1,13\rangle$	15	wo
$\langle 14,1\rangle$	16	o□w
$\langle 13,13\rangle$	17	oo

LZ78 算法的长处是能够捕捉到各种字符串图样并且将之永久保存,但是这也带来一个严重的缺陷:字典会无限制地膨胀变大。实际中必须在某一阶段停止字典的扩展,或者对字典进行修整,或者按固定字典方式编码,具体方式将在后面讨论。

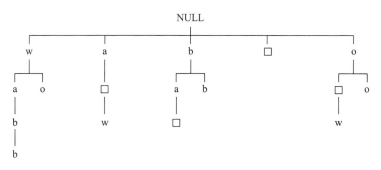

图 3.13 字典的树形结构

3.4.3 LZW 算法编译码方法

在前面已经分析了 LZ78 算法,其长处是能够捕捉到各种字符串图样并且将之永久保存,也存在缺陷,即字典会无限制地膨胀变大。实际中必须在某一阶段停止字典的扩展,或者对字典进行修整,或者按固定字典方式编码。

1984 年,美国人 Terry Welch 提出了一种实现技术,称为 LZW 算法。如同 LZSS 对 LZ77 的改进,LZW 算法不对单个字符编码,即不必对码字〈i,c〉中第二个分量单独编码,编码器只发送条目的标号 i。为此,在编码开始时,字典不是空的,信源字母表的所有字符(如 128 个字符或 256 个字符)已作为条目存放在字典中。编码时,输入到编码器的字符串与字典中短语条目逐一比较,确定它们是否匹配,如果所找到的最长匹配短语记为 p,p 之后的字符为 a,也就是说,字典不包含字符串 p∗a(符号∗表示级连的意思),则将条目 p 的标号发出,把字符串 p∗a 加入字典之中,并以 a 打头开始另一个字符串的编码。下面用两个实例来说明 LZW 算法的编码和译码过程。

例 3.9 输入序列:

wabba□wabba□wabba□wabba□woo□woo□woo

设信源字母表是{□,a,b,o,w},LZW 的字典开始时如表 3.3 所列。

表 3.3 编码开始时的 LZW 字典

条目的标号	条目代表的字符串
1	□
2	a
3	b
4	o
5	w

编码器首先处理字符 w,它已被包含在字典中,所以将下一个字符与 w 相级连构成新的字符串 wa,wa 不在字典中;所以用字典标号 5 对 w 编码,将 wa 作为第 6 个条目加入字典,并以 a 打头开始一个新的字符串。由于 a 在字典中,将下一个字符 b 与之相级连构成新的字符串 ab,但 ab 不在字典中,所以用字典标号 2 对 a 编码,将 ab 作为第 7 个条目加入字典,并以 b 打头开始一个新的字符串。按此方式进行下去,在处理第二组 wabba 的 w 之前,一直是在构作双字符的条目。此时,编码器的输出全部是初始字典的标号,即 5,2,3,3,2,1。字典的形态如表 3.4 所列。字典的第 12 个条目正在构造之中。下一个字符是 a,将 a 与 w 级连得到字符串 wa,wa 在字典中(第 6 个条目),则读入下一个字符 b,将 b 与 wa 级连得到字符串 wab;字典中没有 wab,所以 wab 便成为字典的第 12 个条目,而 wa 的标号值为 6。我们可以看到,在一串双字符的条目之后,便开始三字符的条目。随着

编码的进行,条目不断加长,说明字典捕捉到字符序列中可利用的结构越来越多。在编码结束时字典的形态如表3.5所列。编码器的输出为

5 2 3 3 2 1 6 8 10 12 9 11 7 16 5 4 4 11 21 23 4

表3.4 在处理第二组 wabba 的 w 之前字典的形态

条目的标号	条目代表的字符串	条目的标号	条目代表的字符串
1	□	7	ab
2	a	8	bb
3	b	9	ba
4	o	10	a□
5	w	11	□w
6	wa	12	w…

表3.5 编码结束时字典的形态

条目的标号	条目代表的字符串	条目的标号	条目代表的字符串
1	□	14	a□w
2	a	15	wabb
3	b	16	ba□
4	o	17	□wa
5	w	18	abb
6	wa	19	ba□w
7	ab	20	wo
8	bb	21	oo
9	ba	22	o□
10	a□	23	□wo
11	□w	24	oo□
12	wab	25	□woo
13	bba		

例3.10 设译码器的输入就是上例的编码器输出,即

5 2 3 3 2 1 6 8 10 12 9 11 7 16 5 4 4 11 21 23 4

译码器开始工作时,字典的初始状态同编码器开始工作时完全一样,如表3.6所列。标号5对应于字母w,所以输入序列的第一个码元5被译为w。与此同时,译码器仿照编码器的构作程序开始建立字典的下一个条目。从字符w开始,字符w已在字典中,所以不再将它加进字典而继续译码。译码器的下一个输入是2,标号2对应于字符a,故译码结果为a,并将它与当前的字符w相级连构成一个字符串wa,字典中没有wa,需将它加进字典成为其第6个条目,并以a打头开始新一个字符串。接下去四个输入是3 3 2 1,分别对应于字符b b a □,并生成字典条目 ab、bb、ba 和 a□,此时,字典的形态如表3.6所列,第11个条目正在构作之中。

表3.6 译码器在构作第11条目时字典的形态

条目的标号	条目代表的字符串	条目的标号	条目代表的字符串
1	□	3	b
2	a	4	o

49

续表

条目的标号	条目代表的字符串	条目的标号	条目代表的字符串
5	w	9	ba
6	wa	10	a□
7	ab	11	□…
8	bb		

下一个输入是6,表示wa,故译码输出为w和a。接着,首先将w与□级连构成字符串□w,由于字典没有□w,所以它成为字典的第11个条目,并以w打头开始新一个字符串,前面已译出字符a,a与w级连构成字符串wa。由于字典已包含wa,则对下一个输入8译码,标号8对应于字典的条目bb。首先译出第一个b并与wa级连构成字符串wab,字典没有wab,故将它加进字典成为第12个条目,并以b打头开始新一个字符串。在译出第二个b之后并与第一个b级连生成bb;由于bb已在字典中,故继续往下译码,按此下去便完成整个序列的译码。可以看出,译码器构作的字典与编码器构作的完全一样。

第4章 无失真信源编码理论与技术

4.1 无失真信源编码

4.1.1 无失真信源编码概念

众所周知,要把信源发出的信息进行传输或存储,根据前面的分析已知,信源的冗余度存在于信源符号的记忆特性之中,也蕴藏于各符号出现的概率非均等特性当中。因此,各种各样的去相关技术发展迅速,同时各种统计编码技术也得到学术界的高度重视。统计编码,也称为无失真信源编码,分为两大类:一类是固定长度编码,即每个码字所包含的编码符号个数相同;另一类是变长编码。在这一节中我们仅讨论定长编码,下一节讨论变长码。

设某个无记忆信源 X 共有 N 个消息 $\{x_1, x_2, \cdots, x_N\}$,它们的概率分布为 $\{p_1, p_2, \cdots, p_N\}$。信源的概率空间记为 X,即

$$X = \begin{Bmatrix} x_1, x_2, \cdots, x_N \\ p_1, p_2, \cdots, p_N \end{Bmatrix} \tag{4.1}$$

例 4.1 某一信源,它的概率空间为

$$X = \begin{Bmatrix} x_1, & x_2, & x_3, & x_4 \\ \dfrac{1}{2}, & \dfrac{1}{4}, & \dfrac{1}{8}, & \dfrac{1}{8} \end{Bmatrix} \tag{4.2}$$

那么,信源熵为

$$H(X) = -\frac{1}{2}\log\frac{1}{2} - \frac{1}{4}\log\frac{1}{4} - \frac{1}{8}\log\frac{1}{8} - \frac{1}{8}\log\frac{1}{8} = \frac{7}{4}\text{bit}$$

若对这个信源进行编码,编码字母表 $B = \{b_1, b_2, \cdots, b_M\}$,对应于每个消息的码字由 N_i 个编码符号组成。那么,每个消息的平均码长为

$$\bar{N} = \sum_{i=1}^{m} p_i N_i \tag{4.3}$$

平均说来,每符号所具有的熵应为 $H(X)/\bar{N}$。根据前述的规定,编码字符是在字母集中选取的。假定编码后是一个新的等概率的无记忆信源,由于字符个数为 M,那么,它所含有的熵为

$$\log M \text{bit} \tag{4.4}$$

因而,这是一个极值。若 $\dfrac{H(X)}{\bar{N}} = \log M$,则认为编码效率已达到 100%。若 $\dfrac{H(X)}{\bar{N}} < \log M$,则认为编码效率较低,故定义编码效率 η 为

$$\eta = \frac{\dfrac{H(X)}{\bar{N}}}{\log M} = \frac{H(X)}{\bar{N}\log M} \tag{4.5}$$

很显然,当 $\eta < 1$ 时,可认为还有冗余度存在,故编码冗余度 R_d 定义为

$$R_d = 1 - \eta = \frac{\bar{N}\log M - H(X)}{\bar{N}\log M} \tag{4.6}$$

由此可见,编码问题就在于降低 $\bar{N}$,使得 $R_d = 0$。当然,人们会问 $\bar{N}$ 是否有最小的界值? 也即 $\eta \to 1$ 的下限是否存在? 若不存在,那么效率就无意义了。因此,首要的问题是求出这个下限值。其次是如何达到这个下限值。由此可知

$$\bar{N} = \frac{H(X)}{\log M} \tag{4.7}$$

这就是下限。

4.1.2 编码举例

我们可以根据这种准则来确定编码方法的优劣。

例 4.2 对式(4.2)给出的信源,讨论如下几种情形。

(1) 取 $B = \{0,1,2,3\}$,即 $M = 4$,有

$$\bar{N} = 1 \times \frac{1}{2} + 1 \times \frac{1}{4} + 1 \times \frac{1}{8} \times 2 = 1$$

$$\eta = \frac{H(X)}{\bar{N}\log M} = \frac{\frac{7}{4}}{\log 4} = \frac{7}{8}$$

$$R_d = 1 - \eta = \frac{1}{8}$$

显然,这种编码方法没有达到 $\bar{N}$ 的下限。

(2) 取 $B = \{0,1\}$,即 $M = 2$,那么,有

$$x_1 \to 00, \quad x_2 \to 01, \quad x_3 \to 10, \quad x_4 \to 11$$

这时可得

$$\bar{N} = 2\left(\frac{1}{2} + \frac{1}{4} + \frac{1}{8} + \frac{1}{8}\right) = 2$$

$$\eta = \frac{7}{8}$$

$$R_d = 1 - \eta = \frac{1}{8}$$

可见,$\bar{N}$ 并没有降低,也没达到下限。

(3) 仍取 $B = \{0,1\}$,但是 p_i 较大的消息 x_i 则取较短的码字,反之,则选取较长的码字,如

$$x_1 \to 0, \quad x_2 \to 10, \quad x_3 \to 110, \quad x_4 \to 111$$

可以计算出

$$\bar{N} = \frac{7}{4}, \quad \eta = 1, \quad R_d = 1 - \eta = 0$$

这就达到了的 $\bar{N}$ 下限,上述两个问题同时被解决了。

由上述可见,几种编码的方法共同的特点是:消息与码字之间是一对一的,即是无失真的编码。

所谓统计编码,主要就是对于无记忆信源,根据消息出现的概率分布而进行的压缩编码。当然,这种理论与方法对有记忆信源来说也是适用的。这种编码的宗旨在于,在消息和码字之间找到明确的一一对应关系,以便在收端准确无误地再现出来。或者是至少极相似地找到相当的对应关系,并把这种失真或不对应概率限制在可允许的范围内,但不管什么途径,它们都是使平均码长 $\bar{N}$ 或码率 R 压低到最低程度为目标。$\bar{N}$ 的下限值,在无失真的情况下就是 $H(X)$。

4.2 定长编码分析

4.2.1 信源序列特性分析

大家知道,在实际中定长编码是常被采用的,如 PCM 码,对于语音来说,长度常取为 7bit 或 8bit,对应的码字个数分别为 128 个或 256 个。但是,为了提高编码效率,我们总是希望用尽可能短的码字来编码,即是说确定短码长度的下限是问题的关键。如何确定这个下限呢?

若一个信源的输出,用序列 $x = x_1, x_2, \cdots, x_n$ 来表示,$x_i \in A(i=1,2,\cdots,n)$,$A = \{a_1, a_2, \cdots, a_N\}$,$a_k$ 出现的概率为 $p_k(k=1,2,\cdots,N)$,那么,就有 N^n 个可能的信源序列。若要对该信源序列进行等长编码,并且编码字符集为 $B = \{b_1, b_2, \cdots, b_M\}$,码长取为 m,于是就有 M^m 个码字。为使得由码字准确地译出信源序列,每一信源序列必须有与之对应的一个特殊的码字。这就要求

$$M^m \geq N^n \Leftrightarrow m \geq \frac{n \log N}{\log M} \tag{4.8}$$

该式就确定了为正确地由码字译出信源序列码字的最小长度。

例 4.3 英文字母表的每一个字母由等长编码,并且用二进制数表示,码字的最小长度是多少?这里的 $N = 26, n = 1, M = 2$,因此,由式(4.8)得出 $m \geq \log_2 26 = 4.7$bit,码字中字符个数不能是分数,因此码字的最小长度为 5。

若想用少于 $\frac{n \log N}{\log M}$ 的比特来编码。即违背式(4.8),那就要放松对译码的要求。所给定的码字只能与长为 n 的信源序列的某一子集相对应。当然,对于充分大的 n 来说,没有对应码字的信源序列的概率会变得任意小,但总会产生一定的误差。因此,我们有必要研究其中的一些规律。

对于无记忆信源来说,它输出的序列 x 的概率为

$$p(x) = \prod_{i=1}^{n} p(x_i) = \prod_{i=1}^{n} p_i$$

因为 x 序列中的 x_i 是从 A 中选取的,p_i 就是这种选择的概率。例如,$A = \{a_1, a_2\}$,$p(a_1) = 0.7, p(a_2) = 0.3$,于是,当 $x = x_1 x_2 x_3$,且 $x_1 = a_2, x_2 = a_1, x_3 = a_1$ 时,则 $p(x) = 0.3 \times 0.7 \times 0.7 = 0.147$。

序列 x 的每符号的平均自信息量定义为

$$I_n = -\frac{1}{n} \log p(x) = -\frac{1}{n} [\log p(x_1) + \log p(x_2) + \cdots + \log p(x_n)] \tag{4.9}$$

显然,信源序列的概率是不相等的,当码字个数少于信源序列个数时,选择哪些信源序列与码字建立对应关系呢?这是需要研究的,直观地理解是,应当将 $p(x)$ 较大的信源序列集与码字建立一一

对应的关系,这样由编码造成的失真会小一些。如此说来,把信源序列集按照其自信息 I_n 的数值与信源熵 $H(X)$ 之差小于某一规定值 δ 来划分为组是研究编码的一个基本问题。于是,我们有如下定理。

定理 4.1 信源序列的划分定理。给了 $\varepsilon>0$、$\delta>0$,当 n 充分大时,信源序列可划分为 G_1 和 G_2 两组,序列 x 发生的概率为 $p(x)$,如果

$$\left|\frac{\log p(x)}{n}+H(X)\right|<\delta \tag{4.10}$$

则有 $x \in G_1$,G_1 可称为典型序列集,或高概率集。于是,又有在 G_2 中的所有序列的概率之和小于 ε,即

$$p(G_2)<\varepsilon \tag{4.11}$$

证明:由大数定律可知,字母 a_k 在一个长度为 n 的序列中,出现的次数大概为 np_k 次,而在某一特定的序列中,实际出现的次数并不是 np_k,而假设为 n_k 次。我们把信源序列分为 G_i、G_j 两组(G_j 是 G_i 的补集),G_i 中的每一序列 x 都满足

$$\frac{n_k}{n}-p_k<\eta,\quad k=1,2,\cdots,N$$

式中的 η 充分小。于是,当 $x \in G_i$ 时,与式(3.11)等效地有 $\frac{n_k}{n}=p_k+\theta_k\eta$,$\theta_k<1$。因为信源序列是统计独立的,$p(x)$ 可写为

$$p(x)=p_1^{n_1}p_2^{n_2}\cdots p_N^{n_N},\quad p_k \neq 0, k=1,2,\cdots,N$$

因此,有

$$\log p(x) = \sum_{k=1}^{N} n_k \log p_k = \sum_{k=1}^{N} n(p_k+\theta_k\eta)\log p_k$$

$$\frac{1}{n}\log p(x) = \sum_{k=1}^{N} p_k \log p_k + \sum_{k=1}^{N} \theta_k \eta \log p_k$$

$$\frac{1}{n}\log p(x) + H(X) = \eta \sum_{k=1}^{N} \theta_k \log p_k$$

从而

$$\left|\frac{\log p(x)}{n}+H(X)\right| \leq \eta \sum_{k=1}^{N}|\theta_k||\log p_k| < \eta \sum_{k=1}^{N}|\log p_k|$$

是有限的,因此,当选定 $\eta = \dfrac{\delta}{\sum\limits_{k=1}^{N}|\log p_k|}$ 时,则有 $G_i=G_1$,即 $x \in G_1$。

若 $x \in G_j$,那么至少存在一个 j,使得

$$\left|\frac{n_j}{n}-p_j\right| \geq \eta \tag{4.12}$$

时,令 E_j 事件发生,E_j 是一个信源序列子集:

$$E_j = \left\{x=(x_1,x_2,\cdots,x_j,\cdots,x_n);\left|\frac{n_j}{n}-p_j\right| \geq \eta\right\}$$

于是,$p(E_j)$ 等于满足式(4.12)的所有信源序列的概率之和。在 G_j 中的所有信源序列的概率之和

用 $p(E_1E_2\cdots E_N)$ 表示,则有

$$p(E_1E_2\cdots E_N) \leqslant \sum_{j=1}^{N} p(E_j) \leqslant N\max_{j} p\left\{\left|\frac{n_j}{n} - p_j\right| \geqslant \eta\right\} < \varepsilon$$

这是因为 η 已给定了,由大数定律可知,n 可取充分大,则有

$$\max_{j} p\left\{\left|\frac{n_j}{n} - p_j\right| \geqslant \eta\right\} < \frac{\varepsilon}{N}$$

由大数定律可知,当 $n\to\infty$ 时,$\frac{n_j}{n}\to p_j$,则有

$$p\left\{\left|\frac{n_j}{n} - p_j\right| \leqslant \eta\right\} \to 0$$

因此,G_j 是有定理中 G_2 的性质,即 $G_j = G_2$。

$x\in G_1$ 的每个信源序列中的每个符号,其平均信息量都接近于信源熵 $H(X)$,即是说 G_1 中的每一序列的 $p(x)$ 趋近于均等。这种划分性质称为渐近等同分割性,或称渐近等概序列。

4.2.2 无失真信源编码方法

由信源划分定理,我们可估计 G_1 中序列的个数。为了方便,我们设对数底为 2,那么若 $x\in G_1$,由

$$\left|\frac{\log p(x)}{n} + H(X)\right| < \delta \to -\delta < \frac{\log p(x)}{n} + H(X) < \delta$$

即有

$$-n\delta - nH(X) < \log p(x) < n\delta - nH(X)$$

因而可得

$$2^{-n[\delta+H(X)]} < p(x) < 2^{-n[-\delta+H(X)]} \tag{4.13}$$

G_1 中序列的个数用 N_G 表示,那么 $N_G \min p(x) \leqslant p\{G_1\} \leqslant 1$,由式(4.13)可得

$$N_G < 2^{n[\delta+H(X)]} \tag{4.14}$$

另外,每一信源序列必有 $x\in G_1$,或 $x\in G_2$,因而,$p\{G_1\} \geqslant 1-\varepsilon$,于是,又有 $N_G \max p(x) \geqslant p\{G_1\} \geqslant 1-\varepsilon$,而 $\max p(x) < 2^{-n[H(X)-\delta]}$,所以

$$N_G > (1-\varepsilon)2^{n[H(X)-\delta]} \tag{4.15}$$

由式(4.14)和式(4.15)的约束可知,N_{G_1} 的数值不会远离 $2^{nH(X)}$。

对 G_1 中的个数有了基本估计之后,我们就可确定码长 m 的数值。若一个码的字长满足

$$\frac{m}{n} \geqslant \frac{[H(X)+\delta]}{\log M}$$

由式(4.14)可将码字分别赋以 G_1 中的每一个序列。即每一个信源序列都有一个唯一的码字相对应。最坏的情况是,G_2 中的序列没有独特的码字与之对应。因此,若以 p_e 表示不是有与之对应的各别码字的信源序列的概率之和,那么,应有下述不等式

$$p_e \leqslant p\{G_2\} < \varepsilon$$

反之,若

$$\frac{m}{n} < \frac{[H(X) - 2\delta]}{\log M}$$

这时要覆盖 G_1 就出现了码字数量不足的现象,实际上,在 G_1 中与之有对应码字的序列的概率之和不超过 $2^{-n\delta}$,即

$$2^{n[H(X)-2\delta]} \max p(x) \leq 2^{-n\delta}$$

这是因为

$$2^{n[H(X)-2\delta]} \times 2^{-n[H(X)-\delta]} = 2^{-n\delta}$$

而 $\max p(x) < 2^{-n[H(X)-\delta]}$,$M^m < 2^{n[H(X)-2\delta]}$,这时,有

$$1 - p_e \leq 2^{-n\delta}|_{\delta-\text{定},n\to\infty} = 0$$

即有 $p_e = 1$,也就是说,不可能进行正确地编码。

我们可根据上面分析结果给出如下定理。

定理 4.2 信源编码定理,若一离散无记忆信源,其熵为 $H(X)$,若将 n 个信源字符构成的序列进行编码,码字母表为 $\{b_1, b_2, \cdots, b_M\}$,码长为 m,为了保证某信源序列集的子集都有独特的码字相对应,则还可能有一些信源序列没有码字可对应,令这部分的概率为 p_e,那么,对任一 $\delta > 0$,有

$$\frac{m}{n} \log M \geq H(X) + \delta \tag{4.16}$$

当 n 充分大时,可使 p_e 任意小;反之,当 $n \to \infty$ 时,$p_e \to 1$。

由上述讨论可见,一个 DMS 输出的消息序列可分成两组 G_1、G_2,且 $p\{G_1\} \to 1$。

虽然非典型序列集 G_2 的概率很小,但 G_2 中元素的个数并不一定少。例如,X^n 中元素的总数 $N^n = 2^{n\log M}$,而典型序列的个数 $N_{G_1} = 2^{nH(X)}$。于是,典型序列所占的比例为

$$\alpha = \frac{N_{G_1}}{N^n} \leq 2^{-n[\log N - H(X) - \varepsilon]}$$

若 $\log N - H(X) - \varepsilon > 0$,则 $\alpha|_{n\to\infty} \to 0$,也就是说,典型序列集虽然是高概率集,但它的数目常常是远远少于非典型序列。但由于 $p(G_1)$ 在整个序列中,从概率的角度来看又是占有绝对优势的,因此,在信息论中可以只考察 G_1,而忽略 G_2。

4.2.3 定长编码应用分析

1. 中文电报系统编码分析

中文电报系统,目前中文电报编码是分两步进行的:①把单字变换成 4 位十进制数,0000~9999;②把 4 位十进制数的每一位用 5 位等重码(3 个 1,2 个 0 的 5 位二进制码)表示。定义:中文字母 0、1、2、3、4、5、6、7、8、9,这样分两步做的目的是简化设备。这正像英文电报一样,对英文字因编码要比对英文单字(词)编码方便得多。

中文电报编码步骤:

令 $X = \{\text{中文单字}\}$,$Y = \{4 \text{ 位十进数}:0000 \sim 9999\}$,$U = \{\text{中文字母}:0,1,2,\cdots 9\}$,$V = \{\text{五位二进制等重码}\}$。①$X \to Y$;②$U \to V$。

由编码步骤可见,U 的概率分布决定于 X 的概率分布,这一点是不可改变的。只能是加以利用。下面就来作具体分析。

根据对私人电报的统计:

$$H(\text{中文单字}) = H(X) = 9.5053 \text{bit}$$

若是一次编码：

$$X = \{\text{中文单字}\} \to [\text{编码器}] \to \text{单字代码}$$
$$\uparrow$$
$$A = \{0, 1\}$$

码长取为 $10, 2^{10} = 2048$ 个，这样编码器就非常复杂。我们采取两步进行，中文单字 0000～9999，人工完成，实际的编码器输入由 X 改变为 u，那么：$p(u)$ 根据对 17 万个中文字母的统计：

$p(u)$:	$p(0)$	$p(1)$	$p(2)$	$p(3)$	$p(4)$	$p(5)$	$p(6)$	$p(7)$	$p(8)$	$p(9)$
	0.155	0.120	0.100	0.104	0.100	0.096	0.114	0.084	0.060	0.067

$H(U) = H(\text{中文字母}) = 3.2746\text{bit}$，这样码长取为 4。

这样每个中文单字有 4 个字母，故这种分两次完成的编码，一个中文单字平均需要二进制符号的个数的下限是 $4H(U) = 13.01\text{bit}$，它比一次编码的下限大得多。原因是我们现在放弃字母间的关联不用，即假设

$$H(U^4) = 4H(U), \quad \text{实际 } H(U^4) < 4H(U)$$

由此可见，减小 $H(U)$，可以在不改变编码方法的情况下少付点代价；其减小的另一方法是改变 $p(u)$，使 $p(u)$ 非均匀化。

如果设 $X = \{x_1, x_2, x_3, \cdots, x_n\}$，把它分成两个互不相交的子集：

$$X_1 = \{x_1, x_2, \cdots, x_k\}, \quad X_2 = \{x_{k+1}, x_{k+2}, \cdots, x_n\}$$

X_1 包含 k 个最常用的单字，X_2 包含所有其他的单字。将各单字的概率按大小排列如下：

$$p(x_1) \geqslant \cdots \geqslant p(x_k) \geqslant p(x_{k+1}) \geqslant \cdots \geqslant p(x_n)$$

令

$$p(X_1) = \sum_{i=1}^{k} p(x_i)$$
$$p(X_2) = 1 - p(X_1)$$

从 k 与 $p(X_1)$ 的关系，可以看出私人电报单字在多大程度上集中于常用字。统计的结果为

$k = 70 \sim 200$	256	625	129	2401	4090
$p(X_1) = \left(\dfrac{k}{560}\right)^{\frac{1}{2}}$	0.650	0.850	0.957	0.997	0.999

在 $k = 70 \sim 200$ 时，用经验公式

$$p(X_1) = \left(\frac{k}{560}\right)^{\frac{1}{2}}$$

计算，结果与实际统计误差不大（小于）1.4%，如当 $k = 140$ 时，$p(X_1) = 0.5$，按统计：

$$\sum_{i=1}^{140} p(X_1) = 0.5047$$

由此可见，电报单字大约有一半是这 140 个常用字。这种集中于使用常用字的特性，可以用来减小 $H(U)$。

根据上面统计的字母概率表，可见 $p(0)$、$p(1)$、$p(6)$ 比较大。有人做了实验，只改变标准电码本中 49 个最常用字的编码，其目的是希望 $p(0)$、$p(1)$、$p(6)$ 尽量增加。结果如下：

$p(0)$	$p(1)$	$p(2)$	$p(3)$	$p(4)$	$p(5)$	$p(6)$	$p(7)$	$p(8)$	$p(9)$
0.257	0.160	0.080	0.067	0.068	0.063	0.154	0.053	0.047	0.051

这时，H(中文字母)=3.0611bit，若改变256个最常用单字的编码、可使 $H(X)$ 下降到2.8642，这时可采用码长为3的编码。

中文单字的新旧代号对照，如表4.1所列。

表4.1 中文单字新旧代号对照表

单字	原代号	新代号	单字	原代号	新代号	单字	原代号	新代号
速	6647	0000	机	2894	6011	局	1444	6000
电	7193	0010	有	2589	1106	...		
来	0171	0600	接	2234	1111	你	0132	0111
我	2053	1000	生	3932	1006	已	1570	0101
						急	1838	6110

2. 国际上普遍采用 ASCII 编码（美国信息交换标准代码）作为通用的字符编码

ASCII（American Standard Code for Information Interchange）文件是简单的无格式文本文件，可以由任何计算机所识别，Windows 中的记事本及任何文字处理程序都可以阅读及创建 ASCII 文件。

7位字符集，采用的是定长编码，广泛用于代表键盘上的字符或符号。

3. 邮件系统中采用 Base64 编码

所谓编码，是以固定的顺序排列字符，并以此作为记录、存储、传递、交换的统一内部特征，这个字符排列顺序称为"编码"。

邮件系统只是传输字符的通信系统。但能传送多媒体信息，如传送字符、数字、语音、音频、动画、图像、视频等信息。

其原因是：将3字节数据中每6bit 转换成 Base64 编码表中的相应的4个字符，如表4.2所列。

表4.2 Base64 编码表

码值	字符	码值	字符	码值	字符	码值	字符	码值	字符	码值	字符	码值	字符	码值	字符
0	A	8	I	16	Q	24	Y	32	g	40	o	48	w	56	4
1	B	9	J	17	R	25	Z	33	h	41	p	49	x	57	5
2	C	10	K	18	S	26	a	34	i	42	q	50	y	58	6
3	D	11	L	19	T	27	b	35	j	43	r	51	z	59	7
4	E	12	M	20	U	28	c	36	k	44	s	52	0	60	8
5	F	13	N	21	V	29	d	37	l	45	t	53	1	61	9
6	G	14	O	22	W	30	e	38	m	46	u	54	2	62	+
7	H	15	P	23	X	31	f	39	n	47	v	55	3	63	/

4. 办公系统中的字库采用定长编码

汉字数量的首次统计是汉朝许慎在《说文解字》中进行的，共收录9353个字。

清朝的《康熙字典》收字47035个；20世纪已出版的字数最多的是《中华字海》，收字85000个。

在汉字计算机编码标准中，目前最大的汉字编码是中国台湾省的标准 CNS11643，目前（4.0）共收录可考证的繁体、简体及日语、韩语汉字共76067个，只有在户政系统等少数环境使用。

GB18030是中华人民共和国现时最新的内码字集，GBK收录简体、繁体及日语、韩语汉字20912个，而早期的GB2312收录简体汉字6763个。Unicode 的中、日、韩统一表意文字基本字集则收录汉字20902个，另有两个扩展区，总数亦高达7万多字。

5. 移动(手机、导航设备)设备中的字库

如方正字库等。

4.3 变长编码理论分析

4.3.1 变长编码基本概念

4.2 节我们讨论了定长编码,在这一节中我们讨论变长编码。首先介绍莫尔斯(Mirse)码电报通信系统。Mirse 码是美国的一位画家 Mirse 在 1837 年用自己的双手成功地制造出世界上传送"点""划"符号的机器,后称为"电报机"。Mirse 当年 46 岁。Mirse 码是一种有广泛应用的信源码,是国际通用的一种电报编码方法。Mirse 码的码字符集为{点·;划—,间隔},编码规则如下。

(1) 在一个字母中的点、划之间的时间间隔是 1 个单位时间;
(2) 字母之间的间隔是 3 个单位时间;
(3) 字之间的间隔是 7 个单位时间。

编码表为

A ·—	G ——·	L ·—··	R ·—·	W ·——
B —···	H ····	M ——	S ···	X —··—
C —·—·	I ··	N —·	T —	Y —·——
D —··	J ·———	O ———	U ··—	Z ——··
E ·	K —·—	P ·——·	V ···—	
F ··—·	Q ——·—			

由此可见,Mirse 码是一种变长编码。

应该指出,变长码所追求的最终目标是使平均码长 $\bar{N}$ 最小化,即得到最优码,但是,只有在唯一可译性或字首性的约束之下,$\bar{N}$ 最小的码才是有意义的。人们自然会问,唯一可译性、字首性的确切含义是什么?二者之间的关系如何?唯一可译码、字首码是否存在?若存在,又如何构造?变长码的唯一可译性和字首性如何检验?下面我们将一一进行讨论。

对于给定的码 $C = \{x_1, x_2, \cdots, x_M\}$,可方便地用树来表述,如码 $C: a_1 \to 0, a_2 \to 10, a_3 \to 110, a_4 \to 111$,可用图 4.1 所示的码树来表示。

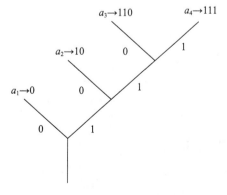

图 4.1 字首条件码 C 的树图表示

所谓树,就是一个简单图。树是图论中的一个重要概念。简单图,即是不存在环,并且每一对相异节点之间至多由一条边连接。将树用于编码时,树的单枝数就是码字母表中字符的个数。如图 4.1 中树枝的个数为 2,编出的码为二进制码。由节点向左伸出的枝代表"0",向右伸出的枝代表"1"。有伸出枝的节点,称为中间节点,没有伸出枝的节点,称为终端点。由图 4.1 可见,4 个信源字符,需要 4 个码字与之对应,这 4 个码字如何用码树表示呢?即怎样选择路由呢?对码 C 来说,图 4.1 所示中选择了 4 个终端节点,为了使码具备字首性,一是要选择不同的路由,二是每个码字必须安排在终端节点上。否则,中间节点上的码字与由此中间节点伸出的任意终端节点上的码字,是无法区分的。

显然,当编码字母表中字符个数 $M>2$ 时,那么,从每一节点伸出的枝数就应等于 M。另外,若中间节点的级数为 K,则 K 级节点伸出去的码字一定是 $K+1$ 个码元。这是显见的,因此,只要 M 及 K 已经确定,树码的构造也就定下来了。于是,根据前面讨论的唯一可译码字的字头部分(即码字的前 n 个码元),这个条件满足了,码的唯一可译性(单义可译性,可分离性)也就解决了。因而,我们首先解决码的字首性问题。

定义 4.1 对任意的码字来说,只要它与比其自身更长的任何一个码字的字头不一致,那么这个码就是字首码。

根据这个定义,如何检验一个码是否具有字首性,从直观上说,若用码树来表述该码的话,只要所有码字都落在了相异的终端节点上,就意味着码是具有字首性的。到目前为止,码字首性检验问题就这样解决了,也只有这种方法才是充分有效的。

定义 4.2 一个码是唯一可译的,若对每一有限长的信源序列的码字不与任何其他码字相一致,并且可分离,则该码具有唯一可译性。

应该指出,一个唯一可译码所构成的码字序列,它不需要任何间隔符号就可正确地判断出相应的消息序列,所以唯一可译性也称为可分离性,字首码一定具有唯一可译性,反之,则不然。因而,便可认为字首条件码集只是唯一可译码集的一个子集,如图 4.2 所示。对于一个字首码来说,译码时不需等待时间,因而字首码又称为"即时码"或"实时码"。

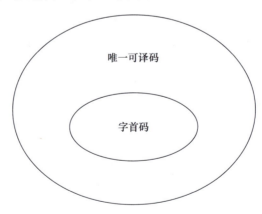

图 4.2 唯一可译码与字首码的关系

4.3.2 变长码的码长特性分析

上面我们只是直观地说明了一下字首码与唯一可译码之间的关系,但从本质上二者的联系又是怎样的呢?

关于字首码的存在性问题,我们有如下定理。

定理 4.3（Kraft 定理，Kraft 不等式） 对于长为正整数 $N_1, N_2, \cdots, N_m$ 的码字，当且仅当

$$\sum_{i=1}^{m} M^{-N_i} \leq 1 \tag{4.17}$$

时，存在一个字首条件码。反之，任意一个字首码的码字长度也一定满足式(4.17)。

证明： 若某一字首码成立，那么该码就可用码树来表征，也就是从每个节点至多可伸出 M 个分枝。于是，第 N 级节点总共可有 M^N 个节点。如有一个比 N 级低的且为 N_i 级节点，已经选定为终端节点了，那么，就不能再由此节点伸出新的枝了。因而，对 N 级节点可能的个数就要减少 M^{N-N_i}。因为该字首码 N_i 是从 $i=1$ 到 $i=m$。所以，总的可能减少的 N 级节点数为

$$\sum_{i=1}^{m} M^{N-N_i}$$

但是，这个数是不会大于 N 级节点可能具有的总节点数 M^N，则

$$\sum_{i=1}^{m} M^{N-N_i} \leq M^N$$

即可得

$$\sum_{i=1}^{m} M^{-N_i} \leq 1$$

必要性证毕。

下面我们证明定理的充分性。

设有正整数 $N_1, N_2, \cdots, N_m$，那么，总是能按其大小排列成 $N_1 \leq N_2 \leq \cdots \leq N_m$，且满足式(4.17)，如此说来，在上述条件下如何构成字首码呢？先按照 N_m 次构成一个完全树（N_m 级的节点数为 M^{N_m} 个）。N_m 级的终端节点可有 M^{N_m} 个。现在再选取树上的任意节点，如离根较近的任意节点作为码长 N_1 的码字位置，为了使码具有字首性，那么，从这一位置伸出的所有终端节点就不可再用了。这个排除掉的个数为 $M^{N_m-N_i}$。根据式(4.17)，显然有

$$M^{N_m-N_i} \leq M^{N_m} \tag{4.18}$$

既然式(4.18)是取"<"的，就意味着，在 N_m 级还一定留有再次可用的终端节点。于是，再在此可用路径上选取一个节点作为 N_2 的码字的位置，又排除掉 $M^{N_m-N_2}$ 个 N_m 级节点，但是，由式(4.17)仍有

$$M^{N_m-N_1} + M^{N_m-N_2} \leq M^{N_m} \tag{4.19}$$

故仍可能再配置 N_3 级的码字。如此类推下去，肯定得到

$$\sum_{i=1}^{l} M^{N_m-N_i} \leq M^{N_m}, \quad l = 1, 2, \cdots, m-1 \tag{4.20}$$

因而，至少还剩下一个 N_m 级节点可用于配置最后一个码字，这样也就构成了完整的字首码。

充分性证毕。

例 4.4 设 $M=3, N=3, m=7$ 的树码是一个字首码，如图 4.3 所示，在 $N=3$ 时的节点总数为 $M^N = 3^3 = 27$ 个。在构造该码过程中所排斥了的 $N=3$ 级的节点数为

$$\sum_{i=1}^{m} M^{N-N_i} = M^{N-N_1} + M^{N-N_2} + M^{N-N_3} + M^{N-N_4} + M^{N-N_5} + M^{N-N_6} + M^{N-N_7}$$

$$= 9 + 3^2 + 3 + 3 + 1 + 1 + 1 = 27$$

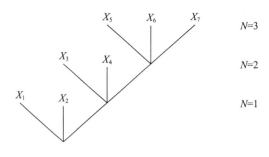

图 4.3 $M=3, m=7$ 的码树

从此例可见,当 $m<7$ 时,则式(4.18)取"<",但不管怎样,它一定满足式(4.17)。

我们推广定理 4.3 于唯一可译码,对于充分性来说,显而易见的,即若码的码字长度满足 (4.17)式,一定有字首码存在,也就一定存在一个唯一可译码。然而对于必要性来说,我们有如下定理。

定理 4.4 若唯一可译码的字长分别为 $N_1, N_2, \cdots, N_m$,那么必有

$$\sum_{i=1}^{m} M^{-N_i} \leq 1$$

证明:令 r 为任意的正整数,那么我们可作这样的考虑:有 r 个任意的码字组成的码字序列如图 4.4 所示:

$$\underbrace{\begin{array}{ccccc} 1 & 2 & \cdots & r-1 & r \\ N_{i_1} & N_{i_2} & & N_{i_{r-1}} & N_{i_r} \end{array}}_{\text{共} r \text{个码字}}$$

图 4.4 码字序列

每个码字的长度分别为 $N_{i_1}, N_{i_2}, \cdots, N_{i_{r-1}}, N_{i_r}$,因而,我们有下述不等式:

$$\left(\sum_{i=1}^{m} M^{-N_i}\right)^r = \sum_{i_1=1}^{m} \frac{1}{M^{N_{i_1}}} \times \sum_{i_2=1}^{m} \frac{1}{M^{N_{i_2}}} \times \cdots \times \sum_{i_r=1}^{m} \frac{1}{M^{N_{i_r}}} \tag{4.21}$$

对于一个有限项之和总是可以重新排列而不影响其大小。由

$$(M^{-N_1} + M^{-N_2} + M^{-N_m})(M^{-N_1} + M^{-N_2} + M^{-N_m}) \cdots (M^{-N_1} + M^{-N_2} + M^{-N_m})$$

$$= M^{-N_1-N_1\cdots-N_1} + M^{-N_2-N_2\cdots-N_2} + \cdots + M^{-N_m-N_m\cdots-N_m}$$

可以看出,相乘之后式(4.21)的每一项都是 $M^{-N_{i_1}-N_{i_2}\cdots-N_{i_r}}$ 的形式。$-N_{i_1}-N_{i_2}\cdots-N_{i_r}$ 表示会有 r 个码字的某一序列中的码元个数。当 $i_1, i_2, \cdots, i_r$ 变化时,将给出含有 r 个码字的所有可能的序列。于是,我们又令 r_K 是包含 r 个码字 K 个码元的序列的个数,显然,对 r 个码字来说,不会出现少于 r 码字符(码元符号)的序列,也不会有多于 $rN_{\max}$ 个符号的序列,$N_{\max}$ 是 $N_1, N_2, \cdots, N_m$ 中最大的一个。因此,$r \leq N_{i_1} + N_{i_2} + \cdots + N_{i_r} \leq rN_{\max}$,如当 $K=r$ 时,这就意味着 $N_{i_1} = N_{i_2} = \cdots = N_{i_r} = 1$,即每个码字只有一个码元符号。当 $K = rN_{\max}$ 时,这就意味着 $N_{i_1} = N_{i_2} = \cdots = N_{i_r} = N_{\max}$,则

$$\left(\sum_{i=1}^{m} M^{-N_i}\right)^r = \sum_{k=r}^{rN_{\max}} \frac{r_k}{M^{-N_i}}$$

由于该码是唯一可译的,因此,具有 K 个码元符号且含有 r 个码字的所有序列必然是各异的,由此可见,r_K 不会超过含有 K 个字符的不同序列的最大值 M^K,即 $r_K \leq M^K$,则有

$$\sum_{i=1}^{m} M^{-N_i} \leq \Big(\sum_{k=r}^{rN_{\max}} 1\Big)^{\frac{1}{r}} = (rN_{\max} - r + 1)^{\frac{1}{r}} \leq (rN_{\max})^{\frac{1}{r}}$$

而当 $r \to \infty$ 时，$(rN_{\max})^{\frac{1}{r}} \to 1$。

证毕。

推论：任何一个唯一可译码，不改变任何码字的长度就可变换为字首条件码。

关于码的唯一可译性检验问题，尚未真正解决，一般是检验码的字首性，若一个码具有字首性，它一定也是唯一可译的。

4.3.3 变长码平均码长下限分析

关于变长码的存在性，我们就讨论于此，对于变长码所能达到的理论界限，即平均码长 $\bar{N}$ 的数值范围，以及逼近下限的途径，我们将给出如下编码定理。

定理 4.5 对于任意一个唯一可译码，其码字的平均长度 $\bar{N}$ 满足

$$\bar{N} \geq \frac{H(X)}{\log M} \tag{4.22}$$

和

$$\bar{N} < \frac{H(X)}{\log M} + 1 \tag{4.23}$$

总是可以对码字进行选择而满足字首性。

证明：我们可给出一个代替式，即

$$H(X) - \bar{N}\log M = -\sum_{k=1}^{m} (p_k \log p_k + p_k N_k \log M) = \sum_{k=1}^{m} p_k \log \frac{1}{p_k M^{N_k}} \tag{4.24}$$

由不等式 $\ln x \leq x - 1, x > 0$，可得

$$H(X) - \bar{N}\log M \leq \sum_{k=1}^{m} p_k \Big(\frac{1}{p_k M^{N_k}} - 1\Big) = \sum_{k=1}^{m} \frac{1}{M^{N_k}} - 1 \tag{4.25}$$

（由码的唯一可译性，根据定理 4.4 可知）

$$式(4.25) \leq 0$$

因而就有

$$H(X) - \bar{N}\log M \leq 0$$
$$\bar{N} \geq \frac{H(X)}{\log M}$$

证毕。

由此可见，当且仅当 $k = 1, 2, \cdots, m, p_k = \frac{1}{M^{N_k}}$ 时，式(4.22)等为等式。然而，在实际中，总不是那么理想的，怎样逼近这个下限值的问题，正是式(4.23)的基本内容。

若由于 p_k 的特性不能使字的长度为整数，我们可近似地作如下选择：

$$M^{-N_k} \leq p_k \leq M^{-N_k+1}, \quad 1 \leq k \leq m \tag{4.26}$$

式中：N_k 为整数。对式(4.26)的 k 求和，左边的不等式为 Kraft 不等式，于是，用这样的长度就可构造出字首码。右边有不等式：

$$\log p_k < (-N_k + 1)\log M$$

两边乘以 p_k，且以 k 求和，即

$$\sum_{k=1}^{m} p_k \log p_k < \sum_{k=1}^{m} p_k(1-N_k)\log M = (1-\bar{N})\log M$$

由此可得式(4.23)。

证毕。

若码表是二进制($M=2$)的，对数的底也是2，定理4.5论断了码字的平均长度不小于信源熵，至多比熵多1bit。可见，信源熵是码字平均长度的相当好的估计。那么，式(4.26)则给出了与 a_k 相对应的码字的长度就是 $-\log_2 p_k$。由此可见，a_k 出现的概率越小，即 a_k 的自信息越大，就把较长的码长与它相对应。

尽管定理4.5给出了平均码长 $\bar{N}$ 的下限和数值范围，但是它并非就是最好的，若我们改变那种一个消息对应一个码字的做法，而是以一组消息对应一个码字，这时 $\bar{N}$ 会进一步降低。

例4.5 设信源 $U=\{u_1,u_2\}$，$p(u_1)=3/4$，$p(u_2)=1/4$，信源码为 $u_1\to 0, u_2\to 1$，显然，$\bar{N}=1$。若将信源输出看作一个矢量 $\boldsymbol{U}=\{u_1,u_2\}$，$u_1$、$u_2$ 的分布与 U 相同，那么采用如下编码：

u	$p(u)$	码字
$u_1 u_1$	9/16	0
$u_1 u_2$	3/16	10
$u_2 u_1$	3/16	110
$u_2 u_2$	1/16	111

这时的平均码长(以每 u 计)为

$$\bar{N} = \frac{9}{16} + \frac{3}{16} + \frac{3}{16} + \frac{1}{4} \times 3 = \frac{27}{16}$$

若以 u 计，有

$$\bar{N} = \frac{27}{32}$$

与 $\bar{N}=1$ 比较是有所改进的，而一般情况下，可由下述定理确定。

4.3.4 逼近变长码平均码长下限的技术途径

定理4.6 给定一离散无记忆信源 U，其熵为 $H(U)$，且给定的编码字母集 $B=\{b_1,b_2,\cdots,b_M\}$，于是，可按 L 个消息序列对应一个码字的方法来构造出满足字首条件，并且每消息的平均字长为

$$\frac{H(U)}{\log M} \leq \bar{N} < \frac{H(U)}{\log M} + \frac{1}{L} \tag{4.27}$$

的码。

证明：考虑 L 个消息序列的集合，因为 $u_1,u_2,\cdots,u_L$ 为独立的同分布随机变量序列，所以该集合的熵为 $LH(U)$，而总的平均码长为 $L\bar{N}$。注意：这里的 $\bar{N}$ 是每消息的平均码长。由定理4.5可知，对长为 L 的每一消息序列来构成一种变长码，它的平均字长一定满足

$$\frac{H(U)}{\log M} \leq L\bar{N} < \frac{H(U)}{\log M} + 1$$

两边除以 L，就可得到式(4.27)。

证毕。

很显然，当 $L \to \infty$ 时，$\bar{N} \to \dfrac{H(U)}{\log M}$，即趋于下限。这就说明，采用信源扩展(延长)编码是进一步压缩码率的有效方法之一。

上面我们是针对无记忆信源进行讨论的，下面讨论有记忆信源的编码问题。

定理 4.7(平稳信源的编码定理) 设 $U = (u_1, u_2, \cdots, u_L)$，编码字母表为 $B = \{b_1, b_2, \cdots, b_M\}$，于是，可将该消息序列编成字首码，并且每消息的平均字长满足

$$\frac{H_L(U)}{\log M} \leq \bar{N} < \frac{H_L(U)}{\log M} + \frac{1}{L} \tag{4.28}$$

这个定理的证明与定理 4.6 的证明类似，故从略。

4.4 变长码的编码方法

前面我们讨论了变长码的一些基本问题，即码的唯一可译性、字首性、存在性、码的平均码长 $\bar{N}$ 的下限，以及一个码的字首性检验等问题。在这一节，我们就来讨论编码方法和编码实现技术问题。

4.4.1 Huffman 码

1. 最优变长码的理论基础

1952 年，D. A. Huffman(霍夫曼)发明了一种构造最优码的程序。为了加深理解，我们首先证明 Huffman 码是最优的。关于最优问题，我们有如下引理。

引理 4.1 设有一类字首码，它们的概率为 $p_1, p_2, \cdots, p_m$。若码 C 在这类字首码中是最优的，那么，在相应的全部唯一可译码中，码 C 也是最优的。

证明：所谓最优，就是说在这类码中，对概率分布 $p_1, p_2, \cdots, p_m$ 而言，码 C 的平均长度 $\bar{N}$ 为最短。于是，设唯一可译码 C' 的码长 $\bar{N}' < \bar{N}$，C' 的码字长度分别为 $N'_1, N'_2, \cdots, N'_m$，那么，由定理 4.4 可知，就一定有

$$\sum_{i=1}^{m} M^{-N'_i} \leq 1 \quad 成立$$

又由定理 4.3 可知

$$\sum_{i=1}^{m} M^{-N'_i} \leq 1 \quad 成立$$

就意味着存在着一个字首码 C''，并且其字长也为 $N'_1, N'_2, \cdots, N'_m$，因此，码 C'' 的平均字长肯定要比 $\bar{N}$ 小，这就与 $\bar{N}$ 的最小化假设相矛盾，故 C'、C'' 是不存在的。

证毕。

引理 4.2 假设 $B = \{0,1\}$，信源 U 的概率分布满足 $p_1, p_2, \cdots, p_m$，则一定存在 $N_1 \leq N_2 \leq \cdots \leq N_m$ 这样的最优码，即码字 x_{m-1} 与 x_m 具有相同的长度，并且它们的最后一个码元必是一个为"0"，而另一个为"1"。

证明：首先可以看到，对一个最优码来说至少有一个 x_m，它的字长 N_m 与其他的码字长度

$N_i (i=1,2,\cdots,m-1)$ 比并不小。若不是这样,如某一 i,有 $N_i > N_m$,于是,可把 x_i 与 x_m 的位置互换,那么,平均字长就要发生变化,其变化量为

$$\overline{\Delta} = p_i N_m + p_m N_i - p_i N_i - p_m N_m = (p_i - p_m)(N_m - N_i) \leq 0$$

这就是说,置换后平均码长不会增加。这样的置换可进行下去,最后的 x_m 字长不小于任一码字的字长。

还可看到,一定存在这样的码字,它的最后一位与 x_m 的最后一个码元不同。假如不是如此,那就可以将 x_m 的最后一个码元舍去而仍满足字首性。如图 4.5 所示。若 x_3 不存在,则可将 $x_4 \to 11$,这完全满足字首性。还得到了平均码长更短的码,这与原假设的最优码相矛盾。因此,上述结论是正确的。

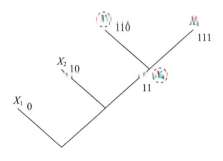

图 4.5 引理 4.2 的证明

最后,若与 x_m 相差最后一位的码字是 x_i,而 $i \neq m-1$,则 $N_{m-1} < N_i$,可将 x_i 与 x_{m-1} 相互置换位置,而不会增加平均码长。

综上所述,我们总是可使 x_m 与 x_{m-1} 有相同的码字长度,并且最后一个码元不同,x_m 的末位是 1,而 x_{m-1} 的末位是 0。

证毕。

引理 4.3 假如对于 U' 有满足字首性的最优码 C',而 U' 为 U 的简化信源,即

$$U = \begin{Bmatrix} u_1 & u_2 & \cdots & u_{m-1} & u_m \\ p_1 & p_2 & \cdots & p_{m-1} & p_m \end{Bmatrix}$$

而

$$U' = \begin{Bmatrix} u_1 & u_2 & \cdots & u_{m-2} & u_{m-1} \\ p_1' & p_2' & \cdots & p_{m-2}' & p_{m-1}' \end{Bmatrix} \tag{4.29}$$

式中:u_{m-1}' 是 u_{m-1} 与 u_m 合并成的一个新的符号,而 $p_{m-1}' = p_{m-1} + p_m$。那么,只要在对应于 u_{m-1}' 的码字 x_{m-1}' 的后面加"0"即 $x_{m-1}'0 \to x_{m-1}$,加"1"即 $x_{m-1}'1 \to x_m$,就可得到相应于 U 的码 C,并且码 C 也是最优的。

证明:设对应于 U' 的码 C',其平均码长为 $\overline{N}'$,对应于 U 的码 C 的平均码长为 $\overline{N}$,于是,有

$$\overline{N} = \sum_{i=1}^{m} p_i N_i = \sum_{i=1}^{m-2} p_i N_i + (p_{m-1} + p_m) N_m$$

$$= \left[\sum_{i=1}^{m-2} p_i N_i + (p_{m-1} + p_m)(N_m - 1) \right] + (p_{m-1} + p_m)$$

$$= \overline{N}' + p_{m-1}'$$

而 p'_{m-1} 与码 C' 是无关的。也就是说，不管 C' 是如何构造的，它总是一个固定的量，所以对 x_{m-1} 和 x_m 只差最后一个码元字符的这类码中，不同 $\bar{N}'$ 的加上一个固定的值 p'_{m-1} 就是码 C 的平均长度，因而，只要 $\bar{N}'$ 是最小的，那么，对应的 $\bar{N}$ 也是这类码中的最小值。即码 C 也是最优的。根据引理 3.2，也说明在这类码中确实存在着最优码。

证毕。

2. 最优变长码的编码方法

根据上述引理，可以把最优变长编码方法概括如下。

设原信源为

$$U = \begin{Bmatrix} u_1 & u_2 & \cdots & u_{m-1} & u_m \\ p_1 & p_2 & \cdots & p_{m-1} & p_m \end{Bmatrix}$$

且有 $p_1 \geq p_2 \geq \cdots \geq p_m$。于是，先着手把该信源置换成如式(4.29)所示的信源 U'，即把信源的字符减少一个。同时，再次按照消息概率的大小重新排列。可得

$$U' = \begin{Bmatrix} u'_1 & u'_2 & \cdots & u'_{m-2} & u'_{m-1} \\ p'_1 & p'_2 & \cdots & p'_{m-2} & p'_{m-1} \end{Bmatrix} \tag{4.30}$$

式中：$p'_{m-1} = p_{m-1} + p_m$，$p'_1 \geq p'_2 \geq \cdots \geq p'_{m-1}$。再把 U' 看成一个新信源，对 U' 这个信源，以同样的方法做成如下新的信源，即

$$U'' = \begin{Bmatrix} u''_1 & u''_2 & \cdots & u''_{m-2} & u''_{m-2} \\ p''_1 & p''_2 & \cdots & p''_{m-2} & p''_{m-2} \end{Bmatrix} \tag{4.31}$$

式中：$p''_{m-2} = p'_{m-2} + p'_{m-1}$，$p''_1 \geq p''_2 \geq \cdots \geq p''_{m-2}$，这样如此继续下去，直至新信源只有两个字符时为止，即

$$U^\circ = \begin{Bmatrix} u^\circ_1 & u^\circ_2 \\ p^\circ_1 & p^\circ_2 \end{Bmatrix}$$

对 U° 这个信源，构成一个最优码的方法是：分别以 0、1 与 u°_1、u°_2 建立对应关系即可。在上述每次的合并消息时，也总是要把被合并的字符赋以 0 和 1，或 1 和 0。这样，就构成了 U 具有字首性的最优码。

例 4.6 有一信源，其概率空间为 U，求最优码：

$$U = \begin{Bmatrix} u_1 & u_2 & u_3 & u_4 & u_5 & u_6 \\ 0.25 & 0.25 & 0.20 & 0.15 & 0.10 & 0.05 \end{Bmatrix}$$

那么，有

$$U' = \begin{Bmatrix} u'_1 & u'_2 & u'_3 & u'_4 & u'_5 \\ 0.25 & 0.25 & 0.20 & 0.15 & 0.15 \end{Bmatrix}$$

这样一来，u_5 的最末码元为 0，u_6 的最后码元赋以 1。在这里，U' 的概率是由大到小顺序排列的，故不需重排。因而，再作新的信源

67

$$U'' = \begin{Bmatrix} u''_1 & u''_2 & u''_3 & u''_4 \\ 0.30 & 0.25 & 0.25 & 0.20 \end{Bmatrix}$$

同理,u_4 的最后一位赋以 0,u_5 最后两位应为 10,而 u_6 的最后两位为 11。再将 U'' 的最后两个字符合并而成为 u'''_1 构成新的信源 U''',即

$$U''' = \begin{Bmatrix} u'''_1 & u'''_2 & u'''_3 \\ 0.45 & 0.30 & 0.25 \end{Bmatrix}$$

最后,可得

$$U^\circ = \begin{Bmatrix} u^\circ_1 & u^\circ_2 \\ 0.55 & 0.45 \end{Bmatrix}$$

这样的程序示于图 4.6 中。

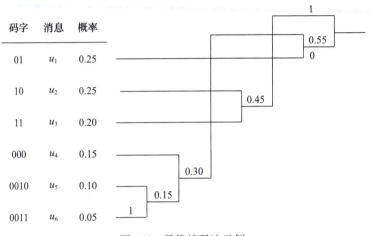

图 4.6 最优编码法示例

再就是编码过程中有些方面并不是唯一的。例如,在每次赋值时,把 0、1 指派给哪一个信源符号是随意的;当两个概率相等时,我们在排表时,把哪一个排在前面也是无关紧要的,但是,由此所得到的码字长度可能有所不同,而平均码长将是一致的。

尽管 Huffman 码从性能上来说是最优的,然而它缺乏构造性。也就是说,它不能用某种数学方法比较简单地建立消息与码字之间的对应关系。实际实现时往往有些困难,因而,寻求准最优性能而实现容易的变长编码方法是必要的。

4.4.2 Shannon – Fano 码

Shannon – Fano 码(SF 码)编码方法与 Huffman 编码方法稍有不同,但有时也可得到最优码的性能。这个编码方法所遵循的主要准则:第一,符合字首性条件;第二,在码字中的 0、1 是独立的,并且几乎是等概率的。

这个码的编码程序是这样的,设信源有非增的概率分布,即

$$U = \begin{Bmatrix} u_1 & u_2 & \cdots & u_{m-1} & u_m \\ p_1 & p_2 & \cdots & p_{m-1} & p_m \end{Bmatrix} \tag{4.32}$$

$$p_1 \geq p_2 \geq \cdots \geq p_m$$

于是,把 U 分为两个子集,而每个子集的 p_i 之和几乎或恰恰相等,即

$$U_1 = \begin{Bmatrix} u_1 & u_2 & \cdots & u_k \\ p_1 & p_2 & \cdots & p_k \end{Bmatrix}, \quad U_2 = \begin{Bmatrix} u_{k+1} & u_{k+2} & \cdots & u_m \\ p_{k+1} & p_{k+2} & \cdots & p_m \end{Bmatrix} \tag{4.33}$$

而且 $\sum_{i=1}^{k} p_i = \sum_{j=k+1}^{m} p_j$ 成立或几乎成立,因而,对 U_1 中的 u 赋以 1(或 0),对 U_2 中的 u 赋以 0(或 1),然后再对 U_1、U_2 实行类似的分割,直到子集中只有一个消息时为止。可见,根据等概率原则来分割并对子集赋以 0 和 1,而前后的分割是独立进行的,因此,上述两原则是可以满足的。

例 4.7 如图 4.7 所示,对信源 $U = \{u_1, u_2, u_3, u_4, u_5, u_6, u_7, u_8\}$ 进行 SF 编码。

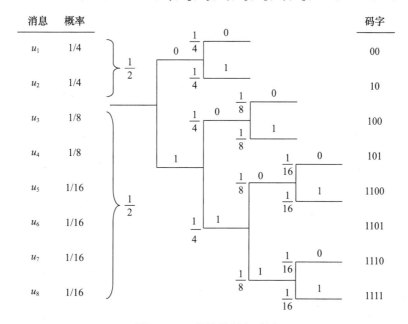

图 4.7 SF 码编码程序示例

该信源的熵和平均码字长度为

$$H(X) = -\left(\frac{1}{2}\log\frac{1}{4} + \frac{1}{4}\log\frac{1}{8} + \frac{1}{4}\log\frac{1}{16}\right) = 2\frac{3}{4}(\text{bit})$$

$$\bar{N} = \sum_{i=1}^{8} p_i N_i = \frac{1}{2} \times 2 + \frac{1}{4} \times 3 + \frac{1}{4} \times 4 = 2\frac{3}{4}(\text{bit})$$

显然,这个码已达到最优。每一位具有 1 bit 信息量,效率达到 1。应该指出,它之所以能达到最优,是因为它的概率分布恰好满足 $p_i = 2^{-N_i}$ 而且 $\sum_{i=1}^{m} 2^{-N_i} = 1$;否则,就不会达到 100% 的效率。

例 4.8 有一信源 U,其概率间为

$$U = \begin{Bmatrix} u_1 & u_2 & u_3 & u_4 & u_5 & u_6 & u_7 & u_8 & u_9 \\ 0.49 & 0.14 & 0.14 & 0.07 & 0.07 & 0.04 & 0.02 & 0.02 & 0.01 \end{Bmatrix}$$

其编码过程如图 4.8 所示。

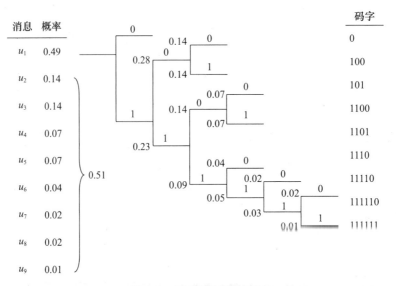

图 4.8 SF 码准匹配示例

经计算可得 $H(X)=2.24\text{bit}$,$\bar{N}=2.33\text{bit}$,$\eta=0.99$。可见,这仍是一种相当好的编码方法。

4.5 HSF 码的编译码方法与技术

4.5.1 HSF 码编译码方法

HSF(Huffman – Shannon – Fano)码,融合了 Huffman 码和 SF 码的优势。由前面的分析可见,Huffman 码性能是最优的,而 SF 码却具有数值序列的特点,即从概率大的到概率小的码字来看,码字的二进制数值由小到大是递增的。这一点正是用来减少译码表的尺度,缩短编译码时间的基本条件,因而,HSF 码兼有了两者的优点。下面我们说明它的构造方法。

例 4.9 设有一信源,其概率空间为

$$U=\begin{Bmatrix} 2 & 9 & 4 & \Phi & A & 8 & 3 & 7 & 1 & 5 & B & 6 \\ 0.226 & 0.165 & 0.135 & 0.120 & 0.079 & 0.063 & 0.054 & 0.041 & 0.038 & 0.034 & 0.030 & 0.015 \end{Bmatrix}$$

若对这个信源进行 Huffman 编码,则有

$$C_H=\{10\quad 000\quad 010\quad 011\quad 0010\quad 1100\quad 1101\quad 1111\quad 00110\quad 00111\quad 11100\quad 11101\}$$

可见,码字长度从 2 到 5。于是,我们定义一个"等长码字个数"所构成的集合 I,则

$$I=\{W_1\quad W_2\quad W_3\quad W_4\quad W_5\}$$

式中:W_i 表示字长为 i 的码字的个数;I 是这个数(十进制)的集合。显然,C_H 的 $I=\{0\quad 1\quad 3\quad 4\quad 4\}$。

有了 I 这个集合,我们可根据 I 来构造 HSF 码,也就是说,用 SF 码的构造方法,但它的字长和个数要受到 I 的约束。如此说来,显然,它的平均字长与 Huffman 码是一致的,若用码树表述如图 4.9 所示。若把 Huffman 码和 HSF 码放在一个表内,则更显得清楚。H 码没有数值序列的特性,而 HSF 码的码字十进制数值则是从 0 到 2^K-1。式中 K 是最后一个码字的码元字符的个数。HSF 码及其码值如表 4.3 所列。根据 HSF 的这个性质,便可构造出较小的译码表和较短的编译码时间。

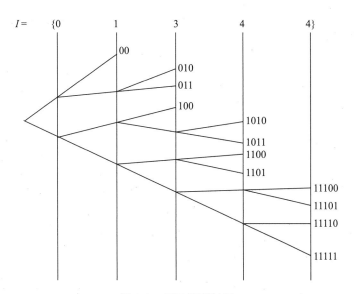

图 4.9 HSF 编码树图

表 4.3 码的比较对照表

消息字符	概率	概率顺序	H 码	HSF 码	HSF 码值
2	0.226	0	10	00	0
9	0.165	1	000	010	2
4	0.135	2	010	011	3
Φ	0.120	3	011	100	4
A	0.079	4	0010	1010	10
8	0.063	5	1100	1011	11
3	0.054	6	1101	1100	12
7	0.041	7	1111	1101	13
1	0.038	8	00110	11100	28
5	0.034	9	00111	11101	29
B	0.030	10	11100	11110	30
6	0.015	11	11101	11111	31

4.5.2 HSF 码编译码技术

我们阐述 HSF 码编译码技术,首先要建立的三个编译码表,如表 4.4～表 4.6 所列。

表 4.4 编码表

0	1	2	3	4	5	6	7	8	9	10	11
3	8	Φ	6	2	9	11	7	5	1	4	10

表 4.5 译码表

Φ	1	2	3	4	5	6	7	8	9	10	11
2	9	4	0	A	8	3	7	1	5	B	6

表 4.6　编译码表

极限值	基值	范围值
00(0)	0	0
100(4)	1	3
1101(13)	6	7
11111(31)	20	11

表 4.4 为编码表,它反映了消息字符的自然顺序与概率大小顺序之间的关系。第一行的位置(从左到右)是字符的自然排列,第二行中各个位置上填写的数字是概率排序号,如消息字符中的 0、概率排序号为 3 等。

表 4.5 为译码表,它恰恰与表 4.3 有相反的意义。例如,消息概率排序为 Φ 的正好是消息字符 2,而概率排序为 3 的位置上恰恰就是消息字符 0 等。

表 4.6 既是编码表,又是译码表。它一共有 3 列:第一列是极限值,指明每一组相同字长的码字中,所能表示的最大十进制数值(括号中的数);第二列是基值,在每一组中都有一个基值,而基值的特性为

$$\text{"本组的码字值"} - \text{"本组的基值"} = \{\text{概率排序号}\ 0,1,2,\cdots,11\} \quad (4.34)$$

$$\text{"本组的范围值"} + \text{"本组的基值"} = \text{"本组的极限值"} \quad (4.35)$$

第三列就是范围值,即

$$\text{"本组范围值"} = \text{"本组码字中相应的概率排序最大序号值"} \quad (4.36)$$

根据上述编、译码表,我们就可以进行 HSF 码的编译码了。

例 4.10　信源 U 就是例 4.9 中的信源,根据 HSF 码的编译码表 4.4、表 4.6 进行编码。例如,信源送出消息字符 8 时,在表 4.4 第 8 号位置上查出的概率顺序号为 5,于是,将 5 与范围值进行逐一比较,可见它是小于 7 的,可确定其是在表 4.6 的第三行内,故字长为 4、基值为 6。根据(4.34)式可得

$$\text{"码字值"} = \text{"基值"} + \text{"概率排序号"}$$

所以编码的码字应为 6 + 5 = 11,即 1011。由此可见,这样的编码程序是快速而简便的。

对 HSF 码的译码,如比特流为 101100011… 进入译码设备,第一步比较头 2 个比特(10)、$(2)_+$,即(10)与第一个极限值(00)比较,则$(10)_+ > (00)_+$,因而将前 3 个比特(101)与第二个极限值比较,则有$(101)_+ > (100)_+$,于是比较头 4bit,即有$(1011)_+ < (1101)_+$,因此可判定 1011 属于 1101 这一码字的范围,故它的字长为 4,基值为 6。因而,可根据式(4.34),即

$$(1011)_+ - (110)_+ = (101)_+ = 5$$

得到概率排序号为 5,由表 4.5 可查得第 5 号位置上的数字为 8,即为译出的消息字符。HSF 码在 PKZIP 压缩软件中得到应用。

第5章 MH 码分析与编译码技术

5.1 MH 码编码原理与技术

5.1.1 MH 码编码特性分析

1. 改进的 Huffman 编码

改进的 Huffman 编码是 Huffman 编码的改造形式,实践证明,它有不少优点,如编码效率高、容易扩展等特点。它是 ITU-T 向各国推荐的一维标准码,主要用在三类机上。这种码是 ITU-T 第八研究组于 1977 年提出的(见 T.4 建议草案)。

由前面的讨论可见,Huffman 编码虽然是最优的,根据它的原则来分配游程长度的码字,可获得最高的压缩比。但是实现起来是很困难的,其原因如下。

(1) 游程长度的概率分布,一行与一行不同,一页文件与另一页文件也不同,每一种分布都需要有与之相应的游程——码字对照表,这在实际中是难于实现的。

(2) 每一扫描线,即一行有 1728 个像素,那么可能出现的游程长度 L_i 可有 $1,2,\cdots,1728$,共 1728 种,因此,在编码时,需要很大的游程——码字对照表,也就是要占用很大的存储容量。不但实现起来有困难,而且很不经济。

鉴于上述原因,提出了改造型的 Huffman 编码方案,具体做了两点改进。

1) 概率统计上的改进

ITU-T 给出的八类传真样张,统计得到概率分布,再进行 Huffman 编码。其好处如下。

(1) 为实用化带来便利,即是指不用对每一传真样张进行统计,发送方边扫描边编码边发送。

(2) 不传编码表(只在相应指令 DIS 中标示位置 1 即可),相对而言,提高了压缩效率。

不利之处是:样张统计概率分布与采用的概率分布(固定码表)不匹配。后果是使压缩比变小。具体分析如下。

当 $p_i > p_j$ 且 $N_i \leq N_j$,又设实际上正好与码表对应的 $p_i < p_j$,于是,平均码长增量为

$$\Delta = \underbrace{p_i \cdot N_j + p_j \cdot N_i}_{\text{实际编码平均码长}} - \underbrace{p_i \cdot N_i + p_j \cdot N_j}_{\text{固定码表编码平均码长}}$$

$$= p_i \cdot N_j + p_j \cdot N_i - p_i \cdot N_i - p_j \cdot N_j$$

$$= p_i(N_j - N_i) - p_j(N_j - N_i)$$

$$= \underbrace{(N_j - N_i)}_{>0}\underbrace{(p_i - p_j)}_{>0} \geq 0$$

由此可见,码长变长了,即这样的概率不匹配,使得编码增加了冗余度。

应该指出,基于游程编码的统计编码,黑白游程是分别进行编码的,其目的是增强传真样张黑白游程概率分布的匹配度,进一步提高压缩比。下面就来进行具体的理论分析。

根据 $P\{L_i\}$ 分别把不同的游程长度赋以不同长度的码字,亦即采用的是变长编码。这种变长编码简称为游程长度编码。可以将黑白游程长度混合统一编码,也可以将黑白游程分开来分别进

行编码。黑白游程长度分别进行编码,它的压缩比将有所提高,下面进行具体讨论。

游程长度编码,其信息集是传真信源的游程长度的集合 $\{1,2,\cdots,M\}$,当不区分黑白游程时,游程长度的熵为 $H(X) = -\sum_{i=1}^{M} p_i \log p_i$,游程长度的平均值为 $\bar{L} = \sum_{i=1}^{M} i p_i$。当游程长度编码,采用黑白长度分开编码的方法时,有

$$H_W = -\sum_{i=1}^{M} p_{iW} \log p_{iW}, \quad H_B = -\sum_{i=1}^{M} p_{iB} \log p_{iB} \tag{5.1}$$

式中:p_{iW} 是白游程长度为 i 的概率;p_{iB} 表示黑游程长度为 i 的概率。游程长度熵为 $H_{BW} = p_W H_W + p_B H_B$,$p_W$ 为白游程出现的概率,p_B 为黑游程出现的概率。

我们将要证明的是

$$H_{BW} \leq H \tag{5.2}$$

证明:首先分析 p_i 与 p_{iW}、p_{iB} 的关系:

$$\begin{aligned} p_i &= p\{RL=i, RLW\} + p\{RL=i, RLB\} \\ &= p\{RLW\} p\{RL=i | RLW\} + p\{RLB\} p\{RL=i | RLB\} \\ &= p_W p_{iW} + p_B p_{iB} \end{aligned}$$

因此,有

$$\begin{aligned} H &= -\sum_{i=1}^{M} p_i \log p_i = -\sum_{i=1}^{M} (p_W p_{iW} + p_B p_{iB}) \log p_i \\ &= -\sum_{i=1}^{M} p_W p_{iW} \log p_i - \sum_{i=1}^{M} p_B p_{iB} \log p_i \end{aligned}$$

(根据 H 函数的极值性定理)

$$H \geq -\sum_{i=1}^{M} p_W p_{iW} \log p_{iW} - \sum_{i=1}^{M} p_B p_{iB} \log p_{iB}$$

(当且仅当 $p_{iW} = p_{iB} = p_i$ 时,上式为等式)

$$H = p_W H_W + p_B H_B = H_{BW}$$

由此可见,采用黑白游程长度分别编码时有更大的压缩可能性,即 RLC 平均码长的下限值更小了,根据定理 4.5 可知

$$H_{BW} \leq \bar{N}_{BW} < H_{BW} + 1$$

$$H \leq \bar{N} < H + 1$$

由于 $H_{BW} \leq H$,所以有 $\bar{N}_{BW} \leq \bar{N}$。当 $\dfrac{H_{BW}}{\bar{N}_{BW}} = 1$ 时,编码效率 $\eta = 1$。对于像素来说,有

$$\frac{H_{BW}}{L_{BW}}$$

其中

$$\begin{aligned} L_{BW} &= p_W L_W + p_B L_B = p_W \sum_{i=1}^{M} i p_{iW} + p_B \sum_{i=1}^{M} i p_{iB} \\ &= \sum_{i=1}^{M} i (p_W p_{iW} + p_B p_{iB}) = \sum_{i=1}^{M} i p_i = L \end{aligned}$$

所以就有 $H_{BW}/L_{BW} \leq H/L$，因此，极限压缩比 R_{max} 应为 $R_{max} = 1/(H_{BW}/L_{BW})$，由此可见，黑白游程长度分别进行统计并建立黑白游程编码表，可进一步提高压缩比。

2）码字构成上的改进

每个游程所对应的码字为形成码+（级联）终止码。一维改进的 Huffman 编码，如表 5.1、表 5.2 和表 5.3 所列。

码字的构成方法：

我们设每一扫描线有 1728 个像素，那么游程长度可能取 $1,2,\cdots,1728$。每个游程的码字均由形成码加上终止码构成。其构造方法如下。

（1）游程长度 RL≤63。

$$\text{游程的码字为:终止码} \tag{5.3}$$

（2）游程长度 RL>63 且为 64 的整数倍。

$$\text{游程的码字为:形成码}+\text{"0"终止码} \tag{5.4}$$

例如，$64,128,192,256,\cdots$。像白游程长为 64 和 128 的码字应为

11011 00110101

64 的形成码，"0"终止码

10010 00110101

128 的形成码，"0"终止码

（3）游程长度 RL>63 且不为 64 的整数倍。

$$\text{游程的码字为:形成码}+(\text{游程长度}-\text{形成码表示的游程长})\text{的终止码} \tag{5.5}$$

例如，白游程长为 65 的码字应为

11011 000111

64 的形成码，(65-64) 的终止码

表 5.1 终 止 码

白游程长度	码 字	黑游程长度	码 字
0	00110101	0	0000110111
1	000111	1	010
2	0111	2	11
3	1000	3	10
4	1011	4	011
5	1100	5	0011
6	1110	6	0010
7	1111	7	00011
8	10011	8	000101
9	10100	9	000100
10	00111	10	0000100
11	01000	11	0000101
12	001000	12	0000111
13	000011	13	00000100
14	110100	14	00000111

续表

白游程长度	码 字	黑游程长度	码 字
15	110101	15	000011000
16	101010	16	0000010111
17	101011	17	0000011000
18	0100111	18	0000001000
19	0001100	19	00001100111
20	0001000	20	00001101000
21	0010111	21	00001101100
22	0000011	22	00000110111
23	0000100	23	00000101000
24	0101000	24	00000010111
25	0101011	25	00000011000
26	0010011	26	000011001010
27	0100100	27	000011001011
28	0011000	28	000011001100
29	00000010	29	000011001101
30	00000011	30	000001101000
31	00011010	31	000001101001
32	00011011	32	000001101010
33	00010010	33	000001101011
34	00010011	34	000011010010
35	00010100	35	000011010011
36	00010101	36	000011010100
37	00010110	37	000011010101
38	00010111	38	000011010110
39	00101000	39	000011010111
40	00101001	40	000001101100
41	00101010	41	000001101101
42	00101011	42	000011011010
43	00101100	43	000011011011
44	00101101	44	000001010100
45	00000100	45	000001010101
46	00000101	46	000001010110
47	00001010	47	000001010111
48	00001011	48	000001100100
49	01010010	49	000001100101
50	01010011	50	000001010010
51	01010100	51	000001010011
52	01010101	52	000000100100

续表

白游程长度	码 字	黑游程长度	码 字
53	00100100	53	000000110111
54	00100101	54	000000111000
55	01011000	55	000000100111
56	01011001	56	000000101000
57	01011010	57	000001011000
58	01011011	58	000001011001
59	01001010	59	000000101011
60	01001011	60	000000101100
61	00110010	61	000001011010
62	00110011	62	000001100110
63	00110100	63	000001100111

表5.2 形成码

白游程长度	码 字	黑游程长度	码 字
64	11011	64	0000001111
128	10010	128	000011001000
192	010111	192	000011001001
256	0110111	256	000001011011
320	00110110	320	000000110011
384	00110111	384	000000110100
448	01100100	448	000000110101
512	01100101	512	0000001101100
576	01101000	576	0000001101101
640	01100111	640	0000001001010
704	011001100	704	0000001001011
768	011001101	768	0000001001100
832	011010010	832	0000001001101
896	011010011	896	0000001110010
960	011010100	960	0000001110011
1024	011010101	1024	0000001110100
1088	011010110	1088	0000001110101
1152	011010111	1152	0000001110110
1216	011011000	1216	0000001110111
1280	011011001	1280	0000001010010
1344	011011010	1344	0000001010011
1408	011011011	1408	0000001010100
1472	010011000	1472	0000001010101
1536	010011001	1536	0000001011010
1600	010011010	1600	0000001011011

续表

白游程长度	码 字	黑游程长度	码 字
1664	011000	1664	0000001100100
1728	010011011	1728	0000001100101
EOL	000000000001	EOL	000000000001

表 5.3 供加大纸宽用的形成码(黑白游程共用)

游程长度	码 字	游程长度	码 字
1792	00000001000	2240	000000010110
1856	00000001100	2304	000000010111
1920	00000001101	2368	000000011100
1984	000000010010	2432	000000011101
2048	000000010011	2496	000000011110
2112	000000010100	2560	000000011111
2176	000000010101		

2. 样张的数据传输格式

每样张的数据传输格式如图 5.1 所示,说明如下。

(1) 行同步码 EOL,它的格式为 000000000001,同步码是紧跟在每一扫描线的数据之后的特殊码字,它在有效数据中是不可能出现的,因而,在突发错误之后能重新建立同步。应该指出的是,在每页文件的第一个数据之前也设置一个 EOL。

(2) 填充码 fill。它的作用是保证每扫描线,即每一行的数据传输时间不小于某一规定时间 T,T 为发送一行编码数据所用的最小时间,T.4 建议中规定 $T=20\text{ms}$,不足 20ms 时应加入填充码,其格式为长度不一的全"0"串。

(3) 转回控制 RTC。转回控制 RTC 格式为

$$0 0 0 0 0 0 0 0 0 0 0 1 0 \cdots 0 1 0 0 0 0 0 0 0 0 0 0 0 1$$

是六个连发的 EOL 码,表示一页文件码的传输结束。

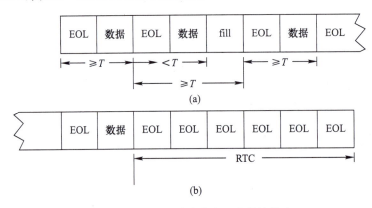

图 5.1 一页文件传真信息码的传输格式

还应指出,为了使收、发片机保持色同步,特规定所有数据行都从白游程长度码开始,如果实际扫描线以黑游程开始,那么先送一个白游程长度为"0"的码字。

例 5.1 若一扫描行(线)数据为

$$\cdots\ 000\cdots0\quad 11111\quad 000\cdots0\quad 111\cdots1\quad 000\cdots0$$
$$W=9\quad B=5\quad W=75\quad B=18\quad W=1621$$

那么,MHC 流应为

0000000000001 10100 0011 1101101000

　　　EOL　　　　 W = 9　　 B = 5　　 W = 75

0000001000 0100110100010111

　　B = 18　　　　　　W = 1621

其行压缩比为

1728/57 = 30

由上述可见,MHC 与 Huffman 编码有两点不同:第一,编码表是根据一组典型文件的游程概率分布的统计均值而构造出来的;第二,码字的构成是由形成码和终止码的组合实现的,这样一来,码表大为缩减。

MHC 具有一定的检错能力,这是因为 EOL 码与 EOL 码之间的数据经过译码恢复应为 1728 个像素,否则,就认为已发生了错误。

还应指出,在垂直分辨率为标准的 3.85 线/mm 时,文件的宽度可扩展,表 5.3 中的形成码就是为此而设置的。据有关调查表明,一维 MHC 基本上适用于中文文件传真的样张,其编码效率较高。

5.1.2 MH 码编码实现技术

在 4.1 节中我们对 MHC 码的编码规则进行了论述。在这一节中我主要讨论一下 MHC 的编码与译码实现原理及技术,对快速译码算法也将进行讨论。

1. 编码原理

关于 MHC 的编码实现技术,主要包括两部分:一是游程长度的识别,这是编码的技术要点之一;二是查表技术,当然包括码表的构造及码表的查找算法。编码系统框图如图 5.2 所示。

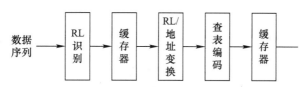

图 5.2　编码器方框图

应该指出,RL 识别可用硬件逻辑实现,也可用软件实现,其要点一是数据序列变化点检测,二是两变化点之间数据的计数。用硬件实现,速度快;用软件实现,速度相比较而言较慢。软件实现也有不同的算法,可称为快速识别算法。

关于查表编码,码表的构造一般是把 MHC 的每一个码字分配两个地址,一个地址存放码长,另一个地址存放码型,查表,实际上是由 RL 构成地址;再从该地址中读出码型,在下一地址读出码长,大于 8 位的由 0 填补,这样就编出了与 RL 对应的码字。算法流程图如图 5.3所示。

2. 编码技术

关于 RL 的计算,端点识别(变化点检测)和端点与端点之间的比特计数构成了 RL 识别算法,如果对传真图文信息经扫描、数字化信号,用软件来完成 RL 识别,有不同的实现方法,如对缓存下来的数字信号——比特 – 比特进行"0""1"判别,进行变化点检测,对变化点之间连"0"或连"1"进

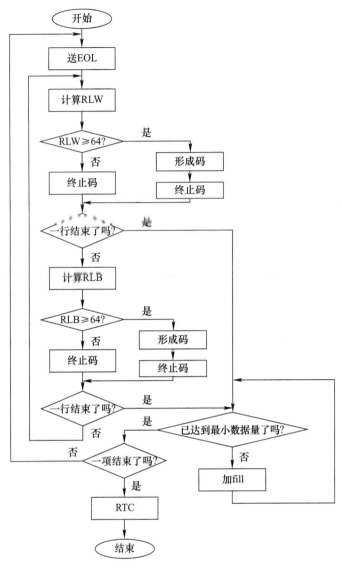

图 5.3 编码流程图

行计数,也可完成 RL 识别,流程图如图 5.4 所示。

游程长度识别出以后,根据码表构成规则,用 RL 形成查表地址,经过查表完成 RL→码字的转换。这一部分的流程图如图 5.5 所示。流程图中 HL 是指 Z80CPU 中的 HL 寄存器,A 为累加器。TRL 是指终止码游程长度,MRL 是指形成码游程长度。

下面举例说明。

例 5.2 WRL = 29　白终止码　地址高 8 位为 A4
$$W = [2 \times 29]_{10} = (3A)_{16}$$

例如,WRL = 29,输入的游程长度,数据格式为
$$(29)_{10} = (11101)_2$$

存放形式为

$$(0)000000(0) \qquad (0)011101(0)$$
$$H = 0 \qquad 2 \times TRL = (2 \times 29)_{10} = (3A)_{16}。$$

该游程长度所对应的码表地址为 A43AH。于是,有

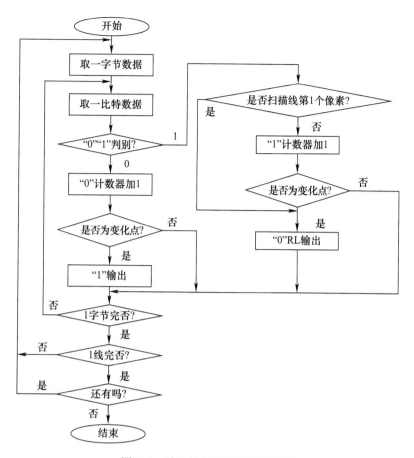

图 5.4 游程长度识别算法流程图

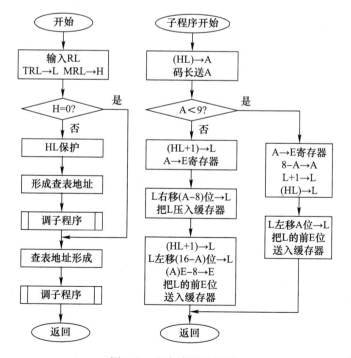

图 5.5 查表编码流程图

81

调用子程序为

$$H \leftarrow A4$$
$$L \leftarrow 3A$$
$$(A43A) \rightarrow A \quad 0 0 0 0 1 0 0 0$$
$$(A43B) \rightarrow A \quad 0 0 0 0 0 0 1 0$$

故从 A43BH 中读出的数据００００００１０就是编码结果。

例 5.3 BRL=960,输入的 RL,数据格式为 $(960)_{10} = (1111000000)_2$,而存在 HL 寄存器中的形式为

$$(0)001111(0) \quad (0)000000(0)$$
$$H \neq 0 \quad L = 0$$

MRL=15,形成的查表地址为

$$A7 \rightarrow H,(2 \times MRL)_{10} = (1E)_{16} \rightarrow L$$

执行子程序:$(A71E) \rightarrow (0D)_{16} = (13)_{10}$,即码长为 13 位,且

$$(A71F) \rightarrow (73)_{16} \text{二进制码型为 01110011}$$

右移:(13-8)=5 位,先加上五个００００００１１再移位,即为码字的前 8 位００００００１１,牛存入缓存器。

再一次取出

$$(A71F) \rightarrow (73)_{16} \quad 01110011$$

左移:(16-13)=3,即有 01110011→10011,即为码字的后 5 位。将 10011 移至高 5 位,再把这 5 位存入缓存器。

由上面的阐述,我们可将编码方法概括如下。

(1) 设 G 为该游程长度形成的码表地址,那么从码表中地址为 G 的单元中读出的内容为该游程长度所对应的码字长度,如为 N。

(2) G+1 中放的是码形,即码字的码元形式。根据 MH 码的特点,当 $N>8$ 时,则应在码型前面补上 $N-8$ 个 0,就是所求的码字;当 $N \leq 8$ 时,则取该码型的低 N 位码元就是所求的码字。

例如,WRL=21,地址高 8 位为 A4,$W = [2 \times 21]_{10} = (2A)_{16}$ 由该游程所形成的查表地址为 A42A,读出该地址的内容为 $N=7<8$,得知码长为 7,下一个地址为 $L+1 \rightarrow L$,故 HL=A42B,其内容为 00010111,即得到了码型,再取该码型的低 7 位,得到的码字为 0010111。再如,BRL=1344,MRL=21,查表地址高 8 位为 A7,而 $W = [2 \times 21]_{10} = 2A_{16}$,地址为 A72A,读出该地址的内容为 $N=13>8$,下一个地址由 $L+1 \rightarrow L$,HL=A72B,读出其内容为 01010011,因为 $N=13>8$,故 13-8=5,则应在该码型前补加五个 0,得到的编码结果为 0000001010011。

5.2 MH 码译码原理与技术

5.2.1 MH 码译码技术

前面我们介绍了编码技术实施方案,在此将阐述一下译码技术。对于 MH 码而言,首先它是一个变长码,发送端在编码时把 RL 所对应的码字是不留间隙地存入发送缓存器中再去调制载波后而发送出去。接收端解调出来的数据,若无差错,就是发送端的编码数据,译码时要从数据序列中分离出码字,这样就可由码字去寻找出所对应的 RL,也就完成了译码过程。

译码的基本思想是:对于 01 序列而言,构造出译码树,把序列中所包含的所有码字都分配到一个端点上,这样一来,每一个码字与树图编码时类似,以码字首位码元开始,从树根起上移一步,到达一级节点上,再以次位码元为依据,上移到高一级节点上,继续下去即可达到端点节点,这样就可

实现由序列到码字的分离。按上述办法译码时,显然从树根起每上移一级节点,必须提供节点信息,即该节点是中间节点,还是终端节点。为查寻方便,树中的每一节点,分配一个地址,该地址中可存放节点信息。再就是终止码和形成码共用一棵树,即一个译码表。因此,在节点信息中还应提供是形成码节点,还是终止码节点。若是形成码节点,地址中存放的二进制数据再乘以 64 就是所译出的 RL,终止码节点、地址中存放的二进制数据就是该码字所对应的游程长度。中间节点、地址中存放的二进制数据是下一步搜索地址信息即基址。由此可见,节点信息中还包括进一步搜索的地址信息,以及游程长度信息。译码系统方框图如图 5.6(a)所示,其原理如图 5.6(b)所示。

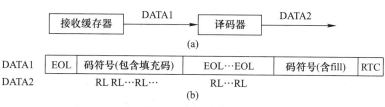

图 5.6 译码方框图

译码时所采用的数据格式,如图 5.7 所示。

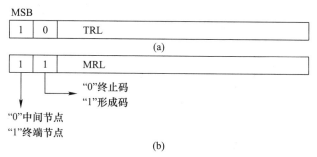

图 5.7 译码的数据格式

关于译码搜索算法:以收到的编码数据序列为引导,进行树搜索译码。译码树如图 5.8 所示,下面举例说明具体做法。

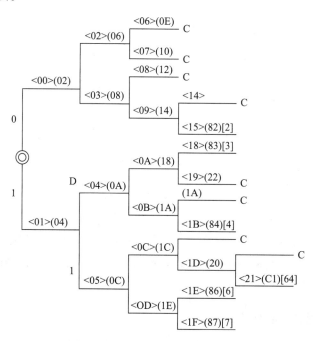

图 5.8 译码树图举例

例 5.4 WRL=64,码字为 1 1 0 1 1,MRL=1。

以开始(00)作基准,由输入码序列的第一个码元与 00 相加,形成第一个地址 <01>,即到达了第一级节点,读出其内容为(04),即 0 0 0 0 0 1 0 0,由此可见为中间节点,最高有效位为"0",于是再输入下一码元,即第二个码符号"1",与 04 相加得新的地址 <05>,再读出其内容为(0C),即

0 0 0 0 1 1 0 0

中间节点 ↑

仍为中间节点,故再输入第三个码符号"0"与 0C 相加,得 <0C> 读出其内容为(1C),即

0 0 0 1 1 1 0 0

中间节点 ↑

再输入第四个码符号"1",新地址为 1C+1=1DH,内容为(20),即

0 0 1 0 0 0 0 0

中间节点 ↑

再输入第五个码元"1",新地址为 20+1=21H,内容为(C1),即

1　　1　　0 0 0 0 0 1

终端节点 ↑　　↑　　　↑

　　　　　　　　形成码　游程长度信息

因而,游程长度应为 1×64=64,译码结束。

例 5.5 WRL=3,对应的码字为 1000,其译码过程如图 5.9 所示。

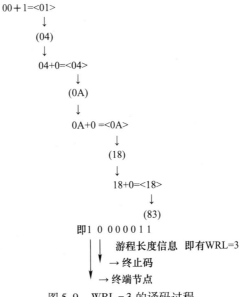

图 5.9　WRL=3 的译码过程

从上述译码过程可见,上述译码是以收到的解调数据序列为"导游子",在码树中从根开始按 1bit 一步的方式,一步一步地爬至终端节点的。译码速度是不高的,访问内存的次数很多,占用较长时间。我们下面将阐述快速译码算法。快速译码算法往往决定了一种编码方法的应用价值,快速译码算法仍是需要研究的重要课题。

5.2.2 MH 码快速译码技术

快速译码算法的基本思想是:采取多步合一的方法,减少访问内存地址的次数,也就是一次输

入的不是一个码元,而是多个码元,根据码表的特点,对白译码而言,第一次可直接输入4bit,因为最短的码字码长为4,随之可输入2bit或1bit。对黑译码来说,由于最短的码字长度为2,因此第一次输入的应为两个码元,随后可输入两个或一个码元。

快速译码算法的数据格式如图5.10所示。

下次查寻地址信息($B_0 = 0$)

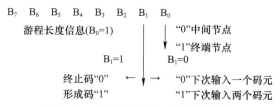

图5.10 快速译码的算法的数据格式

例5.6 WRL=64,码字为1 1 0 1 1,第一次取四个码元1 1 0 1,与00相加形成新的地址00 + 1101 = <OD>,其内容为34H,即

$$0\ 0\ 1\ 1\ 0\ 1\ 0\ 0$$

"0"为中间节点
"0"下次输入1bit

于是,再输入一个码元"1",形成新的地址1 + 34 = <35>,其内容为(07),即

$$0\ 0\ 0\ 0\ 0\ 1\ 1\ 1$$

游程长度信息   "1"终端节点
   形成码

可得译码结果为RL = 1×64 = 64,由该译码过程可见,译码速度有了显著提高。快速译码算法流程图如图5.11所示。白译码树图如图5.12所示。

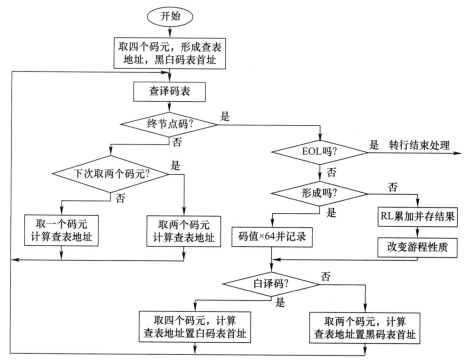

图5.11 快速译码算法流程图

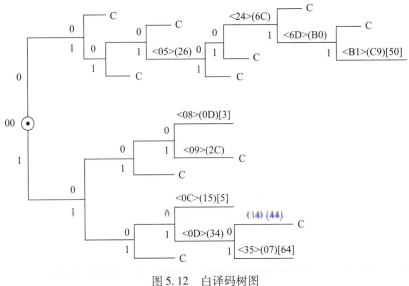

图 5.12 白译码树图

例 5.7 WRL = 50,对应的码字为 0 1 0 1 0 0 1 1 译码过程为

$(00) + 0101 = \langle 05 \rangle (26)$

↓ 中间节点,且输入两个码元

$(26) + 00 - 10 = \langle 24 \rangle (6C)$

↓ 中间节点,输入一个码元

$(6C) + 01 = \langle 6D \rangle (B0)$

↓ 中间节点,输入一个码元

$(B0) + 01 = \langle B1 \rangle (C9)$

即得

C9 = 1 1 0 0 1 0 0 1
　　　　　　　↳ 终端节点
　　　　　↳ 终止码

可得出游程长度 RL = $(110010)_2$ = 32 + 16 + 2 = 50_{10},译码结束。

第6章 高压缩比实用码分析与编译码技术

6.1 MR码编码原理与技术

6.1.1 MR码编码规则

MREAD码,是日本KDD公司创立的一种二维编码方式,即相对地址码(Relative Address Code)的改进,并于1978年8月推荐给ITU-T第十四研究组;英国电信局对相对地址编码也进行了研究,并提出了改进的相对地址编码(Modified READ Code)。二者结合,就形成了现在的MREAD码。ITU-T在日本京都会议上确定为三类机的标准编码方式,它属于二维逐行编码。所谓二维编码,是指不仅要考虑正在进行编码的这一扫描行上的像素分布,还要考虑其相邻扫描线上像素分布。具体来说,就是一次编码时至少考虑两条扫描线,一是正在编码的扫描线,二是其上面一线,该行实际上已编定码字并传输,但该行的数据序列游程分布情况仍存储下来供本行编码时参考,也称为参考扫描线。

应该指出,由于每一页的第一扫描线无参考扫描线,因此,MR编码规定每页第一扫描行采用MH编码。为了限制误码扩散,把扫描线分为K线为一组,每组的第一线采用MH码编码,第二线及后续扫描线用二维编码。当垂直扫描分辨率为3.85L/mm时,$K=2$;当7.7L/mm时,$K=4$。

MREAD码可简称为MR码,其基本指导思想是:由于图像是一种二维信息,它不仅在水平方向上,相邻像素之间具有相关性,而且在垂直方向上也具有相关性。考虑到利用图像水平和垂直二维相关性,更充分地减少图像信息冗余度,在综合几种编码方法的基础上创立了这种MR码。

关于编码规则,可作如下说明。

MR码是一种逐条扫描线编码方法,即扫描线上每一迁移像元的位置是根据位于紧邻该行的上一参考行上的相应的参考像元的位置来编码的。所谓迁移像元,是指在同一扫描线上,其颜色(黑或白)与前一个像元的颜色不同的那个像元,如图6.1所示。

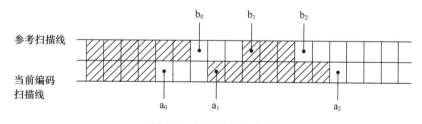

图6.1 迁移像元定义图

二维MR编码中用到的迁移像元有如下5个。

a_0:称为编码行的起始迁移像元或参考像元,对编码行的开头,a_0是一个假想的白的迁移像元,它紧靠在这一扫描线的第一个像元之前;编码开始后,a_0的位置由前一个编码模式决定。

a_1:位于正在编码的扫描线上,紧靠a_0右面的下一个迁移像元。

a_2:编码行上紧靠a_1右边的下一个迁移像元。

b_1:位于参考扫描线上紧靠 a_0 右边且与 a_0 颜色相反的第一个迁移像元。

b_2:位于参考扫描线上紧靠 b_1 右边的下一个迁移像元。

在编码过程中,根据编码行与参考行之间相应迁移像元的相对位置的不同,归属于不同的编码模式,分配给相应的码字。

(1) 通过模(Pass Mode)。当 b_2 位于 a_1 的左面时,则认为是通过模,如图 6.2(a)所示。当 a_1 正好位于 b_2 之下时,则不认为是通过模,如图 6.2(b)所示。由于通过模是用 a_1、b_2 的相对位置来表示的,a_0 的位置(作为起始迁移像元或参考迁移像元)是已知的,b_2 的位置因处在参考扫描线上,在接收端已解出,在通过模编码时,将不再考虑 a_0 与 b_2 间的距离,而是把当前编码的扫描线上位于 b_2 正下方的像元(不是迁移像元)作为下一次编码的 a_0,记为 a_0',如图 6.2(a)所示。

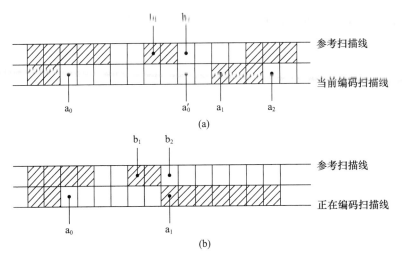

图 6.2 通过模的定义图示

(2) 垂直模(Vertical Mode)。当 b_2 不是位于 a_1 的左面且 a_1 与 b_1 的距离不大于 3 时,则认为是垂直模;如图 6.3 所示。若 a_1 与 b_1 间的距离用 d 表示($d=0,1,2,3$),a_1 的位置相对于 b_1 的位置来编码时,由于 a_1 与 b_1 的相对位置有 $V(0)$、$V_R(1)$、$V_R(2)$、$V_R(3)$、$V_L(1)$、$V_L(2)$、$V_L(3)$ 7 种数值(下标 R、L 分别表示 a_1 在 b_1 的右面和左面)。与之对应的可用 7 个码字来进行编码。垂直模编码之后,把 a_0 置于 a_1 的位置。

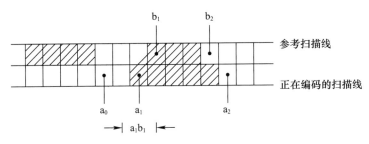

图 6.3 垂直模定义图示

(3) 水平模(Horizontal Mode)。所谓水平模,即是当 b_2 不在 a_1 的左面且 a_1b_1 距离大于 3 时的编码模式,如图 6.4 所示。在水平模情况下,a_0a_1、a_1a_2 两个游程长度同时编码,游程长度码 $M(a_0a_1)$、$M(a_1a_2)$ 为 MH 码,水平模码字由标志码 H(001)和游程长度码构成:$001 + M(a_0a_1) + M(a_1a_2)$。编码后 a_0 将置于 a_2 位置上。

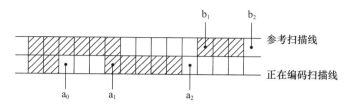

图 6.4 水平模定义图示

三种模式编码表如表 6.1 所列。

表 6.1 二维码表

模	需编码的像元		符号	码字
通过模	b_1, b_2		P	0001
水平模	$a_0 a_1, a_1 a_2$		H	001 + $M(a_0 a_1)$ + $M(a_1 a_2)$
垂直模	a_1 在 b_1 之下	$a_1 b_1 = 0$	V(0)	1
	a_1 在 b_1 之右	$a_1 b_1 = 1$	$V_R(1)$	011
		$a_1 b_1 = 2$	$V_R(2)$	000011
		$a_1 b_1 = 3$	$V_R(3)$	0000011
	a_1 在 b_1 之左	$a_1 b_1 = 1$	$V_L(1)$	010
		$a_1 b_1 = 2$	$V_L(2)$	000010
		$a_1 b_1 = 3$	$V_L(3)$	0000010

下面阐述编码过程。

在编码过程中,首先要识别出编码行上每一迁移像元属于哪一种模式、相应位置、距离等信息,再用 MR 码的若干码字来表示。具体步骤如下。

第一步:

(1) 若识别为通过模,就用码字"0001"编码(即表示),然后将 b_2 之下的像元作为下一次编码的新的起始像元 a_0';

(2) 其未检出通过模,则进行下一步处理。

第二步:

(1) 确定相对距离 $a_1 b_1$ 的绝对值,即 $|a_1 b_1|$;

(2) 若 $|a_1 b_1| \leq 3$,则 $a_1 b_1$ 为垂直模,用垂直模编码,即用垂直模相应的码字表示,然后,把 a_1 的位置作为下一个编码新的起始像元 a_0';

(3) 若 $|a_1 b_1| > 3$,则在水平模标志码字 001 之后,随之对 $a_0 a_1$、$a_1 a_2$ 分别进行一维 MH 编码。组成水平模码字。经这样的处理后,把 a_2 位置作为下一编码的起始像元 a_0'。

关于 MR 码的关键的特殊问题进一步说明如下。

(1) 每条正在编码扫描线上的第一个起始像元 a_0 为假想的白像元,并且置于实际的第一个像元之前,以便保持收、发颜色的同步。因此,每一扫描线上第一个游程长度 $a_0 a_1$ 要用 $(a_0 a_1 - 1)$ 来代替,若第一个实际的像元是黑的,并且用水平模进行编码时,第一个码字 $M(a_0 a_1)$ 应为长度等于 0 的白游程码字。关于扫描线起始像元的情况如图 6.5 所示。图 6.5(a) 中 a_1 正好在 b_1 之下,故取垂直模 V(0);图 6.5(b) 中的 a_1 在 b_1 之左一个像元,故取垂直模 $V_L(1)$;图 6.5(c) 中 a_1 在 b_2 之右,故取通过模;图 6.5(d) 中 a_1 在 b_1 之右,故取 $V_R(2)$;图 6.5(e) 中,考虑到假想的 a_0,对 a_1 取水平模 H(0,3),因为 $a_0 a_1$ 用 $(a_0 a_1 - 1)$ 代替则为 0,$a_1 a_2 = 3$;下一个迁移像元为垂直模且为 $V_R(1)$。

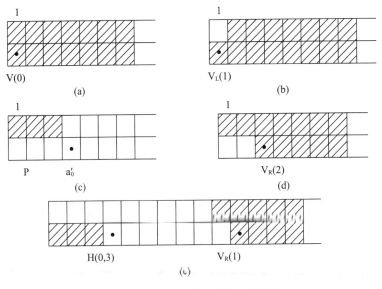

图 6.5 扫描线起始部分编码模举例

（2）最末一个像元的处理。对于当前编码的扫描线而言,编码必须进行到位于实际的最末一个像元之后的假想迁移像元位置为止。这一假想的像元可作为 a_1 或 a_2 进行编码。若在该扫描线的整个编码过程中没有检出 b_1 和(或) b_2,则认为它就在参考扫描线上实际最后一个像素之后的假想像元位置上。关于最末一个像元的处理如图 6.6 所示。图 6.6 中带黑点的像元表示需要编码的迁移像元。对图 6.6(a)中的情况而言,左面标黑点的像元是需要编码的,它的模应确认为垂直模,因为该像元左面为白正上面为黑,显见正上面的迁移像元应为 b_1,因此编码模为 V(0),码字为"1",编完之后,还要看第 1728 像元位置,该像元不是迁移像元,因而要设置假想的像元(应为白),而参考线上 b_1 也被确认为是 1728 像元之后的假想像元。故编码扫描线上最后一个编码模仍为 V(0)。其他情况不作详述,可自己做出具体分析。切记编码应进行到实际最末一个像元之后的迁移像元为止。这样是不难分析掌握的。

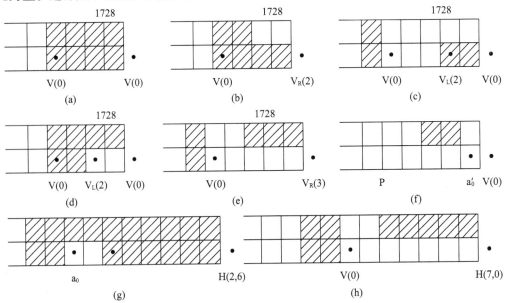

图 6.6 扫描线末尾部分编码模举例

关于扫描线中间部分编码情况如图6.7所示。

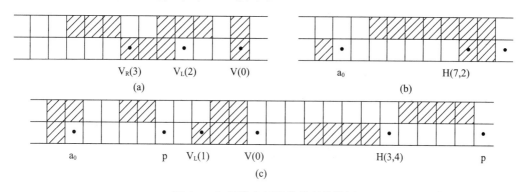

图6.7 扫描线中间部分编码模举例

6.1.2 传输码流格式

（1）帧同步码。在每页的第一个数据行之前和每一编码行的结尾均应加 EOL+1，即"0 0 0 0 0 0 0 0 0 0 1 1"，以说明下行应采用一维 MH 码进行编码，EOL+0 表示下一行用二维编码。

（2）填充码。当一行编码数据和行结束码+特征比特之间插入填补码，码型为长度不等的"0"序列。插入填充码的原因与 MH 码相同。

（3）返回控制规程（RTC）。RTC 使用的码型是连续 6 个行同步码字，即 6×(EOL+1)。MR 码数据传输格式如图6.8所示。

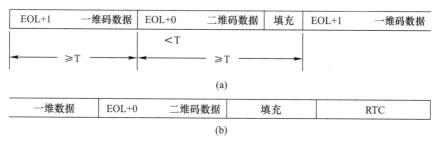

图6.8 报文传输格式图示
(a)一页的开头部分；(b)一页的末尾部分。

6.1.3 MR 码的编码实现技术

MR 码编码流程图如图6.9所示。

根据图6.9可以进行 MR 码编码。要进一步说明的是，当判别为垂直模时，如 V(0)、$V_L(1)$、$V_L(2)$、$V_L(3)$、$V_R(1)$、$V_R(2)$、$V_R(3)$ 这种垂直模编码，可根据 a_1 与 b_1 的距离，形成一个相应的地址 R（该地址为编码表中的地址），读出这个地址的内容，该内容为垂直模所对应码字的码长 N，再读出 R+1 地址中的内容，即为码型，取出相应的低 N 位码元，就是编码结果。

例如，垂直模 $V_L(3)$，所形成的地址为 14DC，内容为 07，即码长 $N=7$，从 14DD 读出的内容为 20，即 0 0 1 0 0 0 0 0，再取低 7 位，为 0 1 0 0 0 0 0，与建议 T.4 中的规定一致，重排为 0 0 0 0 0 1 0。这样就完成了垂直模 $V_L(3)$ 的编码过程。

应该指出，若判为水平模，即进行 a_0a_1、a_1a_2 游程长度的 MH 编码，其编码过程与 MH 编码完全相同。若判别为通过模，直接将"0 0 0 1"码字写入编码缓存器中即可结束。

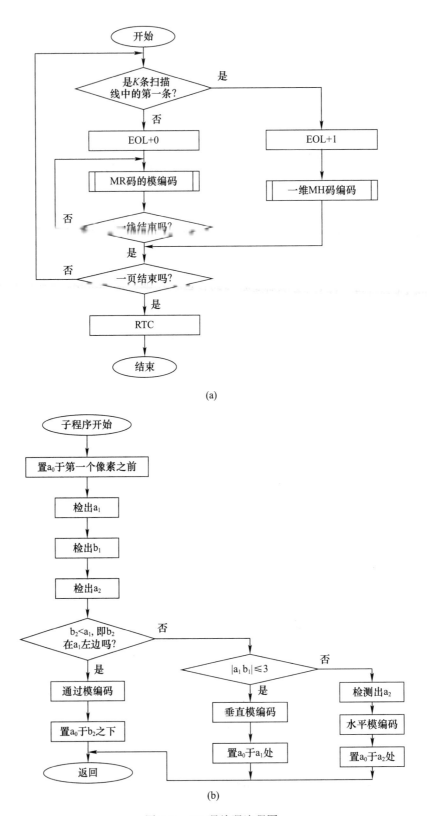

图 6.9 MR 码编码流程图
(a) MR 码编码主流程图；(b) MR 码编码子程序流程图。

6.2 MR 码译码原理与技术

6.2.1 MR 码译码原理

对 MR 码译码来说,首先也是搜索线同步码"EOL + X",当 X = 1 时转入一维行译码,译码方法同 MH 码译码。若 X = 0,则用二维码,即 MR 码行译码。MR 码行译码实际上是对三种模码字的识别。与一维 MH 码译码算法类似,通过查表进行译码,为说明其译码算法,首先给出算法中使用的符号。

(1) 标志的含义。

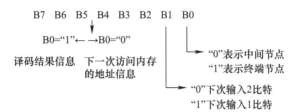

(2) 在算法中 <×××> 表示地址,(××) 表示地址中的内容。

MR 码译码算法:由于二维码最短的码字为 1 比特,故采用一、二、一译码算法,即若设初始地址为 00h,首先取 1 比特与初值相加获得一个新的地址 <×××>,查表即访问该地址,读出内容(××),再判断是否为终端节点。若是终端节点,则可计算出是哪一种模;若是中间节点,再判明下次应输入 1 比特还是 2 比特。地址计算方法如下:

若取 1 比特 ×:

$$<×××> = (××) + X$$

若取 2 比特 ××:

$$<×××> = (××) + XX - B1B0(10)$$

(3) 终端节点的地址内容如表 6.2 所列。

$b_1a_1 = 1,2,3$ 表示 a_1 在 b_1 之右,距离为 1,2,3;$a_1b_1 = 1,2,3$,表示 a_1 在 b_1 之左,距离 1,2,3;$a_1b_1 = 0$ 表示 a_1 在 b_1 之下。

查表举例:如译码数据序列为 1100000,参与地址计算码元顺序是从右向左。因此可知:

由(00) + 0→地址 <00>,读出的内容为(04),再输入 2 比特,即(04) + 00 - b_1b_0 = 04 + 00 - 2→<02>,得到(06),(06) + 0→<06>,读出的内容为(0C),再输入 2 比特(0C) + 01 - 2→<0B>,读出(26),最后再输入 1 比特"1",(26) + 1→<27>,内容为 0D = 0 0 0 0 1 1 0 1 为终端节点,一个码字的译码结束,译码结果为 3,即垂直模 $V_R(3)$。

(4) 三种模的译码原理。

以序列 0 0 1 1　1 1 0　1 0 0　0 1 0　　1 0 0 0 为例(从右至左)
　　　　　　 W5 　　B4 　　H 　　$V_L(1)$ 　　　P

① 通过模。如图 6.10 所示的模式,在编码时,当作通过模编码,以 0001 为标志码,将 a_0 的位置移到 a_0' 处,再寻找下一个 b_1 的位置。再判模式。译码时,若用 d_3 表示 a_0 的绝对位置。d_4 表示 b_1 的绝对位置。故 a_0a_0' 的长度为 $d_4 - d_3 + b_1b_2$ 存入 d_5,b_1b_2 是 d_4 位置之后的第一个游程长度。显然,图中的白游程译码还未结束,所以把结果暂存入 d_5 寄存器中,再求得 $a_0'a_1$ 后得到完整的白游程长度,故下一次译码的游程颜色(黑、白色)不变。再根据 a_0' 求得 b_1 的下一个位置 d_4。

表 6.2　终端节点的具体内容

地址内容	译码结果	含义
01h	0	V 模,$a_1b_1=0$
05h	1	V 模,$b_1a_1=1$
09h	2	V 模,$b_1a_1=2$
0Dh	3	V 模,$b_1a_1=3$
21h	8	V 模,$a_1b_1=1$
1Dh	7	V 模,$a_1b_1=2$
19h	6	V 模,$a_1b_1=3$
11h	4	H 模标志
15h	5	门标

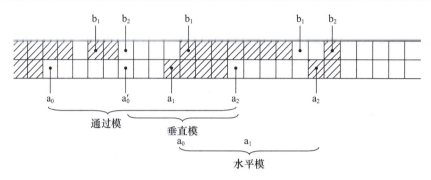

图 6.10　通过模图示

② 垂直模。对垂直模而言,编码时,a_1 的位置相对于 b_1 的位置来编码。译码时,由图 6.10 所示,a_0a_1 的长度为(应该指出:这里的 a_0 实际上为图中的 a_0')

$$a_0a_1 = d_4 - d_3 + b_1a_1$$

其中

$$b_1a_1 = -1$$

至此一个白游程译码完毕,其长度为 $d_5+a_0a_1$。将 d_5 所表示的游程写入缓存器中,将 d_5 置 0,d_3 置于 a_1 的位置。即 a_1 变为 a_0,根据 a_0(上次译码时的 a_1)颜色,找出下一个 b_1 的位置。同时改变游程颜色寄存器的值。

③ 水平模。对水平模而言,编码时首先给出标志码"0 0 1",后跟 a_0a_1、a_1a_2 两个长度的一维 MH 码。因此,在译码时,检测到"001"后,根据 a_0a_1 的颜色,通过查一维相应的码表,求出 a_0a_1、a_1a_2 的长度。写入缓存器,d_3 置于 a_2 的位置,游程颜色寄存器应与水平模前相同。根据 a_0(即 a_2)的位置和颜色,再求出 b_1 的位置 d_4,置 d_5 为 0。

6.2.2　MR 码译码技术

三种模式的译码,核心在于用 d_3、d_4 记录 a_0、b_1 的绝对位置,a_0 位置的改变是由编码决定的,b_1 位置的改变原则就是:a_0 右边和 a_0 颜色不同的第一个迁移像元。具体实现时是通过 d_4 再加其后的游程长度。

MR 码译码算法流程图如图 6.11 所示。

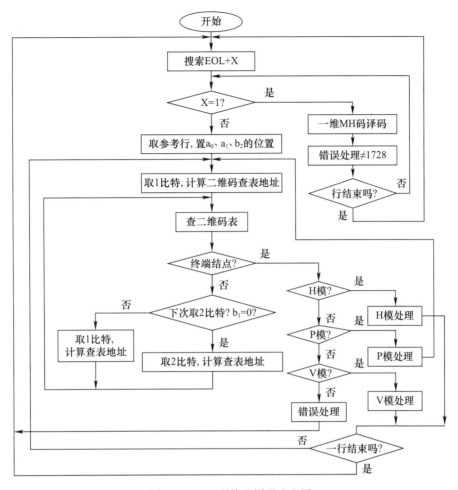

图 6.11 MR 码快速译码流程图

6.3 MR 码提高压缩比理论与技术分析

我们已知,MR 码基本思想是:更充分利用图像的水平和垂直相关性,创立了这种编码算法。为了使读者清晰地看到理论指导下的创新实践,为今后的创作提供指引。我们以信息论中第一个函数 $I(x_i)$ 为基础,以平均码长为标准,具体分析 MR、MH 码平均码长的形成过程和计算结果,对比便知其结论。

6.3.1 MH 码平均码长分析与计算

根据 MH 码编码程序,变长码的码长为

$$n_i = \begin{cases} \lfloor \log_2 \dfrac{1}{p_i} \rfloor, & p_i < \dfrac{1}{2^{n_i}} \\ \lceil \log_2 \dfrac{1}{p_i} \rceil, & p_i > \dfrac{1}{2^{n_i}} \end{cases}$$

式中:$\lfloor x \rfloor$ 为取整符号,取 $\leqslant x$ 的最大整数;$\lceil x \rceil$ 为取 $\geqslant x$ 最小整数。对表 5.1 所给出的游程长度以及码字,可反推出每个游程所出现的概率近似值,如表 6.3 所列。

表 6.3 终止码对应的估计概率

白游程长度	码字	估计概率	码长	黑游程长度	码字	估计概率	码长
0	00110101	1/256	0.0313	0	0000110111	1/1024	0.0098
1	000111	1/64	0.0938	1	010	1/8	0.375
2	0111	1/16	0.25	2	11	1/4	0.5
3	1000	1/16	0.25	3	10	1/4	0.5
4	1011	1/16	0.25	4	011	1/8	0.375
5	1100	1/16	0.25	5	0011	1/16	0.25
6	1110	1/16	0.25	6	0010	1/16	0.25
7	1111	1/16	0.25	7	00011	1/32	0.1563
8	10011	1/32	0.1563	8	000101	1/64	0.0938
9	10100	1/32	0.1563	9	000100	1/64	0.0938
10	00111	1/32	0.1563	10	0000100	1/128	0.0547
11	01000	1/32	0.1563	11	0000101	1/128	0.0547
12	001000	1/64	0.0938	12	0000111	1/128	0.0547
13	000011	1/64	0.0938	13	00000100	1/256	0.0313
14	110100	1/64	0.0938	14	00000111	1/256	0.0313
15	110101	1/64	0.0938	15	000011000	1/512	0.0176
16	101010	1/64	0.0938	16	0000010111	1/1024	0.0098
17	101011	1/64	0.0938	17	0000011000	1/1024	0.0098
18	0100111	1/128	0.0547	18	0000001000	1/1024	0.0098
19	0001100	1/128	0.0547	19	00001100111	1/2048	0.0054
20	0001000	1/128	0.0547	20	00001101000	1/2048	0.0054
21	0010111	1/128	0.0547	21	00001101100	1/2048	0.0054
22	0000011	1/128	0.0547	22	00000110111	1/2048	0.0054
23	0000100	1/128	0.0547	23	00000101000	1/2048	0.0054
24	0101000	1/128	0.0547	24	00000010111	1/2048	0.0054
25	0101011	1/128	0.0547	25	00000011000	1/2048	0.0054
26	0010011	1/128	0.0547	26	000011001010	1/4096	0.0029
27	0100100	1/128	0.0547	27	000011001011	1/4096	0.0029
28	0011000	1/128	0.0547	28	000011001100	1/4096	0.0029
29	00000010	1/256	0.0313	29	000011001101	1/4096	0.0029
30	00000011	1/256	0.0313	30	000001101000	1/4096	0.0029
31	00011010	1/256	0.0313	31	000001101001	1/4096	0.0029
32	00011011	1/256	0.0313	32	000001101010	1/4096	0.0029
33	00010010	1/256	0.0313	33	000001101011	1/4096	0.0029
34	00010011	1/256	0.0313	34	000011010010	1/4096	0.0029
35	00010100	1/256	0.0313	35	000011010011	1/4096	0.0029
36	00010101	1/256	0.0313	36	000011010100	1/4096	0.0029
37	00010110	1/256	0.0313	37	000011010101	1/4096	0.0029

续表

白游程长度	码字	估计概率	码长	黑游程长度	码字	估计概率	码长
38	00010111	1/256	0.0313	38	000011010110	1/4096	0.0029
39	00101000	1/256	0.0313	39	000011010111	1/4096	0.0029
40	00101001	1/256	0.0313	40	000001101100	1/4096	0.0029
41	00101010	1/256	0.0313	41	000001101101	1/4096	0.0029
42	00101011	1/256	0.0313	42	000011011010	1/4096	0.0029
43	00101100	1/256	0.0313	43	000011011011	1/4096	0.0029
44	00101101	1/256	0.0313	44	000001010100	1/4096	0.0029
45	00000100	1/256	0.0313	45	000001010101	1/4096	0.0029
46	00000101	1/256	0.0313	46	000001010110	1/4096	0.0029
47	00001010	1/256	0.0313	47	000001010111	1/4096	0.0029
48	00001011	1/256	0.0313	48	000001100100	1/4096	0.0029
49	01010010	1/256	0.0313	49	000001100101	1/4096	0.0029
50	01010011	1/256	0.0313	50	000001010010	1/4096	0.0029
51	01010100	1/256	0.0313	51	000001010011	1/4096	0.0029
52	01010101	1/256	0.0313	52	000000100100	1/4096	0.0029
53	00100100	1/256	0.0313	53	000000110111	1/4096	0.0029
54	00100101	1/256	0.0313	54	000000111000	1/4096	0.0029
55	01011000	1/256	0.0313	55	000000100111	1/4096	0.0029
56	01011001	1/256	0.0313	56	000000101000	1/4096	0.0029
57	01011010	1/256	0.0313	57	000001011000	1/4096	0.0029
58	01011011	1/256	0.0313	58	000001011001	1/4096	0.0029
59	01001010	1/256	0.0313	59	000000101011	1/4096	0.0029
60	01001011	1/256	0.0313	60	000000101100	1/4096	0.0029
61	00110010	1/256	0.0313	61	000001011010	1/4096	0.0029
62	00110011	1/256	0.0313	62	000001100110	1/4096	0.0029
63	00110100	1/256	0.0313	63	000001100111	1/4096	0.0029

关于形成码表5.2所对应的概率估计,如表6.4所列。

表6.4 形成码

白游程长度	码字	概率	码长	黑游程长度	码字	概率	码长
64	11011	1/32	0.1563	64	0000001111	1/1024	0.0098
128	10010	1/32	0.1563	128	000011001000	1/4096	0.0029
192	010111	1/64	0.0938	192	000011001001	1/4096	0.0029
256	0110111	1/128	0.0547	256	000001011011	1/4096	0.0029
320	00110110	1/256	0.0313	320	000000110011	1/4096	0.0029
384	00110111	1/256	0.0313	384	000000110100	1/4096	0.0029
448	01100100	1/256	0.0313	448	000000110101	1/4096	0.0029
512	01100101	1/256	0.0313	512	0000001101100	1/8192	0.0016
576	01101000	1/256	0.0313	576	0000001101101	1/8192	0.0016

续表

白游程长度	码字	概率	码长	黑游程长度	码字	概率	码长
640	01100111	1/256	0.0313	640	0000001001010	1/8192	0.0016
704	011001100	1/512	0.0176	704	0000001001011	1/8192	0.0016
768	011001101	1/512	0.0176	768	0000001001100	1/8192	0.0016
832	011010010	1/512	0.0176	832	0000001001101	1/8192	0.0016
896	011010011	1/512	0.0176	896	0000001110010	1/8192	0.0016
960	011010100	1/512	0.0176	960	0000001110011	1/8192	0.0016
1024	011010101	1/512	0.0176	1024	0000001110100	1/8192	0.0016
1088	011010110	1/512	0.0176	1088	0000001110101	1/8192	0.0016
1152	011010111	1/512	0.0176	1152	0000001110110	1/8192	0.0016
1216	011011000	1/512	0.0176	1216	0000001110111	1/8192	0.0016
1280	011011001	1/512	0.0176	1280	0000001010010	1/8192	0.0016
1344	011011010	1/512	0.0176	1344	0000001010011	1/8192	0.0016
1408	011011011	1/512	0.0176	1408	0000001010100	1/8192	0.0016
1472	010011000	1/512	0.0176	1472	0000001010101	1/8192	0.0016
1536	010011001	1/512	0.0176	1536	0000001011010	1/8192	0.0016
1600	010011010	1/512	0.0176	1600	0000001011011	1/8192	0.0016
1664	011000	1/64	0.0938	1664	0000001100100	1/8192	0.0016
1728	010011011	1/512	0.0176	1728	0000001100101	1/8192	0.0016
EOL	000000000001	1/4096	0.0029	EOL	000000000001	1/4096	0.0029

$\bar{L}_1 = p_i n_i = 0.0313 + 0.0938 + 0.25 \times 6 + 0.1563 \times 4 + 0.0938 \times 6 + 0.0547 \times 11 + 0.0313 \times 35$

$= 0.0313 + 0.0938 + 1.5 + 0.6252 + 0.5628 + 0.6017 + 1.0955$

$= 4.5103$

$\bar{L}_2 = p_i n_i = 0.1563 \times 2 + 0.0938 + 0.0547 + 0.0313 \times 6 + 0.0176 \times 16 + 0.0938 + 0.0029$

$= 0.326 + 0.0938 + 0.0547 + 0.1878 + 0.2816 + 0.0938 + 0.0029$

$= 1.0406$

$\bar{L}_{B1} = p_i n_i = 0.0098 + 0.375 + 1 + 0.375 + 0.5 + 0.1563 + 0.0938 \times 2 +$

$\quad 0.0547 \times 3 + 0.0313 \times 2 + 0.0176 + 0.0098 \times 3 + 0.0054 \times 7 + 0.0029 \times 38$

$= 2.9161 + 0.1876 + 0.1641 + 0.0626 + 0.0176 + 0.0294 + 0.0378 + 0.1102$

$= 3.5254$

$\bar{L}_{B2} = p_i n_i = 0.0098 + 0.0029 \times 6 + 0.0016 \times 20 + 0.0029$

$= 0.0098 + 0.0174 + 0.032 + 0.0029$

$= 0.0621$

$$\bar{L}_{MH} = 0.6 \times (4.5103 + 1.0406) + 0.4 \times (3.5254 + 0.0621)$$
$$= 3.3305 + 1.435 = 4.7655$$

6.3.2 MR 码平均码长分析与计算

首先,考察一下 MH 码,当游程长度 $RL_{Wi} \leq 4 \Leftrightarrow n_i \geq 4, RL_{Bi} \leq 2 \Leftrightarrow n_i \geq 2$,码长不但没有被压缩,而是被扩展了;其次,由 MH 码编码规则可知,码长越短,相应的信源符号出现的概率就越高,这就使得 MH 码的平均码长变长了,而压缩比变小了,还有进一步压缩的可能性。

为了克服 MH 码的上述弱点,充分利用二维相关性,创立了 MR 码。可从垂直模[Vertical Mode]构成特性研究 MR 码是如何利用垂直相关性的。

垂直模定义如下:

当 b_2 不是位于 a_1 左面时,而且 a_1 与 b_1 的距离不大于 3 时,则认为是垂直模,如图 6.3 所示。若 a_1 与 b_1 间的距离用 d 表示,$d = 0,1,2,3$,a_1 的位置相对于 b_1 的位置来编码时,由于 a_1 与 b_1 的相对位置有 $V(0)$、$V_R(1)$、$V_R(2)$、$V_R(3)$、$V_L(1)$、$V_L(2)$、$V_L(3)$ 七种数值(下标 R、L 分别表示 a_1 在 b_1 的右面和左面)。与之对应的可用 7 个码字来进行编码。垂直模编码之后,把 a_0 置于 a_1 的位置。

从垂直模的定义可见,凡是出现垂直模时,上线扫描线游程颜色相同、起始点位置(也是前一个游程的终止点)之间距离不超过 3,这就充分体现出上下扫描线的相关性。根据模出现的概率进行 Huffman 编码,与表 6.1 对应的概率估计如表 6.5 所列。

表 6.5 MR 码字对应的概率估计表

模	需编码的像元		符号	码字	对应概率
通过模	b_1, b_2		P	0 0 0 1	1/16
水平模	$a_0 a_1, a_1 a_2$		H	001 + M($a_0 a_1$) + M($a_1 a_2$)	1/8
垂直模	a_1 在 b_1 之下	$a_1 b_1 = 0$	$V(0)$	1	1/2
	a_1 在 b_1 之右	$a_1 b_1 = 1$	$V_R(1)$	0 1 1	1/8
		$a_1 b_1 = 2$	$V_R(2)$	0 0 0 0 1 1	1/64
		$a_1 b_1 = 3$	$V_R(3)$	0 0 0 0 0 1 1	1/128
	a_1 在 b_1 之左	$a_1 b_1 = 1$	$V_L(1)$	0 1 0	1/8
		$a_1 b_1 = 2$	$V_L(2)$	0 0 0 0 1 0	1/64
		$a_1 b_1 = 3$	$V_L(3)$	0 0 0 0 0 1 0	1/128

MR 码的平均码长,第一部分,表 6.5 中给出的是三种模概率统计得到的概率分布,按 Hufman 编码程序编出的变长码,平均码长为 $\bar{L}'_{MR} = p_i n_i$;第二部分为水平模编码时,平均码长为 MH 码 $\bar{L}_{MH}$,且出现的概率为 $\frac{1}{8}$,实际码长应为 $\bar{L}_{MH} \times \frac{1}{8}$,所以,MR 码的码长为

$$\bar{L}_{MR} = p_i n_i = \bar{L}'_{MR} + p_i \bar{L}_{MH} = \frac{1}{16} \times 4 + \frac{1}{8} \times 3 + \frac{1}{2} \times 1 + \left(\frac{1}{8} \times 3 + \frac{1}{64} \times 6 + \frac{1}{128} \times 7\right) \times 2 + 4.7655 \times \frac{1}{8}$$

$$= 0.25 + 0.375 + 0.5 + (0.375 + 0.0938 + 0.0547) \times 2 + 0.5957$$

$$= 1.125 + 1.047 + 0.5957$$

$$= 2.7677$$

从上面分析可见,MR 码比 MH 码平均码长显著降低了,亦即有更高的压缩比。

6.4 MMR 码编、译码原理与技术

6.4.1 编码规则

四类传真机所采用的传真编码方案由 ITU-T 建议 T.6 规定。该方案采用二维逐线编码方法，即在当前的正在编码的扫描线上每一迁移像元的位置，是根据位于正在编码的扫描线上，或位于参考扫描线（与正在编码的扫描线紧靠着的上一条扫描线）上的相应参考像素的位置来编码的。正在编码的扫描线在编完码后，它就成为下一编码扫描线的参考扫描线。

该编码方案与 T.4 中规定的 MR 码中的二维编码方案相同。但是，为了进一步提高压缩比，该编码做了如下改进。

1. MMR 码 $K = \infty$

MR 码每 K 条扫描线为一组，每一组中第一条扫描线用 MH 码编码，而 MMR 码中 $K = \infty$，对每页而言，第一条参考扫描线，MR 码用的就是实际的第一条扫描线，而第一条扫描线用 MH 码编码。MMR 码用的是第一条扫描线前的假想全白扫描线。

2. 无线同步码和特征标志码

由于 MMR 码 $K = \infty$，实际上就是不分组。因此实际扫描线的编码都是二维码。这样一来，扫描线编码特征标志已失去意义，因此，MMR 码与 T.4 规定的 MR 码不同，该码不设线同步码（EOL）和特征标志码（EOL 后面的 X 比特位），即没有 EOL + X。

3. 无填充码

我们已知，在 MH 码和 MR 码中，对每一扫描线编码数据量进行计算，凡未超过门限值（一般都用时间参数 T 表示）的都需要加填充码（长度可变的 0 序列），而在 MMR 码中不设该填充码。因为无线同步码，再设此码也就无实际意义了。在此编码中仍有填补位，它是为了字节对齐或块对齐。填补的意义有本质的区别。

正是由上述改进，该编码也称为改进的 MR 码，即 MMR (Modified "Modified READ—MR") 码。游程长度在 64~2623 范围以内时：首先用一个最接近且不大于所要编码的游程长度的形成码来编码；然后在它后面接一个结尾码（终止码）。长度大于或等于 2624 的游程：首先用 2560 的形成码编码，若剩余部分仍为 2560 或更长时，可再加一个或几个 2560 的形成码字，直到剩余部分小于 2560；然后根据具体长度，用终止码或用形成码加终止码对剩余部分进行编码。整个编码后，把 a_2 的位置作为下一个编码的新的起始像素 a_0。

6.4.2 传真编码的控制功能

1. 传真块结束

在每一个编完码的传真块之后加上一个传真块结束码（EOFB）。EOFB 的格式为
000000000001000000000001

2. 填补位

如果需要对齐八位组边界或者一个固定的块长度，在传真块结束码之后可以使用一些填补位。所用格式为长度可变的 0 序列。

6.4.3 编、译码技术

编码第一步是要鉴别出正在编码的扫描线上每一迁移像元进行编码时所要使用的编码模式。编码模式确定后就可以通过查码表选出一个适当的码字。编码的过程可由图 6.12 给出。

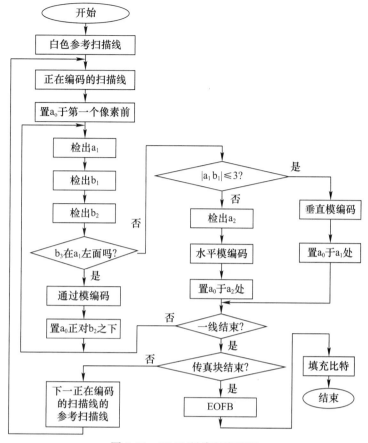

图 6.12 MMR 码编码流程图

关于 MMR 码的快速译码算法,与 MR 码译码类似,算法描述中所用符号与 MR 码译码时相同,译码流程图如图 6.13 所示。

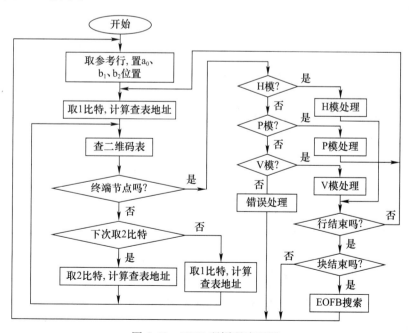

图 6.13 MMR 码译码流程图

第7章 信源符号序列码分析与编译码技术

在这一章讨论信源序列编码,包括信源序列概率和累积概率、序列编码原理、ITU – T T.82 和 T.85 建议等。

7.1 JBIG 码编码原理

7.1.1 研究背景

目前,传真通信业务从文件传真、发展扩充了灰度图像传真、彩色图像传真。由于输出设备的限制,即仅能输出两种颜色,为了保持灰度图像和彩色图像的灰度层次,采用了伪灰度处理技术(有序抖动数字半色调和误差扩散数字半色调),即软判决一比特量化技术。这样的处理使得二值序列中短游程的比例上升,使 MH 码、MR 码、MMR 码的压缩效率显著降低,为了在伪灰度处理条件下仍然保持较高的压缩比,ISO/IECJTCI/SC29/WG9 和 ITU – T SG8 的二值图像专家组(JBIG – Joint Bi – level Image experts Group)制定了二值图像压缩的国际标准。它是 JBIG 专家组于 1988 年研制成功的二值图像累进编码方案。作为二值图像(如黑白图像,即只有两种颜色)无失真数据压缩方法,可用于灰度图像和彩色图像编码。对字符扫描图像而言,其压缩比是 MMR 码的 1.1~1.5 倍。对计算机生成的字符图像压缩比是 MMR 码的 5 倍。而对半色调或抖动矩阵生成的图像,其压缩比为 MMR 码的 2~30 倍。

JBIG 码,研究从全序列出发采用递推形式的连续编码。其基本思想是把信源序列累积概率映射到[0,1)区间,使每一序列对应区间内的一个点,即是一个二进制小数。这些点把[0,1)区间分割成了许许多多的小区间段,每区间段的长度与某一序列的概率相匹配,编码时的输出就是所选取的区间段内的一个二进制小数,这样就使得某一序列与相应的一个二进制小数建立起一一对应关系,并且该码是唯一可译的。同时可使平均码长接近于信源熵。

为了便于理解:我们首先讨论二进制算术编码的一般原理;然后深入讨论比较实用的 JBIG 算法;最后阐述 ITU – T 建议 T.85 和建议 T.82 的有关内容。

7.1.2 JBIG 码理论基础

为了分析方便,设信源符号集 $A = \{a_1, a_2, \cdots, a_M\}$,对于离散无记忆信源符号序列 $s = (s_1, s_2, \cdots, s_n), s_i \in A$,其自信息为

$$-(1/n)\log_2(p_s) = -(1/n)\sum_i \log_2(p_i), p_s \text{ 为信源符号序列的概率}$$

当 n 充分大时,有

$$\lim_{n \to \infty}[-(1/n)\log_2(p_s)] \to H(A) \tag{7.1}$$

该式就是渐近均分(AEP)原理的数学描述。这样的符号序列称为典型序列。当 n 充分大时,序列的概率的倒数取对数为

$$\log_2(1/p_s) \cong n\,H(A)$$

当采用等长码对典型序列编码时,每个码字分配 $nH(A)$ 比特,将达到很高的压缩效率。

应该指出的是,对于每个长为 n 的序列,其概率显然是不同的,因此,与之对应的码子也是各异的。

为了在实时通信中采用这种编码,需要解决信源连续输出比特流,逐比特进行编码且连续输出编码比特流技术。采用逐比特编码且对长度为 n 的信源符号序列进行编码,就要解决比特编码和长度为 n 信源符号序列编码的理论依据。为此,首先讨论序列累积概率。

信源符号序列的累积概率:

设信源符号集 $A=\{a_1,a_2,\cdots,a_M\}$,并假设这 M 个信源符号的取值满足

$$a_1 < a_2 < a_3 < \cdots < a_M \tag{7.2}$$

为了确定信源序列的累积概率,首先对同长度的信源序列进行排序。在此,我们采用字典排序法进行排序。所谓字典排序,就是指两个序列按照式(7.2)的关系转换成两个多位数,对应数值小的序列排在前面。

例 7.1 设信源符号集 $A=\{a_0,a_1\}$,长度为 3 的信源序列集按升序排序为

$$a_0a_0a_0, a_0a_0a_1, a_0a_1a_0, a_0a_1a_1, a_1a_0a_0, a_1a_0a_1, a_1a_1a_0, a_1a_1a_1$$

信源符号序列的累积概率,定义为对所有同长度的排序号小于该序列排序号的序列概率之和,即

$$P(X_J^N) = \sum_j p(X_j^N) \tag{7.3}$$

式中:$j \in \{1, J-1\}$ 表示长度为 N 的信源序列的排序号。

信源序列长度加 1 个符号,其累积概率如下:

$$P(X_J^N a_0) = \sum_j p(X_j^N a_0) + \sum_j p(X_j^N a_1) = P(X_J^N) \tag{7.4}$$

$$P(X_J^N a_1) = \sum_j p(X_j^N a_0) + \sum_j p(X_j^N a_1) + p(X_J^N a_0) \tag{7.5}$$

$$= P(X_J^N) + p(X_J^N)p_0$$

例 7.2 设信源符号集 $A=\{0,1\}$,序列 $s=011$,其累积概率为

$$P(s) = p(000) + p(001) + p(010)$$

如果后面紧接一个"0",即 $s'=0110$,那么,有

$$P(s'=0110) = p(0000) + p(0001) + p(0010) + p(0011) + p(0100) + p(0101)$$
$$= p(000) + p(001) + p(010)$$
$$= P(s) + p(s)P_0 \quad (\text{在此规定 } P_0 = 0)$$

$$P(s''=0111) = p(0000) + p(0001) + p(0010) + p(0011) + p(0100) + p(0101) + p(0110)$$
$$= p(000) + p(001) + p(010) + p(0110)$$
$$= P(s) + p(011)p_0$$
$$= P(s) + p(011)P_1 \quad (\text{在此规定 } P_1 = p_0)$$

我们可得出累积概率的递推公式为

$$P(sa_i) = P(s) + p(s)P_i, \quad i=0、1; P_0=0, P_1=p_0 \tag{7.6}$$

应该指出,序列 s 的累积概率也是 $[0,1]$ 之间的一个数,即一个小数。任意一个序列对应一个累积概率,两个序列的累积概率形成的小区间长度等于一个序列的概率。由于所形成小区间式互不相交的,因此一个序列的概率与这个小区间内的任意一个点都可建立对应关系,即用小区间内的任意一个点都可以表示该序列。同时,这样的编码也是唯一可译的。小区间内的点用二进制小数表示,所能采用的最低精度的位数就是对序列 s 进行编码的码字的长度,具体可由下式取定:

$$c_l = \lceil -\log p(s) \rceil$$

式中:$\lceil x \rceil$ 表示大于等于 x 的最小整数。

显然,这种编码也是变长码,通过长序列累积概率的递推公式,就可随着序列的延伸,逐个符号计算累积概率,而得出逐个小区间,实现逐符号编码,同时可随时输出编码结果。

当序列 s 足够长时,大部分序列为典型序列,它们基本上都是等概率的,所以每序列所对应的码字长度也应该是很接近的,当然,非典型序列虽然所占比例很小,仍然有对应的码字,且码子长度相对较长,但平均码长将很接近信源熵。

综上所述,算术编码可与 $[0,1]$ 区间的分割联系在一起,若序列 s 的概率等于以 $P(s)$ 为起始点的一个小区间的长度,则对序列 sa_i 进行算术编码的过程,实际上就是对以 $P(s)$ 为起始点,以 $p(s)$ 为长度的区间的分割过程。例如,序列 sa_1 累积概率为 $P(s)+p(s)p_0$,则 $P(sa_1)$ 这一点把 $p(s)$ 分成了两个更小的区间,即一段为 $[P(s),P(s)+p(s)p_0]$ 表示的是序列 sa_1 的概率,后续的序列概率只能在这个小区间内取值。序列的码字也只能是这个区间内的一个点。

7.1.3　编码算法

算术编码初始化阶段可予设置一个大概率 P_e 和小概率 Q_e,然后对被编码比特流符号("0"或"1")进行判断。以 MPS(Most Probable Symbol)表示大概率的符号,以 LPS(Least Probable Symbol)表示小概率符号。每个符号对应一个概率,即 MPS 对应 P_e,LPS 对应 Q_e。当"0"对应 MPS(P_e)时,则"1"对应 LPS(Q_e);反之"1"对应 MPS(P_e)时,则"0"对应 LPS(Q_e)。随着被编码符号串中"0""1"出现的概率,上述对关系可自适应地改变。

设编码初始化子区间为 $[0,1]$,MPS 的概率与 LPS 的概率分配如图 7.1 所示。

图 7.1　MPS 与 LPS 的概率分配

由图可见,Q_e 从 0 算起,则

$$P_e = 1 - Q_e$$

编码时设置两个专用寄存器(C,A),存储符号到来之前子区间的状态参数。

令:C 寄存器内的值为子区间的起始位置;

　　A 寄存器内的值为子区间的宽度,该宽度恰好是已输入符号的概率。

初始化时,$C=0$,$A=1$,随着被编码数据流的符号(0/1)输入,C 寄存器和 A 寄存器的内容按以下规律修正:

当低概率符号 LPS 到来时,有

$$C = C$$
$$A = AQ_e$$

当高概率符号 MPS 到来时,有

$$C = C + AQ_e$$
$$A = AP_e = A(1-Q_e)$$

$C+A$ 等于子区间的终点,算术编码的结果落在子区间之内。输入符号串中大概率的符号出现概率越大,对应的子区间越宽,可用长度较短的码字表示;相反输入符号串中小概率符号出现的概率增大,对应的子区间变窄,需要较长的码字来表示。

按以上规则,我们对一个"1101111"符号串进行算术编码。"0"为 LPS,其概率为 $Q_e(0.001)_b = 1/8$;"1"为 MPS,其概率为 $P_e(0.111)_b = 7/8$。初始状态 $C = 0, A = 1$。

当第一个"1"输入时,因为"1"为 MPS,所以,有

$$C = C + AQ_e = 0 + 1 \times (1/8) = (1/8) = (0.001)_b$$
$$A = AP_e = 1 \times (7/8) = (7/8) = (0.111)_b$$

当第二个"1"输入时,有

$$C = C + AQ_e = (1/8) + (7/8)(1/8) = (1/8) + (7/64) = (15/64) = (0.001)_b + (0.000111)_b$$
$$= (0.001111)_b$$
$$A = (7/8)P_e = (7/8) \times (7/8) = (0.110001)_b$$

当第三个"0"输入时,有

$$C = C = (0.001111)_b$$
$$A = A \cdot Q_e = (0.000110001)_b$$
$$\vdots$$

整个计算过程如表7.1所列。

表7.1 编码举例

序号	输入序列符号	码存储器数值变化	区间寄存器数值变化
0	Φ	$C = 0$	$A = 1$
1	1	0.001	0.111
2	1	0.001111	0.110001
3	0	0.001111	0.000110001
4	1	0.001111110001	0.000101010111
5	1	0.010000011011111	0.000100101100001
6	1	0.010001000010111001	0.0001000000110100111
7	1	0.0100011000100011101111	0.00001110010111000101001

由表7.1可见,当1101111序列的最后一个"1"输入时,有

$$C = C + AQ_e = (0.0100011000100011101111)_b$$

$$A = AP_e = (0.00001110010111000101001)_b$$

序列"11011111"落入的数值范围应为 $C \to C + A$,即

起始　　0.0100011000100011101111

$+$　　0.00001110010111000101001

终结　　0.010101000111111111000

因此,与"1101111"序列对应的码字可由起始坐标与终结点坐标之间的最大二进制小数组成,即

起始点 $< 0.0101 <$ 终结点

所以编码为"0101"。

7.2 JBIG 码译码原理

7.2.1 算术码译码算法

译码是编码的逆过程,译码初始化如图 7.2 所示。我们首先将区间(1,0]按 Q_e(与 LPS 相对应)靠近 0 侧,P_e(与 MPS 相对应)靠近"1"侧分割成两个子区间。判断被解码的码字值落入哪个区间,赋以对应的符号。

图 7.2 译码起始示意图

例如,设 $C' = (0.0101)_b$ 是被译码的值。

译码规则:MPS 与"1"对应,LPS 与"0"对应,则当 C' 落在 $0 \to Q_e A$ 之间时,译码符号 $D = 0$,即

$$C' = C'$$
$$A = A \cdot Q_e$$

当 C' 落在 $A \cdot Q_e \to A$ 之间时,译码符号 $D = 1$,即

$$C' = C' - AQ_e$$
$$A = AP_e = A(1 - Q_e)$$

递推译码过程:起始,令 $A = 1$。

(1) $(0.0101)_b = 0.3125 > 0.125$,即落入 $AQ_e \to A$ 之间,故第一个译码符号为"1",且待译码数字序列 C'、译码区间 A 更新计算如下:

$$C' = C' - AQ_e = 0.0101 - 1 \times (1/8) = (0.0011)_b$$
$$A = A - AQ_e = 1 - (1.000)_b \times (0.111)_b = (0.111)_b$$

(2) 计算 $AQ_e = (0.111)_b \times (1/8) = (0.000111)_b, C' = (0.0011)_b$ 处于 AQ_e 与 $A = (0.111)_b$ 之间,因此,第二个译码结果应为"1",即

$$C' = C' - AQ_e = 0.000101$$
$$A = A - Q_e A = 0.110001$$

(3) 计算 $AQ_e = 0.000110001, C' = 0.000101 < AQ_e$,因此,第三个译码结果应为"0",即

$$C' = C' = 0.000101$$
$$A = AQ_e = 0.000110001$$

(4) 计算 $AQ_e = (0.000000110001), C' = 0.000101 < Q_e A$,第四个译码结果应为"1",即

$$C' = C' - Q_e A = 0.000101 - 0.000000110001 = 0.000100001111$$
$$A = A - Q_e A = 0.000101010111$$

(5) 计算 $Q_e A = 0.000000101010111, C' = 0.000100001111 > Q_e A$,第五个译码结果应为"1",即

$$C' = C' - Q_e A = 0.000011100100001$$
$$A = A - Q_e A = 0.000100101100001$$

(6) 计算 $Q_e A = 0.000000100101100001, C' = 0.000011100100001 > Q_e A$,第六个译码结果应为"1",即

$$C' = C' - Q_e A = 0.000010111110100111$$
$$A = A - Q_e A = 0.000100000111100111$$

（7）计算 $Q_eA = 0.000000100000111100111$，$C' = 0.000010111110100111 > Q_eA$，第六个译码结果应为"1"，即

$$C' = C' - Q_eA = 0.000010011101101010001$$

$$A = A - Q_eA = 0.000011100110101010001$$

为了更清晰理解译码算法原理，整个译码过程添加上图示归纳成列表，如表7.2所列。

表7.2 译码举例

序号	解码	判C'落在	C'值计算	A值计算	解码子区间
1	1	$Q_eA \to A$之间	$C'=C'-Q_eA$	$A'=A(1-Q_e)$	$Q_eA=0.001$ $C'=0.0101$ $A=1$
2	1	$Q_eA \to A$之间	$C'=C'-Q_eA$	$A=A(1-Q_e)$	$Q_eA=0.000111$ $C'=0.011$ $A=0.111$
3	0	$0 \to Q_eA$之间	$C'=C'$	$A=Q_e$	$Q_eA=0.000110001$ $A=0.110001$ $C'=0.000101$
4	1	$Q_eA \to A$之间	$C'=C'-Q_eA$	$A=A(1-Q_e)$	$Q_eA=0.000000110001$ $A=0.00011001$ $C'=0.000101$
5	1	$Q_eA \to A$之间	$C'=C'-Q_eA$	$A=A(1-Q_e)$	Q_eA $A=0.000101010111$ $C'=0.000100001111$
6	1	$Q_eA \to A$之间	$C'=C'-Q_eA$	$A=A(1-Q_e)$	Q_eA $A=0.000100001100001$ $C'=0.000011100100001$
7	1	$Q_eA \to A$之间	$C'=C'-Q_eA$	$A=A(1-Q_e)$	Q_eA $A=0.0000111010101000111$ $C'=0.0000110000100111$

7.2.2 二进制算术编码的改进

1. JPEG、JBIG 码中采用的算术编码

JPEG、JBIG 码中采用的算术编码，即 QM 编码。它是为了简单和快速而设计的，用近似代替乘法、采用定点精度的整数算术，需要不断地标定概率区间，以使得近似计算接近于乘法运算。应该指出的一点是，它把仅仅一位的各个输入符号，或是分为 MPS、LPS 符号。QM 编码器先利用一个统计模型来预测下一位更可能是 0 还是 1，然后再输入该位并按实际数字分类。例如，如果预测更可能为 0，而实际上为 1。此时，编码器就把它归类为一个 LPS 符号。统计模型可以计算 LPS 的概率 Q_e，于是 MPS 的概率就是 $1-Q_e$。Q_e 的范围应在 $[0,0.5]$。编码器根据 Q_e 把概率区间 A 分成两个子区间，具体分放方法如图 7.3 所示。

每当 LPS 被编码时，MPS 子区间的值将被加到编码寄存器上，编码区间减为 LPS 子区间的 LSZ。每当 MPS 被编码时，编码寄存器保持不变，而区间减为 $A-LSZ$，即有如下步骤。

（1）初始化，$C(S)=0, A(S)=1$。

（2）若区间分割时，高概率字符在左且"0"为高概率字符，低概率字符在右且"1"为低概率字符，如图 7.3 所示。

图 7.3 初始区间划分

对 LPS 字符编码时,有

$$A(S_1) = A(S) \times Q_e$$
$$C(S_1) = C(S) + A(S_0)$$

对 MPS 字符编码时,有

$$A(S_0) = A(S) - A(S_1)$$
$$C(S_0) = C(S)$$

我们分析一下,这样做与前面介绍的算法有哪些不同。①在每一步只需把所选择的子区间的下限添加到此前的输出中,用 C 表示输出符号串。若当前输入符号是 MPS,就把 MPS 的下限(数字 0)添加到 C 中;若当前输入符号是 LPS,就把 MPS 的下限[即数字 $A \times (1-Q_e)$]添加到 C 中。②当前的概率区间 A 就缩小到所选区间的大小,即概率区间始终都在 $[0,A]$ 中,且每一步 A 都会缩小。也就是说,根据对当前输入位的分类,C 指向 MPS 或 LPS 子区间的下限,而 A 与子区间相对应也随之不断变化其大小。

1) 编码过程中的 A 值、C 值

译码过程中的 C' 和 A 值,小数点后的位数越来越长,实际中难以实现,采用"再归一化"处理方法加以解决。

寄存器 A 存储的是当前编码区间的尺寸,且总是归一化为 [0x8000,0x10000],"0x" 表示十六进制整数。作为一个编码符号 A,若在 0x8000 以下时,就使用加倍法使其加倍,使它大于或等于 0x8000。这样的加倍处理称为"再归一化"或"重定标(Renormalization)"。加倍法"再归一化",实现时不用做乘法,只是一次逻辑左移即可。

寄存器存储的是编码比特流。寄存器 C 在每次 A 再归一化时也要再归一化。为防止溢出,将定期地从 C 寄存器的高位输出一个字节数据,存放在外部编码缓存器中。

2) 码区间分割的实质

码区间分割的实质就是子区间宽度 A 与当前正在被编码字符 y 所出现概率 $P(y/s)$ 或 Q_e(S 代表已编码的字符串)相乘的过程。对一个区间 A,对 LPS 子区间或概率的精确计算需要做乘法 $p \times A$。然而,对当前 LPS 概率的近似估计 LSZ,可由下式计算

$$LSZ = p \times A \approx p(Q_e)$$

LSZ 为 LPS 区间大小的近似值。因为通过重定标使 $A \approx 1$,即保持在 [0x8000,0x10000] 之内,误差不会太大。这样就避免了做乘法运算。

如何通过重定标使 $A \approx 1$,即保持在 [0x8000,0x10000] 之内?通过分析可知,0.75 是用于重定标的良好的最小值。因为若 $A < 0.5$,即是翻倍还是小于 1;若是让 A 略小于 1,如 0.9 就将其翻倍,结果为 1.8,更接近于 2。因此,选择 0.75,翻倍的结果为 1.5,如果 A 更小一些,如 0.6 或 0.55,则翻倍后更接近于 1。因此,重定位区间选择了 [0.75,1.5]。

为了把重定位技术包括在编码之中,且适应计算机的运算条件,需要把 A 用整数表示,使区间 [0,1.5] 中的实数用整数来表示。因此,在目前计算机技术条件下,采用如下表示法是合理的,由

$$2^{16} = 65536_{10} = 10000_{16} = \underbrace{100\cdots0_2}_{16 \text{ 个 } 0}$$

因此,即可用 16 个 0 的码字表示 0,而用最短 17 位数的码字表示 1.5。就这样把区间 [0,1.5] 中的 65536 个实数用 65536 个整数来表示,其中最大的 6 位整数为 65535 表示的是一个略小于 1.5 的实数。其中的几个重要的数字如下:

$$0.75 = 1.5/2 = 2^{15} = 32768_{10} = 8000_{16}, \quad 1 = 0.75 \times (4/3) = 43690_{10} = AAAA_{16}$$

$$0.5 = 1/2 = 21845_{10} = 5555_{16}, \quad 0.25 = 0.5/2 = 10923_{10} = 2AAB_{16}$$

应该指出的是,采用这种表示的目的是达到对区间的精确划分,即实现 $A \leftarrow A - Q_e$ 或 $A \leftarrow Q_e$。因此,划分的精度取决于 A 和 Q_e 的相对值。经过实验已找到 A 的平均值为 $B55A_{16}$,因此,JPEG 中的 QM 编码器就采用了该值与 1 相对应。

综上所述,采用重定标、避免乘除法运算的 QM 编码器规则如下:

对 LPS 字符编码时,有

$$A \leftarrow Q_e$$
$$C \leftarrow C + A - Q_e$$

再归一化 A 和 C。

对 MPS 字符编码时,有

$$A \leftarrow A - Q_e$$
$$C \leftarrow C$$

若 $A < 8000_{16}$,再归一化 A 和 C。

3)区间转换(Interval Inversion)

每当分配给 MPS 的子区间变得比 LPS 的区间还小时,就需要区间转换。当 Q_e 接近 0.5 时可能出现此情况,这实际上是对乘法进行近似计算的结果。

例如,$Q_e = 0.45$,对四个 MPS 符号进行编码。具体过程如表 7.3 所列。

表 7.3 区间转换举例表

符号	C	A	对 A 重定标	C 重定标
初始值	0	1		
S_1(MPS)	0	$1 - 0.45 = 0.55$	$2 \times 0.55 = 1.1$	0
S_2(MPS)	0	$1.1 - 0.45 = 0.65$	$2 \times 0.65 = 1.3$	0
S_3(MPS)	0	$1.3 - 0.45 = 0.85$		
S_4(MPS)	0	$0.85 - 0.45 = 0.40$	$2 \times 0.40 = 0.8$	0

从表 7.3 中可见,第 4 行中 A 为 0.85,它大于 0.75,虽然不用重定标,但分给 MPS 的子区间却为 $A - Q_e = 0.40$,它小于 $Q_e = 0.45$ 的 LPS 子区间,此时,就需要进行区间交换。

应该指出,不论何时,只要出现 LPS 子区间大于 MPS 子区间就要交换这两个子区间,被称为条件交换(Conditional Exchange)。区间转换的条件是 $Q_e > A - Q_e$,由于 $Q_e \leq 0.5$,$A - Q_e \leq 0.5$。可见,LPS 子区间和 MPS 子区间都小于 0.75,故必须重定标。这也就是要在编码器决定重定标之后才测试条件交换的理由。QM 编码器的规则可修改如下:

对 LPS 字符编码时,$A \leftarrow A - Q_e$;   % MPS 子区间
      if $A \geq Q_e$,then   % 如果区间大小未转换
      $C \leftarrow C + A$;   % 指向 LPS 底部
      $A \leftarrow Q_e$ % 令 A 为 LPS 子区间
      Endif;
      再归一化 A 和 C;

对 MPS 字符编码时,$C \leftarrow C$
      $A \leftarrow A - Q_e$;   % MPS 子区间
      If $A < 8000_{16}$ then   % 如果需要重定标
      If $A < Q_e$ then   % 如果需要转换
      $C \leftarrow C + A$;   % 指向 LPS 底部
      $A \leftarrow Q_e$ % 令 A 为 LPS 子区间
      Endif;

再归一化 A 和 C；
Endif；

2. 概率估计表

在编码过程中,对于每个待编码字符都做一次概率估值,其运算量是很大的。在 JPEG QM 编码器过程中,对每一可能的上下文 CX 的值都存储 16 比特值 LPS[CX]和 7 比特值 ST[CX],即完全地收集了与特定的上下文相关联的自适应概率估计。ST[CX]为 Q_e 的索引,将各种情况下编码区间的变化列成了表,以 ST[CX]为脚标的四阵列如表 7.4 所列。算术编码器初始化时,总是把 MPS 取值设为 0,并把 Q_e 索引也设为 0。这样在编码过程中,概率估计就变成了查表过程。

颜色 MPS 是对 PIX 的最大似然估计的颜色。LSZ 是 LPS 区间的大小,也可解释为 LPS 概率 Q_e 的大小。

NLPS 和 NMPS 列分别给出了 LPS 和 MPS 观测时下一个概率估计所使用的索引值。如果观测 MPS 时发生 NMPS 位移量,同时也需要重定标(或再归一化)。当发生 NLPS 位移量时,若 SWTCH [CX]为 1 时,将出现 MPS[CX]的颠倒。

表 7.4 概率估计表(Probability Estimation Table)

ST	LSZ(Q_e)	NLPS	NMPS	SWTCH	ST	LSZ(Q_e)	NLPS	NMPS	SWTCH
0	0x5a1d	1	1	1	25	0x0303	51	26	0
1	0x2586	14	2	0	26	0x0240	52	27	0
2	0x1114	16	3	0	27	0x01b1	54	28	0
3	0x080b	18	4	0	28	0x0144	56	29	0
4	0x03d8	20	5	0	29	0x00f5	57	30	0
5	0x01da	23	6	0	30	0x00b7	59	31	0
6	0x00e5	25	7	0	31	0x008a	60	32	0
7	0x006f	28	8	0	32	0x0068	62	33	0
8	0x0036	30	9	0	33	0x004e	63	34	0
9	0x001a	33	10	0	34	0x003b	32	35	0
10	0x000d	35	11	0	35	0x002c	33	9	0
11	0x0006	9	12	0	36	0x5ae1	37	37	1
12	0x0003	10	13	0	37	0x484c	64	38	0
13	0x0001	12	13	0	38	0x3a0d	65	39	0
14	0x5a7f	15	15	1	39	0x2ef1	67	40	0
15	0x3f25	36	16	0	40	0x261f	68	41	0
16	0x2cf2	38	17	0	41	0x1f33	69	42	0
17	0x207c	39	18	0	42	0x19a8	70	43	0
18	0x17b9	40	19	0	43	0x1518	72	44	0
19	0x1182	42	20	0	44	0x1177	73	45	0
20	0x0cef	43	21	0	45	0x0e74	74	46	0
21	0x09a1	45	22	0	46	0x0bfb	75	47	0
22	0x072f	46	23	0	47	0x09f8	77	48	0
23	0x055c	48	24	0	48	0x0861	78	49	0
24	0x0406	49	25	0	49	0x0706	79	50	0

续表

ST	LSZ(Q_e)	NLPS	NMPS	SWTCH	ST	LSZ(Q_e)	NLPS	NMPS	SWTCH
50	0x05cd	48	51	0	82	0x438e	89	83	0
51	0x04de	50	52	0	83	0x3bdd	90	84	0
52	0x040f	50	53	0	84	0x34ee	91	85	0
53	0x0363	51	54	0	85	0x2eae	92	86	0
54	0x02d4	52	55	0	86	0x299a	93	87	0
55	0x025c	53	56	0	87	0x2516	86	71	0
56	0x01f8	54	57	0	88	0x5570	88	89	1
57	0x01a4	55	58	0	89	0x4ca9	95	90	0
58	0x0160	56	59	0	90	0x44d9	96	91	0
59	0x0125	57	60	0	91	0x3e22	97	92	0
60	0x00f6	58	61	0	92	0x3824	99	93	0
61	0x00cb	59	62	0	93	0x32b4	99	94	0
62	0x00ab	61	63	0	94	0x2e17	93	86	0
63	0x0008f	61	32	0	95	0x56a8	95	96	1
64	0x5b12	65	65	1	96	0x4f46	101	97	0
65	0x4d04	80	66	0	97	0x47e5	102	98	0
66	0x412c	81	67	0	98	0x41cf	103	99	0
67	0x37d8	82	68	0	99	0x3c3d	104	100	0
68	0x2fe8	83	69	0	100	0x375e	99	93	0
69	0x293c	84	70	0	101	0x5231	105	102	0
70	0x2379	86	71	0	102	0x4c0f	106	103	0
71	0x1edf	87	72	0	103	0x4639	107	104	0
72	0x1aa9	87	73	0	104	0x415e	103	99	0
73	0x174e	72	74	0	105	0x5627	105	106	1
74	0x1424	72	75	0	106	0x50e7	108	107	0
75	0x119c	74	76	0	107	0x4b85	109	103	0
76	0x0f6b	74	77	0	108	0x5597	110	109	0
77	0x0d51	75	78	0	109	0x504f	111	107	0
78	0x0bb6	77	79	0	110	0x5a10	110	111	1
79	0x0a40	77	48	0	111	0x5522	112	109	0
80	0x5832	80	81	1	112	0x59eb	112	111	1
81	0x4d1c	88	82	0					

应该指出,关于上下文CX的模式,有如下两种模式:

模式(1):　　　　　　　　　模式2:

　　　　0 0 0
　　　1 0 0 1 1　　　　　　　0 0 0 0 1 0
　　　　0 1 x　　　　　　　　0 1 0 1 y

模式(1)中显示了10位模板0001001101,成为指针77;模式(2)中显示了10位模板

0000100101，成为指针37。

7.3 JBIG 码的数据流格式分析

7.3.1 JBIG 参数与数据格式

ITU-T 建议 T.85 给出了建议 T.82——累进二值图像压缩（JBIG 编码方案）在传真设备中的应用轮廓。主要规则如下。

(1) 定义了"单数列时序编码"的应用范围。

(2) 构成头部信息和编码信息的数据格式。规定了在头部中的参数范围。

把下列建议作为本建议的基础。

对 G3 传真机：ITU-T 建议 T.4、建议 T.30。

对 G4 传真机：ITU-T 建议 T.503，建议 T.521，建议 T.563。

具体一点来说，建议 T.82 定义的单数列时序编码在传真中的应用范围如下。

① 传真应用功能。图像数据将以单比特判决和单分辨率层以建议 T.82 中传真应用的单数列时序编码进行编码。即对整个图像将以单分辨率层，一线一线地从左到右、从顶部到底部，没有任何更低分辨率图像作为参考的图像编码方法。

② 页边界。页边界信号规定如下。

对 G3 传真机的建议 T.30。

对 G4 传真机的建议 T.521。

③ BIH 中的参数。在二值图像头部（BIH）中的参数在建议 T.82 中被精确地规定。在传真应用中，二值图像体（BIE）中，一个传真文件将分配一个 BIH 表。如表 7.5 给出了传真应用的参数设置轮廓。在建议 T.82 中，每像素平面中的每一比特或为"0"或为"1"，对二值图像而言，"1"比特表示前景颜色，"0"比特表示背景颜色。

(3) 有关边沿处理规则。编码时都将按扫描顺序进行，即从左到右、从上到下。对当前像素的处理将参考与该像素有关的某些像素的颜色。在图像的边界处，这些邻域参考并没有位于实际图像中。具体规定如下：

背景颜色(0)边界，假设位于实际图像的顶部、左部和右部；

图像的底将扩展到实际图像的最后一条扫描线下一条扫描线（下一条扫描线与图像的最后一线相同）。

表 7.5 传真应用的参数设置

符号	参数	值	注释
D_L	被传输的初始层	固定为 0	
D	分层数	固定为 0	
P	比特平面数	固定为 1	
X_D	在 D 层水平图像尺寸		（见注2）
Y_D	在 D 层垂直图像尺寸	T.82 的全部	
L_0	在最低分辨率层每色条线数	基本的 128 选择的 1-Y_D	（见注4）
M_X	AT 像素水平方向允许的最大位移量	0-127	
M_Y	AT 像素垂直方向允许的最大位移量	固定为 0	

续表

符号	参数	值	注释
HITOLO	差分层的传输顺序	固定为 0	（见注1）
SEQ	累进一致性时序编码指示	固定为 0	（见注1）
ILEAVE	多比特平面的交织传输顺序	固定为 0	（见注1）
SMID	色条传输顺序	固定为 0	（见注1）
LRLTWO	参考线数	0/1	0:3 线 1:2 线
VLENGTH	NEWLEN 标记字段可用指示	0/1	0:NEWLEN 不被应用 1:NEWLEN 可应用 （见注3）
TPDON	对差分层典型预测 TP 的应用	固定为 0	（见注1）
TPBON	基本层 TP 的应用	0/1	0:OFF 1:ON
DPON	确定性预测的应用	固定为 0	（见注1）
DPPRIV	专用 DP 表的应用	固定为 0	（见注1）
DPLAST	最新 DP 表的应用	固定为 0	（见注1）

注:1. 这些参数在单数列时序编码中是不被应用的。发送端将把这些无用的参数置为"0"。在接收端不需要识别这些参数；
2. 参数 X_D,水平图像尺寸,将依照 G3 传真机 T.4 的第二节中定义的数值和 G4 传真机 T.563 第 3 节；
3. 见 6.2.6.2/T.82；
4. 当应用这个建议时,BASIC 为 128,可选择的将由合适的传真协议进行协商而定

（4）色条边界处的参考像素的规律如下：

在色条上方,当前行像素的参考像素为实际像素值；

在图像的上方,应用图像顶部的背景颜色—边界规律；

在色条的下方,当前行的像素参考为当前色条的最后一条线的复制像素。

1. 图像分解

在这一规程中描述的最高级数据流,称为二值图像实体(BIE)。

一个 BIE 可包括一个或多个分辨率层和比特平面的数据。描述一个图像所有分辨率和比特平面的数据可以包含在多个 BIE 中,但不是必需的。

1）二值图像实体和头部(BIE 和 BIH)分解。

如表 7.6 所列,一个二值图像实体由二值图像头部(BIH)和二值图像数据(BID)构成。二值图像头部由表 7.7 和表 7.8 给出的子域组成和排序字节分解,选择字节分解见表 7.9。

表 7.6 BIE 分解

BIE	
BIH	BID
可变	可变

表 7.7 BIH 分解

BIH										
D_L	D	P	—	X_D	Y_D	L_0	M_X	M_Y	排序	选择	DPTABLE
1	1	1	1	4	4	4	1	1	1	1	0 或 1728

表7.8 排序字节分解

排序							
MSB							LSB
—	—	—	—	HITOLO	SEQ	ILEAVE	SMID
1/8	1/8	1/8	1/8	1/8	1/8	1/8	1/8

表7.9 选择字节分解

选择							
MSB			...				LSB
—	LRLTWO	VLENGTH	TPDON	TPBON	DPON	DPPRIV	DPLAST
1/8	1/8	1/8	1/8	1/8	1/8	1/8	1/8

BIH 的第一个字节规定了 D_L，在 BIE 中的起始分辨率层。当对传输的图像没有任何先验知识时，$D_L=0$。若前面的 BIE 已定义为某一中间层，D_L 为非零时，它表示增加信息。

第2字节规定了 D，它表示 BIE 中的最终分辨率层。请注意对多个 BIE 而言，当 D_L 为零时，D 等于分层数，但不是分层的总数。

第3字节规定了 P，即比特平面数。对二值图像而言，$P=1$。

第4字节为填充，总为0。

X_D 占4个字节，表示水平方向最高分辨率。

Y_D 占4个字节，表示垂直方向最高分辨率。

L_0 占4个字节，表示最低分辨率时，每色条扫描线数。

X_D、Y_D、L_0 这三个整数值为：第1字节乘以 256^3，第2字节乘以 256^2，第3字节乘以256，第四字节乘以1之后的加权和。例如：

$$X_D = (BIH 中的第 5 字节) \times 256^3 + (BIH 中的第 6 字节) \times 256^2 +$$
$$(BIH 中的第 7 字节) \times 256 + (BIH 中的第 8 字节) \times 1$$

第17字节规定了 M_X，即 AT 像素的水平方向最大偏移值。第18字节规定了 M_Y，即 AT 像素的垂直方向的最大偏移值。第19字节携带的二进制参数 HITOLO、SEQ、ILEAVE 和 SMID，这四个比特规定了由色条数据形成 BID 的链接顺序。该字节的高四位为填充位，总置为"0"，BIH 的第20字节规定选择项。最高有效位为填充位。总置为"0"。最低分辨率层，当 LRLTWO 为"0"时，编码模型为3线，当 LRLTWO 为"1"时，编码模型为2线。若 VLENGTH 比特为"0"时，表示没有 NEWLEN 标号段。反之若为"1"时，可有 NEWLEN 标号段，也可没有这一标号段。当 TPDON、TPBON 和 DPON 比特分别需要使能时，相应位应置为"1"，TPDON 为差分层 TP，TPBON 为最低分辨率层 TP，DPON 为 DP。DPPRIV 和 DPLAST 比特，只有 DPON 为"1"时才有意义。若 DPON 和 DPPRIV 为"1"时，表示应用未公开的 DP 表。若 DPLAST 为"0"，未公开的 DP 表(1728字节)是被加载的。

在表7.10中给出了上述参数在 BIH 中所允许的数值范围。

表7.10 自由参数的无条件限度

参数	最小值	最大值
D_L	0	D
D	D_L	255
P	1	255
X_D	1	4294967295

续表

参数	最小值	最大值
Y_D	1	4294967295
L_0	1	4294967295
M_X	0	127
M_Y	0	255
HITOLO	0	1
SEQ	0	1
ILEAVE	0	1
SMID	0	1
LRLTWO	0	1
TPDON	0	1
TPBON	0	1
DPON	0	1
DPPRIV	0	1
DPLAST	0	1

2) 二值图像数据分解

定义在一个在分辨率 D 和比特平面 P 上的色条编码数据 $C_{s,d,p}$，包含在一个色条数据体（SDE）中。BID 由连续的 SDE 的级联和浮点标记字段所组成，如表7.11所列。

表 7.11 BID 的分解

BID						
浮点标记段	$SDE_{s,d,p}$	浮点标记段	$SDE_{s,d,p}$	…	浮点标记段	$SDE_{s,d,p}$
变化的	变化的	变化的	变化的	…	变化的	变化的

SDE 的排序取决于 HITOLO、SEQ、ILEAVE 和 SMID。脚标的规定如表7.12所列。在表中变量 SEQ、ILEAVE 和 SMID 仅 6 种组合是允许的。Loops 下面的模型变量 s 和 p 分别为 s 从 0 到 s－1（顶到底）、p 从 p－1 到 0（MSB 到 LSB）。若 HITOLO 为 0，d 的范围是从 D_L 到 D。其他情况下从 D 到 D_L。

表 7.12 在 BID 中色条编码的排序

SEQ	ILEAVE	SMID	Loops		
			外侧的	中间的	内侧的
0	0	0	p	d	s
1	1	1	d	p	s
0	1	1	d	s	p
0	0	1	s	p	d
0	0	1	p	s	d
0	1	0	s	d	p

2. 色条数据体（SDE）分解

如表 7.13 所列，每一 SDE 将由 ESC 字节和 SDNORM 字节或 SDRST 字节终止。

表 7.13　SDE 的结构

SDE		
PSCD	ESC	SDNORM 或 SDRST
变化的	1	1

一般情况下,终止字节为 SDNORM,这是被存储的"状态"信息。若终止字节为 SDRST,该"状态"信息表示将重置这一个平面和分辨率层的下一个色条的编码和译码。以 SDRST 重置状态要求在图像的顶部初始化自适应概率估计,重置(如果需要)使用 AT 像素自身默认观察值,当为最低分辨率层时,初始化 $LNTP_{y-1}$ 到 1。当处在图像顶部时,它也需要全部功能,包括分辨率降低,确定性预测,典型预测等。

受保护的色条编码数据(PSCD)定义为 SDE 的字节,在此不包括两个终止字符。译码器将通过用单个 ESC 字节替换住 PSCD 中所有的一个 ESC 跟随一个 STUFF 字节而得到色条编码数据。对编码器而言,在 SCD 中将把所有的 ESC 字节替换成一个 ESC 字节跟随一个 STUFF 字符。SCD 将在后面进一步描述。在规定 SDE 时,应用 PSCD 而不是 SCD。因此对一个色条的数据而言可给出在 BID 中位置。

一个 ESC 字节和一个 ABORT 字节可用来表示 BID 的提前终止,如表 7.14 所列。

表 7.14　提前终止一个 BID 的标记码

ESC	ABORT
1	1

7.3.2　浮点标记字段

浮点标记字段提供了控制信息。它们不在 SDE 中,可处于 SDE 序列之间或第一个 SDE 之前,有三个标记字段,即 ATMOVE、NEWLEN 和 COMMENT。

1. 自适应模板范围(Adaptive-template(AT) Movement)

AT 像素的位置可在表 7.15 中给出的 ATMOVE 标记字段的范围内变化。

表 7.15　ATMOVE 浮点标记字段的结构

ESC	ATMOVE	Y_{AT}	τ_X	τ_Y
1	1	4	1	1

第 3、4、5 和第 6 字节规定了 Y_{AT}。第 7 字节规定 τ_X,第 8 字节规定了 τ_X 表示对新的 AT 像素在水平方向上的偏移量,τ_Y 表示对新的 AT 像素在垂直方向上的偏移量。Y_{AT} 的计算如下式所示:

$$Y_{AT} = (第3字节) \times 256^3 + (第4字节) \times 256^2 + (第5字节) \times 256 + (第6字节)$$

概率估计器不能重新初始化后面的 ATMOVE。对于分辨率层和比特平面,可给出一个 ATMOVE 标记字段,该字段为第一个 SDE 的标记字段。对每一色条而言,线数 Y_{AT} 重新从 0 开始,如一个色条的初始线数 Y_{AT} 等于"0"。

2. 重新规定图像长度

若 VLENGTH 为 1,可允许以表 7.16 给出的新长度标记字段来改变图像的长度 Y_D。在大多数情况下,在一个 BIE 中只有一个新长度标记字段。然而,一个标记字段直接跟随 ESC + SDNORM/SDRST,由一个新长度标记字段给出的 Y_D 可以少于当前色条末端的线数。编码器对每一层比新的 Y_D 更大的扫描线不进行编码。在新的长度标记字段中,Y_D 将被打包在 BIH 中的四字节区域中。新的 Y_D 将不会大于原来的数值。

表 7.16　表示新垂直方向的标记字段

ESC	NEWLEN	Y_D
1	1	4

3. 注释标记字段(Comment Maker Segment)

一个 ESC 字节跟一个 COMMENT 字节和四字节整数 L_0,如表 7.17 所列。

表 7.17　注释标记字段

ESC	COMMENT	L_0
1	1	4

L_0 的计算公式为

$$L_0 = (第\ 3\ 字节) \times 256^3 + (第\ 4\ 字节) \times 256^2 + (第\ 5\ 字节) \times 256 + (第\ 6\ 字节)$$

L_0 给出了注释字段中专用于注释部分的长度。换言之,注释标记字段的总长度为 L_0+6 字节。

7.3.3　最低层典型预测

关于"非典型线"LNTP 的具体说明:下图中定义了一个 8 邻域。图中未标记"?"的且与"?"直接邻接的 8 个像素,称为 8 邻域。

$$
\begin{matrix}
\circ & \circ & \circ \\
\circ & \circ\,? & \circ \\
\circ & \circ & \circ
\end{matrix}
$$

对一个低分辨率像素而言,其他和它的 8 邻域中所有像素都是同一颜色,而与它相关联的四个高分辨率像素中一个或多个像素又与这些公共颜色不同时,称该像素为"非典型的"。对一个低分辨率扫描线而言,包含非典型像素的扫描线称为"非典型线"(LNTP)。

最低分辨层的 TP 由 BIH 的可选择域中 TPBON 比特决定是否被采用。若有

TPBON = 0,则被禁止

TPBON = 1,则被允许

当 TPBON = 0 时,在编译码器方框图中,对所有像素均有 TPVALUE = 2,表示编译码时没有采用预测模式。此时,假想(伪)像素 SLNTP 在编译码时均未采用算术码。下面讨论 TPBON = 1 时的编译码算法。

7.4　实用 JBIG 码编译码技术

7.4.1　编码处理

令 y 表示当前行,如果当前行的任一像素与上面的对应像素不同,则有 $LNTP_y = 1$,且扫描线 y 可称为"非典型的"。其他情况下,$LNTP_y = 0$。显见,一个图像的第一条线是非典型的,图像上方的线是直接假设的,且通常就是背景颜色。

定义

$$SLNTP_y = !\,(LNTP_y \oplus LNTP_{y-1})$$

式中:符号 $\oplus$ 表示异或运算;! 表示逻辑"非"。即 $SLNTP_y = 1$,当且仅当 $LNTP_y = LNTP_{y-1}$。对一图像的(顶部)第一条扫描线,$LNTP_{y-1} = 1$。

当最低分辨率层 TP 被置为使能时,一假想的像素值为 SLNTP 被编码,且处在扫描线 y 的任一像素被编码之前的位置上(图7.4)。

| SLNTP | | | | | | ... | |

图 7.4 伪像素与原像素的相对位置

当 SLNTP 被编码,如果 LRLTWO = 0,编码时的上下文如图 7.5 所示,当 LRLTWO = 1 时,如图 7.6 所示。

```
              B      B       F
       F  F   F   B  B   F
       B  F   ?
```

图 7.5 对最低分辨率层 TP 假想像素编码重复使用的上、下文(三线模板)

```
       B   F   F   B   B   F
       B   F   B   F   ?
```

图 7.6 对最低分辨率层 TP 伪像素编码重复使用的。上下文(二线模板)

图中的"F"表示前景,"B"表示背景。当对 SLNTP 编码时,TPVALUE 总等于 2。换言之,SLNTP 决不能以 TP 进行预测,总是必须进行算术编码。如果 $LNTP_y = 0$,TPB 方框图将输出当前像素值,并将像素上方的像素值作为 TPVALUE。其他情况下,TPB 输出 2,指示未采用预测模式。

译码处理技术(Decoder Processing)如下。

如果 TPBON = 1,同样指示 $SLNTP_y$ 将被译码,如图 7.4 所示。当 SLNTP 译码时,TPVALUE 将等于 2,CX 将为图 7.5 或图 7.6 中合适的数值。译码器将恢复出 $LNTP_y$,即

$$LNTP_y = !(SLNTP_y \oplus LNTP_{y-1})$$

如同编码时,这个恢复将以 LNTP = 1 初始化,并直接位于实际图像顶部扫描线之上。若 $LNTP_y = 0$,方框图 TPB 将直接输出当前一个像素值作为 TPVALUE。其他情况下,它输出 2,以表示未采用预测模式。

7.4.2 编、译码流图

1. 编码器流程图

这个流程图对每一分辨率层的每一色条都是适用的。初始化程序 INITENC 称为进入,终止程序 FLUSH 称为退出。

编码器编码寄存器规则,即寄存器结构如表 7.18 所列。"a"比特为当前区间值的小数比特,"x"为编码寄存器中的小数比特。"s"为间隔比特,以防止转入下一字节至少一个"s"比特,"b"比特表示从 C 寄存器输出的完整的数据字节的比特位置。"c"比特是一个进位比特。A 寄存器的第 17 比特如表 7.18 所列,若用 16 比特来实现时是容易被取消的。在这种情况下,进行初始化时将以 0x0000 代替 0x10000,从 0x0000 减去低次的 16 比特。这种情况是通常的。

表 7.18 编码器寄存器结构

	msb	lsb
C 寄存器	ooooocbbb,bbbbbsss,	xxxxxxxx,xxxxxxxx
A 寄存器	00000000,0000000a,	aaaaaaaa,aaaaaaaa

ENCODE 流程图如图 7.7 所示,CODELPS 程序两个主要功能模块:一是将 MPS 子区间

A−LSZ[ST[CX]]加入编码流中;二是子区间LSZ[ST[CX]]的定标,它总是伴随一个重正化。若SWTCH[ST[CX]] = 1,则MPS[CX]取反。

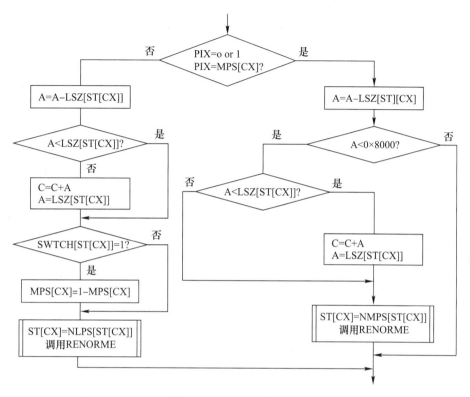

图7.7 ENCODE流程图

然而,当LPS子区间大于MPS子区间时,MPS/LPS条件文换将发生,MPS子区间被编码。

CODEMPS程序减去MPS子区间的尺寸。然而,若LPS子区间大于MPS子区间时,条件交换将发生,LPS子区间被编码。注意:除非符号被编码之后需要再归一化;否则,区间尺寸颠倒是不能出现的。

RENORME流程图如图7.8所示。

区间寄存器A和编码寄存器C都将被一次1比特的进行移位。移位的次数以CT进行计数,当CT降至0时,从C中取走一个字节的压缩数据。继续进行再归一化直至A不小于0x8000为止。

变量TEMP是一个临时性变量,它保存的是C寄存器顶部的字节加上进位指示可以被输出。变量BUFFER保存的是不等于0xff的临时性最新的输出。计数器SC保存的0xff字节数,由于在BUFFER中的字节是可暂时地输出。

编码寄存器移位19比特,与存入TEMP的低位次比特对齐。首先进行测试以确定是否发生了进位,如果发生了,在最后输出之前必须将进位加入到BUFFER的临时性输出字节中;然后任意堆栈字节(由进位变为0)方可输出;最后新的暂时性输出字节不带进位比特的设置为TEMP。如果进位没有发生,输出字节经校验看它是否为0xff。若是,堆栈字节计算器将增加,作为输出必须被延迟直至进位比特被辨认;若不是,进位被分离出来,任一八线的0xff可输出。

2. 译码流程图

对每一分辨率层的每一色条译码,图7.9所给出的流程图都是适用的。对非典型可预测的和非确定性可预测的像素可由DECODE程序进行译码。

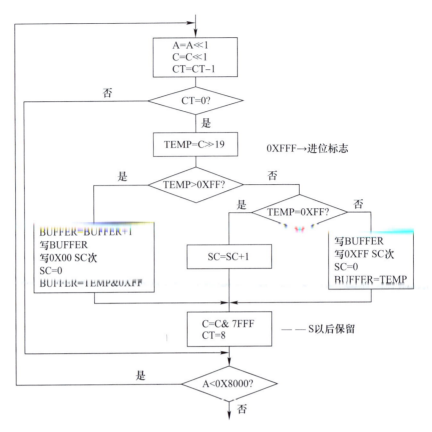

图7.8 RENORME流程图

译码寄存器规则,寄存器的具体结构如表7.19所列。

表7.19 译码寄存器结构

寄存器	msb	lsb
CHIGH 寄存器	xxxxxxxx	xxxxxxxx
CLOW 寄存器	bbbbbbbb	00000000
A 寄存器	a,aaaaaaa	aaaaaaaa

CHIGH和CLOW构成一个32位的C寄存器,从CLOW的15比特(最左面的)移入CHIGH的第0比特(最右面的)而实现C的再归一化。然而,译码仅用CHIGH。每次插入到CLOW一字节的"b"比特。与编码时类似,A寄存器的第17比特可容易地使之无效。

译码时,使用的概率估计表与编码时的相同。

译码流程图如图7.9所示。

若色条为图像的顶部,对所有的CX值均将概率估计状态设为0。其他情况下,在本分辨率的最后色条末端重新设置为它们的具体值。三个字节读入C寄存器。

BYTEIN流程图如图7.10所示。

从SCD中读取字节数据直至空为止,亦即0x00为止。读出的字节数据被插入到CLOW的高8位。CT计数器复位到0。

DECODE流程图如图7.11所示。

CT计数器,保存C寄存器CLOW段中压缩数据比特数。当CT为0时,一个新的字节被插入CLOW。

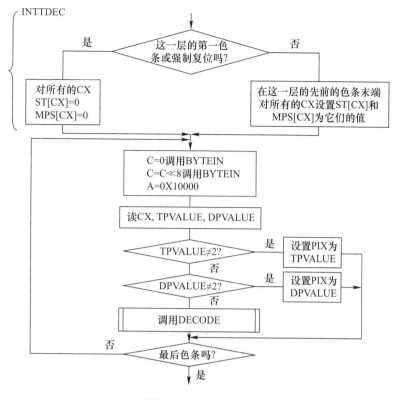

图 7.9 译码流程图

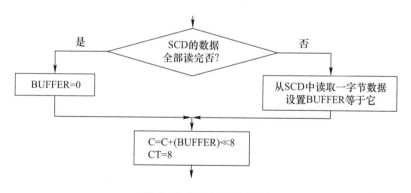

图 7.10 BYTEIN 流程图

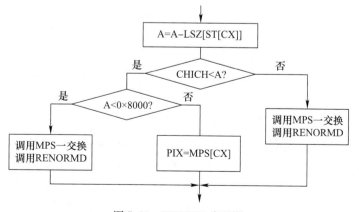

图 7.11 DECODE 流程图

第 8 章　JBIG2 码分析与译码技术

8.1　JBIG2 编码分析

JBIG2 码是联合二值图像专家组提出的用于二值图像压缩新的标准,它描述了压缩原理和压缩文件的格式。

8.1.1　JBIG2 编码目标

(1) 更高的压缩比(MMR 的 3~5 倍,JBIG 的 2~3 倍)。
(2) 提供用于压缩文件、半色调和其他二值图像分的特殊压缩方法。
(3) 提供有损和无损压缩。
(4) 渐进式压缩模式:一种是质量渐进压缩,其解码图像质量从低到高逐渐提高;另一种是内容渐进压缩,像文本一类的重要图像部分先解码,然后再对不太重要的部分进行解码,如半色调图案等。
(5) 多页文件压缩。
(6) 灵活的格式,容易嵌入到其他文件格式中,如 TIFF。
(7) 快速解压缩,能适应图像的软件解压缩。

8.1.2　JBIG2 码编码原理

JBIG2 的特点则是可以辨识出文本、半色调图像和页面上的任何其他内容。JBIG2 编码器在进行编码之前,应以某种方式扫描页面,并辨认出这三种区域。

1. 文本区域

包含文本,一般按行组织。文本可以是未知的符号、标志、音符或象形文字。编码器把每个符号当成一个矩形位图,放进一个字典中。并用算术编码或 MMR 码对字典进行编码,且作为一个段写入压缩文件。类似地,把文本区域本身再进行编码且作为另一个段写入压缩文件中。为了对一个文本区域进行编码,编码器把每个符号的相对坐标(坐标与前面的符号有关)和指向字典中符号位图的指针(也可能让指针指向几个位图,并规定符号为这些位图的一个集合,如逻辑与、或和异或)准备好,该数据也是先编码再写入压缩文件中。若相同符号出现了几次,就实现了压缩。

应该指出,符号可以在几个不同的文本区域出现,甚至在不同的页出现。编码器应确信包含该符号位图的字典,只要需要就将被解码器尽可能长时间地保留。如果把相同的位图用于略有差别的符号,这就意味着是有损压缩。

文本区域中的字符称作符号,文本区域是由重复性的字符组成的区域,采用"符号匹配"的编码方法,即符号编码。编码器把每个符号当成一个矩行位图,收集在一个或多个符号字典里,并把每个符号的相对坐标和指向字典中的符号位图的指针准备好。字典里的位图可以直接编码,也可以编码成已存在于字典符号的改进,还可以编码成已存在字典里的两个或多个符号的综合,并且允许原始符号位图和符号字典里索引过的位图间有细微差别。用 Huffman 编码、MMR 或算术编码压缩字典,并作为一个段写入压缩文件。类似地,把文本区域本身编码,并写入压缩文件中作为另一段。编码器定义在符号字典中的符号以高度组(Height Class)排序。一个高度组包含许多符号,并且同一个高度组里的符号位图的高度相同。符号字典的结构如图 8.1 所示。

第一个高度组

第二个高低组

⋮

最后一个高度组

输出符号的列表

图 8.1　符号字典的结构

2. 半色调区域

对一幅二值图像,可能包含由半色调处理生成的灰度图像。编码器逐单元扫描这样的区域(半色调单元或复合点):首先,把所有不同的单元转为一个不同的整数(典型的为 16 位,与 4×4 复合点相对应),就生成一个半色调字典,压缩后写入压缩文件;然后,把半色调区域中的每个单元(复合点)用一个指向字典的指针代替。相同的字典可用于解码几个半色调区域,可能定位在文档的不同页。编码器应标注各字典,以便解码器知道把它保持多久。

3. 普通区域

任何未被编码器辨识为文本和半色调区域的区域,就被定义为普通区域。这样的区域可能包含一个大的字符、艺术线条、数学公式,甚至是噪声,即斑点或污垢。普通区域用算术编码或 MMR 进行压缩。若使用算术编码,每个像素的概率由其上、下文确定。

具体到一页,可包含任意多的区域,区域页可重叠,由编码器决定。具体如何实施,JBIG2 标准并未规定。因此,一个简单的 JBIG2 编码器,可把任何页当作一个大的普通区域进行编码;一个精心设计的 JBIG2 编码器,可把一个页进行分析辨识出几个不同的区域,如图 8.2 所示,该页内有四个文字区域、一个半色调区域和两个普通区域(一个剪裁的脸、一个时指纹),分别进行编码,可以获取更高的压缩比。

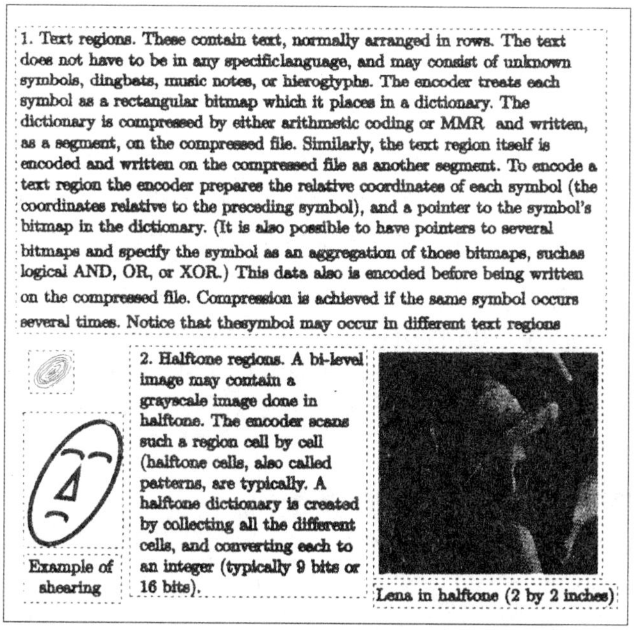

图 8.2　典型的 JBIG2 区域示意图

JBIG2 码,引入区域细化(Refinement)的概念,压缩文件中包含指令或标示码,使得解码器能从压缩文件中把区域 b 解码并存入辅助缓存器中,该缓存器随后可用来细化另一个区域 b 的解码缓存。应该指出,当在压缩文件中发现 b 并进行解码,且进行页缓存时,写入页缓存的像素应包括从压缩文件中解压缩的像素和辅助缓存器中的像素。

例 8.1 区域细化的具体例子之一,则是文档中某些文字区域的中心有大的灰体单词"Top Secret"作为背景。一个简单的 JBIG2 编码器,也许会把组成"Top Secret"的像素当作某些符号的一部分,即把整个图像当作一个大的普通区域进行编码;一个复杂的 JBIG2 编码器,可辨识出通常的背景作为普通区域,按区域细化来压缩它,并被解码器用于某些文字区域。

例 8.2 某些半色调区域具有暗背景的文件。复杂 JBIG2 编码器,将识别出这些区域中的暗背景作为普通区域,并将指令放在压缩文件中告诉解码器如何利用该区域去细化某些半色调区域。

8.2 JBIG2 码解码原理

8.2.1 解码概述

首先根据从压缩文件中读取的一个码字;解码器开始把页缓存初始化为特定值 0 或 1;然后它逐段数如文件的剩余部分,每段执行不同的过程,有如下 7 个主要过程。

1. 解码段头的过程

每段都从一个头开始,除了其他内容,头中包含段的类型,段解码后的输出目的地及其他段在解码该段时必须要用的信息。

2. 解码普通区域的过程

当解码器找到一个描述这类区域的段时调用。该段使用算术编码或 MMR 码压缩,本过程用于对其解压缩。如果是算术编码,前面的解码像素用来形成一个预测上、下文,当解出一个像素时,本过程不是简单地将其存在页缓存中,而是将它与页缓存中已有的像素,根据段中规定的逻辑操作(与、或、异或等)进行复合。

3. 解码普通细化区域的过程

与上述思想类似,但它是修改一个辅助缓存而非页缓存。

4. 解码符号字典的过程

当解码器找到一个包含这样的字典的段时调用它。字典被解压缩后存储为一列符号。每个符号都是一个位图,要么在字典明确说明,要么规定为一个已知符号(该字典的前一个符号,或来自另一个已有字典的符号)的细化(改进),或者规定为几个已知符号的集合(逻辑组合)。

5. 解码符号区域的过程

当解码器找到一个描述这样的区域的段时调用。把段解压缩得到三元组,符号的三元组包含着相对于前一符号的坐标和指向符号字典中一个符号的指针(索引)。因为解码器在任何时候可保持几个符号字典,因此段应指出要用哪个字典。从字典中查出符号的位图,并根据段所规定的逻辑运算把符号位图像素与页缓存中的像素复合。

6. 解码半色调字典的过程

当解码器找到一个包含这样的字典的段时调用。把该字典解压缩,并作为一系列半色调图案(固定大小的位图)进行存储。

7. 解码半色调区域的过程

当解码器找到一个描述这样的区域的段时调用。把该段解压缩为一系列指向半色调字典中的图案的指针(索引)。

8.2.2 过程的详细描述

1. 普通区域解码

该过程从压缩文件中读取几个参数,如表8.1所列。

表8.1 用于解码普通区域的参数

名称	类型	大小	有符号	说明
MMR	I	1	N	采用了MMR或算术编码
GBW	I	32	N	区域宽度
GBH	I	32	N	区域高度
GBTEMPLATE	I	2	N	模板数
TPON	I	1	N	用典型预测
USESKIP	I	1	N	跳过某些像素
SKIP	B			跳过的位图
GBATX$_1$	I	8	Y	A$_1$ 相对X坐标
GBATY$_1$	I	8	Y	A$_1$ 相对Y坐标
GBATX$_2$	I	8	Y	A$_2$ 相对X坐标
GBATY$_2$	I	8	Y	A$_2$ 相对Y坐标
GBATX$_3$	I	8	Y	A$_3$ 相对X坐标
GBATY$_3$	I	8	Y	A$_3$ 相对Y坐标
GBATX$_4$	I	8	Y	A$_4$ 相对X坐标
GBATY$_4$	I	8	Y	A$_4$ 相对Y坐标

表8.1第一行,MMR规定了待解码段所用的压缩方法,可以是算术编码,也可以是MMR编码。采用算术编码时,与JBIG类似,逐像素进行解码后逐行放在正解码的普通区域(页缓存的一部分),其宽度和高度分别由GBW和GBH给定。在此,不是把它们简单地存在那里,而是和已有的背景像素逻辑复合。算术编码的解码过程需要被解压缩项的概率知识,在此可以对每个正解码像素生成一个模板,用该模板得到一个整数(像素的上、下文),并用这个整数作为指向概率表的指针,从而得到概率。

参数GBTEMPLATE规定应使用4个模板中的哪一个。与GBTEMPLATE值0~3对应的4个模板如图8.3所示。标记"o"的像素是正在解码的,"X"和"A$_i$"是已知的像素。如果"o"靠近一个区域的边缘,则其所缺的邻近像素都假设为0。

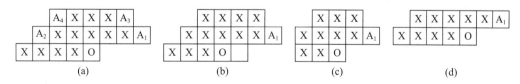

图8.3 用于普通区域解码的模板

像素"X"和"A$_i$"的值(每像素1位)复合成一个10~16位的上、下文(一个整数)。期望它的位是自上而下、从左到右采集的,但是标准对此并未明确未定。例如,图8.4(a)(b)两个模板将分别产生上、下文1100011100010111和1000011011001。一旦算出了上、下文,就可用它作为一个指向概率表的指针,并把找到的概率送给算术解码器去解码像素"o"。

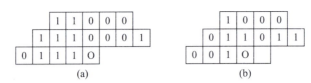

图 8.4 模板产生的上、下文

TPON 参数控制所谓的典型预测特征。一个典型行定义为与其前面行相等的行。若编码器注意到正在编码的普通区域中某些行是典型的,就将 TPON 置 1,然后再压缩文件每行之前写一个码字,指示其是否为典型的。若解码器发现 TPON 置 1,就解码和检查每行像素前的特殊码字。如果找到典型行的码字,则解码器只需简单地复制其前一行即可生成该典型行。

参数 USESKIP 和 SKIP 控制 skip 特征,如果编码器发现正编码的普通区域是稀疏的(其大多数像素为 0),就将 USESKIP 置 1,并把 SKIP 设为一个 GBW×GBH 的位图,其中每个 1 位都指示普通区域中的一个 0 位。然后编码器只压缩普通区域中的 1 位。

2. 符号区域解码

当解码器开始从压缩文件中读入一个新段,并辨认出是符号区域时调用该过程。这个过程的起始,是从段中读取多个参数,然后为每个符号输入编码信息并使用算术编码或 MMR 码进行解压缩。该编码信息包括与其行有关的符号及其前面符号的坐标,一个指向符号字典中的符号指针,可能还有细化信息。符号坐标用 S 和 T 表示,通常 S 是符号的 x 坐标,T 是符号的 y 坐标。但是如果参数 TRANSPOSED 的值为 1,则 S 和 T 的含义则翻转。通常把 T 看成是文本行的高度,S 是行中文本符号的坐标。

符号以条带的形式编码和写入压缩文件。条带通常为一行符号,但也可以是一列,具体由编码器决定,并相应地将 TRANSPOSED 的值设为 0 或 1。因此,解码器从条带个数开始解码,然后是条带本身。对每个条带来说,压缩文件中含有与前面条带有关的条带的 T 坐标,然后是构成该条带的符号的编码信息。对每个符号,该信息包括符号的 S 坐标(它与前面符号之间的距离)、T 坐标(与条带的 T 坐标有关)、它的 ID(指向符号字典的指针),以及细化信息(可选)。在所有符号都是在条带上垂直排列的特殊情况下,其 T 坐标将为 0。

一旦从相关坐标中算出了符号区域中符号的绝对坐标(x,y),就从符号字典中检索出符号位图与页缓存复合。

如果编码器要采用 MMR 编码一个区域,就选择由 JBIG2 标准定义的 15 个 Huffman 编码表中的一个,并设参数告诉解码器用的是哪一个。编码表本身内置在编码器和译码器中,其中的两个码表如表 8.2 所列。

表 8.2 用于 JBIG2 解码的两个 Huffman 编码表

值(Value)	码
0~15	0 + Value 编码为 4 位
16~271	10 + (Value - 16) 编码为 8 位
272~65807	110 + (Value - 272) 编码为 16 位
65808~∞	111 + (Value - 65808) 编码为 32 位
值(Value)	码
0	0
1	10
2	110

值(Value)	码
3~10	1110 + (Value – 3)编码为 3 位
11~74	11110 + (Value – 11)编码为 6 位
75~∞	111110 + (Value – 75)编码为 32 位
OOB	11111

3. 半色调区域译码

当解码器开始从压缩文件中读入一个新段,并辨别出是半色调区域时调用该过程。此过程的起始是从段中读几个参数,把半色调区域中的所有像素设置为背景参数 HDEFPIXEL 的值。然后输入用于各个半色调图案的编码信息,用算术编码或 MMR 码解码。该信息包括指向半色调字典中一个半色调图案的指针,把该图案检索出来与已在半色调区域中的背景像素逻辑复合。由参数 HCOMBOP 规定逻辑复合,可以取 OR、AND、XOR 和 XNOR 中的一个值。

4. 总的解码过程

解码器从压缩文件中读入用于文档第 1 页的普通信息开始启动,该信息告诉解码器初始时把页缓存设置成什么背景值(0 或 1),以及当把像素与页缓存复合时,应该用 4 个组合算子 OR、AND、XOR 和 XNOR 中的哪一个值。此后解码器从压缩文件中读入段,直到遇到第 2 页的页信息或文件的结尾。段可以指定自己的组合算子,替换用于整页的算子。段可以是一个字典或一个图像段。图像段有如下四种类型。

(1) 一个直接命令图像段。解码器使用这种类型把一个区域直接解码到一个页缓存中。

(2) 一个中间命令图像段。解码器使用这种类型把一个区域解码到一个辅助缓存中。

(3) 一个直接细化图像段。解码器使用这种类型把一幅图像解码,并将其与已有的区域复合以细化该区域。待细化的区域再页缓存中,而细化过程可使用一个辅助缓存(然后删除)。

(4) 一个中间细化图像段。解码器使用这种类型把一幅图像解码,并将其与已有的区域复合以细化该区域。该待细化的区域位于辅助缓存中。

8.3 JBIG2 的文件格式

8.3.1 比特流组织方式

JBIG2 标准规定了输出的比特流(即压缩文件)格式。JBIG2 文件由段组成,一典型页使用几段编码。在简单情况下,一页有页信息段、符号字典段、符号区域段、半色调字典段、半色调区域段和页结束段组成。

JBIG2 编码比特流有两种独立的文件组织方式和一种非独立的文件组织方式,分别为顺序组织方式(Sequential Organization)、随机组织方式(Random – access Organization)、嵌入式组织方式(Embedded Organization)。

1. 顺序组织方式

顺序模式用于传真一类的流式应用,此时解码器可依次解释所有的页。文件结构如图 8.5 所示,文件头后面跟随着一系列的段。每个段的两个部分被存储在一起:首先是段头;然后是段数据。各段一定要按照段号增大的顺序存放。

2. 随机组织方式

随机模式用于文件存档一类的应用,应能按任意次序只访问和解释所需的页。文件结构如

段N数据

文件头

段1：段头

段1数据

段2：段头

段2数据

⋮

段N：段头

段N数据

图8.5　顺序组织方式

图8.6所示。文件头后跟随着一系列段头；最后一个段头后是第一个段的数据，然后第二段的数据等。最后的段必须是文件的结束段，否则，译码器不可能判断何时读入最后一个段头，以确定段数据的开始。各段也必须按照段号增大的顺序存放。

文件头

段1：段头

段2：段头

⋮

段N：段头

段1数据

段2数据

⋮

段N数据

图8.6　随机组织方式

3. 嵌入式组织方式

嵌入式的目的是：许多当前系统能从合并改良的二值图像压缩中收益。在这种方式下，不同的文件格式携带JBIG2段。每段的段头，数据头，数据放在一起。但是嵌入式文件格式允许以任意顺序存放各段，还允许用任意数据将各段隔开。因此，JBIG2是灵活的，允许内在的系统以任何最方便的方式存放JBIG2数据。而应用程序可在JBIG2数据的前后各用两个字节加以标记，以便从其他数据流中检测到JBIG2数据。建议使用0xFF、0xAA作为开始标记，0xFF、0xAB作为结束标记，这些标记不被当作JBIG2文件的一部分。

8.3.2　JBIG2编码比特流分析

分析清楚JBIG2编码比特流能更好地理解编码过程，同时也为译码工作奠定了坚实的基础。在编码比特流中，头部语法非常重要，因为它是译码工作的第一步，是基础。只有在解码段头后，根据段头提供的信息才能解码各个区域段。所以下面着重介绍一下头部语法。

1. 文件头语法

文件头包含ID行(String)、文件头标志和页的数量。

ID行(String)，包含8个字节：0x97 0x4A 0x42 0x32 0x0D 0x0A 0x1A 0x0A。它标志着一个JBIG2编码比特流的开始，长度是固定不变的。

文件头标志,包含1个字节,它的比特定义如下。

(1) 比特0:文件方式类型。如果这个比特是0,文件使用随机组织方式。如果这个比特是1,文件使用顺序组织方式。但是,没有任何方法指明嵌入方式,因为这种方式不包含在JBIG2文件头中。

(2) 比特1:不知道页的数量(Unknown Number of Pages)。如果这个比特是0,那么包含在文件中页的数量是知道的。如果这个比特是1,那么当文件头被编码时,包含在文件中页的数量是不知道的。

(3) 比特2~7:保留,必须是0。

页的数量(Number of Pages),包含4个字节。如果"不知道页的数量"比特是1,不出现这一区段。如果出现,那么它一定与包含在文件中的页的数量相等。

例如,一文件头包含的一系列字节为 0x97 0x4A 0x42 0x32 0x0D 0x0A 0x1A 0x0A 0x00 0x00 0x00 0x00 0x0A,分析如下:

前8个字节是ID行,第8个字节0x00表示文件使用了随机组织方式,且页的数量是知道的。最后四个字节0x00 0x00 0x00 0x0A表示文件有10页。

2. 段头语法

段头包含段号、段头标识、被参考的段数和保留标识、被参考的段号、段页相关和段数据长度。段头的字节数不是固定不变的。

(1) 段号:4个字节,包含段的段号。有效范围:0 ~ 4294967295(0xFFFFFFFF)。段号可能不连续。

(2) 段头标识:1个字节。段头标识里定义了段类型。每个段都有特定的类型。段类型是0 ~ 63的一个数,包括63,但允许使用的段类型总共有21种。段类型详细说明了与段相关的数据类型,也严格限制了段类型所能引用的段以及引用该段的段类型,如0表示符号字典段,16表示匹配字典,48表示页信息等。所有的其他段类型被保留并且不能被使用。

(3) 被参考的段数和保留标识:这个区域包含1个字节或更多字节,表明了有多少段被这个段参考,和哪一个段包含这个段后需要的数据。这个区域的字节依靠被这个段参考的段号。如果这个段参考四个或更少的段,那么这个区域是1个字节长。如果这个段参考的段多于四个,那么这个区域是 $4 + \lceil R+1 \rceil / 8$ 字节长,其中 R 是这个段参考的段号。

例如,如果这个段参考5~7个其他段,那么区域有5个字节长。如果这个段参考8~15个其他段,那么区域有6个字节长。

(4) 被参考的段号:这个区域包含这个段参考的段的段号。这个区域中值的数目由被参考的段数和保留标识区域确定。每个值是这个段参考的一个段号。如果一个段参考其他段,它必须参考仅有较低段号的段。当当前的段号是256或更少时,每个被参考的段号是1个字节长。另外,当当前段的号是65536或更少时,每个被参考的段号是2个字节长;否则,每个被参考的段号是4个字节长。

(5) 段页关联:这个区域编码这个段属于的页的数量。第一页必须以"1"编号,这个区域可能包含一个0值,这个值表明了这个段与任何页不关联。有非0段页关联的段可能仅仅被与它有相同段页关联的值参考。如果这个段的页关联区域尺寸标识比特是0,那么这个区域是一个字节长。如果这个段的页关联区域尺寸标识比特是1,那么这个区域是4个字节长。另外,大多数文档少于256页,因此,这个区域有一个短形式,在一个单独的字节里能容纳从0~255的值。对于无关联段的页关联区域也仅仅是1个字节长。

(6) 段数据长度:这个4字节区域包含在字节中段的段数据部分的长度中。如果段的类型是

"立即|紧接普通区域",那么长度区域可能包含值 0xFFFFFFFF。这个值意味着,当段头被写时(在一个流应用程序中,如传真),段数据部分的长度是未知的。在这种情况下,段数据部分的实长将通过数据检查被决定。

如果段使用基于模板的算术编码,那么段数据部分以跟随在 4 个字节行数的 0xFF 0xAC 结束。如果段使用 MMR 编码,那么段数据部分以跟随在 4 字节行数的 0x00 0x00 结束。段使用的编码形式可能通过检查它的段数据部分的 18 个字节来决定,结束的顺序可以发生在 18 个字节后的任何地方。

3. 段语法

段语法包含区域段信息字段、符号字典段、文本区域段、模式字典段、半色调区域段、普通区域段、普通更新区域段、页信息段、页结束段、条纹结束段、文件结束段、轮廓段、编码表格段和扩展段。

每个区域段数据部分以一个区域段信息领域开始。它包含区域段的位图宽度、区域段位图的高、区域段位图 X 的位置(段中被编码的位图像素相对页位图的水平偏移量)、区域段位图 Y 的位置(段中被编码的位图像素相对页位图的垂直偏移量)和区域段标志。符号字典段、文本区域段、模式字典段、半色调区域段、普通区域段和普通更新区域段都以各自区域段的数据头开始。页信息段提供关于本页的普通信息,如页尺寸和分辨率,字典段存储区域段中要引用的位图。区域段通过从字典中引用位图和指明它们应出现在页的什么地方来描述文本和半色调区域的外观,页结束段表示一页的结束。

第 9 章 文本压缩码分析与译码技术

9.1 PKZIP 压缩编码原理分析

9.1.1 PKZIP 压缩编码原理

DEFLATE 算法是 PKZIP 2.0 软件中采用的一种算法,使用匹配距离长度编码与 Huffman 编码相结合的方法,字符为最小编码单位。具体算法如下。

当匹配长度 $L<3$,按单字符编码,即待编码的 ASCII 字符的高 4 位按表 9.1 进行编码,所得到的 4 位或 5 位与原字符的低 4 位构成一个新比特组,然后反序发送。例如,ASCII 字符 T 的二进制组合为 01010100,按表 9.1 所列,其高 4 位 0101 变换成 1000,再加上原来的低 4 位得 10000100,反序后得 00100001。

当 $3 \leqslant L \leqslant 258$,匹配距离 $d = n_2 - n_1 - 1$,其中 n_2 为待编码的字符串的首字符地址,n_1 为所找到的匹配字符串的首字符地址,则匹配长度 L 采用表 9.2 的固定 Huffman 编码表编码;匹配距离 d 采用表 9.3 的固定 Huffman 编码表编码。输出时,长度和距离的 Huffman 编码字即 THL(L) 和 THD(d) 要反序,先发 THL(L),再发 THD(d)。

由于码表 9.2 和码表 9.3 都采用固定 Huffman 编码,而且又统一编码,所以在此编码方式中,没有标识位。

表 9.1 Deflate 算法的 THC 码表

字符的高 4 位 CH	码字 THC[CH]	字符的高 4 位 CH	码字 THC[CH]
0000	0011	0001	0100
0010	0101	0011	0110
0100	0111	0101	1000
0110	1001	0111	1010
1000	1011	1001	11001
1010	11010	1011	11011
1100	11100	1101	11101
1110	11110	1111	11111

表 9.2 Deflate 算法的 THL 码表

匹配长度 L	码字 THL[L]	匹配长度 L	码字 THL[L]
		3	0000001
4	0000010	5	0000011
6	0000100	7	0000101
8	0000110	9	0000111

表 9.3　Deflate 算法的 THD 码表

匹配距离 d	码字 THD$[d]$	匹配距离 d	码字 THD$[d]$
0	00000	1	00001
2	00010	3	00011
4	001000	5	001001
6	001010	7	001011
8	0011000	9	0011010
⋮	…	⋮	…

9.1.2　PKZIP 压缩编码举例

例 9.1　待编码的字符串为

$$abcdefdgcdekxbbb\cdots bcde\cdots$$

前 8 个字符 a、b、c、d、e、f、d、g 都按单字符编码;为字符串 cde 找到了匹配串,其匹配距离 $d=5$;k、x、b 又按单字符编码;为字符串 bbb 找到了匹配串,其匹配距离 $d=0$;为字符串 bcde 找到了匹配串,其匹配距离 $d=176$。编码过程如表 9.4 所列。

表 9.4　编码过程

待编码的字符串	编码中间结果	编码最后结果	传输序列(字节)
a(01100001)	10010001	10001001	10001001
b(01100010)	10010010	01001001	01001001
c(01100011)	10010011	11001001	11001001
d(01100100)	10010100	00101001	00101001
e(01100101)	10010101	10101001	10101001
f(01100110)	10010110	01101001	01101001
d(01100100)	10010100	00101001	00101001
g(01100111)	10010111	11101001	11101001
c(01100011) d(01100100) e(01100101)	THL(3):0000001 THD(5):001001	1000000 100100	01000000
k(01101011)	10011011	11011001	00110010
x(01111000)	10101000	00010101	10111011
b(01100010)	10010010	01001001	00100010
b(01100010) b(01100010) b(01100010)	THL(3):0000001 THD(0):00000	1000000 00000	00001001 00001000 ×××××××0
…	…	…	…

需要说明的是,编码中间结果为查相应码表所得的码字;编码最后结果为反序后的中间结果;最后一列为编码最后结果按 8 位字节进行重新装配后得到的信道上实际传输序列。

9.2 PKZIP 文件格式分析

9.2.1 ZIP 压缩文件的结构分析

ZIP 是一个流行的桌面压缩/文档程序,是以 ASCII 码"50 4B"开头的压缩软件中的一种,文件后缀名为 .ZIP。ZIP 压缩软件使用了多种压缩方法,尽管采用的方法可能不同,但文件的总体格式却是固定的。

1. ZIP 文件的总体格式

[局部文件头 + 文件数据 + 数据描述符]…[中心目录]…[中心目录记录结束]

(1)局部文件头(Local File Header)的结构。局部文件头如表 9.5 所列。

表 9.5 局部文件头

局部文件头标志
解压所需软件版本
通用比特标志
压缩方式
源文件建立时间
源文件建立日期
CRC-32 校验码
压缩数据长度
源文件长度
源文件名长度
附加字段长度
文件名
附加字段

(2)文件数据。文件数据是我们重点讨论的对象之一,其格式如表 9.6 所列。

表 9.6 文件数据格式

参数区	压缩数据区

值得注意的是,有的算法采用固定的码表,没有参数区,它的参数区数据已经确定,如下面要介绍的 Deflate1 算法。

(3)数据描述符(Data Descriptor)。仅当通用比特标志的第 3 比特置为 1,才有此字段,此时,格式如表 9.7 所列。

表 9.7 数据描述符格式

CRC-32 校验码
压缩数据长度
源文件长度

(4)中心目录(Central Directory)。中心目录格式如表 9.8 所列。

表9.8 中心目录格式

中心文件头标志
所用软件版本
解压所需软件版本
通用比特标志
压缩方式
源文件建立时间
源文件建立日期
CRC-32校验码
压缩文件长度
源文件长度
文件名长度
附加字段长度
文件注释长度
开始盘号
内部文件属性
外部文件属性
局部头相对偏移
源文件名
附加字段
文件注释

2. 通用比特标志具体分析

比特0：如果置1，表示文件加密。

比特1、2：根据使用的不同压缩算法，其表示的意义不同，对于Deflate压缩算法，表示的意义如表9.9所列。

表9.9 比特1与比特2的意义

比特1	比特2	
0	0	使用正常(Normal)压缩方法
1	0	使用最大(Maximum)压缩方法
0	1	使用快速(Fast)压缩方法
1	1	使用超快速(Super Fast)压缩方法

9.2.2 压缩方式分析

压缩编码方法如表9.10所列。

表 9.10 压缩编码方法

编码	表示的压缩算法	编码	表示的压缩算法
0	存储(无压缩)	1	Shrink 算法
2	Reduce 算法(系数为 1)	3	Reduce 算法(系数为 2)
4	Reduce 算法(系数为 3)	5	Reduce 算法(系数为 4)
6	Implode 算法	7	保留供 Tokenizing 算法
8	Deflate 算法	9	保留供增强型 Deflate 算法用
10	PKWARE 数据压缩算法集		

9.3 PKZIP 编译码理论与技术

9.3.1 ZIP 压缩中所采用的压缩算法分析

对 ZIP 压缩中所采用的压缩算法进行了深入细致的分析,得出的主要结果如下。

1. ZIP 采用的是 LZ77 算法的改进型算法

经过详细分析,已确认 ZIP 采用的是 LZSS 算法,前面已进行阐述,在此不再重述。

应该指出,字典长度一般取 32768,前视缓冲区长度一般取 256,而匹配字符串长度小于 3 的均采用原形输出。

2. Huffman – shannon – fano 编码(HSF 编码)

在以 LZ77 为基础的许多后续算法中,都使用了 HSF 编码。这种码字与 Huffman 编码一样,具有最优性,但采用 Shannon – Fano 编码的构造方法。Huffman 编码性能是最优的,而 SF 码具有数值序列的特点,即从概率大的到概率小的码子来看,码子的二进制数值由小到大是递增的。这一点,正是用来减少译码表的尺度、缩短编译码时间的基本条件。所以 HSF 编码既具有 Huffman 编码的最优性,又具有 Shannon – Fano 编码的数值序列性等优点。由于 Huffman 编码没有数值序列的特性,而 HSF 编码的码字的十进制数则是从 $0 - (2^k - 1)$ 的(k 是最后一个码字的码元字符的个数),根据 HSF 编码的这个性质,便可构造出较小的译码表和获得较短的编译码时间。

例 9.2 有一信源,其概率空间为

$$U = \begin{Bmatrix} 2 & 9 & 4 & 0 & A & 8 & 3 & 7 & 1 & 5 & B & 6 \\ 0.226, & 0.165, & 0.135, & 0.120, & 0.079, & 0.063, & 0.054, & 0.041, & 0.038, & 0.034, & 0.030, & 0.015 \end{Bmatrix}$$

若对这个信源进行 Huffman 编码,则

$$C_H = \{10,000,010,011,0010,1100,1101,1111,00110,00111,11100,11101\}$$

可见,码字长度为 2~5,定义一个"等长码字个数"所构成的集合为

$$I = \{W_1, W_2, W_3, W_4, W_5\}$$

式中:W_i 表示字长为 $i(i \geq 1)$ 的码字的个数,而集合 I 是这个数(十进制)的集合。显然,C_H 的 $I = \{0,1,3,4,4\}$。然后,根据 I 来构造 HSF 码。图 9.1 以树的形式表达了 HSF 编码的构造方法。

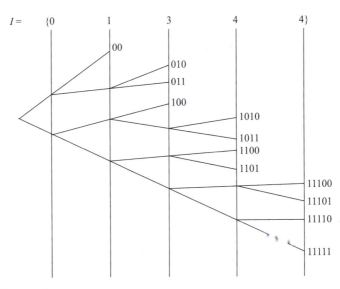

图 9.1　HSF 编码树图

Huffman 编码与 HSF 编码的对比,如表 9.11 所列。

表 9.11　Huffman 编码与 HSF 编码的比较表

消息字符	概率	Huffman 编码	HSF 编码	HSF 编码值
2	0.226	10	00	0
9	0.165	000	010	2
4	0.135	010	011	3
0	0.120	011	100	4
A	0.079	0010	1010	10
8	0.063	1100	1011	11
3	0.054	1101	1100	12
7	0.041	1111	1101	13
1	0.038	00110	11100	28
5	0.034	00111	11101	29
B	0.030	11100	11110	30
6	0.015	11101	11111	31

根据 HSF 编码的数值序列性特点,在知道码长的情况下,构造 HSF 编码有一个简单快速的办法。

(1) 从最小码长开始编码,从 0 开始编码,依次加 1,码长为多少,则其二进制比特就为多长。如表 9.11 中,码长最短为 2,且只有一个,则其码字定为"00"。

(2) 若码长发生变化,则其 HSF 编码的编码构造采用如下方式:

发生变化后的码值 = (发生变化前的码值 +1) × 2^m　(其中 m = 变化后的码长 − 变化前的码长)

在表 9.11 中,码长为 2 的最后一个码字的码值为 0,当码长变为 3 时,按照上面的公式,这时候码值应该等于 2,所以码长为 3 的第一个码字的编码应为"010"。

事实上,在 ZIP 文件的参数区中,在文件被压缩之时存入此处的数据只是反映相关树所代表的码字的码长,而最后译码时正是通过这些码长数据以及 HSF 码的数值序列性,还原出有关的树来的。

（3）ZIP 压缩文件的具体压缩算法。ZIP 压缩软件在不同的版本中采用了不同的压缩算法,如 SHRINK 算法、REDUCE 算法(压缩系数为 1~4)、IMPLODE 算法、DEFLATE 算法等。在目前的版本中,主要采用的是 DEFLATE 压缩算法。实际上,DEFLATE 压缩算法又有多种,分为两类：一类是采用基于滑动窗口的字典压缩编码与固定编码表的 Huffman 编码相结合的压缩算法;另一类是采用预统计滑动窗口的字典压缩编码与自适应码表的 Huffman 编码相结合的压缩算法。这两种压缩算法都是采用滑动窗口进行压缩编码,是 LZ77 算法的变形。为了便于描述,分别称之为 DEFLATE1 和 DEFLATE2。

9.3.2 DEFLATE1 压缩算法

DEFLATE1 压缩算法使用匹配距离、匹配长度编码与霍夫曼编码相结合的方法,以字符为最小编码单位,属于固定码表编码方法。在这种固定字典式编码方法中,字典是在压缩之前建立的,而且长时间保持不变。它的主要缺点是适应性差、效率低,主要应用于小文件的压缩编码。

DEFLATE1 压缩算法包含三个码表,即 THC 码表、THL 码表、THD 码表,压缩编码和解压译码的过程都是基于这三个码表进行的。在编码过程当中,字符与长度码及距离码都采用固定的码字,具体算法如下。

（1）当匹配长度 $L < 3$,按单字符编码,待编码的 ASCII 字符的高 4 位按 THC 码表进行编码,所得到的 4 位或 5 位与原字符的低 4 位构成一个新比特组,然后反序发送。

（2）当 $3 \leq L \leq 258$,匹配距离为 $d = n_2 - n_1 - 1$,其中 n_2 为待编码的字符串的首字符地址,n_1 为所找到的匹配字符串的首字符地址。匹配长度 L 采用 THL 码表的固定 Huffman 编码表编码,匹配距离 d 采用 THD 码表的固定 Huffman 编码表编码。输出时,长度和距离的 Huffman 编码字即 THL(L) 和 THD(D) 要反序,先发 THL(L),再发 THD(D)。由于 THL 码表和 THD 码表都采用固定 Huffman 编码,而且又统一编码,所以在此编码方式中没有参数区。

9.3.3 DEFLATE2 压缩算法

DEFLATE2 压缩算法与 DEFLATE1 压缩算法在原理上基本是一致的,所不同的是,DEFLATE1 压缩算法所采用的码表是固定码表,而 DEFLATE2 压缩算法采用自适应方式字典编码,压缩之前是没有字典的。

DEFLATE2 算法对要压缩的文件进行统计后,根据统计的结果生成两棵 Huffman 树(严格来说,这两棵树是 Huffman - Shannon - Fano 树,简称 HSF 树),我们分别称为字符树(字符树中包含字符码与匹配长度码)与距离树(匹配距离码)。在获得字符树与距离树后,还要将这两棵树变形(这种变形实际也是一种压缩)后再存入参数区。

1. 滑动窗口结构

滑动窗口结构如图 9.2 所示。

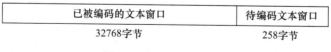

图 9.2 滑动窗口结构图

2. Huffman 编码

Huffman 编码器根据滑动窗口压缩器输出的中间结果进行统计形成两棵 Huffman 树,其中单字符与匹配长度在一棵 Huffman 树上称为字符树,匹配距离在另一棵 Huffman 树上称之为距离树。

单字符依照 ASCII 码编号为 0~255,压缩文件结束码 EOB 编号为 256。编码 257~285 对应的匹配长度及尾码位数如表9.12所列。

表9.12 长度码及其尾码表

匹配长度	基码编号	尾码位数	匹配长度	基码编号	尾码位数
3	257	0	4	258	0
5	259	0	6	260	0
7	261	0	8	262	0
9	263	0	10	264	0
11	265	1	13	266	1
15	267	1	17	268	1
19	269	2	23	270	2
27	271	2	31	272	2
35	273	3	43	274	3
51	275	3	59	276	3
67	277	4	83	278	4
99	279	4	115	280	4
131	281	5	163	282	5
195	283	5	227	284	5
258	285	0			

匹配距离码的基码编号为0~29,对应匹配距离及尾码位数如表9.13所列。

表9.13 距离码及尾码表

匹配距离	基码编号	尾码位数	匹配距离	基码编号	尾码位数
1	0	0	2	1	0
3	2	0	4	3	0
5	4	1	7	5	1
9	6	2	13	7	2
17	8	3	25	9	3
33	10	4	49	11	4
65	12	5	97	13	5
129	14	6	193	15	6
257	16	7	385	17	7
513	18	8	769	19	8
1025	20	9	1537	21	9
2049	22	10	3073	23	10
4097	24	11	6145	25	11
8193	26	12	12289	27	12
16385	28	13	24577	29	13

3. 参数区结构

在一个ZIP压缩文件中,紧接着局部文件头的,就是参数区了,参数区之后才是压缩数据区,在压缩数据区中存放着源文件压缩后的码字。

由于DEFLATE2是预统计Huffman编码的压缩算法,所以为了正确还原源文件,必须在压缩文件中存储压缩时产生的码树或码表等编码信息,这些信息就是压缩数据的参数区。

参数区的结构如表 9.14 所列。

表 9.14 参数区的结构

TY	NL	ND	NB	C – DATA	P – DATA

4. 码树构造

在参数区中码树信息是由码长来表达的。由码长和一些相应的规则可以唯一确定码树,参数区部分一共可建立三棵码树。第一棵码树由 C – DATA 区构造,它是构造后两棵码树所需码长的码长编码树,后两棵是字符树与距离树,由 P – DATA 区构造。

5. ZIP 文件中压缩区数据格式

紧接着参数区之后即是压缩数据区,在压缩数据区中,存储的数据就是 P – DATA 区数据所建立的字符树与距离树所代表的码字,原文件中的数据必定能由该区的数据还原。另外,需要注意的是,有一个长度码其后便会有一个相应的距离码紧随其后。

6. ZIP 压缩文件译码程序流程图

ZIP 压缩文件译码程序流程图如图 9.3 所示。

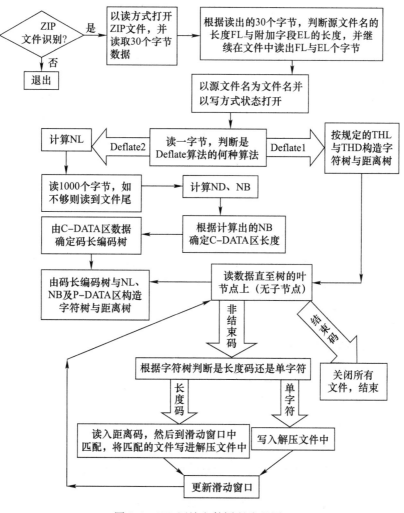

图 9.3 ZIP 压缩文件译码流程图

第10章 信道与信息传输分析

10.1 信道特性与信道疑义度分析

10.1.1 信道的描述与分类

信道是指用于传输信息的任何一类物理媒介,或者说是载荷着信息的信号所通过的通道(途径)。它的作用是传输信息和存储信息。它是以信号特别是电信号的形式载荷信息的,如一条电缆、一束光等。

要规定一个信道,一是必须规定信道所容许的输入信号,二是要确定输入、输出之间的统计依赖关系。这种依赖关系一般不是确定的函数关系,而是统计依赖关系,可用条件概率来描述。信道的输入信号就是信源的输出符号,前面已经进行了讨论,而信道也可分为离散与连续、平稳与非平稳、有记忆与无记忆的。

应该指出,这里的信道是广义的,凡是讨论信息流通路径中某一段的信号的统计依赖关系,都可把这一段路径看作为信道来讨论。比如说,纠错编码器的输入和输出之间统计依赖关系,纠错编码器被看作为编码信道。因此,信道按照输入、输出信号的取值,可分为离散信道、连续信道、数字信道、半数字信道以及半连续信道。

信道的输入、输出之间的统计依赖关系可用条件转移概率进行描述,其输入记为 $X, x \in A$,那么, $X = (X_1, X_2, \cdots, X_n), x \in A_n$,输出为 $Y, y \in B$,而 $Y = (Y_1, Y_2, \cdots, Y_n), y \in B_n$。$x$ 与 y 之间的转移概率可由矩阵表示为

$$[p(\boldsymbol{y}|\boldsymbol{x})] = Q$$

若 $[p(\boldsymbol{y}|\boldsymbol{x})] = \prod_i p(y_i|x_i)$,则该信道就是无记忆的,否则就是有记忆的。

若 $[p(\boldsymbol{y}|\boldsymbol{x})] = \{0,1\}$,则该信道称为无干扰或无噪声信道;反之,就是有噪声的。

对一个信道而言,当输入、输出都不是单个的,称为多用户信道(如多路复用信道)、多输出信道(如广播信道)等。多用户信道的最大传信率不是一个数值,而是一个数值集合,即容量区域。

信道的描述形式如下。

(1) 线图表示法,如图 10.1 所示。

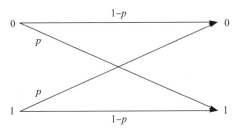

图 10.1 信道的线图表示

(2) 方框图表示法,如离散无记忆信道 DMC,其输入为 $\{0,1,2,\cdots,r-1\}$,其输出为 $\{0,1,$

$2,\cdots,s-1\}$,该信道的方框图表示形式如图 10.2 所示。

图 10.2　信道的方框图表示

10.1.2　信道疑义度与极值分析

作为信道的输入 X、输出 Y,那么,如果要观测信源 X,我们通过示波器或其他测试设备进行观测,实际上我们看到的并不是真实的 X,而是 X 输入到检测设备以后,经过设备内部电子系统处理的结果。通过对结果的分析,理想情况下完全可以确定 X,但是也可能不能做出确切的判断,对 X 仍留有不肯定性,此时的不肯定性如何衡量呢？我们引入条件熵 $H(X|Y)$,也称信道疑义度：

$$H(X|Y) = E\left[\log \frac{1}{p(x|y)}\right] = \sum_{x,y} p(x,y) \log \frac{1}{p(x|y)} \tag{10.1}$$

(在此仍有 $0\log 0^{-1} = 0$,而当和式发散时,$H(X|Y) = +\infty$。)

例 10.1　二进制删除信道,这里的 $r=2, s=3$,输入信号为"0""1",输出为"0""1"和"?",如图 10.3 所示。

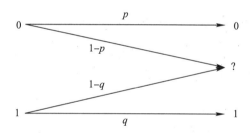

图 10.3　二进制删除信道线图表示

这样的信道在实际中是可能发生的,例如,若输入到物理信道中的是两个方波：

在输出端,检测者检测到的将是这两个方波的被干扰后的变形 $r(t)$：

尽管传递的是"0"和"1",可基于积分 $\int r(t)\mathrm{d}t = I$ 的数值来判决。若 $I>0$,则判为"0"被发送和传输；若 $I<0$,则判为"1"。然而,$|I|$ 很小时,最好不使用"硬判决"的方法,而宁可输出一个特殊的可抹符号"?"。

应该指出,当信道是相当平静的,即噪声是相当微弱的,在传输中,$0\to 1$ 和 $1\to 0$ 出现的可能性与 $0\to ?$ 和 $1\to ?$ 相比较是相当小的,因此,假设 $p\{Y=1|x=0\} = p\{Y=0|x=1\} = 0$ 也是合理的。

由上述讨论,我们可做出这样的结论。对一个 DMC 而言,都可找到一个随机变量对 (X,Y),且 X 为信道输入,Y 为输出。反之,给出一个离散随机变量对 (X,Y),都有一个 DMC 与之相对应,且

使 X 为输入，Y 为输出，而信道的转移概率为 $p(y|x) = p\{Y=y|X=x\}$。换言之，给出任一随机变量对 (X,Y)，可以把 Y 看作为 X 的"干扰"变形，即 Y 是通过 DMC 传输的结果。

例 10.2 令 X 的值为 ± 1、± 2，X 的概率分布为一等概分布，又令 $Y = X^2$，这可以看作是一种编码"信道"，如图 10.4 所示。

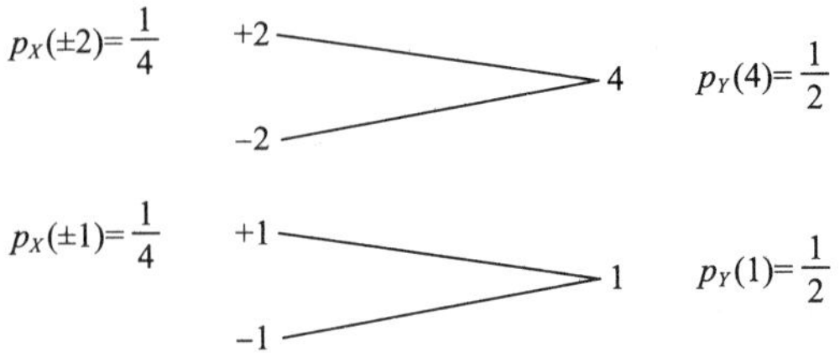

图 10.4 例 10.2 的信道

我们分析计算一下，当我们检测到 $Y=4$ 或 $Y=1$ 时，是否能确定出 X 的具体数值呢？为此，我们可通过计算 $p(x|y)$ 来回答这一问题。

(1) 计算 $p(y|x)$，即

$$p(Y=4|X=2)=1, p(Y=4|X=-2)=1, p(Y=1|X=1)=1, p(Y=1|X=-1)=1$$

(2) 计算 $p(x,y)$，即

$$p\{X=2,Y=4\} = p\{X=2\}p\{Y=4|X=2\} = \frac{1}{4} \times 1 = \frac{1}{4}$$

$$p\{X=-2,Y=4\} = p\{X=-2\}p\{Y=4|X=-2\} = \frac{1}{4} \times 1 = \frac{1}{4}$$

$$p\{X=2,Y=1\} = p\{X=-2,Y=1\} = p\{X=1,Y=4\} = p\{X=-1,Y=4\} = 0$$

(3) 计算 $p(x|y)$，即

$$p\{X=2|Y=4\} = \frac{p\{X=2,Y=4\}}{p\{Y=4\}} = \frac{\frac{1}{4}}{\frac{1}{2}} = \frac{1}{2}$$

类似地，也可计算出

$$p\{X=-2|Y=4\} = \frac{1}{2}, p\{X=1|Y=4\} = p\{X=-1|Y=4\} = 0$$

$$p\{X=1|Y=1\} = p\{X=-1|Y=1\} = \frac{1}{2}$$

$$p\{X=2|Y=1\} = p\{X=-2|Y=1\} = 0$$

由上述计算可见，对 Y 的观测得到 y 之后，并非能使我们完全肯定是哪一个信源符号 x，这时不肯定度可由下式表征：

$$H(X|Y=y) = \sum_x p(x|y) \log \frac{1}{p(x|y)}$$

例如，当 $Y=4$ 时，有

$$H(X|Y=4) = \frac{1}{2} \log \frac{1}{\frac{1}{2}} + \frac{1}{2} \log \frac{1}{\frac{1}{2}} = 1 \text{bit}$$

那么，平均说来，当收到一个 Y 时，对 X 而言仍有多大的不肯定度呢？由下式确定：

$$H(X|Y) = \sum_y p(y) H(X|Y=y) = \sum_{x,y} p(y) p(x|y) \log \frac{1}{p(x|y)} \tag{10.2}$$

10.1.3 信道疑义度极值与 Fano 不等式

下面我们介绍一个有用的不等式(Fano 不等式)。

定理 10.1 令 X、Y、Z 是离散随机变量，而对每一 z 而言，我们定义 $A(z) = \sum_{x,y} p(y) p(z|x,y)$，那么

$$H(X|Y) \leq H(Z) + E(\log A(z)) \tag{10.3}$$

证明：

$$H(X|Y) \leq E\left[\log \frac{1}{p(x|y)}\right] = \sum_{x,y,z} p(x,y,z) \log \frac{1}{p(x|y)}$$

$$= \sum_z p(z) \sum_{x,y} \frac{p(x,y,z)}{p(z)} \log \frac{1}{p(x|y)}$$

对于某一固定的 z，$p(x,y,z)/p(z) = p(x,y/z)$ 是一个概率分布，因此，我们可以对内和应用 Jensen 不等式，其结果为

$$H(X|Y) \leq \sum_z p(z) \log\left[\frac{1}{p(z)} \sum_{x,y} \log \frac{p(x,y,z)}{p(x|y)}\right] = \sum_z p(z) \log \frac{1}{p(z)} + \sum_z p(z) \log \sum_{x,y} \frac{p(x,y,z)}{p(x|y)}$$

而

$$p(x,y,z)/p(x|y) = p(x,y,z) p(y)/p(x,y) = p(y) p(z/x,y)$$

证毕。

推论(Fano 不等式) 令 X 和 Y 是离散随机变量，它的值域均为 $\{x_1, x_2, \cdots, x_r\}$。令 $p_e = \{x \neq y\}$，那么

$$H(X|Y) \leq H(P_e) + p_e \log(r-1)$$

证明： 在定理 10.1 中，我们定义：若 $X = Y$，$Z = 0$；如果 $X \neq Y$，则 $Z = 1$，那么

$$A(0) = \sum_{x=y} p(y) p(Z=0|x,y)$$

$$= p(x_1)[p(Z=0|x_1,x_1)] + p(x_2)[p(Z=0|x_2,x_2)]$$

$$+ \cdots + p(x_r)[p(Z=0|x_r,x_r)]$$

$$= p(x_1) 1 + p(x_2) 1 + \cdots + p(x_r) 1 = 1$$

$$A(1) = \sum_{x \neq y} p(y) p(Z=1|x,y)$$

$$= p(x_1)[p(Z=1|x_2,x_1) + p(Z=1|x_3,x_1) + \cdots + p(Z=1|x_r,x_1)]$$

$$+ p(x_2)[p(Z=1|x_1,x_2) + p(Z=1|x_3,x_2) + \cdots + p(Z=1|x_r,x_2)]$$

$$+ \cdots + p(x_r)[p(Z=1|x_1,x_r) + p(Z=1|x_2,x_r) + \cdots + p(Z=1|x_{r-1},x_r)]$$

$$= p(x_1)[1_1 + \cdots + 1_{r-1}] + p(x_2)[1_1 + \cdots + 1_{r-1}] + \cdots + p(x_r)[1_1 + \cdots + 1_{r-1}]$$

$$= [p(x_1) + p(x_2) + \cdots + p(x_r)](r-1) = r-1$$

于是,由定理 10.1 可得

$$H(X|Y) \leqslant \sum_z p(z) \log \frac{1}{p(z)} + \sum_z p(z) \log \sum_{x,y} \frac{p(x,y,z)}{p(x|y)}$$

$$= H(p_e) + \sum_z \log A(z)$$

$$= H(p_e) + p_e \log A(z=1)$$

$$= H(p_e) + p_e \log(r-1)$$

证毕。

关于 Fano 不等式有一个有趣的启发性的解释,我们可以想到,$H(X|Y)$ 为当 Y 已被观测之后要确定 X 所需要的信息量。要确定 X,一种方法是首先确定 X 是否等于 Y,若 $X = Y$,因而也就确定了 X。然而,若 $X \neq Y$,对 X 来说仍留有 $r-1$ 种可能性。确定是否 $X = Y$,就等效于确定在证明中定义的随机变量 Z,从而 $H(Z) = H(p_e)$,即要确定只需要 $H(p_e)$ 比特的信息量。若 $X \neq Y$(这种情况发生的概率为 p_e),$X \neq Y$ 的情形有 $r-1$ 种,要确定它需要多少信息量呢?由极值性定理可知最大也不过就是 $r-1$。

例 10.3 例如,例 10.2 中的信道,这里的 $r=3$,$p\{X=Y\}=2/3$,$p_e = 1/3$。Fano 界为

$$H(X|Y) \leqslant H\left(\frac{1}{3}\right) + \frac{1}{3}\log(3-1)$$

$$= \frac{1}{3}\log 3 + \frac{2}{3}\log \frac{3}{2} + \frac{1}{3}\log 2$$

$$= \log 3 - \frac{1}{3}\log 2 = 1.2520 \text{bit}$$

10.2 信道的信息传输特性分析

10.2.1 互信息函数定义

我们已经知道,$H(X)$ 表示了我们对 X 的不定度,而 $H(X|Y)$ 则表征了我们在观测 Y 之后对 X 的不定度,不难理解的是,$H(X) - H(X|Y)$ 自然表示了我们由观测 Y 而获取的关于 X 的信息量。这个重要的物理量就称为 X 与 Y 之间的互信息。记为 $I(X;Y)$,则有

$$\begin{aligned}I(X;Y) &= H(X) - H(X|Y) \\ &= \sum_{x,y} p(x,y) \log \frac{p(x|y)}{p(x)} \\ &= \sum_{x,y} p(x,y) \log \frac{p(x,y)}{p(x)p(y)} \\ &= \sum_{x,y} p(x,y) \log \frac{p(y|x)}{p(y)}\end{aligned} \quad (10.4)$$

由此可见,$I(X;Y)$ 是 X、Y 联合抽样空间上的一个数学期望,即 $I(x;y)$ 的期望值为

$$I(x,y) = \log \frac{p(x|y)}{p(x)} = \log \frac{p(x,y)}{p(x)p(y)} = \log \frac{p(y|x)}{p(y)}$$

应该指出的是,$I(x;y)$ 是 x 与 y 事件之间的互信息,而且是可正可负的。

例 10.4 若有一个纺织厂,工人总体有如下特点。
(1) 有一半人在纺纱车间,且均为女工。
(2) 有 1/4 是男工。
(3) 各车间女工中有 2/3 是三八红旗手。
设 x 是该厂一个工人,试问:

(a) x 不是纺纱车间的工人,给了多少关于 x 是三八红旗手的信息量?

解:设 A 不是纺纱车间的工人,B 是三八红旗手。那么

$$p\{B/A\} = p\{不是纺纱车间的女工\} \cdot p\{是三八红旗手\}$$
$$= [1 - p\{男工/非纺纱车间工人\}] \cdot p\{是三八红旗手\}$$
$$= \left(1 - \frac{\frac{1}{4}}{\frac{1}{2}}\right) \times \frac{2}{3} = \frac{1}{3}$$

$$p\{B\} = p\{是女工\} \cdot p\{是三八红旗手\}$$
$$= \frac{3}{4} \times \frac{2}{3} = \frac{1}{2}$$

所以

$$I(B;A) = \log \frac{p(B/A)}{p(B)} = \log \frac{\frac{1}{3}}{\frac{1}{2}} = \log \frac{2}{3} = -0.585 \text{bit}$$

(b) x 是纺纱车间的工人,则有

$$p(B|\bar{A}) = p\{是纺纱车间的女工\} \cdot p\{是三八红旗手\} = 1 \times \frac{2}{3} = \frac{2}{3}$$

$$I(B;\bar{A}) = \log \frac{p(B|\bar{A})}{p(B)} = \log \frac{\frac{2}{3}}{\frac{1}{2}} = \log \frac{4}{3} = 0.415 \text{bit}$$

由(a)、(b)可见,条件不同,得到的信息量是不同的,在(a)中给出的信息量为负值,表示当给出 x 不是纺纱车间工人时,确定是否为三八红旗手的不肯定度反而增加了,因为当没告诉 x 不是纺纱车间工人时,根据所给条件,任何一个工人即 x 是三八红旗手的概率为 $(3/4) \times (2/3) = 1/2$,而当得知 x 不是纺纱车间的工人时,x 是三八旗手的概率为 $(1/2) \times (2/3) = 1/3$,于是,不肯定度增加了。

10.2.2 互信息函数特性分析

为了对 $I(X;Y)$ 的性质有一个比较全面的理解,我们下面将进一步讨论它的各种特性。

1. 非负性

对任意离散随机变量 X、Y,$I(X;Y) \geq 0$,当且仅当 X 与 Y 独立时,$I(X;Y) = 0$。

证明:由式(10.4)可知

$$-I(X;Y) = \sum_{x,y} p(x,y) \log \frac{p(x)p(y)}{p(x,y)}$$

由 Jensen 不等式可得

$$\leqslant -I(X;Y) \leqslant \log \sum_{x,y} p(x,y) \frac{p(x)p(y)}{P(x,y)} = \log \sum_{x,y} p(x)p(y) = \log 1 = 0$$

鉴于 $\log x$ 是严格上凸的,因而,当仅当对所有的 x、y,$p(x,y) = p(x) \cdot p(y)$ 时,即 X、Y 相互独立时,$I(X;Y) = 0$。

证毕。

这一性质告诉我们,通过一个信道所接收到的信息量,在平均意义来说是不为负值的。当然,当输入、输出统计独立时,即信道中的干扰极强时,接收者收不到一点信息量。说明信道中的干扰已强到使它完全丧失了传输信息的能力。

2. $I(X;Y)$ 的极值性

即 $I(X;Y) \leqslant H(X)$。

证明:由于 $I(X;Y) = H(X) - H(X|Y)$,$H(X|Y)$ 为信道的疑义度,必有 $H(X|Y) \geqslant 0$,所以

$$I(X;Y) = H(X) - H(X|Y) \leqslant H(X)$$

当且仅当 $H(X|Y) = 0$ 时,$I(X;Y) = H(X)$。

关于 $H(X|Y) = 0$ 的物理意义,可作如下解释:$H(X|Y) = 0$ 意味着输出符号 Y 与输入 X 之间存在着一一对应关系,这种对应关系的含义是信道为无噪声信道,这时收到 Y 之后所获取的信息量就等于消息集 X 的不定度。

无噪声信道的转移概率为

$$p(y|x) = \begin{cases} 0, & x \neq y \\ 1, & x = y \end{cases}$$

那么,必可得到

$$p(x|y) = \begin{cases} 0, & x \neq y \\ 1, & x = y \end{cases}$$

因而,有

$$H(X|Y) = 0, \quad I(X;Y) = H(X)$$

3. 对称性

对称性表示为

$$I(X;Y) = \sum_{x,y} p(x,y) \log \frac{p(x,y)}{p(x)p(y)} = \sum_{x,y} p(x,y) \log \frac{p(y,x)}{p(y)p(x)} = I(Y;X)$$

互信息的对称性可作这样的解释:$I(X;Y)$ 表示从 Y 中获取的关于 X 的信息量;$I(Y;X)$ 表示的是从 X 中提取到 Y 的信息量,且这两个量相等。

4. $I(X;Y)$ 的凸性

我们知道

$$I(X;Y) = \sum_{x,y} p(x,y) \log \frac{p(y|x)}{p(y)}$$

式中:$p(y) = \sum_x p(x) \log p(y|x)$,可见,$I(X;Y)$ 既是 X 的概率分布 $p(x)$ 的函数,也是信道特性 $p(y|x)$ 的函数。正是基于这一特点,我们有如下两个定理。

定理 10.2 $I(X;Y)$ 是 X 的概率分布 $p(x)$ 的上凸函数。

证明: 我们首先假设信道是不变的,即转移概率 $p(y|x)$ 是固定的,于是, $I(X;Y)$ 只是 $p(x)$ 的函数。

我们选择输入符号 X_1 和 X_2,其概率分布为 $p_1(x)$ 和 $p_2(x)$,如果 X_1、X_2 的概率分布是组合上凸的,即 $p(x) = \alpha p_1(x) + \beta p_2(x)$,与 X_1 和 X_2 分别对应的信道输出为随机变量 Y_1 和 Y_2,且 $I(X_1;Y_1)$、$I(X_2;Y_2)$ 存在。若又选择 X、Y,X 的概率分布为 $p(x) = \alpha p_1(x) + \beta p_2(x)$,其互信息为 $I(X;Y)$。我们需要证明

$$I(X;Y) \geqslant \alpha I(X_1;Y_1) + \beta I(X_2;Y_2)$$

因此,有

$$\alpha I(X_1;Y_1) + \beta I(X_2;Y_2) - I(X;Y)$$

$$= \sum_{x,y} \alpha p_1(x,y) \log \frac{p(y|x)}{p_1(y)} + \sum_{x,y} \beta p_2(x,y) \log \frac{p(y|x)}{p_2(y)}$$

$$- \sum_{x,y} [\alpha_1 p_1(x,y) + \beta p_2(x,y)] \log \frac{p(y|x)}{p(y)}$$

$$= \alpha \sum_{x,y} p_1(x,y) \log \frac{p(y)}{p_1(y)} + \beta \sum_{x,y} p_2(x,y) \log \frac{p(y)}{p_2(y)}$$

对式中的每一和式应用 Jensen 不等式,如

$$\sum_{x,y} p_1(x,y) \log \frac{p(y)}{p_1(y)} \leqslant \log \sum_{x,y} p_1(x,y) \frac{p(y)}{p_1(y)} = 0$$

而

$$\sum_{x,y} p_1(x,y) \frac{p(y)}{p_1(y)} = \sum_y \frac{p(y)}{p_1(y)} \sum_x p_1(x,y) = \sum_y \frac{p(y)}{p_1(y)} p_1(y) = 1$$

类似地,有

$$\sum_{x,y} p_2(x,y) \log \frac{p(y)}{p_2(y)} \leqslant 0$$

证毕。

推论 熵函数 $H(p_1, p_2, \cdots, p_r)$ 是上凸的。

证明: 令 X 的概率分布为 $p\{x=i\} = p_i$。那么,$I(X;X) = H(X) = H(p_1, p_2, \cdots, p_r)$,由定理 10.2 可得到其结论。

证毕。

定理 10.3 $I(X;Y)$ 是转移概率 $p(y|x)$ 的下凸函数。

证明留给读者作为练习。下面通过例子说明凸性在实际中的应用。

例 10.5 一个二进制对称信道如下:

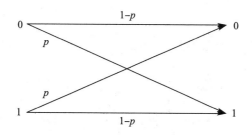

由于 $P_Y(0) = \varepsilon(1-p) + (1-\varepsilon)p, P_Y(1) = (1-\varepsilon)(1-p) + \varepsilon p$,所以,有
$$I(X;Y) = -[\varepsilon(1-p) + (1-\varepsilon)p]\log[\varepsilon(1-p) + (1-\varepsilon)p]$$
$$-[(1-\varepsilon)(1-p) + \varepsilon p]\log[(1-\varepsilon)(1-p) + \varepsilon p] - H(p)$$

求偏导:
$$\frac{\partial I(X;Y)}{\partial \varepsilon} = (2p-1)\log\frac{\varepsilon(1-p) + (1-\varepsilon)p}{(1-\varepsilon)(1-p) + \varepsilon p}$$

要使 $\frac{\partial I}{\partial \varepsilon} = 0$,由于 p 为一个常数且 $p \neq 1/2$,所以,应有
$$\varepsilon(1-p) + (1-\varepsilon)p = (1-\varepsilon)(1-p) + \varepsilon p$$

可求出
$$\varepsilon = 1/2$$

所以,由定理 10.2 可知,当 $\varepsilon = 1/2$ 时,$I(X;Y)$ 有最大值,这说明了某一个二进制对称信道,当输入信号的概率分布不同时,在接收端平均说来,从每个符号所获取的信息量是不同的,只有当输入为等概率分布时,收端才能获得最大信息量。

综上所述,我们可以看出互信息的凸性说明,对某一个给定的信道而言,一定存在一种信源(一种概率分布)使输出端可收到的平均信息量为最大;对一个给定的信源来说,选择不同的信道来传送该信源的输出信号时,收端所获取的信息量也是不同的,而且对每一种信源都存在一种最差的信道,使输出端只能收到最小的信息量。

二进制对称信道的传输信息的基本特性如图 10.5 所示。

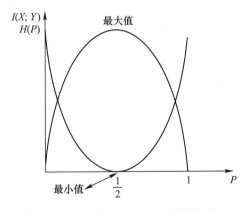

图 10.5　二进制对称信道信息传输特性

我们下面来介绍互信息函数与各种熵之间的关系:
$$I(X;Y) = -\sum_{x,y} p(x,y)\log\frac{p(x)p(y)}{p(x,y)} = H(X) + H(Y) - H(Y,X)$$
$$= \sum_{x,y} p(x,y)\log\frac{p(y|x)}{p(y)} = H(Y) - H(Y|X)$$

而
$$H(Y,X) = \sum_{x,y} p(x,y)\log\frac{1}{p(x,y)}$$
$$= \sum_{x,y} p(x,y)\log\frac{1}{p(y|x)p(x)} = H(X) + H(Y|X) \quad (10.5)$$
$$= \sum_{x,y} p(x,y)\log\frac{1}{p(x|y)p(y)} = H(Y) + H(X|Y)$$

应该指出的是，$H(Y|X)$反映了信道噪声干扰的总体特性，因而也称为噪声熵。我们对$H(X,Y)$可作这样的解释：我们对X和Y的不肯定度，就是我们关于X的不定度与我们已观测到X之后关于Y的不定度之和。

关于$I(X;Y)$与$H(X)$、$H(Y)$、$H(Y|X)$、$H(X|Y)$以及$H(X,Y)$之间的关系如图10.6所示。

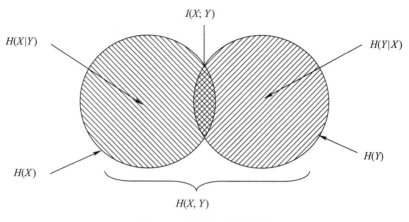

图10.6 助记忆的文氏图

10.3 数据处理定理

10.3.1 数据处理定理分析

在通信、存储等实际问题中，将消息或数据进行多次处理是不足为奇的。例如，在卫星通信中，卫星上测得的各种科学数据要编成"0""1"二进制码的脉冲发回到地面，地面接收站收到的是一列幅度不同的脉冲，将这些脉冲送入判决器，按着一定的判决准则，如当幅度大于门限值时判为1，反之则判为0；将"0""1"序列再进行译码（信源译码或信道译码）。显见，这种译码过程就是一种处理，前面的判决过程也是一种处理，从卫星到判决输出可看作一个信道，把判决器到译码输出看作是另一个信道，实际上，这就是两个信道的串联。信息在串联信道中的传输或存储特性如何？或者说，数据处理中信息的保持特性怎样？下面就来作一般性的讨论。

一个串联信道如图10.7所示。

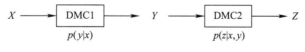

图10.7 串联信道

这个信道的X、Y、Z可看作为三个随机变量。然而，当X、Y、Z为任意随机变量时，我们定义互信息$I(X,Y;Z)$，它的含义为X和Y中包含的关于Z的信息量，即

$$I(X,Y;Z) = E\left[\log \frac{p(z|x,y)}{p(z)}\right] = \sum_{x,y} p(x,y,z) \log \frac{p(z|x,y)}{p(z)} \quad (10.6)$$

关于$I(X,Y;Z)$与$I(Y;Z)$之间的关系，由下述定理确定。

定理10.4 对所有的(x,y,z)都有$p(x,y,z)>0$成立，那么，$I(X,Y;Z) \geqslant I(Y;Z)$，当且仅当$p(z|x,y) = p(z|y)$时，有等式成立。

证明：
$$I(Y;Z) - I(X,Y;Z) = E\left[\log\frac{p(z|y)}{p(z)} - \log\frac{p(z|x,y)}{p(z)}\right]$$
$$= E\left[\log\frac{p(z|y)}{p(z|x,y)}\right]$$
$$= \sum_{x,y,z} p(x,y,z)\log\frac{p(z|y)}{p(z|x,y)}$$

由 Jensen 不等式可知

$$\leq \log\sum_{x,y,z} p(x,y,z)\frac{p(z|y)}{p(z|x,y)}$$
$$= \log\sum_{y,z} p(x,y)p(z|y) \tag{10.7}$$
$$= \log\sum_{x,y} p(x,y)\sum_z p(z|y) = 0$$

所以，$I(X,Y;Z) \geq I(Y;Z)$，而当 $p(z|x,y) = p(z|y)$ 时，式(10.7)等于 0，因而有 $I(Y;Z) = I(X,Y;Z)$。

证毕。

应该指出，在定理 10.4 中等式成立的条件，$p(z|x,y) = p(z|y)$ 是很有趣的。例如，(X,Y,Z) 是一马尔可夫链，我们就把 X、Y、Z 看作如图 10.5 所示的情形，随机变量 Z 只依赖于 Y，与更前面的 X 无关。即 DMC1 的转移概率为 $p(y|x)$，DMC2 的转移概率为 $p(z|y) = p(z|x,y)$。反之，一般在实际中，进行数据处理时也可以使 Z 仅与 Y 有关联，而与 X 没有直接的关系，即 Z 只是通过 Y 而与 X 发生关系。这样得到的两个信道的串联，使得 (X,Y,Z) 形成一个马尔可夫链，其充要条件显然是 $p(z|y) = p(z|x,y)$，且有如下定理。

定理 10.5 如果 (X,Y,Z) 是一马尔可夫链，那么
$$I(X;Z) \leq I(X;Y) \tag{10.8}$$
$$\leq I(Y;Z)$$

证明：我们先证 $I(X;Z) \leq I(Y;Z)$。因为 X、Y、Z 是一个马尔可夫链，所以就有 $p(z|x,y) = p(z|y)$，对所有的 x、y、z。于是，由定理 10.4 可知
$$I(X,Y;Z) = I(Y;Z)$$

且又知 $I(X;Z) \leq I(X,Y;Z)$，因而有
$$I(Y;Z) \geq I(X;Z)$$

而当 $p(z|x,y) = p(z|x)$ 时，等式成立。

证毕。

我们再证 $I(X;Z) \leq I(X;Y)$。

因已知 (X,Y,Z) 是一马尔可夫链，那么 (Z,Y,X) 也是一个马尔可夫链，所以就有 $p(x|y,z) = p(x|y)$，对所有的 x,y,z。

由定理 10.4 可得 $I(Z,Y;X) \geq I(Y;X)$，当且仅当 $p(x|y,z) = p(x|y)$，等式成立。同时也可证得
$$I(Z,Y;X) \geq I(Z;X)$$

当且仅当 $p(x|y,z) = p(x|z)$ 时，等式成立。现在因已知 (Z,Y,X) 是一个马尔可夫链，所以
$$p(x|y,z) = p(x|y)$$

所以可得 $I(Z,Y;X) = I(Y;X)$。综上可得
$$I(Y;X) \geq I(Z;X)$$
即 $I(X;Y) \geq I(X;Z)$，当且仅当 $p(x|y,z) = p(x|y) = p(x|z)$ 时，上式为等式。

证毕。

10.3.2 数据处理定理的应用

由 $I(X;Z) \leq I(X;Y)$ 可推得 $H(X|Z) \geq H(X|Y)$。

由此可见，通过数据处理，系统存在丢失信息的危险，最好的情况也不过是能保持原来的信息，绝不会增加信息。或者说，收到数据 Y 以后，再对 Y 进行处理，不管怎样处理决不会减少我们关于 X 的不确定性，亦即经过对 Y 的处理不会增加关于 X 的互信息量。若要使互信量保持不变，那么，必有

$$p(x|y,z) = p(x|y)$$

和

$$p(x|y,z) = p(x|z)$$

即要求

$$p(x|y) = p(x|z)$$

这就清楚地表明，DMC2 若是无噪声信道时，这个条件是可以满足的。这时，数据处理后信息不会损失；否则，一般是有信息损失的。这就是信息不增性原理。正因为如此，定理 10.5 又称为数据处理定理。

下面我们将讨论一下串联信道的等效信道，由如下定理给出。

定理 10.6 一般满足 X、Y、Z 为一个马尔可夫链的串联信道，它们的等效信道的转移概率矩阵等于两个串联信道的转移概率矩阵之乘积，即

$$[p(z|x)] = [p(y|x)] \cdot [p(z|y)] \tag{10.9}$$

且有 $p(z_k|x_i) = \sum_j p(y_j|x_i) p(z_k|y_j)$。

证明：根据马尔可夫链的性质可得

$$\sum_j p(y_j|x_i) p(z_k|y_j) = \sum_j p(y_j|x_i) p(z_k|y_j, x_i)$$

$$= \sum_j \frac{p(y_j, x_i)}{p(x_i)} \frac{p(y_j, x_i, z_k)}{p(y_j, x_i)}$$

$$= \sum_j \frac{p(y_j, x_i, z_k)}{p(x_i)} = \frac{p(x_i, z_k)}{p(x_i)} = p(z_k|x_i)$$

证毕。

下面我们举两个例子来进一步说明上述原理。

例 10.6 有两个串联信道，其信道的转移概率矩阵分别为

$$\begin{bmatrix} \frac{1}{3} & \frac{1}{3} & \frac{1}{3} \\ 0 & \frac{1}{2} & \frac{1}{2} \end{bmatrix}$$

和

$$\begin{bmatrix} 1 & 0 & 0 \\ 0 & \frac{2}{3} & \frac{1}{3} \\ 0 & \frac{1}{2} & \frac{1}{2} \end{bmatrix}$$

试求当 $p(x_1) = p(x_2) = 1/2$ 时的 $I(X;Z)$、$I(X;Y)$、$I(Y;Z)$。

解：由定理 10.6 可得

$$[p(z|x)] = \begin{bmatrix} \frac{1}{3} & \frac{1}{3} & \frac{1}{3} \\ 0 & \frac{1}{2} & \frac{1}{2} \end{bmatrix} \cdot \begin{bmatrix} 1 & 0 & 0 \\ 0 & \frac{2}{3} & \frac{1}{3} \\ 0 & \frac{1}{2} & \frac{1}{2} \end{bmatrix} = \begin{bmatrix} \frac{1}{3} & \frac{7}{18} & \frac{7}{18} \\ 0 & \frac{7}{12} & \frac{5}{12} \end{bmatrix}$$

而

$$p(y_1) = \frac{1}{6} \qquad p(z_1) = \frac{1}{6}$$
$$p(y_2) = \frac{2}{15} \qquad p(z_2) = \frac{35}{72}$$
$$p(y_3) = \frac{5}{12} \qquad p(z_3) = \frac{25}{72}$$

于是可求出

$$I(X;Z) = H(Z) - H(Z|X) = 0.1879\text{bit}$$
$$I(Y;Z) = H(Z) - H(Z|Y) = 0.7049\text{bit}$$

可见

$$I(X;Z) < I(X;Y)$$
$$< I(Y;Z)$$

例 10.7 若两个串联信道的转移概率矩阵为

$$\begin{bmatrix} \frac{1}{3} & \frac{1}{3} & \frac{1}{3} \\ 0 & \frac{1}{2} & \frac{1}{2} \end{bmatrix}$$

和

$$\begin{bmatrix} 1 & 0 & 0 \\ 0 & 1 & 0 \\ 0 & 0 & 1 \end{bmatrix}$$

再求 $I(X;Z)$、$I(X;Y)$、$I(Y;Z)$。

解：由定理 10.6 可求出

$$[p(z|x)] = \begin{bmatrix} \frac{1}{3} & \frac{1}{3} & \frac{1}{3} \\ 0 & \frac{1}{2} & \frac{1}{2} \end{bmatrix} \cdot \begin{bmatrix} 1 & 0 & 0 \\ 0 & 1 & 0 \\ 0 & 0 & 1 \end{bmatrix} = \begin{bmatrix} \frac{1}{3} & \frac{1}{3} & \frac{1}{3} \\ 0 & \frac{1}{2} & \frac{1}{2} \end{bmatrix} = p(y|x)$$

由概率关系又可得

$$p(x|z) = \frac{p(x)p(z|x)}{\sum_x p(x)p(z|x)}$$

$$= \frac{p(x)p(y|x)}{\sum_x p(x)p(y|x)}$$

$$= \frac{p(x,y)}{p(y)} = p(x|y)$$

所以

$$I(X;Z) = I(X;Y)$$

亦有

$$H(X|Z) = H(X|Y)$$

这说明，不论输入符号的分布怎样，通过第二个信道处理之后，不损失信息。也就是说，某些特殊的串接信道只要满足 $p(x|y) = p(x|z)$，也就不损失信息。换言之，即使信道是有干扰的，但只要各转移概率分配得适当，就能保证无信息损失。

10.4 信道传输序列信息特性分析

10.4.1 信道扩展

所谓无记忆信道的扩展，就是以扩展矢量 $\boldsymbol{X}^n$、$\boldsymbol{Y}^n$ 作为输入、输出的信道。这里的 $\boldsymbol{X}^n = \{X_1, X_2, \cdots, X_n\}$，$X_i = \{x_1, x_2, \cdots, x_r\}$，$\boldsymbol{Y}^n = \{Y_1, Y_2, \cdots, Y_n\}$，而 $Y_j = \{y_1, y_2, \cdots, y_s\}$，它的转移概率为

$$p(y^n|x^n) = p(y_1|x_1)p(y_2|x_2)\cdots p(y_n|x_n)$$

其转移概率矩阵 $\boldsymbol{Q}^n$，当

$$\boldsymbol{Q} = \begin{bmatrix} p_{11} & p_{12} & \cdots & p_{1s} \\ p_{21} & p_{22} & \cdots & p_{2s} \\ \vdots & \vdots & & \vdots \\ p_{r1} & p_{r2} & \cdots & p_{rs} \end{bmatrix}$$

时，可求得

$$\boldsymbol{Q}^n = \begin{bmatrix} \pi_{11} & \pi_{12} & \cdots & \pi_{1s^n} \\ \pi_{21} & \pi_{22} & \cdots & \pi_{2s^n} \\ \vdots & \vdots & & \vdots \\ \pi_{r^n1} & \pi_{r^n2} & \cdots & \pi_{r^ns} \end{bmatrix} \tag{10.10}$$

其中

$$\pi_{ij} = p(y_j^n | x_i^n) = \prod_{k=1}^{n} p(y_{jk} | x_{ik})$$

$$x_i^n = (x_{i1}, x_{i2}, \cdots, x_{in}), y_j^n = (y_{j1}, y_{j2}, \cdots, y_{jn})$$

也就是说，π_{ij} 等于矢量所对应的原来符号的转移概率之乘积。

例 10.8 对一个 BSC 的二次扩展信道，当 $X = Y = \{0,1\}$ 时，求 Q^2。

解：因 $X = Y = \{0,1\}$，所以 $X^2 = \{00, 01, 10, 11\} = Y^2$，信道的转移概率矩阵可求得

$$p(\boldsymbol{y}_1 | \boldsymbol{x}_1) = p(00 | 00) = p(0|0)p(0|0) = (1-p)^2$$

$$p(\boldsymbol{y}_2 | \boldsymbol{x}_1) = p(01 | 00) = p(0|0)p(1|0) = (1-p)p$$

$$p(\boldsymbol{y}_3 | \boldsymbol{x}_1) = p(10 | 00) = p(1|0)p(0|0) = p(1-p)$$

$$p(\boldsymbol{y}_4 | \boldsymbol{x}_1) = p(11 | 00) = p(1|0)p(1|0) = p^2$$

同理，可求出其他的 $p(\boldsymbol{y}_j | \boldsymbol{x}_i)$，$i = 2, 3, 4, j = 1, 2, 3, 4$。于是，有

$$Q^2 = \begin{bmatrix} (1-p)^2 & (1-p)p & p(1-p) & p^2 \\ (1-p)p & (1-p)^2 & p^2 & p(1-p) \\ p(1-p) & p^2 & (1-p)^2 & (1-p)p \\ p^2 & p(1-p) & (1-p)p & (1-p)^2 \end{bmatrix}$$

10.4.2　有限序列信息传输分析

对于随机矢量 $\boldsymbol{X} = (X_1, X_2, \cdots, X_n)$，其概率分布为

$$p(\boldsymbol{x}) = p(x_1)p(x_2)\cdots p(x_n)$$

它的熵定义为

$$H(\boldsymbol{X}) = -\sum_{\boldsymbol{x}} p(\boldsymbol{x}) \log p(\boldsymbol{x}) \tag{10.11}$$

又如 $\boldsymbol{Y} = (Y_1, Y_2, \cdots, Y_n)$，那么 $\boldsymbol{X}$、$\boldsymbol{Y}$ 之间的互信息定义为

$$I(\boldsymbol{X}; \boldsymbol{Y}) = \sum_{\boldsymbol{x}, \boldsymbol{y}} p(\boldsymbol{x}, \boldsymbol{y}) \log \frac{p(\boldsymbol{x} | \boldsymbol{y})}{p(\boldsymbol{x})} \tag{10.12}$$

在此指出，我们前面讨论过的熵和互信息函数的基本性质，对离散随机矢量而言仍是成立的，这一点是不难理解的。

把定理 10.5 推广到任意随机矢量之后，有一个特别重要的应用，下面就来进行具体讨论。

我们现在来考虑图 10.8 所示的通信系统模型。

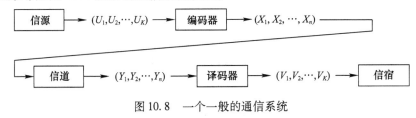

图 10.8　一个一般的通信系统

我们认为 U 是信源输出的 K 个符号的数学模型,为了适合在信道上传输,编码器将 U 变换为 n 重矢量 X,Y 是 X 经信道传输的结果,而译码器则是将 Y 变换为 K 重矢量 V 的设备,而且认为 V 是收端对 U 的最佳估计。

对一个任意的可实现的通信系统来说,随机矢量序列 (U,X,Y,V) 形成一个马尔可夫链。不严密地说,图中的每一方框的输出仅取决于它的输入,与更前面的任一矢量无关。若要进行严格的证明,要给出应满足的许多条件:

$$p(Y|X,U) = p(Y|X), p(V|Y,X) = p(V|Y)$$

等。

对于一个子马尔可夫链来说,由定理 10.5 可知

$$I(U;V) \leq I(X;V) \leq I(X;Y)$$

即

$$I(U;V) \leq I(X;Y) \tag{10.13}$$

这个结论也称为数据处理定理。用一句话来说,就是说信息处理(编、译码器)有损失信息的可能性。然而,为了提取信息,编、译码处理还是需要的和可用的。

下面我们来证明两个不等式。设 $X = (X_1, X_2, \cdots, X_n)$,$Y = (Y_1, Y_2, \cdots, Y_n)$ 是一个 n 维随机矢量对。

定理 10.7 若 $X = (X_1, X_2, \cdots, X_n)$ 的各分量 X_i、X_j 是相互独立的,那么

$$I(X;Y) \geq \sum_{i=1}^{n} I(X_i;Y_i) \tag{10.14}$$

证明:令 E 表示 X、Y 的联合抽样空间上的期望,我们就有

$$I(X;Y) = E\left[\log \frac{p(x|y)}{p(x)}\right]$$

$$= E\left[\log \frac{p(x|y)}{p(x_1)p(x_2)\cdots p(x_n)}\right] \quad (X_i \text{、} X_j \text{ 相互独立})$$

而

$$\sum_{i=1}^{n} I(X_i;Y_i) = \sum_{i=1}^{n} E\left[\log \frac{p(x_i|y_i)}{p(x_i)}\right]$$

$$= E\left[\log \frac{p(x_1|y_1)p(x_2|y_2)\cdots p(x_n|y_n)}{p(x_1)p(x_2)\cdots p(x_n)}\right]$$

由 Jensen 不等式可得

$$\sum_{i=1}^{n} I(X_i;Y_i) - I(X;Y) = E\left[\log \frac{p(x_1|y_1)p(x_2|y_2)\cdots p(x_n|y_n)}{p(x|y)}\right]$$

$$\leq \log E\left[\frac{p(x_1|y_1)p(x_2|y_2)\cdots p(x_n|y_n)}{p(x|y)}\right]$$

$$= \log\left[\sum_{x,y} p(x,y) \frac{p(x_1|y_1)p(x_2|y_2)\cdots p(x_n|y_n)}{p(x|y)}\right]$$

$$= 0$$

例 10.9 令 $X_1, X_2, \cdots, X_n$ 是独立的、同概率分布的且熵均为 H 的随机变量。同时还令 Π 是

集合 $\{1,2,\cdots,n\}$ 的一个排列，又令 $Y_i = X_{\pi(i)}$。那么
$$I(\boldsymbol{X};\boldsymbol{Y}) = nH(X)$$
这是因为
$$I(\boldsymbol{X};\boldsymbol{Y}) = H(\boldsymbol{X}) - H(\boldsymbol{X}|\boldsymbol{Y})$$
而
$$p(\boldsymbol{x}|\boldsymbol{y}) = \begin{cases} 0 \\ 1 \end{cases}$$
所以，$H(\boldsymbol{X}|\boldsymbol{Y}) = 0$，又因为由前面扩展信源的熵的性质可得
$$H(\boldsymbol{X}) = H[p(x_1,x_2,\cdots,x_n)] = H[p(x_1)^n] = nH$$
但
$$\sum_{i=1}^n I(X_i;Y_i) = kH$$
式中：k 是 π 的不变点的个数，即 $\pi(i) = i$ 的个数，而只有当 $\pi(i) = i$ 时，有
$$I(X_i;Y_i) = H(X_i) - H(X_i|Y_i)$$
$$= H(X_i) - H(X_i|X_i)$$
$$= H(X_i)$$
当 $\pi(i) \neq i$ 时，有
$$H(X_i|Y_i) = H(X_i|X_{\pi(i)}) = H(X_i|X_j) = H(X_i)$$
所以有
$$I(X_i;Y_i) = H(X_i) - H(X_i|Y_i) = 0$$
若 π 没有不变点时，如 $\pi(i) = i+1 (\mod n)$，那么
$$\sum_{i=1}^n I(X_i;Y_i) = 0$$
证毕。

若我们把 $\boldsymbol{Y} = (Y_1,Y_2,\cdots,Y_n)$ 看作是输入为 $X_1,X_2,\cdots,X_n$ 时的有噪声信道的 n 个输出。定理10.7的物理意义是：若输入是独立的，$\boldsymbol{Y}$ 包含着关于 $\boldsymbol{X}$ 的信息量，比由相应的 Y_i 包含的 X_i 的信息量之和还要多。然而，若将 X_i 独立改为信道 $(\boldsymbol{X},\boldsymbol{Y})$ 是无记忆的，即
$$p(y_1,y_2,\cdots,y_n|x_1,x_2,\cdots,x_n) = \prod_{i=1}^n p(y_i|x_i) \tag{10.15}$$
可得出与定理10.7完全相反的结论。

定理10.8 若 $\boldsymbol{X} = (X_1,X_2,\cdots,X_n)$，$\boldsymbol{Y} = (Y_1,Y_2,\cdots,Y_n)$ 为随机矢量，信道是无记忆的，即式(10.15)成立，那么
$$I(\boldsymbol{X};\boldsymbol{Y}) \leq \sum_{i=1}^n I(X_i;Y_i) \tag{10.16}$$

证明：令 E 表示 $\boldsymbol{X}$ 和 $\boldsymbol{Y}$ 的联合抽样空间上的数学期望，有
$$I(\boldsymbol{X};\boldsymbol{Y}) = E\left[\log \frac{p(\boldsymbol{y}|\boldsymbol{x})}{p(\boldsymbol{y})}\right] = E\left[\log \frac{p(y_1|x_1)p(y_2|x_2)\cdots p(y_n|x_n)}{p(\boldsymbol{y})}\right]$$

而
$$\sum_{i=1}^{n} I(X_i; Y_i) = \sum_{i=1}^{n} E\left[\log \frac{p(y_i|x_i)}{p(y_i)}\right]$$

所以可得
$$I(\boldsymbol{X}; \boldsymbol{Y}) - \sum_{i=1}^{n} I(X_i; Y_i) = E\left[\log \frac{p(y_1)p(y_2)\cdots p(y_n)}{p(\boldsymbol{y})}\right]$$
$$\leqslant \log E\left[\frac{p(y_1)p(y_2)\cdots p(y_n)}{p(\boldsymbol{y})}\right] = 0$$

由于
$$\sum_{\boldsymbol{y}} p(\boldsymbol{y})\left[\frac{p(y_1)p(y_2)\cdots p(y_n)}{p(\boldsymbol{y})}\right] = \sum_{y_1, y_2, \cdots, y_n} p(y_1)p(y_2)\cdots p(y_n) = 1$$

证毕。

例 10.10 令 X 是具有熵 H 的随机变量，$X_1 = X_2 = \cdots = X_n = Y_1 = Y_2 \cdots = Y_n = X$，那么，当式(10.15)成立时(信道是无记忆的)，$I(\boldsymbol{X}; \boldsymbol{Y}) = H$，而 $\sum_{i=1}^{n} I(X_i; Y_i) = nH$。这是因为

$$p(x_1, x_2, \cdots, x_n) = p(x, x, \cdots, x) = p(x)$$
$$p(\boldsymbol{y}|\boldsymbol{x}) = p(x, x, \cdots, x | x, x, \cdots, x)$$
$$= p(x|x)p(x|x)\cdots p(x|x) = 1$$

所以也有 $p(\boldsymbol{x}|\boldsymbol{y}) = 1$，因而可得
$$I(\boldsymbol{X}; \boldsymbol{Y}) = H(\boldsymbol{X}) - H(\boldsymbol{X}|\boldsymbol{Y}) = H(p(x)) = H$$

而 $I(X_i; Y_i) = H(X) - H(X|Y) = H(X) = H$，因此有
$$\sum_{i=1}^{n} I(X_i; Y_i) = nH$$

推论 若 $X = (X_1, X_2, \cdots, X_n)$，那么就有
$$H(\boldsymbol{X}) \leqslant \sum_{i=1}^{n} H(X_i)$$

证明：令 $Y_i = X_i$，由定理 10.8 可得到该结果。

应该推出，当且仅当 $I(\boldsymbol{X}; \boldsymbol{Y}) = \sum_{i=1}^{n} I(X_i; Y_i)$ 时，定理 10.7 和定理 10.8 的结论同时都是成立的。由此可见，在定理 10.7 中等式成立的充分条件就是在定理 10.8 中的假设条件，即
$$p(\boldsymbol{x}|\boldsymbol{y}) = \prod_{i=1}^{n} p(x_i|y_i)$$

在定理 10.8 中等式成立的充分条件就是定理 10.7 中的假设条件，即
$$p(\boldsymbol{y}) = p(y_1)p(y_2)\cdots p(y_n)$$

有趣的是，这些条件也是必要条件。

10.4.3 连续信源的信息传输分析

设 X 和 Y 有一连续的联合密度函数，即对任一实数对 (x, y)，定义一个连续的非负函数 $p(x, y)$，若 A 和 B 都是实数集的一个子集(实数轴上的一个区间)，那么

$$p(X \subset A, Y \subset B) = \iint_{BA} p(x,y) \mathrm{d}x\mathrm{d}y$$

$$p(x) = \int_{-\infty}^{\infty} p(x,y) \mathrm{d}y, \quad p(y) = \int_{-\infty}^{\infty} p(x,y) \mathrm{d}x$$

$$p(x|y) = \frac{p(x,y)}{p(y)}, \quad p(y|x) = \frac{p(x,y)}{p(x)}$$

连续随机变量 X 与 Y 之间的互信息定义为

$$I(X;Y) \stackrel{\text{def}}{=\!=} h(X) - h(X|Y)$$

其中

$$h(X) = \int_{-\infty}^{\infty} p(x) \log \frac{1}{p(x)} \mathrm{d}x$$

$$h(X|Y) = \int_{-\infty}^{\infty} p(x) \log \frac{1}{p(x|y)} \mathrm{d}x$$

且都存在。

例 10.11 连续随机变量 X、Y 的联合分布密度函数为

$$p(x,y) = \begin{cases} \dfrac{1}{(a_2-a_1)(b_2-b_1)}, & a_1 \leq x \leq a_2, b_1 \leq y \leq b_2 \\ 0, & \text{其他} \end{cases}$$

试求:$h(X), h(X|Y), I(X;Y)$。

解:

$$p(x) = \int_y p(x,y) \mathrm{d}y = \frac{1}{(a_2-a_1)(b_2-b_1)} y \Big|_{b_1}^{b_2} = \frac{1}{(a_2-a_1)}$$

$$p(y) = \frac{1}{(b_2-b_1)}, \quad p(x|y) = \frac{p(x,y)}{p(y)} = \frac{1}{(a_2-a_1)}$$

故有

$$h(X) = \int_{-\infty}^{\infty} p(x) \log \frac{1}{p(x)} \mathrm{d}x = -\int_{-\infty}^{\infty} p(x) \log p(x) \mathrm{d}x$$

$$= -\int_{a_1}^{a_2} \frac{1}{(a_2-a_1)} \log \frac{1}{(a_2-a_1)} \mathrm{d}x$$

$$= -\left[\frac{1}{(a_2-a_1)} \log \frac{1}{(a_2-a_1)}\right] x \Big|_{a_1}^{a_2} = \log(a_2-a_1)$$

$$h(X|Y) = h(X) = \log(a_2-a_1)$$

所以有

$$I(X;Y) = h(X) - h(X|Y) = 0$$

第 11 章 信道信息传输能力分析

本章我们将阐述信道的信息传输特性,主要讨论其特性,进一步讨论信道的理想传输能力和受限时的信息传输能力,即信道的容量和容量—代价函数。

11.1 无约束条件信道信息传输极值分析

11.1.1 信道信息传输极值含义

对于一个信道来说,它的作用之一就是传输信息,因此,我们最关心的问题之一就是它的信息传输能力。为了讨论这个问题,我们首先要引入一个物理量——信道传信率 R。

定义 11.1 信道传信率 R 为收到一个 Y 之后,平均收到的信息量,即

$$R = H(X) - H(X|Y) \tag{11.1}$$

例 11.1 设有一信道,输入为 $X = \{x_1, x_2\}$,输出为 $Y = \{y_1, y_2\}$,信道的转移概率矩阵为

$$\boldsymbol{Q} = \begin{bmatrix} 0.6 & 0.4 \\ 0.2 & 0.8 \end{bmatrix}$$

对于这个信道而言,收到一个 Y 后,对 X 仍保留的不肯定度设为

$$H(X|y_1) = -p(x_1|y_1)\log p(x_1|y_1) - p(x_2|y_1)\log p(x_2|y_1)$$

当 $p(x_1) = p(x_2) = 1/2$ 时,有

$$H(X|y_1) = \frac{6}{8}\log\frac{8}{6} + \frac{2}{8}\log\frac{8}{2} = 0.8113\text{bit}$$

$$H(X|y_2) = \frac{4}{12}\log\frac{12}{4} + \frac{8}{12}\log\frac{12}{8} = 0.9182\text{bit}$$

因此,收到一个 Y 后,平均来说对 X 仍保留的不肯定度为

$$H(X|Y) = p(y_1)H(X|y_1) + p(y_2)H(X|y_2)$$
$$= 0.4 \times 0.8113 + 0.6 \times 0.9182$$
$$= 0.8755\text{bit}$$

于是,$R = 1 - 0.8755 = 0.1245\text{bit}$。这就是说,收到一个 Y 后,平均收到的信息量为 0.1245bit。当然,也就是信道传递一个 X 平均传输了 0.1245bit。

例 11.2 其信道与例 11.1 中相同,其输入的概率分布有 $p(x_1) = 0.48, p(x_2) = 0.52$,这时 $p(y_1) = 0.392, p(y_2) = 0.608$,此时的传信率为

$$R = H(X) - H(X|Y) = H(0.392) - H(Y|X) = 0.125\text{bit}$$

从以上两个例子中可以看出,同一个信道,当输入概率分布不同时,即不同的信源输入时,有不同的输信率。这是因为该信道传输 x_2 的错误比较小,所以适当地多传一些 x_2,少传一些 x_1(例 11.2 就是这种情况)会使传输率增大,但是,x_2 传输得太多了,又会使传信率降低,我们自然要问,什么样的信源输入时,才能使一个给定信道的传信率达到最大值呢?当信道的输入受到一定约束

时,信道的传信率又会怎么样呢？回答第一个问题,就是要讨论信道容量,回答第二个问题,就是我们下一步要研究的容量代价函数。

关于讨论容量代价函数的意义,我们可作一简要说明。信道的容量代价函数,是信道容量的一般化推广,是信道输入功率受限这一概念的一般化推广,是近年来信息理论发展的新成就,是通信技术发展的必然要求。

从便于教学、易于接受的角度考虑,容量代价函数与第 12 章将要讨论的建率失真函数形成很强的对偶性。

近年来,随着社会的进步,对通信业务的需求量与日俱增,同时也是为了实现通信与计算机资源、信息资源共享,各种各样的通信网,计算机网日益增多,要设计和建立高效的、可靠的、经济的信息网络,看来是势在必行。然而,网络优化设计的原则之一,是在总代价(费用)不变的情况下,求出最小平均时延问题,或者说,是在总费用一定的前提条件下,求最小平均时延的网络分配,那么,容量与费用之间的关系如何？例如,美国州与州的线路租金就是不同的,州内的租金也有差别,因此,找出容量和费用之间的关系,是网络优化设计的一个基本问题。由此可见,我们将要讨论的容量代价(费用)函数必将为优化网络设计做出贡献。

信道容量:根据信道传信率 R,在输入无任何限制时, R_{max} 就是信道容量,一般地,这个最大值用 C 表示,即

$$C \underset{=}{\text{def}} \max I(X;Y) \tag{11.2}$$

当输入分布改变时,由定理 10.2 可知,使每个符号所能含有的平均互信息量达到了极值,即最大值。这时的概率分布就称为最佳分布。

为我们讨论 n 长序列的信息传输问题时,根据定理 10.8 可知,对 DMC 而言

$$p(y_1,y_2,\cdots,y_n|x_1,x_2,\cdots,x_n) = \prod_{i=1}^{n} p(y_i|x_i)$$

$$I(X^n;Y^n) \leq \sum_{i=1}^{n} I(X_i;Y_i)$$

这样一来, n 长序列信息传输就可归结为单个符号的信息传输问题。

11.1.2 对称信道的信息传输极值的计算

所谓对称信道,它的转移概率矩阵 Q,其每一行都是另一行的重排,每一列又都是另一列的重排,那么 Q 是对称的,相应的信道就是对称信道,如

$$Q_1 = \begin{bmatrix} \frac{1}{3} & \frac{1}{3} & \frac{1}{6} & \frac{1}{6} \\ \frac{1}{6} & \frac{1}{6} & \frac{1}{3} & \frac{1}{3} \end{bmatrix}$$

$$Q_2 = \begin{bmatrix} \frac{1}{3} & \frac{1}{3} & \frac{1}{6} & \frac{1}{6} \\ \frac{1}{6} & \frac{1}{3} & \frac{1}{6} & \frac{1}{3} \end{bmatrix}$$

则不是对称的。

定理 11.1 若一个对称的 DMC 有 r 个输入符号、s 个输出,当 $p(x)=1/r, x \in \{0,1,\cdots,r-1\}$

时,信道的传信率可达到最大值,即信道容量为

$$C = \log s - H(g_0, g_1, \cdots, g_{s-1})$$

式中:$(g_0, g_1, \cdots, g_{s-1})$是 Q 矩阵中的任意一行。

证明:因传信率 $R = I(X;Y) = H(Y) - H(Y|X)$,而

$$H(Y|X) = \Sigma p(x) H(Y|x)$$

但由于 Q 矩阵的每一行都是另一行的重排,所以有

$$H(Y|x) = \sum_y p(y|x) \log \frac{1}{p(y|x)} = H(g_0, g_1, \cdots, g_{s-1})$$

即

$$H(Y|X) = \sum_x p(x) H(Y|x) = H(Y|x) \sum_x p(x)$$
$$= H(Y|x)$$

由 $H(X)$ 的极值性可知,$\log s \geq H(Y)$,当且仅当 $y \in \{0,1,\cdots,s-1\}$,$p(y) = 1/s$ 时,$H(Y) = \log s$。又因 Q 是对称的,所以当 $p(x) = 1/r$ 时($x \in \{0,1,\cdots,r-1\}$),也有 $p(y) = 1/s$。所以,$H(Y) = \log s$。因此,$I(X;Y) = H(Y) - H(Y|X)$,可得

$$C = \log s - H(g_0, g_1, \cdots, g_{s-1})$$

证毕。

11.2 有约束条件下 DMC 的信息传输极值分析

11.2.1 容量代价函数物理意义

在这一节中我们要讨论 DMC 的 $C(\beta)$ 函数,主要有它的基本概念、主要性质以及计算方法等问题。

一个离散无记忆信道(DMC),由有限集 A_X、A_Y 和转移概率矩阵 $(p(y|x))$ 所描述。A_X 为输入字母表,A_Y 为输出字母表,对所有的 $x \in A_X, y \in A_Y$,若 $p(y|x) \geq 0$,则 $\sum_y p(y|x) = 1$。当 A_X 有 r 个元素、A_Y 有 s 个元素时,其转移概率矩阵 $Q = (p(y|x))$,Q 是一个 $r \times s$ 矩阵。此外,对每一输入 x,存在一个非负数 $b(x)$,表示 x 的"费用"或"代价"。

例 11.3 $A_X = A_Y = \{0,1\}$,$Q = \begin{bmatrix} g & p \\ p & g \end{bmatrix}$。式中的 p 为 $0 \leq p \leq 1/2$,$g = 1-p$(这是二进制对称信道),$b(0) = 0$,$b(1) = 1$ 或 10^{-5} 元。

例 11.4 $A_X = \{0, 1/2, 1\}$,$A_Y = \{0,1\}$,并且

$$Q = \begin{bmatrix} 1 & 0 \\ \frac{1}{2} & \frac{1}{2} \\ 0 & 1 \end{bmatrix}$$

而代价函数 $b(0) = b(1) = 1$,$b(1/2) = 0$。

例 11.5 $A_X = A_Y = \{0,1,2\}$,并且

$$Q = \begin{bmatrix} 1 & 0 & 0 \\ 0 & 1 & 0 \\ 0 & 0 & 1 \end{bmatrix}$$

以及 $b(0) = b(1) = 1, b(2) = 4$。

对上述给出的信道,其使用者并非是任意的,代价函数 $b(x)$ 表示了输入 x 的"代价"。

更一般地说,假设信道的 n 次连续的输入为 $x_1, x_2, \cdots, x_n$,相应的输出为 $y_1, y_2, \cdots, y_n$。发送 $x_1, x_2, \cdots, x_n$ 的代价定义为

$$b(\boldsymbol{x}) = \sum_{i=1}^{n} b(x_i) \tag{11.3}$$

若 n 个输入为 $\boldsymbol{X} = (X_1, X_2, \cdots, X_n)$,联合概率分布为 $p(\boldsymbol{x}) = p(x_1, x_2, \cdots, x_n)$,其平均代价定义为

$$E[b(\boldsymbol{X})] = \sum_{i=1}^{n} E[b(X_i)] = \sum_{\boldsymbol{x}} p(\boldsymbol{x}) b(\boldsymbol{x}) \tag{11.4}$$

当 $n = 1, 2, \cdots$,我们定义信道的 n 次(或 n 阶)容量代价函数 $C_n(\beta)$ 为

$$C_n(\beta) = \max\{I(\boldsymbol{X}; \boldsymbol{Y}) : E[b(\boldsymbol{X})] \leq n\beta\} \tag{11.5}$$

式中的最大值取决于所有 n 维随机矢量对 $(\boldsymbol{X}, \boldsymbol{Y}) = ((X_1, X_2, \cdots, X_n), (Y_1, Y_2, \cdots, Y_n))$。

应该指出如下事项。

(1) $(\boldsymbol{X}, \boldsymbol{Y})$ 的条件概率 $p(\boldsymbol{y}|\boldsymbol{x})$ 就是已给信道的转移概率,即

$$p(Y_1 = y_1, Y_2 = y_2, \cdots, Y_n = y_n | X_1 = x_1, X_2 = x_2, \cdots, X_n = x_n) = \prod_{i=1}^{n} p(y_i | x_i)$$

(2) 我们称输入 $\boldsymbol{X}$ 为一实验信源,若 $E[b(\boldsymbol{X})] \leq n\beta$,称它是 β 可容的。因而,式(11.5)中的最大值,严格地说,是只取决于所有 n 维 β 可容的实验信源。

(3) $C_n(\beta)$ 的定义域为 $\beta \geq \beta_{\min}$,$\beta_{\min}$ 定义为

$$\beta_{\min} = \min_{x \in A_X} b(x) \tag{11.6}$$

显然有 $\beta_{\min} \leq \beta$。

11.2.2 容量代价函数特性分析

下面我们将讨论一下 $C_n(\beta)$ 函数的性质。

1. 递增性

当 $\beta_1 > \beta_2$ 时,对实验信源而言,$B_1 = \{\boldsymbol{X} : E[b(\boldsymbol{X})] \leq n\beta_1\}$,$B_2 = \{\boldsymbol{X} : E[b(\boldsymbol{X})] \leq n\beta_2\}$。那么,$B_2 \subseteq B_1$ 即 B_2 是 B_1 的一个子集,因此 $C_n(\beta_1) \geq C_n(\beta_2)$。

例 11.6 一信源 $X = \{0, 1\}$,$b(0) = 0, b(1) = 2$,若 $p(x) = \{1/2, 1/2\}$,则有

$$E[b(X)] = \frac{1}{2} \times 0 + \frac{1}{2} \times 2 = 1$$

若取 $\beta_2 = 0.8, \beta_1 = 1$,那么 $B_2 = \{X : E[b(X)] \leq 0.8\}$ 不包含信源 $p(x) = \{1/2, 1/2\}$。对于 $B_1 = \{X : E[b(X)] \leq 1\}$ 是包含着信源 $p(x) = \{1/2, 1/2\}$ 的,可见 $B_2 \subseteq B_1$。

由此可见,平均代价 β 的物理意义是:使用的代价(或费用)越大,能达到要求的实验信源也就越多,即可选择的范围也就越大。

2. 上凸性

$C_n(\beta)$ 是一个上凸函数,$\beta \geq \beta_{\min}$。

证明: 令 $\alpha_1 \setminus \alpha_2 \geq 0, \alpha_1 + \alpha_2 = 1$, 我们要证明的是, 对 $\alpha_1, \alpha_2 \geq \beta_{\min}$, 有

$$C_n(\alpha_1\beta_1 + \alpha_2\beta_2) \geq \alpha_1 C_n(\beta_1) + \alpha_2 C_n(\beta_2)$$

为此, $X_1 \setminus X_2$ 分别为可得到 $C_n(\beta_1) \setminus C_n(\beta_2)$ 的 n 维实验信源, 其概率分布分别为 $P_1(\boldsymbol{x}) \setminus P_2(\boldsymbol{x})$, 若 $Y_1 \setminus Y_2$ 表示与 $X_1 \setminus X_2$ 相对应的输出, 那么

$$E[b(\boldsymbol{X}_i)] \leq n\beta_i \tag{11.7}$$

$$I(\boldsymbol{X}_i; \boldsymbol{Y}_i) = C_n(\beta_i) \tag{11.8}$$

我们再定义 $p(\boldsymbol{x}) = \alpha_1 p_1(\boldsymbol{x}) + \alpha_2 p_2(\boldsymbol{x})$ 的实验信源 X, 其相应的输出为 Y, 那么

$$E[b(\boldsymbol{X})] = \sum_{\boldsymbol{x}} p(\boldsymbol{x})b(\boldsymbol{x}) = \alpha_1 \sum_{\boldsymbol{x}} p_1(\boldsymbol{x})b(\boldsymbol{x}) + \alpha_2 \sum_{\boldsymbol{x}} p_2(\boldsymbol{x})b(\boldsymbol{x})$$

$$= \alpha_1 E[b(\boldsymbol{X}_1)] + \alpha_2 E[b(\boldsymbol{X}_2)]$$

（见(11.7)式）

故 X 是 $(\alpha_1\beta_1 + \alpha_2\beta_2)$ 可容的。那么

$$I(\boldsymbol{X}; \boldsymbol{Y}) \leq C_n(\alpha_1\beta_1 + \alpha_2\beta_2)$$

但是, 由于 $I(X;Y)$ 是输入分布 $p(\boldsymbol{x})$ 的上凸函数, 所以有

$$I(\boldsymbol{X}; \boldsymbol{Y}) \geq \alpha_1 I(\boldsymbol{X}_1; \boldsymbol{Y}_1) + \alpha_2 I(\boldsymbol{X}_2; \boldsymbol{Y}_2)$$

（见(11.8)式）

故有

$$C_n(\alpha_1\beta_1 + \alpha_2\beta_2) \geq \alpha_1 C_n(\beta_1) + \alpha_2 C_n(\beta_2)$$

证毕。

3. 倍乘性

对任一 DMC, 对 $n = 1, 2, \cdots$, 当 $\beta \geq \beta_{\min}$ 时, 有

$$C_n(\beta) = nC_1(\beta)$$

证明: 令 $X = (X_1, X_2, \cdots, X_n)$ 是一个 β 可容的且可达到 $C_n(\beta)$ 的实验信源, 即

$$E[b(X)] \leq n\beta \tag{11.9}$$

$$I(X;Y) = C_n(\beta) \tag{11.10}$$

$Y = (Y_1, Y_2, \cdots, Y_n)$ 是相应的信道输出, 由于已知 $p(y|x) = \Pi p(y_i|x_i)$, 由定理 10.8 可知

$$I(\boldsymbol{X}; \boldsymbol{Y}) \leq \sum_{i=1}^{n} I(X_i; Y_i) \tag{11.11}$$

若定义 $\beta_i = E[b(X_i)]$, 可得

$$\sum_{i=1}^{n} \beta_i = \sum_{i=1}^{n} E[b(X_i)] = E[b(X)] \leq n\beta$$

此外, 由 $C_1(\beta_i)$ 的定义式(11.5)可知

$$I(X_i; Y_i) \leq C_1(\beta_i) \tag{11.12}$$

由性质 2 可知, $C_1(\beta_i)$ 为 β 的上凸函数, 由 Jensen 不等式可得

$$\frac{1}{n}\sum_{i=1}^{n} C_1(\beta_i) \leq C_1\left(\frac{1}{n}\sum_{i=1}^{n}\beta_i\right) = C_1\left\{\frac{1}{n}E[b(X)]\right\}$$

但是, 由于 $\frac{1}{n}E[b(X)] \leq \beta$, $C_1(\beta)$ 是 β 的上凸函数, 所以

$$\sum_{i=1}^{n} C_1(\beta_i) \leq n C_1(\beta) \tag{11.13}$$

由式(11.10)、式(11.11)、式(11.12)和式(11.13)可得

$$C_n(\beta) \leq \sum_{i=1}^{n} I(X_i; Y_i) \leq \sum_{i=1}^{n} C_1(\beta_i) \leq n C_1(\beta)$$

下面我们证明 $nC_1(\beta) \leq C_n(\beta)$。

令 (X, Y) 是得到 $C_1(\beta)$ 的随机变量对,那么

$$E[b(X)] \leq \beta \tag{11.14}$$

$$I(X; Y) = C_1(\beta) \tag{11.15}$$

令 $X_1, X_2, \cdots, X_n$ 是独立的,其分布均与 X 相同的随机变量,$Y_1, Y_2, \cdots, Y_n$ 是相应的信道输出。由式(11.14)可得

$$E[b(\boldsymbol{X})] \leq \sum_{i=1}^{n} E[b(X_i)] \leq n\beta$$

于是,有

$$C_n(\beta) \geq I(\boldsymbol{X}; \boldsymbol{Y}) = \sum_{i=1}^{n} I(X_i; Y_i) = nC_1(\beta)$$

综上所述,可得

$$C(\beta) = \sup_n C_n(\beta)$$

证毕。

现在,我们把信道的容量代价函数定义为

$$C(\beta) = \sup_n C_n(\beta) \tag{11.16a}$$

它的物理意义是:若应用信道的平均代价或平均费用 $\leq \beta$,那么,在信道上能可靠传输信息的最大传信率为 $C(\beta)$。

由 $C_n(\beta)$ 的性质3可知,对一个DMC,它的 $C(\beta)$ 为

$$C(\beta) = \sup_n \frac{1}{n} C_n(\beta) = \sup_n \frac{1}{n} nC_1(\beta) = \sup_n C_1(\beta) \tag{11.16b}$$

$$= C_1(\beta) = \max\{I(X; Y) : E[b(X)] \leq \beta\}$$

也就是说,对于一切允许的、可能的输入概率分布,信道传信率 $I(X;Y)$ 的最大值,就称为容量代价函数。

关于 $C(\beta)$ 的一般特点,我们将作如下说明。

我们已知 $C(\beta)$ 是增的,上凸函数,当 $\beta \geq \beta_{\min}$ 时的凸性意味着 $C(\beta)$ 是一个连续函数,而当 β 充分大时,$C(\beta)$ 是常数。于是,我们定义

$$C_{\max} = \max\{C(\beta) : \beta \geq \beta_{\min}\}$$

即

$$C_{\max} = \max\{I(X; Y)\} \tag{11.17}$$

式中的最大值取决于所有的(一维)实验信源 X,$C_{\max}$ 称为信道容量。

若定义

$$\beta_{\max} = \min\{E[b(X)] : I(X, Y) = C_{\max}\} \tag{11.18}$$

那么，对任一 $\beta \geq \beta_{\max}$，显然有 $C(\beta) = C_{\max}$，而当 $\beta < \beta_{\max}$ 时，$C(\beta) < C_{\max}$。由此可见，实际上，一个 $C(\beta)$ 函数，当 $\beta \geq \beta_{\min}$ 时，为增的、上凸的；当 $\beta \geq \beta_{\max}$ 时，为常数；当 $\beta_{\min} \leq \beta \leq \beta_{\max}$ 时，$C(\beta)$ 是严格递增的。

因此，我们又有如下定义：
$$C(\beta) = \max\{I(X;Y): E[b(X)] = \beta\}, \quad \beta_{\min} \leq \beta \leq \beta_{\max} \tag{11.19}$$

由于 $C(\beta)$ 是在 β 给定时，$I(X;Y)$ 的最大值，因为在 $E[b(X)] \leq \beta$ 时的取值与在 $E[b(X)] = \beta$ 的范围内的取值是一样的，所以式(11.16)可改为式(11.19)。

下面我们来讨论 $C(\beta_{\min}) = C_{\min}$ 的确定方法。一个实验信源 X，当且仅当 $b(X) > \beta_{\min}$ 时，有 $p(x) = 0$，也就是说，它是 $\beta_{\min}$ 可容的(它仅用代价最小的输入)。因此，$C_{\min}$ 是一个简化信道的容量，这个信道是如何得来的呢？就是把原来的信源中 $b(X) > \beta_{\min}$ 的输入都删除而得到的。

综上所述，一个典型的 $C(\beta)$ 函数曲线大概如图11.1所示。

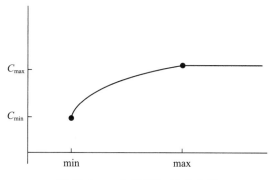

图 11.1　一个典型的 $C(\beta)$ 曲线

下面我们将通过几个例子说明 $C(\beta)$ 函数的确定方法。

例 11.7　$A_X = \{0,1\}, A_Y = \{0,1\}, 0 \leq p < 1/2, g = 1 - p$，并且
$$Q = \begin{bmatrix} g & p \\ p & g \end{bmatrix}$$
$b(0) = 0, b(1) = 1$。

解：显然，$\beta_{\min} = \min_{x \in A_X} b(x) = 0$，其简化信道仅有一个输入"0"。因此，$C_{\min} = C(\beta_{\min}) = C(0) = 0$，这是因为其退化信道为
$$Q' = \begin{bmatrix} g & p \\ 0 & 0 \end{bmatrix}, \quad p\{X=0\} = 1, p\{X=1\} = 0$$

这时，$I(X;Y) = H(X) - H(X|Y) = 0 - H(X|Y)$，由 $I(X;Y)$ 的非负性，即 $0 - H(X|Y) \geq 0$，又因 $H(X|Y) \geq 0$，所以，$H(X|Y) = 0$。因而有
$$C_{\min} = \max\{I(X;Y): E[b(X)] = 0\} = 0$$

令 X 为一实验信源，当 $0 \leq \beta \leq \beta_{\max}$ 时可达到 $C(\beta)$，那么
$$E[b(X)] = p(0)b(0) + p(1)b(1) = p(1) = \beta$$

于是，$p(0) = 1 - p(1) = 1 - \beta$，故实验信源 X 的概率空间为
$$X: \begin{Bmatrix} 0 & 1 \\ 1-\beta & \beta \end{Bmatrix}$$

而相应地,有

$$Y: \begin{Bmatrix} 0 & 1 \\ (1-\beta)(1-p) + p\beta & p(1-\beta) + \beta(1-p) \end{Bmatrix}$$

所以

$$C(\beta) = H(Y) - H(Y|X) = H(\alpha g + \beta p) - H(p), \quad \alpha = 1 - \beta$$

由 $H(p)$ 是一个定值,$C(\beta)$ 的最大值就是 $H(\alpha g + \beta p)$ 为最大时所得到的值。因此,当 $\alpha g + \beta p = 1/2$ 时,即可得到 $\beta = 1/2$,也就是 $\beta_{\max} = 1/2$。所以 $C(\beta)$ 的解析式为

$$C(\beta) = H[(1-\beta) \cdot (1-p) + \beta p] - H(p), \quad 0 \leq \beta \leq 1/2$$
$$\log 2 - H(p), \quad \beta \geq 1/2$$

$C(\beta)$ 函数的曲线如图 11.2 所示。

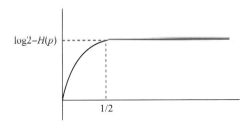

图 11.2 例 11.7 的 $C(\beta)$ 曲线

例 11.8 $A_X = \{0, 1/2, 1\}$,$A_Y = \{0, 1\}$,转移概率矩阵为

$$\boldsymbol{Q} = \begin{bmatrix} 1 & 0 \\ \dfrac{1}{2} & \dfrac{1}{2} \\ 0 & 1 \end{bmatrix}$$

$b(0) = b(1) = 1, b(1/2) = 0$。求该信道的 $C(\beta)$ 函数。

解:由于

$$\beta_{\min} = \min_{x \in A_X} b(x) = 0$$

如例 11.7 中所述,显然 $C_{\min} = C(0) = 0$。这是因为其简化信道为无损信道,即

$$\boldsymbol{Q}' = \begin{bmatrix} 0 & 0 \\ \dfrac{1}{2} & \dfrac{1}{2} \\ 0 & 0 \end{bmatrix}$$

显见 $p(X=1/2|Y=0) = p(X=1/2|Y=1) = 1$,所以 $H(X|Y) = 0$,又因 $H(X) = 0$,于是,有
$$I(X;Y) = H(X) - H(X|Y) = 0$$

令 X 为一个实验信源,当 $0 \leq \beta \leq \beta_{\max}$ 时可得到 $C(\beta)$,$p(x) = p\{X = x\}$,$x = \{0, 1/2, 1\}$,我们知道 $I(X;Y)$ 对于 $p(x)$ 而言是上凸的,而

$$E[b(X)] = p(0) \times 1 + p(1) \times 1 = p(0) + p(1) = \beta$$

因此,必有 $p(0) = p(1) = \beta/2$。这是因为当 β 为某一数值时,$E[b(X)] = \beta$ 的实验信源是一个集合,在这集合中要使 $I(X;Y)$ 最大化,而 $I(X;Y) = H(Y) - H(Y|X)$,这就要求 $H(Y)$ 最大化(因

$H(Y|X)$ 是一常数),即 $p\{Y=0\}=p\{Y=1\}=1/2$,根据 $\boldsymbol{Q}$ 矩阵行的准对称性特点,必须有 $p\{X=0\}=p\{X=1\}=\beta/2$,于是,$p\{X=1/2\}=1-\beta$,所以
$$I(X;Y)=H(1/2)-H(Y|X)=\beta\log 2$$
故有 $C(\beta)=\beta\log 2$。又因
$$\beta_{\max}=\min\{E[b(X)]:I(X;Y)=C_{\max}\}$$
$$=\min\{p\{X=0\}\times 1+p\{X=1\}\times 1:C_{\max}=1\}=1$$
所以 $C(\beta)$ 函数的解析式为
$$C(\beta)=\begin{cases}\beta\log 2, & 0\le\beta\le 1\\ \log 2, & \beta\ge 1\end{cases}$$
$C(\beta)$ 函数的曲线如图 11.3 所示。

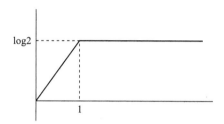

图 11.3 例 11.8 的 $C(\beta)$ 曲线

例 11.9 $A_X=\{0,1,2\}=A_Y$,转移概率矩阵为
$$\boldsymbol{Q}=\begin{bmatrix}1 & 0 & 0\\ 0 & 1 & 0\\ 0 & 0 & 1\end{bmatrix}$$
$b(0)=b(1)=1,b(2)=4$。

解:令 X 是可得到 $C(\beta)$ 的一个实验信源,$\alpha_i=p\{X=i\},i=0,1,2$。那么
$$C(\beta)=H(Y)-H(Y|X)=H(X)=H(\alpha_0,\alpha_1,\alpha_2)$$
显然有 $\beta_{\min}=\min_{x\in A_X}b(x)=1$,这时的简化信道为
$$\boldsymbol{Q}=\begin{bmatrix}1 & 0\\ 0 & 1\end{bmatrix}$$
它的输入为 0、1,其概率分布应该为 $p(0)=p(1)=1/2$,所以,$C_{\min}=\log 2$;$C(\beta)$ 的最大值为
$$C_{\max}=\max\{I(X;Y)\}=\max\{H(\alpha_0,\alpha_1,\alpha_2)\}=\log 3$$
这时,$\alpha_0=\alpha_1=\alpha_2=1/3$,而 $\beta_{\max}=1/3+1/3+4/3=2$。

当 $\beta_{\min}\le\beta\le\beta_{\max}$ 时,$E[b(X)]=\alpha_0+\alpha_1+4\alpha_2=\beta$。我们要确定这时的 $C(\beta)$,就必须以此为条件,使 $H(\alpha_0,\alpha_1,\alpha_2)$ 达到其最大值。由于 $b(0)=b(1)$ 所以,应取 $\alpha_0=\alpha_1=\alpha,\alpha_2=1-2\alpha$,因此,有
$$\alpha+\alpha+4(1-2\alpha)=\beta$$
可得 $\alpha=(4-\beta)/6$,而 $\alpha_2=1-2\alpha=(1/3)\beta-1/3$,故有
$$C(\beta)=H((4-\beta)/6,(4-\beta)/6,(2\beta-2)/6), \quad 1\le\beta\le 2$$
$$\log 3, \qquad\qquad\qquad\qquad\qquad\qquad\qquad \beta\ge 2$$

其曲线如图 11.4 所示。

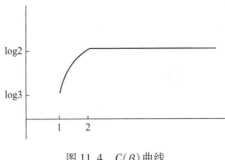

图 11.4　$C(\beta)$ 曲线

11.3　高斯信道的信息传输极值分析

11.3.1　高斯信道的描述

该信道的全称是"平均功率受限的离散时间无记忆加性高斯信道",它的输入字母表为 A_X,输出为 A_Y,且均为实数集。若 $X_1, X_2, \cdots$,是在时刻 $1,2,\cdots$ 时信道的输入,那么相应的输出为 $Y_1, Y_2, \cdots$,而且 $Y_i = X_i + Z_i, Z_1, Z_2, \cdots$,是独立的同分布的均值为 0,方差为 α^2 的正态随机变量。每一输入 x 的代价为 $b(x) = x^2$。信道模型如图 11.5 所示。

图 11.5　高斯信道

下面我们先来讨论一下该信道发生的实际背景。

若我们试图在 T s 内,由一地传递 n 个实数 $x_1, x_2, \cdots, x_n$ 到另一地,于是,将 x_i 序列变为时间的连续函数 $x(t)$,设 $x(t)$ 表示 1Ω 电阻负载上的电压,为了实现这一变换,我们设有 n 个函数 $\Phi_i, i = 1,2,\cdots,n$,这 n 个函数在区间 $[0,T]$ 上是规一化正交的,即

$$\int_0^T \Phi_i(t) \Phi_j(t) \mathrm{d}t = \begin{cases} 1, & i = j \\ 0, & i \neq j \end{cases}$$

那么,$x(t) = \sum_{i=1}^n x_i \Phi_i(t)$,而从 $x(t)$ 再恢复出 x_i 时,则 $x_i = \int_0^T x(t) \Phi_i(t) \mathrm{d}t$。

首先,要指出的是,发射机的功率是受限的,如发射功率为 P,那么,在时间 T 内总能量消耗不超过 PT。该能量的数值可表示为 $\int_0^T x^2(t) \mathrm{d}t$,由规一化正交性可知

$$\begin{aligned}
\int_0^T x^2(t) \mathrm{d}t &= \int_0^T \left(\sum_{i=1}^n x_i \Phi_i(t) \right)^2 \mathrm{d}t \\
&= \int_0^T [x_1 \Phi_1(t) + x_2 \Phi_2(t) + \cdots + x_n \Phi_n(t)][x_1 \Phi_1(t) + x_2 \Phi_2(t) + \cdots + x_n \Phi_n(t)] \mathrm{d}t \\
&= \sum_{i=1}^n x_i^2
\end{aligned}$$

因此有

$$\frac{1}{n}\sum_{i=1}^{n}x_i^2 \leq \frac{PT}{n} \tag{11.20}$$

即是说，输入矢量 $\boldsymbol{x}=(x_1,x_2,\cdots,x_n)$ 并非是任意的，它必须位于以 $\sqrt{PT}$ 为半径的欧几里得球体以内。

其次，当 $x(t)$ 被传输时，接收信号通常为 $\hat{x}(t)=x(t)+z(t)$，$z(t)$ 为噪声过程，一般为热噪声（由机内电子热骚动所引起）。$z(t)$ 被假设为是一个白的高斯噪声过程是合理的，对我们来说，这意味着，有一个噪声功率为 N_0 的谱密度，使得其积分 $z_i=\int_0^T z(t)\Phi_i(t)\mathrm{d}t$ 为独立的，均值为 0，方差为 $N_0/2$ 的高斯随机变量。

对接收者而言，只能以 $\hat{x}(t)$ 来估计 x_i，即

$$\int_0^T \hat{x}(t)\mathrm{d}t = \hat{x}_i = x_i + z_i$$

如此说来，我们传输的 $\boldsymbol{x}=(x_1,x_2,\cdots,x_n)$ 一定要满足式(11.20)，接收矢量为 $\hat{x}(t)=(x_1+z_1,x_2+z_2,\cdots,x_n+z_n)$，而 $z_1,z_2,\cdots,z_n$ 是独立的，0 均值、方差为 $N_0/2$ 的高斯随机变量。由此可见，这里的信道模型，正如图 11.5 所示，即为高斯信道，它的输入限制 $\beta=PT/n$，信道噪声方差为 $\sigma^2=N_0/2$。

11.3.2 高斯信道信息传输极值的计算

下面我们定义高斯信道的 n 次容量代价函数为

$$C_n(\beta) = \max\{I(\boldsymbol{X};\boldsymbol{Y}):\sum_{i=1}^n E[b(X_i^2)]\leq n\beta\} \tag{11.21}$$

式中的最大值，由所有的 n 维随机矢量对 $\boldsymbol{X}=(X_1,X_2,\cdots X_n)$，$\boldsymbol{Y}=(Y_1,Y_2,\cdots,Y_n)$ 所决定。在此

$$\boldsymbol{X} \text{ 有连续密度函数 } p(\boldsymbol{x}) \tag{11.22a}$$

$$\sum_{i=1}^n E[b(X_i^2)] \leq n\beta \tag{11.22b}$$

$$Y_i = X_i + Z_i; \quad i=1,2,\cdots,n \tag{11.22c}$$

式中：$Z_1,Z_2,\cdots,Z_n$ 是独立的（且与 X_i 序列也是独立的）、0 均值、方差为 σ^2 的随机变量。高斯信道的容量代价函数一般定义为

$$C(\beta) = \sup_n C_n(\beta) \tag{11.23}$$

$C(\beta)$ 的意义是：若输入的平均代价限制 $\leq\beta$，在信道中无误差传输信息的最大速率为 $C(\beta)$。

下面我们将进一步推导出 $C(\beta)$ 的表达式。

定理 11.2 $C_n(\beta)=\frac{n}{2}\log\left(1+\frac{\beta}{\sigma^2}\right)$，因此就有 $C(\beta)=\frac{1}{2}\log\left(1+\frac{\beta}{\sigma^2}\right)$。

证明：令 $X=(X_1,X_2,\cdots,X_n)$ 是满足式(11.22a)和式(11.22b)的任一实验信源。那么，由式(11.22c)可知，X 与 Y 的联合密度函数为

$$p(\boldsymbol{x},\boldsymbol{y}) = p(\boldsymbol{x})\cdot g(\boldsymbol{z})$$

式中 $\boldsymbol{z}=(y_1-x_1,y_2-x_2,\cdots,y_n-x_n)$，$g(\boldsymbol{z})$ 是 $z_1,z_2,\cdots,z_n$ 是联合密度函数，即

$$g(z_1,z_2,\cdots,z_n) = \frac{1}{(2\pi)^{\frac{n}{2}}\sigma^n}\exp\left[-\frac{\sum z_i^2}{2\sigma^2}\right]$$

$$\left[g(\boldsymbol{x}) = \prod_{i=1}^{n}(2\pi\sigma^2)^{-\frac{1}{2}}\exp\left(-\frac{(x_i-\mu_i)^2}{2\sigma^2}\right)\right]$$

令 $A_i = E(X_i^2)$。由于 X_i 和 Z_i 是相互独立的，$E(Y^2) = E(X_i^2) + E(Z_i^2) = A_i + \sigma^2$，因而，由定理 10.3 可知

$$h(\boldsymbol{Y}) \leq \frac{n}{2}\log 2\pi e\left[\prod_{i=1}^{n}(A_i+\sigma^2)\right]^{\frac{1}{n}} \tag{11.24}$$

根据式(11.22b)可知

$$\prod_{i=1}^{n}(A_i+\sigma^2) \leq (\beta+\sigma^2)^n$$

因而

$$h(\boldsymbol{Y}) \leq \frac{n}{2}\log 2\pi e(\beta+\sigma^2) \tag{11.25}$$

由定理 10.1 可知

$$I(\boldsymbol{X};\boldsymbol{Y}) = h(\boldsymbol{Y}) - h(\boldsymbol{Y}|\boldsymbol{X}) = h(\boldsymbol{Y}) - h(\boldsymbol{Z}) \tag{11.26}$$
$$\leq \frac{n}{2}\log\left(1+\frac{\beta}{\sigma^2}\right)$$

因此有

$$C_n(\beta) = I(\boldsymbol{X};\boldsymbol{Y}) \leq \frac{n}{2}\log\left(1+\frac{\beta}{\sigma^2}\right)$$

为了证反问不等式，令 $X_1, X_2, \cdots, X_i$ 是独立的，0 均值，方差为 β 的高斯随机变量。那么，式(11.22a)和式(11.22b)是满足的。又令 $Y_1, Y_2, \cdots, Y_n$ 是独立的，均值为 0，方差为 $\beta+\sigma^2$ 的高斯随机变量。那么，有

$$I(\boldsymbol{X};\boldsymbol{Y}) = h(\boldsymbol{Y}) - h(\boldsymbol{Z}) = \frac{n}{2}\log\left(1+\frac{\beta}{\sigma^2}\right)$$

于是

$$C_n(\beta) = \max\{I(\boldsymbol{X};\boldsymbol{Y}) : E(b(\boldsymbol{X}) \leq n\beta\} \geq I(\boldsymbol{X};\boldsymbol{Y}) = \frac{n}{2}\log\left(1+\frac{\beta}{\sigma^2}\right)$$

所以有

$$C_n(\beta) = \frac{n}{2}\log\left(1+\frac{\beta}{\sigma^2}\right)$$

故得

$$C(\beta) = \sup_n \frac{1}{n}C_n(\beta) = \frac{1}{2}\log\left(1+\frac{\beta}{\sigma^2}\right)$$

证毕。

当 $\sigma^2 = N_0/2, \beta = PT/n$ 时，由高斯信道可知

$$C(\beta) = \frac{1}{2}\log_2\left(1+\frac{2PT}{nN_0}\right) \quad \text{(b/符号)}$$

当信道带宽为 $W = n/2T$，每秒传输 $n/T = 2W$ 个符号，其容量为

$$C = W \frac{1}{2}\log_2\left(1 + \frac{P}{WN_0}\right) \quad \text{(b/s)} \tag{11.27}$$

这就是著名的限带、限功率高斯信道的容量表示式。还应指出,当 $W \gg P/N_0$ 时,即为"宽带"高斯信道,其容量为

$$C = \frac{1}{\ln 2} \frac{P}{N_0} = 1.4427 \times \frac{P}{N_0} \quad \text{(b/s)} \tag{11.28}$$

应该指出,式(11.27)给我们揭示出信道传输信息量取决于信道的带宽和信噪比,而且带宽和信噪比可以互相转换,正是由于带宽和信噪比互换原理,人们研究设计出了各种各样的扩频通信系统,通过扩频使信号的能量扩散于很宽的通频带以内,使信噪比非常低,从而实现了很好的隐蔽通信。

11.3.3 信息传输极值在接入网中的应用

为了在公用电话网 PSTN 的普通双绞线上实现高速的数据传输,需要研究所谓的"数字用户环路"(DSL)技术。对其进行优化设计的理论武器就是 $C(\beta)$ 函数。下面的讨论将使读者清晰可见。

DSL 的数据传输速率一般为 1.5~52Mb/s,传输距离一般为 0.3~6km。根据所采用的技术和性能指标,DSL 技术可分为 ISDN、HDSL、SDSL、ADSL 以及 VDSL。

20 世纪 60 年代,AT&T 贝尔实验室决定研究端到端的、完全的数字电话网络。由于交换机和传输干线的数字化已经先行启动,所以 ISDN(Integrated Service Digital Network)系统的主要研究工作就是使模拟本地环路数字化。因此,ISDN 被认为是第一代的 DSL 技术。在 ISDN 中,传输速率接口有两个:一个是基本速率接口(Basic Rate Interface,BRI),由两个 B 通道和一个 D 通道构成,标准速率为 2B + D16 = 2×64 + 16 = 144kb/s;另一个是一次群接口(Primary Rate Interface,PRI),它用于集成 BRI 连接。标准速率为 23B + D64 = (23×64 + 64)kb/s = 1.544Mb/s(T1:美国标准)或 30B + D64 = (30×64 + 64)kb/s = 2.048Mb/s(E1:欧洲标准)。

1984 年,出现了直接为用户安装的 T1 系统,它是由两对双绞线构成的,一对用于发送,另一对用于接收,传输速率达到 1.5Mb/s。为了提高传输距离可每隔约 2km 加装再生器。这样,两对双绞线传输能力就由仅传输两路模拟话音扩展为 24 路数字电话,可见,T1 技术在 PSTN 的数字接入部分也取得了成功。HDSL 是 Bellcore 公司在 20 世纪 80 年代中期提出的,目的是解决 T1 应用中的物理限制,其思路是在无再生器的情况下,在约 4km 单对双绞线上达到 784kb/s 的传输速率。为了进一步解决 HDSL 的局限性,Bellcore 公司又提出了第二代 HDSL,即 HDSL2。HDSL2 采用了 CAP(Carrierless Amplitude and Phase)调制技术。由于 HDSL2 只用一对双绞线实现对称传输,因此也称为 SDSL,或对称 DSL(Symmetric DSL)。

1989 年,Bellcore 公司提出了 ADSL 的概念,即非对称 DSL(Asymmetric DSL)。其最初的目的就是:实现下行(是指从局端到用户端)传输速率为 1.5Mb/s,上行(是指从用户端到局端)传输速率为 16kb/s。到了 1993 年,下行传输速率提高到了 6Mb/s,而上行传输速率提高到了 64kb/s。ADSL 采用非对称传输方法,是考虑了实际应用情况,如从 Internet 下载数据的业务量远远大于上行传输的数据量;另一点就是实现数据传输与话音传输在一对双绞线上的兼容性。

ADSL 全速率(下行速率为 8Mb/s,上行速率为 640kb/s)标准,称为 G.dmt,不用分离器(Splitter)的 ADSL 标准,称为 G.Lite。

1994 年,出现了 VDSL(Very-high-bit-rate DSL)。这是对 ADSL 概念的扩展,它的目标是实现 52Mb/s 的下行传输速率,并且速率可变、距离可变,既可对称传输,也可不对称传输。

应该指出的是:1990 年,美国 Stanford 大学 John M. Cioffiketi 课题组和 AT&T 贝尔实验室同时

开展研究 ADSL 的线编码技术,即 MODEM 中的调制技术。采用了"离散多音调制"(DMT:Discrete MultiTone)技术,它是 ADSL 的核心技术之一。

美国 Stanford 大学并采用实用的办法解决了这种技术中的多个实践问题。这种技术迅速成为美国和世界的标准,在一年内,就有超过 20 家主要的传输系统销售商准备提供基于 DMT 的产品。到 1995 年,基于 DMT 调制的 ADSL 调制器,成为美国国家标准化组织 ANSI 的标准,随后也成为欧洲 ETSI 和国际电信联盟 ITU 的标准。目前,世界各主要 ADSL 设备商,都提供基于 DMT 标准的 ADSL MODEM。

1. 关键技术分析

1) 多音调制的基本概念

所谓多音传输,即是把整个通信信道,在频域上划分为很多个很窄的子信道。在每个子信道上仍然采用 QAM 或其他的带通信号进行传输,其中 QAM 的通带中心频率应该与相应子信道的中心频率一致。因此,这种调制方法是在同一个通信信道上采用两个或更多的并行带通信号承载一个单一的比特流,而在接收机中,不同的带通信号分别独立地进行解调,再通过解复用恢复出原始的传输比特流。

应该指出,若每个子信道的带宽足够窄,则基本可以认为这个子信道内的频率响应是平坦的,则它周期延拓后的频谱是全通的。因此,根据 Nyquist 定律,在每个子信道中就是没有符号间干扰 ISI(Inter Symbol Interference)。所以多音频调制的关键是要把整个信道划分为足够多的子信道,以使每个子信道内的频率响应特性是平坦的。

再从时域的角度说明多音调制可以消除 ISI,根据傅里叶变换的对偶性,子信道上很窄的传输带宽意味着很长的符号周期。实际上,每个子信道中传输的符号周期 T 远远大于整个信道的脉冲响应长度。因此,相比于子信道的符号周期 T,整个信道的脉冲响应长度几乎是可以不计的。这相当于信道的脉冲响应可以看作是一个冲击函数,因此,信道中没有 ISI。

2) 多音调制的特性分析

一个多音调制系统如图 11.6 所示。

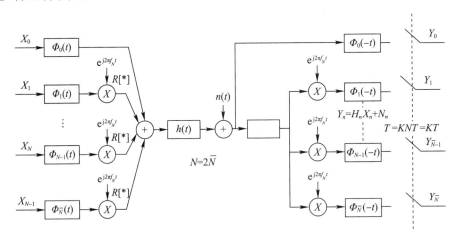

图 11.6 多音调制系统

说明如下:

(1) 信号调制。共有 N 个类似于 QAM 的带通调制器和一个基带的 PAM 调制器,共同来发送 $N+1$ 个子符号元素 $X_n, n=0,1,\cdots,N$。X_n 在第 n 个子信道上传输,子信道的载频为 $f_n = n/T$,T 为符号周期。因此,发送所有信号可以看作为 $N+1$ 个独立的发射子信道。

(2) 传输速率。如果每个子信道承载的比特数为 b_n，则多音传输的总比特数为

$$b = \sum_{n=0}^{N} b_n$$

那么，它的数据传输率为

$$R = \frac{b}{T} = \sum_{n=0}^{N} R_n$$

3）多音调制的关键问题

(1) 信道划分问题。如何划分子信道才是最优的，能最有效地消除 ISI？

(2) 比特加载问题。在划分子信道后，不同的子信道可以按照相同的比特速率进行传输，也可以按照不同的比特速率进行传输，因此，各个不同的子信道中分配比特数的准则是什么？
应如何实现最优分配？

一般原则就是，具有大信噪比的子信道内加载较多的比特，在小信噪比的子信道内加载较少的比特，而在信噪比特别差的子信道内不加载任何比特，这样的分配可证明就是最优的。

(3) 信道辨识问题。由前述可见对不同的子信道特性可寻求进行最优的比特分配，但是，不同子信道的特性应如何获得？这就是信道的辨识问题。

信道辨识有多种方法，一般是在数据传输开始之前，发射一个在接收端已知结果的训练序列，接收端接收到这个训练序列之后，接收机可测量信道的脉冲响应和噪声的功率谱密度，并计算出信噪比。当然，接收机也可直接测量信道的信噪比。当训练阶段完成后，系统才进入真正的数据传输状态。

(4) 信道缩短问题。根据前面的分析，希望在每个子信道中传输的符号周期 T 远远大于整个信道的脉冲响应长度。也就是说，如果脉冲响应长度较短，上述条件会易于满足。因此，在 DMT 调制中，通常是需要一个信道缩短功能把信道的脉冲响应长度缩短到足够小，这个功能的实现，一般采用时域均衡器。

(5) 频域均衡问题。由于每个子信道的增益都是不同的，尽管发端信号星座之间距离间隔相同，但经过不同的子信道之后会变得不同，这样就需要对不同的子信道采用不同的检测器。为了采用同样的检测器对不同的子信道的输出进行检测，这时就需要把不同的子信道的增益调整为相同的，这个调整子信道特性的过程就是频域均衡。

(6) 信道的变化与比特互换。在实际的传输中，信道特性可能会发生变化，这就使得原来最优化的比特分配方案变差。为了保持比特分配的最优化，就需要及时地进行比特分配方案的调整，即是把信噪比变小的子信道减少比特数；把信噪比变大的子信道增加比特数。

4）关于信道的容量及其子信道的比特配置

信道，即信息传输的路径。信道传输信息的特性如何？可由信道容量或容量代价函数进行定量描述。这就是信息论的意义所在。

所谓信道容量，即

$$C = \max I(X;Y) \mid_{p(x)}$$

其物理意义就是：当信道的转移概率矩阵确定且已知，其信道的输入改变时，也就是不同的信源接入条件下，该信道传输的最大信息量。

加性高斯白噪声（Additional White Gaussian Noise，AWGN）信道，是一种最重要的传输信道，其模型如图 11.7 所示，$y = x + n$，x 为发送的信息，y 是接收到的信号，n 为信道中存在的加性高斯白噪声。x 与 n 相互独立，即 $p(x,n) = p(x)p(n)$。高斯分布随机变量的信息熵为

$$h(X) = \frac{1}{2}\log 2\pi e \sigma^2$$

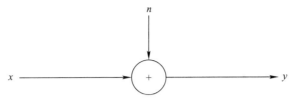

图 11.7　AWGN 信道模型

2. 高斯噪声信道的容量与"注水算法"

1）高斯噪声信道的容量

AWGN 信道，有

$$h(Y|X) = -\iint p(x)p(y|x)\log p(y|x)\mathrm{d}x\mathrm{d}y$$

$$= -\iint p(x)p(n)\log p(n)\mathrm{d}x\mathrm{d}n = h(n)$$

$$I(X;Y) = h(Y) - h(Y|X) = h(Y) - h(n)$$

由于 n 与 x 无关，所以，当 $h(Y)$ 最大化时，$I(X;Y)$ 也有最大化。根据"高斯分布的最大熵"定理，只有当 y 为高斯分布时，$h(Y)$ 才达到最大化。这样，$n + x = y$ 也是高斯分布的，y 的方差为 $\sigma_y^2 = \sigma_x^2 + \sigma_n^2$。因此，最终就得到

$$C = \max I(X;Y)\bigg|_{p(x)} = \frac{1}{2}\log_2\left(1 + \frac{\sigma_x^2}{\sigma_n^2}\right) = \frac{1}{2}\log_2(1 + \mathrm{SNR})$$

式中的量纲为"b/维"，它表示每维调制所能传输的最大比特数。

如果传输符号速率（即抽样速率）为 $1/T$，则每单位时间所能传输的最大信息量为 C/T，即

$$C = \frac{1}{T}\frac{1}{2}\log_2(1 + \mathrm{SNR}) = \frac{1}{2T}\log_2(1 + \mathrm{SNR}) = W\log_2(1 + \mathrm{SNR})$$

当抽样速率为 $1/T$ 时，对一个子信道而言，且满足抽样定理，这意味着，每个频率周期抽样 2 次，所以频带宽度 $W = 1/2T$。

2）并行高斯白噪声信道

并行高斯白噪声信道（简称并行 WGN 信道）是由多个独立的 AWGN 信道并行构成的，如图 11.8 所示。

其中每个信道上的加性噪声 $n_i(i = 1,2,\cdots,N)$ 都是相互独立的。在并行 WGN 信道中，各个信道上的发射能量 $\varepsilon_i(i = 1,2,\cdots,N)$ 满足一下约束条件：

$$\varepsilon_x = \sum_i \varepsilon_i$$

显然，ε_x 就是各个信道上发射能量的总和。并行 WGN 信道的主要问题就是在总能量 ε_x 一定的约束条件下，如何最优地分配各个信道上的能量 ε_i，使得整个信道的传输效率最高。

并行 WGN 信道的各个子信道上的加性噪声都是独立的，因此，并行 WGN 信道的互信息量就是各个子信道上互信息量之和，即

$$I(\boldsymbol{X};\boldsymbol{Y}) = \sum_i I(X_i;Y_i)$$

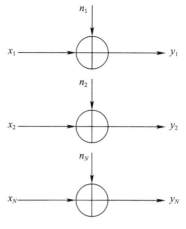

图 11.8 并行独立信道

把信道容量表达式代入上式可得

$$C_B = \max I(X;Y) = \sum_i \max I(X_i;Y_i) = \sum_i C_i$$

$$= \frac{1}{2}\sum \log_2\left[1+\frac{\varepsilon_i}{\sigma_i^2}\right] = \log_2 \prod_{i=1}^{N}\left[1+\frac{\varepsilon_i}{\sigma_i^2}\right]^{\frac{1}{2}}$$

显然,要想达到总的信道容量 C_B,就要寻找各个信道上能量 ε_i 的最优分配方法,即

$$C_B = \max_{\varepsilon_i} \frac{1}{2}\sum \log_2\left[1+\frac{\varepsilon_i}{\sigma_i^2}\right]$$

其约束条件为总能量一定,即

$$\sum \varepsilon_i = \varepsilon_x, \quad \varepsilon_i \geqslant 0 \tag{11.29}$$

采用拉格朗日定理求最大值,构造函数

$$L = \frac{1}{2}\sum \log_2\left[1+\frac{\varepsilon_i}{\sigma_i^2}\right] + \lambda\left(\varepsilon_x - \sum \varepsilon_i\right)$$

对 ε_i 和 λ 分别求微分,并令微分的结果等于 0,可求得

$$\varepsilon_i + \sigma_i^2 = \lambda' = 常数 \tag{11.30}$$

这就是各个子信道上的最优分配方案。

图 11.9 显示了式(11.29)和式(11.30)所能表达的能量分配的含义。式(11.30)的含义是要求各个子信道上分配的信号能量 ε_i 与相应的噪声能量 σ_i^2 之和等于常数。

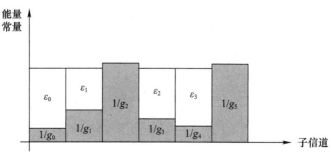

图 11.9 离散 WGN 信道的"注水算法"

由于噪声能量与信噪比成反比,所以式(11.30)的含义就是:在信噪比大的子信道(意味着 σ_i^2 较小),应分配较多的信号能量 ε_i;反之,就分配较少的信号能量 ε_i。这样的分配要保证各个子信道中的信号能量与噪声能量之和为常数,一直到所有的信道能量都被分配完为止,即满足式(11.29)的约束。这样的能量分配相当于在不同的子信道中注入能量,因此,把这种方法称为"注水算法"。在图中噪声的能量用信噪比的倒数 $1/g_i$ 代替。其中 g_i 表示信噪比,显然,$1/g_i$ 较小的子信道可以注入较多的能量;反之,只能注入较少的能量。对于信道 2、5,由于信噪比 g_2、g_5 太小,因此,在这两个子信道无法注入能量。这就意味着这两个子信道无法传输信息。

第 12 章 信道编码定理与编译码方法

12.1 信道编码理论

信道编码,有分组码和卷积码两大类。对于线性分组码而言,在构造时将输入信息分成 k 位一组,再按一定的规律加入冗余码元分组,构成 $n(n>k)$ 位一组的码字,一般可用符号 (n,k) 表示,其中 n 表示输出的码字长度,k 表示输入信息码元分组,即输出码字中信息码元的位数。$r=(n-k)$ 位码元是在编码过程中人为加入的冗余码元个数。这样一来,这些冗余的码元可供接收端用来发现和纠正在传输中产生码元错误,因此,称为监督码元或称为校验码元。

线性分组码,有明显的数学结构,它虽然简单,但却是以后讨论各类码的基础,并且,多数已知的好码都属于线性分组码。关于线性分组码的研究起始于汉明(Hamming)和戈莱(Golay)的早期论文。汉明首先提出了二进制汉明码,多进制汉明码是由戈莱和科克(Cocke)发展的。1953 年,Kiyasu 已经注意到线性分组码与矢量空间的子空间的关系,Reed – Muller(RM)码是 1954 年由马勒(Muller)提出来的,同年,里德(Reed)发现这类码的译码算法。

卷积码是一种非分组编码,与分组码有根本的区别,它不是把信息序列分组后再进行单独编码,而是由连续输入的信息序列得到连续输出的已编码序列。已经证明,在同样的复杂度下,卷积码可以比分组码获得更大的编码增益。

Turbo 码由 C. Berrou 等人提出。在信道编码定理的证明中,引用了三个基本条件。

(1) 采用随机编码方法。
(2) 编码长度 $L\to\infty$,亦即分组码的码组长度无限长。
(3) 译码过程中采用了最佳的最大似然译码(ML)方案可实现信息速率达到信道容量且能无误差传输。

显然,上述条件是很苛刻的,但为研究和探索好的纠错码提供了思想武器。Turbo 码,在编码器中引入了交织器,使码字具有近似的随机特性;通过分量码并联给出了由短码构造长码的可行方法;在接收端,分量码采用最大后验概率译码算法,这是最优的,总体上采用迭代算法,这样一来,通过迭代使译码接近最大似然译码。总之,Turbo 码充分考虑了 Shannon 信道编码定理证明时所假设的条件,获得了接近 Shannon 理论极限的性能。

12.1.1 编码信道误码特性分析

根据前面的讨论,若 $X=(X_1,X_2,\cdots,X_n)$ 表示一个已给出 DMC 的 n 个连续输入,$Y=(Y_1,Y_2,\cdots,Y_n)$ 为相应的输出,那么 $(1/n)I(X;Y)\leqslant C_{max}$。这就意味着,这个信道传递一个符号至多可传输 C_{max} 比特的信息;反之,若 X 是使 $C(\beta_{max})=C_{max}$ 的一实验信源,那么,$I(X;Y)=C_{max}$,这就是说,适当地使用信道时,每传递一个符号至少能传输 C_{max} 比特的信息。因此,C_{max} 应表示在信道上传输信息的最大速率,更一般地说,对任一 $\beta\geqslant\beta_{min}$,$C(\beta)$ 表示在信道上传输一个符号的最大信息速率。下面我们将对这个结论进行解释。

设想如下实验,我们设信源输出的是一个独立序列 $U=(U_1,U_2,\cdots,U_k)$,$U_i(i=1,2,\cdots,k)$ 的分布为 $p\{U=0\}=p\{U=1\}=1/2$。我们将应用信道 n 次,传送这 k 个二进制符号,且平均代价

≤β。令 $X=(X_1,X_2,\cdots,X_n)$ 为信道的输入,$Y=(Y_1,Y_2,\cdots,Y_n)$ 为输出,而 $\hat{U}=(\hat{U}_1,\hat{U}_2,\cdots,\hat{U}_k)$ 是接收端对 U 的估计,且仅仅取决于 Y,如图 12.1 所示。

$$U \longrightarrow X \longrightarrow \boxed{\text{信道}} \longrightarrow Y \longrightarrow \hat{U}$$

图 12.1 一个设想的通信系统

我们假设这是一个相当好的系统,如 $p(\hat{U}_i \neq U_i) < \varepsilon, i=1,2,\cdots,k$,$\varepsilon$ 为某一很小的数值。那么,由定理 10.7 和 Fano 不等式可知

$$I(\boldsymbol{U};\hat{\boldsymbol{U}}) \geq \sum_{i=1}^{k} I(U_i;\hat{U}_i)$$

$$I(U_i;\hat{U}_i) = H(U_i) - H(U_i|\hat{U}_i) = \log 2 - H(U_i|\hat{U}_i)$$

$$\geq \log 2 - H(\varepsilon)$$

因此,我们可得

$$I(\boldsymbol{U};\hat{\boldsymbol{U}}) \geq k[1-H(\varepsilon)]$$

又根据数据处理定理(式(10.13))$I(\boldsymbol{U};\hat{\boldsymbol{U}}) \leq I(\boldsymbol{X};\boldsymbol{Y})$,再根据 $C_n(\beta)$ 的定义式(11.5)可知

$$I(\boldsymbol{X};\boldsymbol{Y}) \leq C_n(\beta) = nC(\beta)$$

由上述三个不等式可得

$$\frac{k}{n} \leq \frac{C(\beta)}{1-H_2(\varepsilon)} \tag{12.1}$$

式中:k/n 称为系统的速率,表示我们设想的通信系统中每应用一次信道所传输的比特数。式(12.1)给出的这个界限是比特错误率 ε 的增函数;这是自然的,若我们希望更可靠地进行通信,就一定要降低传输的速率。换言之,若应用信道的平均代价≤β,试图设计一个速率 $R > C(\beta)$ 的系统,那么所产生的错误率 $\varepsilon \geq H^{-1}[1-(C(\beta)/R)] > 0$。当信道无约束时,若 $R > C_{\max}$,于是,$\varepsilon \geq H^{-1}[1-(C_{\max}/R)] > 0$。也就是说,我们不能以高于信道容量的速率来进行可靠的通信。

当速率低于 $C(\beta)$ 时又将如何?对这个问题,式(12.1)是不能回答的,因为若 $k/n < C(\beta)$,只要 $\varepsilon > 0$,式(12.1)都是成立的。当然,这不是式(12.1)本身的缺点。下面我们将进一步说明,若 $R < C(\beta)$ 和 $\varepsilon > 0$,设计一个平均代价≤β,$k/n \geq R$;$p\{U_i \neq \hat{U}_i\} < \varepsilon$ 的系统是完全可能的。香农对这一结果已给了推演,称为信道编码定理。这个结果的关键是编码的概念,我们下面将要说明这一点。

对某一正整数 n,一个在 A_X 上的长为 n 的(信道)码是 A_X^n 的一个子集 $C=\{x_1,x_2,\cdots,x_M\}$。若对数的底为2,码的速率定义为 $R=(1/n)\log M$,其单位是每(信道输入)符号的比特数。若对所有的 i,$b(\boldsymbol{x}_i) = \sum_{i=1}^{n} b(x_{ij}) \leq n\beta$,这个码就是 β 可容的,$\boldsymbol{x}_i = (x_{i1},x_{i2},\cdots,x_{in})$。

对码 C 的一个译码规则是一个映射 $f:A_Y^n \to C \cup \{?\}$。"?"这个特殊符号表示译码失效,它的意义将在下面说明。

对于图 12.1 所示的系统,可用于设计一个通信系统的码是:令 $K \leq \log_2 M$,且是一个正整数。那么,它就有可能把各异的码字 $\boldsymbol{x}_i$ 与 2^K 个可能的信源序列建立起一一对应关系。我们就把从信源序列集到码 C 的一对一映射称为一个编码规则。若待传送的信源序列 $\boldsymbol{u}=(u_1,u_2,\cdots,u_k)$,将根据编码规则把 $\boldsymbol{u}$ 变换为 $\boldsymbol{x}_i$,在信道上传输 $\boldsymbol{x}_i$,在输出端收到的是 $\boldsymbol{y}$。接收者则是根据译码规则,

把 y 译为一个码字 x_j(或"?"); u 的估计 $\hat{u}$ 是相应于 x_j 的信源序列的估计(若存在)。当已知 x_i 被传输时,系统的错误率由 $p_E^{(i)}$ 表示为

$$p_E^{(i)} = p\{f(\mathbf{y}) \neq \mathbf{x}_i\} = \sum \{p(\mathbf{y}|\mathbf{x}_i) : f(\mathbf{y}) \neq \mathbf{x}_i\} \tag{12.2}$$

其中

$$p(\mathbf{y}|\mathbf{x}_i) = \prod_{j=1}^{n} p(y_i|x_{ij})$$

12.1.2 信道编码举例

信道编码的目的是提高信息传输的可靠性,由于信道噪声的影响,传输到接收端的码元可能发生错误。对于加性噪声干扰,可采用信道编码加以解决。

应强调指出的是,在信道编码技术中,是在信息序列中加入冗余码元,不但人为可控,而且是有规律的。

我们将以两个例子来说明编码的概念。

例 12.1 $A_X = \{0, 1/2, 1\}, A_Y = \{0, 1\}$,转移概率矩阵为

$$Q = \begin{bmatrix} 1 & 0 \\ \frac{1}{2} & \frac{1}{2} \\ 0 & 1 \end{bmatrix}$$

其 $b(0) = b(1) = 1, b(1/2) = 0$。其编码: $C = \left\{\left(x_1, x_2, \cdots, x_k, \frac{1}{2}, \frac{1}{2}, \cdots, \frac{1}{2}\right); x_j = 0 \text{ 或 } 1, j = 1, 2, \cdots, k\right\}$。$k \leq n$,且为正整数, $M = 2^k$。编码速率为 k/n(b/符号)。当 $\beta \geq k/n$ 时,该码是 β 可容的,这是因为码字 $\left(x_1, x_2, \cdots, x_k, \frac{1}{2}, \frac{1}{2}, \cdots, \frac{1}{2}\right)$ 共有 n 个符号,当 $E[b(X)] \leq n\beta$ 时,该码才是 β 可容的,又因 $x_j, j = 1, 2, \cdots, k$,这 k 个符号是必要采用的,即是以概率1来选择这 k 个符号的,而 $b(x_j) = 1$,所以,每个码字的代价必为 k,而当 $k \leq n\beta$ 时,即 $\beta \geq k/n$ 时,该码是 β 可容的。

对于 $p_E^{(i)} = 0, i = 1, 2, \cdots, M$,我们可作如下分析:

由码字 $\left(x_1, x_2, \cdots, x_k, \frac{1}{2}, \frac{1}{2}, \cdots, \frac{1}{2}\right)$,而接收到码字为 $(y_1, y_2, \cdots, y_k, y_{k+1}, \cdots, y_n)$,这时译码结果为

$$\left(y_1, y_2, \cdots, y_k, \frac{1}{2}, \frac{1}{2}, \cdots, \frac{1}{2}\right)$$

由 Q 矩阵可知,如图12.2所示,可见

$$p\left(y_1, y_2, \cdots, y_k, \frac{1}{2}, \frac{1}{2}, \cdots, \frac{1}{2} \middle| x_1, x_2, \cdots, x_k, \frac{1}{2}, \frac{1}{2}, \cdots, \frac{1}{2}\right) = 1$$

所以

$$p_E^{(i)} = p\{f(\mathbf{y}) \neq \mathbf{x}_i\} = \sum \{p(\mathbf{y}|\mathbf{x}_i) : f(\mathbf{y}) \neq \mathbf{x}_i\}$$

$$= \sum_i \{0 : f(\mathbf{y}) \neq \mathbf{x}_i\} = 0$$

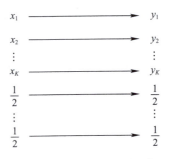

图 12.2 码 C 的编码规则

例 12.2 $A_X = \{0,1\}, A_Y = \{0,1,2,3\}$,并且

$$Q = \begin{bmatrix} \dfrac{1}{3} & \dfrac{1}{3} & \dfrac{1}{6} & \dfrac{1}{6} \\ \dfrac{1}{6} & \dfrac{1}{6} & \dfrac{1}{3} & \dfrac{1}{3} \end{bmatrix}$$

$b(0) = b(1) = 0$(这是一个对称信道)。编码:$n=2, M=2$,码 $C = \{(00),(11)\}$,速率 $R = k/n = 1/2$b/符号。

译码规则由下式给出

$$y_1 \begin{Bmatrix} 0 \\ 1 \\ 2 \\ 3 \end{Bmatrix} \begin{bmatrix} \overset{y_2}{\overset{0\quad 1\quad 2\quad 3}{}} \\ 00 & 00 & 00 & ? \\ 00 & 00 & ? & 11 \\ 00 & ? & 11 & 11 \\ ? & 11 & 11 & 11 \end{bmatrix}$$

式中:$f(y_1,y_2)$ 表示在译码表中 (y_1,y_2) 点表列值。我们可以证明 $p_E^{(i)} = \dfrac{4}{9}, i = 1,2$。

证明:由 $p_E^{(i)} = p\{f(\boldsymbol{y}) \neq \boldsymbol{x}_i\}$,那么 $f(\boldsymbol{y}) \neq \boldsymbol{x}_i$ 的情形为

$$f(03) \neq \begin{cases} (00) & p(03|00) = \dfrac{1}{3} \times \dfrac{1}{6} = \dfrac{1}{18} \\ (11) & p(03|11) = \dfrac{1}{3} \times \dfrac{1}{6} = \dfrac{1}{18} \end{cases}$$

$$f(12) \neq \begin{cases} (00) & p(12|00) = \dfrac{1}{18} \\ (11) & p(12|11) = \dfrac{1}{18} \end{cases}$$

$$f(21) \neq \begin{cases} (00) & p(21|00) = \dfrac{1}{18} \\ (11) & p(21|11) = \dfrac{1}{18} \end{cases}$$

$$f(30) \neq \begin{cases} (00) & p(30|00) = \dfrac{1}{18} \\ (11) & p(30|11) = \dfrac{1}{18} \end{cases}$$

所以

$$p_E^{(i)} = \sum_i \{p(f(\boldsymbol{y})|\boldsymbol{x}_i) : f(\boldsymbol{y}) \neq \boldsymbol{x}_i\}$$

$$= \frac{1}{18} + \frac{1}{18} + \frac{1}{18} + \frac{1}{18} + \frac{1}{18} + \frac{1}{18} + \frac{1}{18} + \frac{1}{18} = \frac{8}{18} = \frac{4}{9}$$

由上述各例可见,在一个有噪声信道中传输信号是会发生错误的,然而,发生错误的可能性是可以控制的,控制的程度如何,将取决于编译码方法的优劣。到底能控制到什么程度,香农的信道编码定理将给予一般性解答。

回想一下我们对于系统设计的描述,对已给出的 β 值,$R < C(\beta)$,$\varepsilon > 0$,系统速率 $k/n \geq R$,$p\{\hat{U}_i \neq U_i\} < \varepsilon (i = 1, 2, \cdots, k)$。我们说,若能找到一个码长为 n 的码和一个相应的译码规则,使 $M \geq 2^{\lceil R_n \rceil}$($\lceil R_n \rceil$ 表示 $\geq R_n$ 的最小整数),$p_E^{(i)} < \varepsilon$, $i = 1, 2, \cdots, M$ 是可能的。后面的定理证明了这一可能性。

12.1.3 信道编码定理

定理 12.1 令一个 DMC 的容量代价函数为 $C(\beta)$。那么,对任一 $\beta_0 \geq \beta_{\min}$ 及 $\beta > \beta_0$,$R < C(\beta_0)$,$\varepsilon > 0$,存在一个长为 n 的码 $C = (x_1, x_2, \cdots, x_M)$ 和一个译码规则,使得

(1) 每一码字 x_i 是 β 可容的;

(2) $M \geq 2^{\lceil R_n \rceil}$;

(3) $p_E^{(i)} \leq \varepsilon$, $i = 1, 2, \cdots, M$。

证明:设 n 是一个比较大的整数。考虑信道的输入 $\boldsymbol{x} = (x_1, x_2, \cdots, x_n)$,输出 $\boldsymbol{y} = (y_1, y_2, \cdots, y_n)$,令集合 $\Omega = \{\boldsymbol{x}, \boldsymbol{y}\}$,$\Omega = A_X^n \times A_Y^n$。我们定义

$$p(\boldsymbol{x}, \boldsymbol{y}) = p(\boldsymbol{x})p(\boldsymbol{y}|\boldsymbol{x}) \tag{12.3}$$

$p(\boldsymbol{x}) = p(x_1)p(x_2)\cdots p(x_n)$,$p(\boldsymbol{x})$ 是 A_X 上的分布,由此得到 $C(\beta_0)$,$p(\boldsymbol{y}|\boldsymbol{x}) = p(y_1|x_1)p(y_2|x_2)\cdots p(y_n|x_n)$,$p(\boldsymbol{y}|\boldsymbol{x})$ 是信道的转概率。这就使得 Ω 为一个样本空间。

现在,我们选择 R',且 $R < R' < C(\beta_0)$,定义一个子集 $T \subseteq \Omega$,即

$$T = \{(\boldsymbol{x}, \boldsymbol{y}) : I(\boldsymbol{x}; \boldsymbol{y}) \geq nR'\} \tag{12.4}$$

式中:$I(\boldsymbol{x}; \boldsymbol{y}) = \log[p(\boldsymbol{y}|\boldsymbol{x})/p(\boldsymbol{y})]$。又定义一个子集 $B \subseteq A_X^n$:

$$B = \{\boldsymbol{x} : b(\boldsymbol{x}) \leq n\beta\} \tag{12.5}$$

式中:B 是 β 可容码字的集合。再定义集合 $T^* \subseteq T$,有

$$T^* = \{(\boldsymbol{x}, \boldsymbol{y}) : I(\boldsymbol{x}; \boldsymbol{y}) \in T \text{ 和 } \boldsymbol{x} \in B\} \tag{12.6}$$

下面我们令 $C = (x_1, x_2, \cdots, x_M)$ 是一个码长为 n 的码,给出一个译码规则如下:若收到 $\boldsymbol{y}$,我们来研究集合

$$S(\boldsymbol{y}) = \{\boldsymbol{x} : (\boldsymbol{x}, \boldsymbol{y}) \in T^*\} \subseteq B$$

($S(\boldsymbol{y})$ 可看作为围绕 $\boldsymbol{y}$ 的一个"球体"。)若 $S(\boldsymbol{y})$ 唯一确定地包含着一个码字 x_i,我们就令 $f(\boldsymbol{y}) = x_i$。另外,当 $S(\boldsymbol{y})$ 不包含码字或含有多于一个码字时,则令 $f(\boldsymbol{y}) = ?$,即认为发生了一个错误。该译码规则如图 12.3 所示。

对于码 C 和上述译码的规则而言,当 x_i 被传输时,当且仅当某一 $j \neq i$,$x_i \notin S(\boldsymbol{y})$ 或 $x_j \in S(\boldsymbol{y})$ 时,可能产生一个错误。由式(12.2)可得

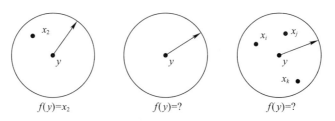

图 12.3 定理 12.1 的证明中的译码规则

$$p_E^{(i)} \leq p\{\boldsymbol{x}_i \notin S(\boldsymbol{y})\} + \sum_{j=1,j\neq i}^{n} p(\boldsymbol{x}_j \in S(\boldsymbol{y})) \tag{12.7}$$

为简化上式,我们定义 T^* 的示性函数为

$$\Delta(\boldsymbol{x},\boldsymbol{y}) = \begin{cases} 1, & (\boldsymbol{x},\boldsymbol{y}) \in T^* \\ 0, & (\boldsymbol{x},\boldsymbol{y}) \notin T^* \end{cases}$$

$$\bar{\Delta}(\boldsymbol{x},\boldsymbol{y}) = \begin{cases} 0, & (\boldsymbol{x},\boldsymbol{y}) \in T^* \\ 1, & (\boldsymbol{x},\boldsymbol{y}) \notin T^* \end{cases} \tag{12.8}$$

式(12.7)可写成

$$\begin{aligned} p_E^{(i)} &\leq \sum_{\boldsymbol{y}} \bar{\Delta}(\boldsymbol{x},\boldsymbol{y}) p\{\boldsymbol{y}|\boldsymbol{x}_i\} + \sum_{j\neq i}^{n} \sum_{\boldsymbol{y}} \Delta(\boldsymbol{x}_j,\boldsymbol{y}) p\{\boldsymbol{y}|\boldsymbol{x}_i\} \\ &= Q_i(\boldsymbol{x}_1,\boldsymbol{x}_2,\cdots,\boldsymbol{x}_M) \end{aligned} \tag{12.9}$$

我们的目标是怎样构造一个码 $\{\boldsymbol{x}_1,\boldsymbol{x}_2,\cdots,\boldsymbol{x}_M\}$ 使 $Q_i(i=1,2,\cdots,M)$ 都是很小的。可惜的是,Q_i 是一个极为复杂的函数,而且也不能求出具体数值。当然,对于最简单的码是除外的。因此,首要的是要给出 $p_E^{(i)} \leq Q_i$ 的界限值是什么?求这样的值,对一个码来说是不可能的,但是,把所有可能的码构成一个集合,这个集合作为 $\{\boldsymbol{x}_1,\boldsymbol{x}_2,\cdots,\boldsymbol{x}_M\}$ 的取值域,而在这个集合上来估计 Q_i 的均值是可能的!惊奇的是,当 $M=2^{R_n}$, $n\rightarrow\infty$ 时,该均值趋向于 0。

应该指出的是,这里的证明方法称为随机编码,这是因为我们是根据某一概率分布"随机"地选择码 $\{\boldsymbol{x}_1,\boldsymbol{x}_2,\cdots,\boldsymbol{x}_M\}$。下面讨论其细节。

第一步,是描述在所有可能的码集合之上取一合适的概率分布为

$$p(\boldsymbol{x}_1,\boldsymbol{x}_2,\cdots,\boldsymbol{x}_M) = \prod_{i=1}^{M} p(\boldsymbol{x}_i)$$

若 $\boldsymbol{x}_i = (x_{i1},x_{i2},\cdots,x_{in})$,则 $p(\boldsymbol{x}_i) = \prod_{k=1}^{n} p(x_{ik})$。这就是说,可独立地选择某一码字的注脚,而"随机地"选择码,根据概率分布 $P(x)$ 来达到 $C(\beta_0)$。

现在,我们把 $Q_i(\boldsymbol{x}_1,\boldsymbol{x}_2,\cdots,\boldsymbol{x}_M)$ 看作为所有码的样本空间上一个随机变量,它的期望(见式(12.9))为

$$\begin{aligned} E(Q_i) &= E\left[\sum_{\boldsymbol{y}} \bar{\Delta}(\boldsymbol{x},\boldsymbol{y}) p\{\boldsymbol{y}|\boldsymbol{x}_i\}\right] + \sum_{j\neq i}^{n} E\left[\sum_{\boldsymbol{y}} \Delta(\boldsymbol{x}_j,\boldsymbol{y}) p\{\boldsymbol{y}|\boldsymbol{x}_i\}\right] \\ &= E_1 + \sum_{j\neq i} E_2^{(j)} \end{aligned} \tag{12.10}$$

而

$$E_1 = \sum_{x_1,\cdots,x_M} p(x_1, x_2, \cdots, x_M) \sum_y \bar{\Delta}(x_i, y) p\{y | x_i\}$$

$$= \sum_{x_i, y} p(x_i) p(y | x_i) \bar{\Delta}(x_i, y)$$

$$= \sum_{x, y} p(x, y) \bar{\Delta}(x, y) \quad (见式(12.3)) \tag{12.11}$$

$$= p\{(x, y) \notin T^*\} \quad (见式(12.8))$$

$$= p\{(x, y) \notin T \text{ 或 } x \notin B\} \quad (见式(12.6))$$

$$= p\{(x, y) \notin T\} + p\{x \notin B\}$$

故有

$$E_1 \leq p\{I(x; y) \leq nR'\} + p\{b(x) > n\beta\} \quad (见式(12.4)、式(12.5)和式(12.11))$$

但是

$$I(x; y) = \log \frac{p(y|x)}{p(y)} = \log \prod_{k=1}^n \frac{p(y_k | x_k)}{p(y_k)}$$

$$= \sum_{k=1}^n \log \frac{p(y_k | x_k)}{p(y_k)} = I(x_k; y_k)$$

由定义可知,$E[I(x_k; y_k)] = I(X; Y) = C(\beta_0)$,因而,每一 $I(x_k; y_k)$ 有均值 $C(\beta_0)$。又因 $R' < C(\beta_0)$,由弱大数定理可知

$$\lim_{n \to \infty} p\{I(x; y) \leq nR'\} = 0 \tag{12.12}$$

类似地,$b(x) = \Sigma b(x_k)$ 是 n 个独立的同分布且均值 $\leq \beta_0$ 的随机变量之和。由于 $\beta > \beta_0$,可见

$$\lim_{n \to \infty} p\{b(x) \geq n\beta\} = 0 \tag{12.13}$$

综合式(12.11)、式(12.12)和式(12.13)的结果可见,通过选择充分大的 n,可使 E_1 小到我们满意为止。

下面再来考虑式(12.10)中的 $E_2^{(j)}$,即

$$E_2^{(j)} = \sum_{x_1,\cdots,x_M} p(x_1, x_2, \cdots, x_M) \sum_y \Delta(x_j, y) p\{y | x_i\}$$

$$= \sum_{x_j} \sum_y p(x_j) \Delta(x_j, y) \sum_{x_i} p(x_i) p(y | x_i)$$

$$= \sum_{x_j, y} p(x_j) \Delta(x_j, y) p(y)$$

由式(12.4)、式(12.6)和式(12.8)可知

$$E_2^{(j)} \leq \sum_{(x, y) \in T} p(x) p(y) \tag{12.14}$$

而 $(x, y) \in T$,则 $p(x) \cdot p(y) \leq p(x, y) \cdot 2^{-Rn}$(见式(12.3)),因此,式(12.14)可写成

$$E_2^{(j)} \leq 2^{-R'_n} \sum_{(x, y) \in T} p(x) p(y) \leq 2^{-R'_n} \sum_{(x, y) \in T} p(x, y) \leq 2^{-R'_n} \tag{12.15}$$

由(12.10)式、式(12.11)和式(12.15)可得

$$E(Q_i) \leq p\{I(\boldsymbol{x};\boldsymbol{y}) < nR'\} + p\{b(\boldsymbol{x}) > n\beta\} + M \times 2^{-R'_n} \qquad (12.16)$$

若 $M = 2^{\lceil R_n \rceil}$，上式中的 $M \times 2^{-R'_n} \leq 4 \times 2^{-n(R'_n - R)}$。由于 $R' > R$，可见当 n 充分大时，这一项可小到满足我们的要求为止。再根据式(12.12)和式(12.13)可见，当选择充分大的 n，$M = 2^{\lceil R_n \rceil}$ 时，有

$$E(Q_i) < \varepsilon/2 \qquad (12.17)$$

是完全可能的。

最后，我们定义一个函数 $P_E(\boldsymbol{x}_1, \boldsymbol{x}_2, \cdots, \boldsymbol{x}_M)$，即

$$P_E(\boldsymbol{x}_1, \boldsymbol{x}_2, \cdots, \boldsymbol{x}_M) = \frac{1}{M}\sum_{i=1}^{M} P_E^{(i)}(\boldsymbol{x}_1, \boldsymbol{x}_2, \cdots, \boldsymbol{x}_M) \qquad (12.18)$$

$P_E(\boldsymbol{x}_1, \boldsymbol{x}_2, \cdots, \boldsymbol{x}_M)$ 为错误概率，在这里假设 M 个码字是等概率被传输的。若我们考虑 P_E 作为一个定义在所有可能码字的样本空间上的一个随机变量，那么，由式(12.9)和式(12.17)可知，当 $P_E^{(i)} > \varepsilon$ 且 n 充分大时，有

$$E(P_E) < \varepsilon/2$$

即 P_E 的均值是小于 $\varepsilon/2$ 的，从而必存在一个特定的码 $(\boldsymbol{x}_1, \boldsymbol{x}_2, \cdots, \boldsymbol{x}_M)$，使 $P_E(\boldsymbol{x}_1, \boldsymbol{x}_2, \cdots, \boldsymbol{x}_M) < \frac{\varepsilon}{2}$。这个码是可以不满足定理中的结论的，因为它可能会有 $b(\boldsymbol{x}_i) > n\beta$ 或 $P_E^{(i)} > \varepsilon$ 的码字 $\boldsymbol{x}_i$。但是，若当过半数的码字有 $P_E^{(i)} \geq \varepsilon$ 时，由式(12.8)可见，$P_E \geq \varepsilon/2$，这就出现了矛盾。因此，我们可从码中删去 $P_E^{(i)} \geq \varepsilon$ 的码字，就得到了满足 $P_E^{(i)} > \varepsilon$ 的码，码字的个数 $\geq 2^{\lceil R_n \rceil}$。这个码已满足了定理中的(2)和(3)。注意：若 $b(\boldsymbol{x}_i) > n\beta$，其译码球体 $S(\boldsymbol{y}) = \{\boldsymbol{x}:(\boldsymbol{x},\boldsymbol{y}) \in T$ 和 $b(\boldsymbol{x}) \leq n\beta\}$ 不能包含 $\boldsymbol{x}_i$，即 $P_E^{(i)} = 1$。因此，这个码的码字一定是 β 可容的，定理中的(1)也是成立的。

证毕。

推论（DMC 的信道编码定理） 对任一 $R < C_{\max}$ 和 $\varepsilon > 0$，存在一个长为 n 的码 $C = \{\boldsymbol{x}_1, \boldsymbol{x}_2, \cdots, \boldsymbol{x}_M\}$ 和一个译码规则，使得

(1) $M \geq 2^{\lceil R_n \rceil}$；

(2) $P_E^{(i)} \geq \varepsilon, i = 1, 2, \cdots, M$。

这个推论的证明，在定理 11.3 的证明中令 $\beta_0 = \beta_{\max}$ 即可。

12.2 分组信道编码方法

最常用的是二进制的线性分组码，本节我们就来讨论二进制线性分组码。

12.2.1 线性分组码的基本概念

为了引入线性分组码的概念，首先看下面的例子。

任给一个由 $k = 3$ 位信息组成的信息组 $\boldsymbol{m} = (m_2, m_1, m_0)$，由它生成 $(6,3)$ 线性分组码的码字 $\boldsymbol{v} = (v_5, \cdots, v_1, v_0)$ 由下列关系式确定：

$$v_{i+3} = m_i, \quad i = 0, 1, 2 \qquad (12.19)$$

$$v_2 = m_2 + m_1, \quad v_1 = m_2 + m_0, \quad v_0 = m_1 + m_0 \qquad (12.20)$$

由于每个信息组共有 $k = 3$ 位信息码元，信息组集合共由 $2^3 = 8$ 个不同的信息组构成，因此，由以上关系生成的 $(6,3)$ 线性分组码 $\boldsymbol{v}$ 共有 8 个码字。对于任给信息组 $\boldsymbol{m} = (m_2, m_1, m_0)$，生成的分组码 $\boldsymbol{v}$ 与码字

$$v = (m_2, m_1, m_0, m_2+m_1, m_2+m_0, m_1+m_0)$$

如果用矢量与矩阵乘积表示,则可以写成

$$v = (m_2, m_1, m_0) G$$

其中

$$G = \begin{bmatrix} 1 & 0 & 0 & 1 & 1 & 0 \\ 0 & 1 & 0 & 1 & 0 & 1 \\ 0 & 0 & 1 & 0 & 1 & 1 \end{bmatrix}$$

称为该(6,3)码的生成矩阵。有了生成矩阵,不难将$2^3 = 8$个信息变换成(6,3)码的8个码字。在表12.1中列出了该码的所有码字。

表 12.1 (6,3)码的编码表

信息组	码字	信息组	码字
000	000000	100	100110
001	001011	101	101101
010	010101	110	110011
011	011110	111	111000

从生成的码字可见,前面是原信息组,而后面$n = (k-3)$位是由式(12.20)确定的监督码元,我们称信息组以不变的形式,在码字的任意k位中出现的码为系统码,否则,称为非系统码。一般地,我们把信息组排在码的前k位。对于任意给定的信息组

$$m = (m_{k-1}, m_{k-2}, m_{k-3}, \cdots, m_1, m_0)$$

它生成的(n,k)系统码由下式决定:

$$v_{n-i} = m_{k-i}, \quad i = 1, 2, \cdots, k \tag{12.21}$$

$$v_{n-k-i} = h_{1i} m_{k-1} + h_{2i} m_{k-2} + \cdots + h_{ki} m_0, \quad i = 1, 2, \cdots, n-k \tag{12.22}$$

于是,由m生成码字

$$v = mG \tag{12.23}$$

其中

$$G = \begin{bmatrix} 1 & 0 & \cdots & 0 & h_{11} & h_{12} & \cdots & h_{1\,n-k} \\ 0 & 1 & 0 & \cdots & 0 & h_{21} & h_{22} & \cdots & h_{2\,n-k} \\ & & \ddots & & & \vdots & \vdots & & \vdots \\ 0 & 0 & \cdots & 0 & 1 & h_{k1} & h_{k2} & \cdots & h_{k\,n-k} \end{bmatrix} \tag{12.24}$$

称为该(n,k)线性分组码的生成矩阵,有了生成矩阵G后,很容易得到该码的所有码字。

分析(n,k)系统码的生成矩阵可以看出,它的左边是一个$k \times k$阶单位矩阵,右边是由式(12.22)的系数组成的一个$k \times (n-k)$阶矩阵,因此,矩阵G的秩为k。若分别用I_k和P表示G的两个矩阵块,则生成矩阵G可以表示成

$$G = [I_k \quad P] \tag{12.25}$$

通常把G称为标准型生成矩阵,G的k行是线性无关的。若码元$v_{n-1}, v_{n-2}, \cdots, v_{n-k}$也都是

$m_{k-1}, m_{k-2}, \cdots, m_0$ 的线性组合,就可以得到非系统线性分组码,即

$$v_{n-i} = g_{1i}m_{k-1} + g_{2i}m_{k-2} + \cdots + g_{ki}m_0, \quad i = 1, 2, \cdots, n \tag{12.26}$$

则有

$$v = (v_{n-1}, v_{n-2}, \cdots, v_0) = (m_{k-1}, m_{k-2}, \cdots, m_0) \begin{bmatrix} g_{11} & g_{12} & \cdots & g_{1n} \\ g_{21} & g_{22} & \cdots & g_{2n} \\ \vdots & \vdots & & \vdots \\ g_{k1} & g_{k2} & \cdots & g_{kn} \end{bmatrix} \tag{12.27}$$

其中

$$G = \begin{bmatrix} g_{11} & g_{12} & \cdots & g_{1n} \\ g_{21} & g_{22} & \cdots & g_{2n} \\ \vdots & \vdots & & \vdots \\ g_{k1} & g_{k2} & \cdots & g_{kn} \end{bmatrix} \tag{12.28}$$

是一个秩为 k 的 $k \times k$ 阶矩阵。

当 G 是式(12.25)表示的标准型生成矩阵时,它才生成系统码。这时,它生成的码字前 k 位是原信息组,而后 $r = n - k$ 位为监督元。

12.2.2 线性分组码的特性分析

1. 等价码特性

若给出一个最小距离为 d^* 的 (n,k) 线性分组码 V,其生成矩阵为 G,若互换 G 中任意的两列位置,得到一个新的矩阵 G',于是 G' 也是一个秩为 k 的 $k \times n$ 阶矩阵,它可以生成一个 (n,k) 线性分组码 V',且 V' 与 V 有相同的参数,例如,它们的 n、k 以及最小距离 d^* 都相同,但 V' 中的码字与 V 中的码字略有差异,因此 V' 与 V 是等价的。

同样,对 G 做初等行变换,得到一个新矩阵 G'',于是 G'' 也是一个秩为 k 的 $k \times n$ 阶矩阵,它可以生成一个 (n,k) 线性分组码 V'',且有 V'' 中的码字与 V 中的码字完全一样,只是 V'' 与 V 中同一码字对应的信息组不同,也称 V'' 与 V 等价。综上可得等价码的概念:若对秩为 k 的 $k \times n$ 阶矩阵 G 作列对换或初等行变换,得到一个新的矩阵 G',由 G' 生成的 (n,k) 码 V' 与 G 生成的 (n,k) 码 V 称为互为等价码。

2. 码字的重量与码的最小重量

码的最小重量,也是线性分组码的一个重要参数,且与码的最小距离具有一定的关系。所谓码字的重量,是指码长为 n 的码字 v 中,码元不为 0 的个数,并记为 $W(v)$。我们把 (n,k) 码中 $2^k - 1$ 个非零码字中重量的最小值,称为该码的最小重量 W^*。

(n,k) 码的最小重量 = 码的最小距离。由此可知,要构造一个最小距离的线性分组码,只需要构造出最小码重等于最小距离的线性分组码就可以了,即要求 $W^* = d^*$;反之,如果知道了一个线性分组码的最小码重,其最小距离也就可以确定了。

3. 码字的重量的数值特性

任何一个二元域上的 (n,k) 线性分组码,其码字的重量或全部为偶数,或奇数重量的码字的个数与偶数重量码字的个数相等。

12.3 分组码的译码方法

12.3.1 标准阵列法译码

下面我们给出二元域上线性分组码的一种译码方法——标准阵列法译码。它是由 Slepian 于 1956 年提出的,是一种在 BSC 中译码错误概率最小的译码方法。

我们知道,二元域上的 n 维矢量空间 $V_n(2^n)$,对于加法运算是一个交换群,其中 2^k 个码字的集合 V 是 $V_n(2^n)$ 的一个子群。我们以子群 V 为基础把交换群 $V_n(2^n)$ 划分成若干个无公共元素的陪集的并,于是可以得到一个标准阵列译码表。其构造如表 12.2 所列。

表 12.2 是这样构成的:把其中 2^k 个码字放在表中第一行,v_1 是全 0 码字,放在最左边,其余 2^k-1 个码字 $(v_2,v_3,\cdots,v_{2^k})$ 紧随 v_1 的后面;然后,在 2^n-2^k 个禁用码字中任选一个 e_1 放在 v_1 下面,即 e_1 为第 2 行的第一个码字,并相应计算出 $v_2+e_1,v_3+e_1,\cdots,v_{2^k}+e_1$ 分别放在 $v_2,v_3,\cdots,v_{2^k}$ 码字的下面构成表的第二行;然后,再选出一个未写入第二行的一个禁用码字 e_2,并相应计算出 v_2+e_2, $v_3+e_2,\cdots,v_{2^k}+e_2$ 分别放在 $v_2,v_3,\cdots,v_{2^k}$ 码字的下面构成表的第三行,依此类推。即 $V_n(2^n)$ 按子群 V 分解成 2^{n-k} 个互不相交的陪集的并。我们称 $v_1,e_1,e_2,\cdots,e_m$ 为陪集首(即一个陪集中具有最小重量的矢量),它们就是陪集的代表系。关于陪集首的选择,当有多个矢量具有最小重量时,则从中随机选择一个定位陪集首即可。

表 12.2 标准阵列译码表

码字	v_1	v_2	$\cdots$	v_{2^k}
禁用码字	e_1	v_2+e_1	$\cdots$	$v_{2^k}+e_1$
	e_2	v_2+e_2	$\cdots$	$v_{2^k}+e_2$
	$\vdots$	$\vdots$	$\vdots$	$\vdots$
	e_m	v_2+e_m	$\cdots$	$v_{2^k}+e_m$

我们如何利用译码表进行译码呢?

如果收到一个 r 落到该表某一列中,则把 r 译成该列最上面的码字。

例如,若发送端发出一个码字 v_i,接收端收到一个 $r=v_i+e_j$,即 r 就是在码字 v_i 上再叠加一个陪集首;那么,则收端就可根据 r 所在的行,找出 e_j,求出 $v_i=r-e_j$,即能正确译码。否则就会错译。于是,就自然提出这样的问题,如何划分陪集才能使译码的错误概率最小,其实质就是陪集首的选择问题。

根据实验已知,错误图样重量越轻(码字中含 1 的个数越小),发生的可能性越大。因而,译码时应首先能纠正那些重量小的错误图样,即在构造译码表时,应选择重量最小的禁用码字作为陪集首,即放在表的第一列 (v_1 列)。这样的译码表可使译码的错误概率最小,这实际上就是最小距离译码,在 BSC 信道条件下,它等价于最大似然译码。

例 12.1 (6,3) 线性分组码的生成矩阵

$$G = \begin{bmatrix} 1 & 0 & 0 & 1 & 1 & 0 \\ 0 & 1 & 0 & 1 & 0 & 1 \\ 0 & 0 & 1 & 0 & 1 & 1 \end{bmatrix}$$

它生成的 8 个码字为 000000、001011、010101、011110、100110、101101、110011、111000,我们用出现概率最大(重量最轻)的错误图样作为陪集首构成标准阵列译码表,如表 12.3 所列。

表 12.3 （6,3）码标准阵列译码表

码字	000000 （陪集首）	001011	010101	011110	100110	101101	110011	111000
禁用码	100000	101011	110101	111110	000110	001101	010011	011000
	010000	011011	000101	001110	110110	111101	100011	101000
	001000	000011	011101	010110	101110	100101	111011	110000
	000100	001111	010001	011010	100010	101001	110111	111100
	000010	001001	010111	011100	100100	101111	110001	111010
	000001	001010	010100	011111	100111	101100	110010	111001
	100001	101010	110100	111111	000111	001100	010010	011001

例如，接收端收到一个 000101，即表 12.3 第 3 行，第 4 列的矢量，查表 12.3 可知，第 3 行的陪集首为 010000，于是，可根据 $r = v_i + e_j \Rightarrow v_i = r \oplus e_j$ 求出送端发出的码字 $v_i = 000101 \oplus 010000 = 010101$。完成了译码。

12.3.2 监督矩阵与最小距离的关系

我们知道，线性分组码的纠错能力与它的最小距离 d^* 有着密切的关系，d^* 越大，它的纠错能力越强。因此，讨论 H 与 d^* 的关系就是讨论 H 与码的纠错能力的关系。

一个 (n,k) 线性分组码的最小距离为 d^* 的充分必要条件是它的监督矩阵 H 的任意 d^*-1 列线性无关，而有 d^* 列线性相关。

证明：略。

讨论分组码的 n、k 和 d^* 之间的关系，它不仅为我们今后构造分组码奠定了理论基础，而且为我们估计给定的线性分组码的性能提供了理论基础。

第 13 章 限失真信源编码理论与技术

13.1 速率失真函数

13.1.1 速率失真函数研究背景

速率失真理论(Rat-Distortion Theory,RDT),是专门研究信源熵大于信道容量情况下的信息论分支,是处理信息速率与失真这对矛盾的理论。它的基本观点就是以容许的失真为代价来换取较低的信息速率。这个名称来源于 Shannon 于 1959 年发表的"具有保真度的离散信源编码定理"一文中,信源的速率失真函数的概念和速率失真函数是速率失真理论的基础。速率失真理论为量化、模数转换和数据压缩(带宽压缩或多余度消除)提供了一个数学基础。

Shannon 于 1959 年就指出了速率失真理论能够确定数据压缩的理论界限,但未受到人们的重视,因为当时数字信号处理技术的落后,这个理论在应用方面未能发挥作用。

但是随着通信技术的发展,尤其是传真和图像通信业务量的增加,迫切需要展开对图像信源的研究,而图像信息量巨大,目前已成为采用数字方式传输和存储以及处理信息的障碍。因此,为了解决这个问题,一是开发大容量信道,如光纤信道,二是采用数据压缩技术。应该说,这一领域从 20 世纪 60 年代后期就非常活跃。目前已成为最受关注的信息论的分支之一。

数据压缩实质上是对信源进行某种处理,因此,将促使数据压缩理论的发展。下面我们举例说明这一点。

例 13.1 某信号 $x(t)$,若对它进行采样,变成 $x_k(k=\cdots,-1,0,1,\cdots)$,采用 PCM 方法进行 A/D 转换,那么 x_k 就转换成为由二元符号构成的分组。PCM 原理如图 13.1 所示。

图 13.1 PCM 原理图示

若设量化电平数为 2^m,二元符号构成的分组(即码字)集合记为

$$C = \{x_1, x_2, \cdots, x_M\}, \quad M = 2^m, \quad m \text{ 为码字长度}$$

若要做到无误差编码,就需有无限多的量化电平数,即 $m \to \infty$。若将码率定义为

$$R = m/\Delta T, \quad \Delta T \text{ 为采样周期}$$

显然,当 $m \to \infty$ 时,$R \to \infty$,若采用有限量化电平数,那么码字的个数 M 也是有限的。于是,对任一 x_k 来说,它只能选择与 x_k 最逼近的 y_1 作为相应的码字,即

$$d(x_k, y_1) \le d(x_k, y_j), \quad j = 1, 2, \cdots, M, y_j \text{ 为量化电平(对应着一个码字)}$$

在这里 $d(x_k, y_1) = |x_k - y_1|$,误差与 C 是有关的。若增大 m,d 会减小。但是这就意味着 R 的增大(ΔT 不变),如图 13.2 所示。由上述可见,误差与码率 R 之间必须有确定的内在联系。

不难想到,若 x 的概率密度函数非均匀,在 $p(x)$ 小的地方增大失真 $d(x_k, y_1)$,即增大量化间距,或者说,在这些地方可选择的码字个数进一步减少,这样就意味着在平均误差不太增加的情况下,可进一步降低 m,如图 13.2 所示。例如,$p(x)$ 为均匀分布时,取 $m=3, M=8$,而为非均匀分布时，取 $m=2, M=4$。

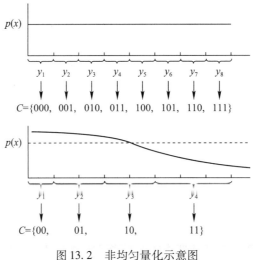

图 13.2 非均匀量化示意图

应该指出，当给定系统的平均误差容限 δ 之后，数据压缩的任务就是尽可能地降低 R，并使得相应的平均误差

$$\bar{d} \leq \delta + \varepsilon, \quad \varepsilon \text{ 为任意小的正数}$$

也就是说，给定一个 δ，必有一个最低的 R。这种对应关系就称为速率失真函数，即 $R(\delta)$ 函数。$R(\delta)$ 函数主要取决于信源特性。针对不同的信源可求出其 $R(\delta)$。$R(\delta)$ 给出了数据压缩的终极界限。以 $R(\delta)$ 为目标来寻求最优的数据压缩方法，设计数据压缩系统，这就是要研究 $R(\delta)$ 的第一个目的。

另一个目的是找出现用的压缩方法的 R 和 δ 之间的关系，与 $R(\delta)$ 进行比较，可判断出各种方法的优劣程度，指出改进的方法，估计改进的前途。

13.1.2 离散无记忆信源的速率失真函数

对于一个离散无记忆信源，发出的符号 $u \in A_U$，所产生的符号序列 $U_1, U_2, \cdots$ 是独立的，U_i 的概率分布均为 $P\{U=u\} = P(u)$。若经过某一信道传输之后，恢复为信宿符号 $v \in A_V$，信宿符号序列为 $V_1, V_2, \cdots$，我们称 A_U、A_V 为信源、信宿字母表。

对每一元偶 (u,v)，我们用非负数字母 $d(u,v)$ 表示 u 恢复成 v 时，所产生的失真或误差。函数 $d(u,v)$ 称为失真函数或失真量度。$d(u,v)$ 可按以按着某种准则来定义，如用 v 表示 u 所带来的损失、质量或性能上的恶化和心理上差异的大小等。对于连续变量，可令 $d(u,v) = |u-v|$ 或 $d(u,v) = (u-v)^2$。为了方便，不管是何种意义下的 $d(u,v)$，我们都称为失真函数。

失真函数 $d(u_i, v_j), i=0,1,\cdots,r-1, j=0,1,\cdots,s-1$，可排成一个 $r \times s$ 矩阵 $\boldsymbol{D}$，$\boldsymbol{D}$ 为失真矩阵，即

$$\boldsymbol{D} = \begin{bmatrix} d(u_0,v_0) & d(u_0,v_1) & \cdots & d(u_0,v_{s-1}) \\ d(u_1,v_0) & d(u_1,v_1) & \cdots & d(u_1,v_{s-1}) \\ \vdots & \vdots & & \vdots \\ d(u_{r-1},v_0) & d(u_{r-1},v_1) & \cdots & d(u_{r-1},v_{s-1}) \end{bmatrix}$$

所谓失真,可理解为是一种"距离"的概念。因此,$d(u_1,v)\geq 0$,当 $u=v$ 时,$d(u,v)=0$,故 $d(u,v)$ 有如下特点。

(1) $\min\limits_{u\in A_U,v\in A_V} d(u,v)=0$。

(2) 一般地,有 $0\leq d(u,v)\leq d_0<\infty$。

对于 K 次扩展而言,设 d 的值域为 $A_U^k\times A_V^k$ 空间,元偶 $(\boldsymbol{u},\boldsymbol{v})=(u_1,u_2,\cdots,u_K;v_1,v_2,\cdots,v_K)$,则有

$$d(\boldsymbol{u},\boldsymbol{v})=\sum_{i=1}^{K}d(u_i,v_i) \tag{13.1}$$

例 13.2 $A_U=A_V=\{0,1\}$,$p(0)=p,p(1)=1-p=g,p\leq 1/2$,失真矩阵为

$$\boldsymbol{D}=\begin{bmatrix}0 & 1\\ 1 & 0\end{bmatrix}$$

例 13.3 $A_U=\{-1,0,+1\}$,$A_V=\{-1/2,+1/2\}$,$p(u)=1/3$,失真矩阵为

$$\boldsymbol{D}=\begin{bmatrix}1 & 2\\ 1 & 1\\ 2 & 1\end{bmatrix}$$

例 13.4 对 $A_U=A_V=\{0,1\}$,作二次扩展,那么 $\boldsymbol{u}=\{00,01,10,11\}$,$\boldsymbol{v}=\{00,01,10,11\}$,因而失真函数为

$$d(00,00)=d(0,0)+d(0,0)=0$$
$$d(00,01)=d(0,0)+d(0,1)=1$$
$$\vdots$$
$$d(11,00)=d(1,0)+d(1,0)=2$$
$$d(11,01)=d(1,0)+d(1,1)=1$$
$$d(11,10)=d(1,1)+d(1,0)=1$$
$$d(11,11)=d(1,1)+d(1,1)=0$$

于是,失真矩阵为

$$\boldsymbol{D}^2=\begin{bmatrix}0 & 1 & 1 & 2\\ 1 & 0 & 2 & 1\\ 1 & 2 & 0 & 1\\ 2 & 1 & 1 & 0\end{bmatrix}$$

对于 K 次扩展来说,信源的 K 个连续输出看作为独立随机矢量 $U_1,U_2,\cdots,U_K$,令 $V_1,V_2,\cdots,V_K$ 为任意 K 个随机变量,$V_i(i=1,2,\cdots,K)$ 与 U_i 的值域相同。那么,$(\boldsymbol{U},\boldsymbol{V})$ 之间的平均失真 $E(d)$ 为

$$E(d)=E[d(\boldsymbol{U},\boldsymbol{V})]=\sum_{\boldsymbol{u},\boldsymbol{v}}p(\boldsymbol{u},\boldsymbol{v})d(\boldsymbol{u},\boldsymbol{v}) \tag{13.2}$$
$$=\sum_{\boldsymbol{u},\boldsymbol{v}}p(\boldsymbol{u})p(\boldsymbol{v}|\boldsymbol{u})d(\boldsymbol{u},\boldsymbol{v})$$

(式中的求和运算,是对所有的 $r^K\times s^K$ 个矢量对来进行的,$(\boldsymbol{u},\boldsymbol{v})=(u_1,u_2,\cdots,u_K;v_1,v_2,\cdots,v_K)$。$u_i\in A_U,v_i\in A_V$,而 $p(\boldsymbol{u},\boldsymbol{v})=p\{\boldsymbol{U}=\boldsymbol{u},\boldsymbol{V}=\boldsymbol{v}\}$,$p(\boldsymbol{v}|\boldsymbol{u})=p\{\boldsymbol{V}=\boldsymbol{v}|\boldsymbol{U}=\boldsymbol{u}\}$。)

下面我们定义 $R_K(\delta)$ 函数：
$$R_k(\delta) = \min\{I(\boldsymbol{U};\boldsymbol{V})\}:E(d)=k\delta \tag{13.3}$$

式中的最小值取决于所有 K 维随机矢量对 $(\boldsymbol{U},\boldsymbol{V})=((U_1,U_2,\cdots,U_K),(V_1,V_2,\cdots,V_K))$。

应该指出：

（1） $U_1,U_2,\cdots,U_K$ 的概率分布 $p(\boldsymbol{u})=\prod_{i=1}^{k}p(u_i)$，$p(\boldsymbol{u})$ 是已给信源的概率分布。这就是说，这里的信源是无记忆的。

（2）对一个确定的 δ 计算 $R_K(\delta)$ 时，我们必须改变的是 V 的条件概率分布 $p(v|u)$。这时 $p(v|u)$ 可看作是输入为 U、输出为 V 的信道的转移概率，这个信道通常称为 K 维实验信道，因此，式(13.3)的最小化实际仅取决于其平均失真 $\leq K\delta$ 的所有 K 维实验信道。

（3） $R_K(\delta)$ 的定义域为 $\delta \geq \delta_{\min}$，$\delta_{\min}$ 定义为
$$\delta_{\min} = \sum_{\boldsymbol{u}\in A_U} p(\boldsymbol{u}) \min_v d(u,v) \tag{13.4}$$

由式(13.2)可得
$$E(d) = \sum_{\boldsymbol{u},\boldsymbol{v}} p(\boldsymbol{u},\boldsymbol{v})d(\boldsymbol{u},\boldsymbol{v}) \geq \sum_{\boldsymbol{u},\boldsymbol{v}} p(\boldsymbol{u},\boldsymbol{v})\min_v d(\boldsymbol{u},\boldsymbol{v})$$
$$= \sum_{\boldsymbol{u}} p\left(\sum_{v} \min_v d(\boldsymbol{u},\boldsymbol{v})\right) = k\delta_{\min}$$

故有 $R_K(\delta)$ 的定义域为 $\delta \geq \delta_{\min}$。

13.1.3　速率失真函数特性分析

下面介绍 $R_K(\delta)$ 函数的性质。

1. 递减性

若考虑 $\delta_1 > \delta_2$，对实验信道来说，有
$$Q_1 = \{p(\boldsymbol{v}|\boldsymbol{u}):E(d) \leq K\delta_1\}$$
$$Q_2 = \{p(\boldsymbol{v}|\boldsymbol{u}):E(d) \leq K\delta_2\}$$

那么，$Q_2 \subseteq Q_1$ 即 Q_2 是 Q_1 的一个子集，因而 $R_K(\delta_1) \leq R_K(\delta_2)$。

2. 下凸性

$R_K(\delta)$ 是一个下凸函数，$\delta \geq \delta_{\min}$。

证明：设 α_1、$\alpha_2 \geq 0$，$\alpha_1+\alpha_2=1$。我们必须证得，当 $\delta_1,\delta_2 \geq \delta_{\min}$ 时，有
$$R_k(\alpha_1\delta_1+\alpha_2\delta_2) \leq \alpha_1 R_k(\delta_1)+\alpha_2 R_k(\delta_2) \tag{13.5}$$

为此，令 $p_1(\boldsymbol{v}|\boldsymbol{u}),p_2(\boldsymbol{v}|\boldsymbol{u})$ 是达到 $R_k(\delta_1)$、$R_k(\delta_2)$ 的 K 维实验信道，若 V_1、V_2 表示实验信道的输出，则有
$$I(\boldsymbol{U};\boldsymbol{V}_i) = R_k(\delta_i) \tag{13.6}$$
$$E(d_i) \leq K\delta_i,\quad i=1,2 \tag{13.7}$$

式中有 $d_i = d(U;V_i)$ 表示在第 i 次实验信道中的平均失真。

我们再定义一个新的实验信道，其转移概率 $p(v|u) = \alpha_1 p_1(v|u)+\alpha_2 p_2(v|u)$。若 v 表示该信道的输出，那么，由式(13.2)和式(13.7)可得
$$E[d(\boldsymbol{U},\boldsymbol{V})] = \alpha_1 E[d(\boldsymbol{U},\boldsymbol{V}_1)]+\alpha_2 E[d(\boldsymbol{U},\boldsymbol{V}_2)]$$
$$\leq k\alpha_1\delta_1+k\alpha_2\delta_2$$

因此,$p(v,u)$ 信道是 δ 可容的,但是 $I(U;V)$ 并非一定就是 $R_K(\delta)$,故有
$$I(U;V) \geqslant R_k(\alpha_1\delta_1 + \alpha_2\delta_2)$$
从另一方面来说,由于 $I(U;V)$ 是转移概率 $p(v|u)$ 的下凸函数(见定理 2.4),$I(U;V) \leqslant \alpha_1 I(U;V_1) + \alpha_2 I(U;V_2) = \alpha_1 R_K(\delta_1) + \alpha_2 R_K(\delta_2)$。由这两个不等式可见,式(13.5)是成立的。

证毕。

3. 倍乘性

对一个 DMS 而言,$K = 1, 2, \cdots$,当 $\delta \geqslant \delta_{\min}$ 时,有
$$R_K(\delta) = KR_1(\delta)$$

证明:令 $p(v|u)$ 是一个达到 $R_K(\delta)$ 的 K 维实验信道的转移概率,那么,有
$$I(U;V) = R_K(\delta) \tag{13.8a}$$
$$E[d(U,V)] \leqslant K\delta \tag{13.8b}$$
由于 $U_1, U_2, \cdots, U_K$ 是独立的,由定理 10.7 可知
$$I(U;V) \geqslant \sum_{i=1}^{n} I(U_i;V_i) \tag{13.9}$$
若我们定义 $\delta_i = E[d(U_i,V_i)]$,则有
$$I(U_i;V_i) \geqslant R_1(\delta_i), \quad i = 1, 2, \cdots, n \tag{13.10}$$
$$E[d(U,V)] = \sum_{i=1}^{k} \delta_i \leqslant k\delta \tag{13.11}$$

由式(13.9)和式(13.10)可得 $I(U;V) \geqslant \sum_{i=1}^{k} R_1(\delta_i)$。但是,由于 R_1 是下凸的,由式(13.11)以及 R_1 是 δ 的减函数特性可有
$$\sum_{i=1}^{k} R_1(\delta_i) \geqslant kR_1\left(\frac{\delta_1 + \delta_2 + \cdots + \delta_k}{k}\right) \geqslant kR_1(\delta)$$

因此,$R_K(\delta) = I(U;V) \geqslant KR_1(\delta)$。为了证反向不等式,我们令 $p(v|u)$ 是得到 $R_1(\delta)$ 的一维实验信道的转移概率,又定义 $p(v,u) = \Pi p(v_i|u_i)$。即信道是无记忆的,由定理 10.8 和定理 10.7 可得
$$I(U;V) = \sum_{i=1}^{k} I(V_i;U_i)$$
又因 $U_1, U_2, \cdots, U_K$ 独立,所以就有
$$I(U_1;V_1) = I(U_2;V_2) = \cdots = I(U_K;V_K)$$
即可得
$$I(U;V) = kI(U;V) = kR_1(\delta)$$
而这时的平均失真为
$$E[d(U,V)] = \sum_{u,v} p(u,v)d(u,v)$$
$$= \sum_{u,v} p(u,v)\left[\sum_{i=1}^{k} d(u_i,v_i)\right]$$
$$= \sum_{u,v} p(u,v)d(u_1,v_1) + \sum_{u,v} p(u,v)d(u_2,v_2) + \cdots + \sum_{u,v} p(u,v)d(u_k,v_k)$$
$$= \sum_{u,v} p(u_1,v_1)d(u_1,v_1) + \sum_{u,v} p(u_2,v_2)d(u_2,v_2) + \cdots + \sum_{u,v} p(u_k,v_k)d(u_k,v_k)$$
$$\leqslant \delta_1 + \delta_2 + \cdots + \delta_k = k\delta$$

由于 $R_K(\delta)$ 是 $E(d) \leq K\delta$ 时 $I(U;V)$ 的最小值,所以 $R_K(\delta) \leq I(U;V) = KR_1(\delta)$。

综上所述,我们得到 $R_K(\delta) = KR_1(\delta)$。

证毕。

现在,我们就把信源的速率失真函数定义为

$$R_1(\delta) = \inf_k \frac{1}{k} R_k(\delta) \tag{13.12}$$

$R(\delta)$ 的意义是:若以容许的平均失真为 δ,表示一个信源号所必需的最少比特数(对数以 2 为底),亦即 $R(\delta)$ 是在求当已给平均失真为 δ,信源不变的情况下互信息为最小的信道,也可说是,对一个给定的信源 $P(X)$,允许的失真为 δ 时,传送信源的信息实际所需要的最小化信道容量。

由 $R_K(\delta)$ 函数的性质 3 可知,对一个 DMS(离散无记忆信源),它的 $R(\delta)$ 为

$$R(\delta) = \inf_k \frac{1}{k} R_1(\delta) = \inf_k \frac{1}{k} k R_1(\delta) = \inf_k R_1(\delta) \tag{13.13}$$

$$= R_1(\delta) = \min\{I(U;V) : E(d) \leq \delta\}$$

应该指出,$R(\delta)$ 和 $C(\beta)$ 都是互信息的极值问题,因此把它看作是信道问题的对偶问题。前者反映的是信源特性,而后者反映信道特性。$R(\delta)$ 函数是为了解决在已给信源 $p(x)$ 和失真限度 (δ) 的条件下必须有的最小信息率,因而称为信源编码问题。这个问题在研究信息处理等方面是有重要的指导作用的。

还应该说明,在研究 $R(\delta)$ 时,我们用了条件概率 $p(v|u)$,它似乎是表征信道的一个参数,其实我们只是用它作为一个待求的参数,以使得 $I(U;V)$ 最小,因此并没有实际信道的含义。有时称其为实验信道特性,表示是一个假想的可变的信道特性,这个可变性实际上就是各种信源编方法所呈现的不同性能。

下面我们来讨论 $R(\delta)$ 函数的一些基本特点。

我们知道,$R(\delta)$ 是以 $P(v|u) \in Q_\delta$ 的变化为条件,$I(U;V)$ 的最小值,所以

$$0 \leq R(\delta) \leq \log r$$

而 $I(U;V)$ 是 $p(v|u)$ 的实值连续函数。因此,在非空的集合 $Q_\delta = \{p(v|u) : E(d) \leq \delta\}$ 中,由数学理论可知,$R(\delta)$ 对于任一 $\delta \geq \delta_{\min}$ 都是存在的。

$R(\delta)$ 在 $\delta = \delta_{\min}$ 时是减函数,且还是下凸的,下凸性意味着 $R(\alpha\delta_1 + (1-\sigma)\delta_2) \leq \alpha R(\delta_1) + (1-\sigma)R(\delta_2)$,而 $\alpha\delta_1 + (1-\sigma)\delta_2$ 可看作为 α 的连续函数,故 $R(\alpha\delta_1 + (1-\sigma)\delta_2)$ 也是连续的,因此 $R(\delta)$ 在 $\delta_{\min} \leq \delta \leq \delta_{\max}$ 区间上是连续的减函数,所以 $R(\delta)$ 是严格递减的。

下面我们进一步讨论 $\delta_{\max}$ 数值的确定问题,$\delta \geq \delta_{\max}$ 的 $R(\delta)$ 值和 $\delta = \delta_{\min}$ 的 $R(\delta)$ 值的计算方法。

关于 $\delta_{\max}$ 值的确定,我们可作如下分析:由于 $I(U;V)$ 是非负函数,因此 $R(\delta)$ 也是非负的且最小值为 0,与此对应的实验信道特性为

$$p(v|u) = p(v)$$

也就是说,U 和 V 是相互独立的,对于所有满足上式的 $p(v|u)$ 集合,我们可求得平均失真 $E(d) = \delta$,所有这类 δ 的下限值就定义为 $\delta_{\max}$,即

$$\begin{aligned}
\delta_{\max} &= \min \sum_u \sum_v p(u)p(v)d(u,v) \\
&= \min \sum_v p(v) \sum_u p(u)d(u,v) \\
&= \sum_v p(v)\left[\min_v \sum_u p(u)d(u,v)\right] \\
&= \min_v \sum_u p(u)d(u,v) \quad (p(v) \text{ 取 } 0\text{、}1 \text{ 分布时})
\end{aligned} \tag{13.14}$$

若某一失真值 $\delta_0 > \delta_{\max}$,这时 $p(v)$ 可能不是 0、1 分布。但我们可认为 $R(\delta_0) = 0$,因为 $R(\delta_0)$ 的条件表明 $p(v|u) \in Q_{\delta 0}$ 是使 $I(U;V)$ 为最小的条件概率集,满足 $p(v|u) \in Q_\delta$。恰恰说明了 $E(d) \leq \delta_0$,若 $p(v|u) \in Q_{\delta\max}, E(d) \leq \delta_{\max}$,且 $E(d) \leq \delta_0$,因而,若 $p(v|u) \in Q_{\delta\max}$,必有 $p(v|u) \in Q_{\delta 0}$,因此,用此类 $p(v|u)$ 时必有 $I(U;V) = 0$,而且必是最小值,所以 $R(\delta_0) = 0$,这就是我们为什么把 $R(\delta) = 0$ 的所有 δ 的下确界值定义为 $\delta_{\max}$ 的原因。

例 13.4 二元信源的概率分布为 $\{1/3, 2/3\}$,失真矩阵为

$$Q = \begin{bmatrix} \dfrac{1}{8} & 1 \\ 1 & \dfrac{1}{2} \end{bmatrix}$$

$\delta_{\max}$ 的表达式为

$$\delta_{\max} = \min_v \sum_u p(u) d(u,v) = \min_v \left\{ \frac{1}{24} + \frac{16}{24}, \frac{1}{3} + \frac{1}{3} \right\}$$

$$= \min_v \left\{ \frac{17}{24}, \frac{2}{3} \right\} = \frac{2}{3}$$

定理 13.1 $R(\delta) = 0$,当且仅当 $\delta \geq \delta_{\max}$。

证明: 设 $\delta_{\max} = \sum_u p(u, v_j)$,即有一个实验信道,它的每一输入都对应于 v_j,亦即

$$p(v_k | u_i) = \begin{cases} 1, & i = 0, 1, \cdots, r-1; k = j \\ 0, & k \neq j \end{cases}$$

如图 13.3 所示,则有

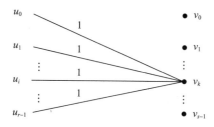

图 13.3 实验信道 $\left(\delta_{\max} = \sum_u p(u) d(u, v) \right)$

$$I(U;V) = H(V) - H(V|U) = 0$$

$$E(d) = \sum_{u,v} p(u,v) d(u,v) = \sum_{u,v} p(u) p(v|u) d(u,v)$$

$$= \sum_u p(u) d(u,v) = \delta_{\max}$$

所以,$R(\delta) = \min\{I(U;V) : E(d) = \delta_{\max}\} = 0$,又因 $R(\delta)$ 是减函数,所以 $\delta = \delta_{\max}$ 时,$R(\delta) = 0$。

再证必要性,设 $R(\delta) = 0$,那么就一定有一实验信道,满足

$$R(\delta) = I(U;V) = 0$$

$$E(d) \leq \delta$$

即 $H(U) = H(U|V)$，U 与 V 独立，因而就有 $p(u,v) = p(u) \cdot p(v)$。平均失真为

$$E(d) = \sum_{u,v} p(u,v) d(u,v) = \sum_{u,v} p(u) p(v) d(u,v)$$

$$= \sum_v p(v) \sum_u p(u) d(u,v) \geq \sum_v p(v) \delta_{\max} = \delta_{\max}$$

综上所述，若 $R(\delta) = 0$，则一定有 $\delta \geq \delta_{\max}$。

证毕。

定理 13.2 $R(0) = H(U)$，当且仅当失真矩阵 $\boldsymbol{D}$ 的每一行至少有一个 0，而每一列至多有一个 0。

证明：由 $\delta_{\min}$ 的定义可知

$$\delta_{\min} = \sum_u p(u) \min_v d(u,v) = \sum_u p(u) \cdot 0 = 0$$

因此，有

$$R(\delta_{\min}) = R(0) = \min\{I(U;V) : E(d) = 0\}$$

由于 $E(d) = \sum_{u,v} p(u,v) d(u,v) = \sum_{u,v} p(u) p(v|u) d(u,v) = 0$，可知每一 $p(u,v) d(u,v) = 0$（$p(u,v)$ 和 $d(u,v)$ 均为非负数，由 $p(u,v) \neq 0$，必有 $d(u,v) = 0$，即 $u = v$，而当 $u \neq v$ 时，必有 $d(u,v) \neq 0$，那么一定是 $p(u,v) = 0$，于是，$p(u) p(v|u) = 0$，即有 $p(v|u) = 0$，所以

$$p(v|u) = \begin{cases} 1, & u = v \\ 0, & u \neq v \end{cases}$$

也就是说，要使 $E(d) = 0$（$p(u)$ 全不为 0），必须在失真矩阵 $\boldsymbol{D}$ 的元素不为 0 的位置上使转移概率矩阵的相应位置上的元素为 0，才能保证每一项 $p(u) p(v|u) d(u,v) = 0$。因此，使 $E(d) = 0$ 的信道的转移概率矩阵的每一列至多有一个元素不为 0 且数值等于 1，也就是说，每一个 v 唯一地确定（以概率 1）对应于某一个 u，这是因为一个 $E(d) = 0$ 的实验信道，一定把每一 u 变换为它的"理想"代表的集合 G_u，即

$$G_u = \{v : d(u,v) = 0\}$$

而 $G_{u_0}, G_{u_1}, \cdots, G_{u_{r-1}}$ 都是互不相交的子集。所以

$$H(U|V) = \sum_{u,v} p(v) p(u|v) \log \frac{1}{p(u|v)} = 0$$

那么，$R(0) = \min\{I(U;V) : E(d) = 0\} = \min\{H(U) : E(d) = 0\} = H(U)$。

下面再证必要性，若 $R(0) = H(U)$，就意味着

$$H(U|V) = \sum_{u,v} p(v) p(u|v) \log \frac{1}{p(u|v)} = 0$$

必有

$$p(u|v) = \begin{cases} 1, & u = v \\ 0, & u \neq v \end{cases}$$

又因 $\delta_{\min} = \sum_u p(u) \min_v d(u,v) = \sum_u p(u) \cdot 0 = 0$，必有 $d(u,v) = 0$，即 $u = v$，因此，对每一 v_j 而言，至多有一个 u_i 使得

$$p(u_i|v_j) = 0$$
$$d(u_i,v_j) = 0$$

也就是说，$\boldsymbol{D}$ 的每一列至多有一个 v_j 使得 $d(u_i,v_j) = 0$，而要保证 $\delta_{\min} = 0$，那么对某个 u 来说，至少有一个 v_k 使得 $d(u,v_k) = 0$，即 $\boldsymbol{D}$ 的每一行至少有一个 0 元素。

证毕。

综上所述，当 $\delta \geq \delta_{\min}$ 时，$R(\delta)$ 是非增的下凸函数，而当 $\delta \geq \delta_{\max}$ 时，$R(\delta)$ 为常数 0，而在 $\delta_{\min} \leq \delta \leq \delta_{\max}$ 区间上得一个严格的减函数，因而 $R(\delta)$ 函数又可定义为

$$R(\delta) = \min\{I(U;V) : E(d) = \delta\}, \quad \delta_{\min} \leq \delta \leq \delta_{\max} \tag{13.15}$$

一个典型的 $R(\delta)$ 函数曲线如图 13.4 所示。

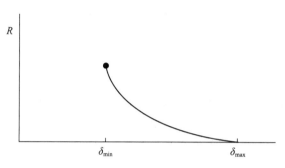

图 13.4　一个典型的 $R(\delta)$ 曲线

下面我们将以两个例子说明 $R(\delta)$ 函数的确定方法。

例 13.5　$A_U = A_V = \{0,1\}$，信源概率分布为 $p(0) = p, p(1) = 1-p = g, p \leq 1/2$，失真矩阵为

$$\boldsymbol{D} = \begin{bmatrix} 0 & 1 \\ 1 & 0 \end{bmatrix}$$

求这个信源的 $R(\delta)$。

解：
$$\delta_{\min} = \sum_u p(u)d(u,v) = p(0)d(0,0) + p(1)d(1,1) = 0$$

所以，$R(0) = H(U) = H(p)$，而 $\delta_{\max}$ 为

$$\delta_{\max} = \min_v \sum_u p(u)d(u,v) = \min_v \{p, g\} = p$$

根据 $R(\delta)$ 的特点 $R(\delta_{\max}) = R(p) = 0$；当 $0 \leq \delta \leq p$ 时，有

$$I(U;V) = H(U) - H(U|V) = H(p) - H(U|V)$$
$$E(d) = P\{U \neq V\} = \delta = p_e$$

又因为 $H(U|V) \leq H(\delta)$（由 Fano 不等式），所以可得到，$I(U;V) \geq H(U) - H(\delta)$。由 $R(\delta)$ 是当失真为 δ 时 $I(U;V)$ 的最小值，因而，可证明

$$R(\delta) = H(U) - H(\delta)$$

如能找出一个 $I(U;V) = H(U) - H(\delta), E(d) = \delta$ 的实验信道，也可以说是构造一个满足该条件的编码方法，于是令

$$p(u|v) = \begin{cases} \delta, & u \neq v \\ 1-\delta, & u = v \end{cases}$$

那么
$$I(U;V) = H(U) - H(U|V) = H(U) - H(\delta)$$
而平均失真为
$$E(d) = \sum_{u,v} p(u,v)d(u,v) = \sum_{u,v} p(v)p(u|v)d(u,v)$$
$$= \sum_v p(v)\delta = \delta$$

关于反向实验信道的存在性,可作如下验证:设 $p(v) = \{\alpha, 1-\alpha\}$,要使 $p(u) = \{p, 1-p\}$,则必须有
$$p = \alpha(1-\delta) + (1-\alpha)\delta = \delta + \alpha - 2\alpha\delta$$
那么
$$\alpha = \frac{1}{2}(p-\delta) / \left(\frac{1}{2} - \delta\right)$$

因为 $p \leq 1/2$,所以 $\alpha \leq 1/2$,这就说明反向实验信道是存在的,如图 13.5 所示,因而
$$R(\delta) = \begin{cases} H(U) - H(\delta), & 0 \leq \delta \leq \delta_{\max} \\ 0, & \delta \geq \delta_{\max} \end{cases}$$

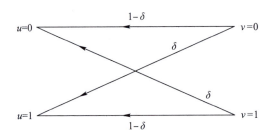

图 13.5 例 13.5 的反向实验信道

例 13.6 某信源 $U, A_U = \{-1, 0, +1\}, p(u) = 1/3, u = -1, 0, +1, A_V = \{-1/2, +1/2\}$,失真矩阵为
$$\boldsymbol{D} = \begin{bmatrix} 1 & 2 \\ 1 & 1 \\ 2 & 1 \end{bmatrix}$$

求 $R(\delta)$ 函数。

解:由式(13.4)可知
$$\delta_{\min} = \sum_u p(u) \min_v d(u,v) = \frac{1}{3} \times 1 + \frac{1}{3} \times 1 + \frac{1}{3} \times 1 = 1 \neq 0$$

因此,$R(\delta_{\min})$ 暂不确定,而
$$\delta_{\max} = \min_v \sum_u p(u)d(u,v) = \min_v \left\{\frac{4}{3}, \frac{4}{3}\right\} = \frac{4}{3}$$

下面我们求达到 $R(\delta)$ 的实验信道。由于 $I(U;V)$ 是实验信道的 $p(v|u)$ 的下凸函数,而 $d(0, 1/2) = d(0, 1/2) = 1$,与之对应的 $P(v|u)$ 应如何选择呢?因为

$$E(d) = \sum_{u,v} p(u,v)d(u,v) = \sum_{u,v} p(u)p(v|u)d(u,v)$$

$$= p(u_0)\left[p\left(V = -\frac{1}{2}\middle|u_0\right) \times 1 + p\left(V = +\frac{1}{2}\middle|u_0\right) \times 1\right] +$$

$$p(u_{-1})\left[p\left(V = -\frac{1}{2}\middle|u_{-1}\right) \times 1 + p\left(V = +\frac{1}{2}\middle|u_{-1}\right) \times 2\right] +$$

$$p(u_{+1})\left[p\left(V = -\frac{1}{2}\middle|u_{+1}\right) \times 2 + p\left(V = +\frac{1}{2}\middle|u_{+1}\right) \times 1\right]$$

$$= d_{u_0} + d_{u_{-1}} + d_{u_{+1}}$$

由此可见，当 $p(V=-1/2|u_0)$ 与 $p(V=+1/2|u_0)$ 变化时，d_{u_0} 是不变的，而 $H(V|u_0)$ 随 $p(v|u_0)$ 的变化而变化，当等概分布时，$H(V|u_0)$ 最大。

当 $E(d) = d_{u_0} + d_{u_{-1}} + d_{u_{+1}} = \delta$ 不变时，这意味着 $p(v|u_{-1})$、$p(v|u_{+1})$ 这两个概率分布是不变的，而 $p(v|u_0)$ 是可变的。$R(\delta)$ 是当 $E(d) = \delta$ 不变时 $I(U;V)$ 的最小值，于是，可以证明，当失真矩阵 $\boldsymbol{D}$ 具有行的准对称性时，有

$$R(\delta) = H(V) - H(V|U)_{\max}$$

因此，就有 $H(V|U=u_0)$ 要最大化，即 $p(V=-1/2|u_0) = p(V=+1/2|u_0) = 1/2$。我们要求的 $\boldsymbol{Q}$ 矩阵也应具有准对称性，为此，令

$$p\left(V = -\frac{1}{2}\middle|u_{-1}\right) = p\left(V = +\frac{1}{2}\middle|u_{+1}\right) = 1 - \alpha, \quad 0 \leqslant \alpha \leqslant \frac{1}{2}$$

$$p\left(V = -\frac{1}{2}\middle|u_{+1}\right) = p\left(V = +\frac{1}{2}\middle|u_{-1}\right) = \alpha$$

所以

$$\boldsymbol{Q} = \begin{bmatrix} 1-\alpha & \alpha \\ \dfrac{1}{2} & \dfrac{1}{2} \\ \alpha & 1-\alpha \end{bmatrix}$$

显然，$p(v) = \{1/2, 1/2\}$，所以 $H(U) = \log 2$，而

$$H(V|U) = \sum_{u,v} p(U)p(v|u)\log\frac{1}{p(v|u)}$$

$$= \frac{2}{3}\left[\alpha\log\frac{1}{\alpha} + (1-\alpha)\log\frac{1}{1-\alpha}\right] + \frac{1}{3}\log 2$$

故有

$$I(X;Y) = \log 2 - \frac{2}{3}H(\alpha) - \frac{1}{3}\log 2 = \frac{2}{3}[\log 2 - H(\alpha)]$$

$$E(d) = \sum_{u,v} p(u,v)d(u,v)$$

$$= \frac{2}{3}[1 - \alpha + 2\alpha] + \frac{1}{3} = 1 + \frac{2}{3}\alpha = \delta$$

因 $0 \leqslant \alpha \leqslant 1/2$，可见 $1 \leqslant \delta \leqslant 4/3$。因而，我们可得到 $R(\delta)$，即

$$R(\delta) = \begin{cases} \dfrac{2}{3}\left[\log 2 - H\left(\dfrac{3(\delta-1)}{2}\right)\right], & 1 \leqslant \delta \leqslant \dfrac{4}{3} \\ 0, & \delta \geqslant \dfrac{4}{3} \end{cases}$$

例 13.5 和例 13.6 中的 $R(\delta)$ 曲线如图 13.6 所示。

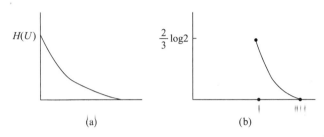

图 13.6 (a)例 13.5 和(b)例 13.6 中的 $R(\delta)$ 曲线

13.1.4 对称信源的速率失真函数

下面我们讨论一般 r 重对称信源,关于 Hamming 失真量度的率失真函数问题,这种量度也称为错误概率准则。这时的 $A_U = A_V = \{0, 1, \cdots, r-1\}$,信源概率分布为 $P(U=u) = 1/r$,其失真函数为

$$d(u, v) = \begin{cases} 0, & u = v \\ 1, & u \neq v \end{cases}$$

当 $r = 4$ 时,有

$$\boldsymbol{D} = \begin{bmatrix} 0 & 1 & 1 & 1 \\ 1 & 0 & 1 & 1 \\ 1 & 1 & 0 & 1 \\ 1 & 1 & 1 & 0 \end{bmatrix}$$

对 (U, V) 实验信道,$E(d) = \sum\{P(u,v); u \neq v\} = P\{U \neq V\}$,它说明了为什么称这一失真量度为错误概率准则。由式(13.5)可知

$$\delta_{\min} = 0$$

$$\delta_{\max} = \min_v \sum_u p(u) d(u, v) = \min_v \left\{ \dfrac{1}{r}(r-1), \cdots, \dfrac{1}{r}(r-1) \right\}$$

$$= \dfrac{1}{r}(r-1) = 1 - \dfrac{1}{r}$$

当 $0 \leqslant \delta \leqslant 1 - 1/r$ 时,$R(\delta)$ 由下述定理确定。

定理 13.3 关于错误概率失真量度,r 重对称信源的率失真函数为

$$R(\delta) = \begin{cases} \log r - \delta \log(r-1) - H(\delta), & 0 \leqslant \delta \leqslant 1 - \dfrac{1}{r} \\ 0, & \delta \geqslant 1 - \dfrac{1}{r} \end{cases}$$

证明:设一个 (U, V) 实验信道,则

$$R(\delta) = I(U;V) = H(U) - H(U|V)$$
$$E(d) = P\{U \neq V\} = \delta$$

因 $P(u) = 1/r$,所以 $H(U) = \log r$,而由 Fano 不等式可知

$$H(U|V) \leq P\{U \neq V\}\log(r-1) + H[P\{U \neq V\}]$$

所以,$R(\delta) \geq \log r - \delta\log(r-1) - H(\delta)$。

下面我们证反向不等式,故设一实验信道

$$p(v|u) = \begin{cases} 1-\delta, & v = u \\ \dfrac{\delta}{r-1}, & v \neq u \end{cases}$$

其对称信道为

$$p(u|v) = \begin{cases} 1-\delta, & u = v \\ \dfrac{\delta}{r-1}, & u \neq v \end{cases}$$

所以

$$E(d) = \sum_{u,v} p(u,v)d(u,v) = \sum_{u,v} p(u)p(v|u)d(u,v)$$
$$= \sum_{u} p(u)\left[\frac{\delta}{r-1}(r-1)\right] = \delta$$

$$H(U|V) = (1-\delta)\log\frac{1}{1-\delta} + \delta\log\frac{r-1}{\delta} = H(\delta) + \delta\log(r-1)$$

因此,$R(\delta) \leq I(U;V) = \log r - H(\delta) - \delta\log(r-1)$。由上述可见

$$R(\delta) = \log r - H(\delta) - \delta\log(r-1)$$

证毕。

13.2 高斯信源的 $R(\delta)$ 函数

13.2.1 高斯信源的 $R(\delta)$

这个信源的全称是"离散 – 时间无记忆高斯信源"。信源字母表 A_U 为实数集,信源输出是均值为 0、方差为 σ^2 的独立的同分布正态随机变量序列 $U_1, U_2, \cdots$。在这里,将要讨论"平方 – 误差"失真准则下该信源的速度失真函数。设信宿字母表 A_V 也是实数集,一个信源符号 u 与一个信宿符号 v 之间的失真为

$$d(u,v) = (u-v)^2 \tag{13.16}$$

速率失真函数为

$$R(\delta) = \begin{cases} \dfrac{1}{2}\log\dfrac{\sigma^2}{\delta}, & \delta \leq \sigma^2 \\ 0, & \delta \geq \sigma^2 \end{cases} \tag{13.17}$$

它的曲线如图 13.7 所示。高斯信源在各类数据搜集实验中是经常出现的,如果要完全无失真地表示一个任意的实数 u,需要无限多的比特,于是就有必要了解表示实验结果所用的比特数与产生的失真之间的关系。

应该指出,在这里 $R(\delta)$ 函数的意义是:当容许的最大均方误差为 δ 时,充分表示高斯信源(方差为 σ^2)的每个抽样值的最少比特数。

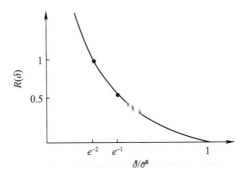

图 13.7 一个高斯信源的失真函数

为了证明式(13.17),在均方误差准则下,首先定义高斯信源的 k 次速率失真函数为

$$R_k(\delta) = \min\{I(\boldsymbol{X};\boldsymbol{Y}): E[\,\|\boldsymbol{U}-\boldsymbol{V}\|^2\,] \leqslant k\delta\} \tag{13.18}$$

最小值取决于所有满足条件的 K 维随机矢量对 $\boldsymbol{U}=(U_1,U_2,\cdots,U_K)$,$\boldsymbol{V}=(V_1,V_2,\cdots,V_K)$,而且 $U_1,U_2,\cdots,U_K$ 是独立的,0 均值,方差为 σ^2 的高斯随机变量,并且

$$E[\,\|\boldsymbol{U}-\boldsymbol{V}\|^2\,] = \sum_{i=1}^{k} E[\,(U_i-V_i)^2\,] \leqslant k\delta \tag{13.19}$$

$\boldsymbol{U}$ 和 $\boldsymbol{V}$ 的联合分布由连续密度函数 $p(\boldsymbol{u},\boldsymbol{v})$ 给出,那么

$$R(\delta) = \inf_{k} \frac{1}{k} R_k(\delta) \tag{13.20}$$

下面我们证明两个定理,说明式(13.20)的含义。

定理 13.4

$$R_1(\delta) = \begin{cases} \dfrac{1}{2}\log\dfrac{\sigma^2}{\delta}, & \delta \leqslant \sigma^2 \\ 0, & \delta \geqslant \sigma^2 \end{cases}$$

证明:选择任一 δ、$\varepsilon > 0$,随机变量对 (U,V),使得

$$I(U;V) < R_1(\delta) + \varepsilon \tag{13.21a}$$

U 为 0 均值、方差为 σ^2 的高斯变量,即

$$E[\,(U-V)^2\,] \leqslant \delta \tag{13.21b}$$

U、V 有一连续的联合密度函数 $p(u,v)$。由式(13.18)和式(13.19)及式(13.21b)可得

$$\delta \geqslant \iint p(u,v)(u-v)^2 \mathrm{d}u\mathrm{d}v = \int p(v)\int p(u|v)(u-v)^2 \mathrm{d}u\mathrm{d}v \tag{13.22}$$

若我们定义

$$\delta(v) = \int p(u|v)(u-v)^2 \mathrm{d}u \tag{13.23}$$

对几乎所有的 v 而言,$\delta(v)$ 都是有限的。因而,由定理 2.11 可知,对几乎所有的 v,条件熵 $H(U|V=v)$ 都存在,即

$$H(U|V=v) = -\int p(u|v)\log p(u|v)\mathrm{d}v \tag{13.24}$$
$$\leq [1/2]\log 2\pi \mathrm{e}\delta(v)$$

那么,有

$$I(U;V) = H(U) - H(U|V) \tag{13.25}$$

而 $H(V) = [1/2]\log 2\pi \mathrm{e}\sigma^2$,由式(13.22)、式(13.23)和式(13.24)可得

$$H(U|V) = \int p(v)H(U|V=v)\mathrm{d}v$$
$$= \frac{1}{2}\log 2\pi \mathrm{e}\int p(v)\delta(v)\mathrm{d}v \leq \frac{1}{2}\log 2\pi \mathrm{e}\delta$$

因而可得

$$R_1(\delta) + \varepsilon > I(U;V) \geq [1/2]\log[\sigma^2/\delta]$$

对任一 $\varepsilon > 0$,上式都是成立的,而且在任何事件中,$R_1(\delta) \geq 0$,可见

$$R_1(\delta) \geq \max\left\{\frac{1}{2}\log\frac{\sigma^2}{\delta}, 0\right\} \tag{13.26}$$

13.2.2 高斯信源 $R(\delta)$ 特性分析

下面将证明这个下限是紧的。

要看到,若 $\delta < \sigma^2$ 时,V 是一个均值为 0、方差为 $\sigma^2 - \delta$ 的随机变量,而且 $U = V + G$,这里 G 是一个均值为 0、方差为 δ 且与 V 独立的高斯随机变量,那么,对 (U,V) 而言,当 $K=1$ 时,式(13.19) 是满足的,那么

$$R_1(\delta) \leq I(U;V) = H(U) - H(U|V) = H(U) - H(G)$$
$$= [1/2]\log 2\pi \mathrm{e}\sigma^2 - [1/2]\log 2\pi \mathrm{e}\delta = [1/2]\log[\sigma^2/\delta]$$

另外,当 $\delta > \sigma^2$ 时,选 $\varepsilon > 0$,令 V 是方差为 ε 的高斯随机变量,G 是方差为 $\sigma^2 - \varepsilon < \delta$ 且与 V 独立的高斯随机变量。那么,式(13.19)仍可认为是满足的,因而

$$R_1(\delta) \leq I(U;V) = h(U) - h(G)$$
$$= [1/2]\log 2\pi \mathrm{e}\sigma^2 - [1/2]\log 2\pi \mathrm{e}(\sigma^2 - \varepsilon) = [1/2]\log[\sigma^2/(\sigma^2 - \varepsilon)]$$

对任一 $\varepsilon > 0$ 这都是成立的,当 $\varepsilon \to 0$ 时,$R_1(\delta) \leq 0$,所以式(13.26)给出的下限也是上限,因而

$$R_1(\delta) = \begin{cases} \dfrac{1}{2}\log\dfrac{\sigma^2}{\delta}, & \delta \leq \sigma^2 \\ 0, & \delta \geq \sigma^2 \end{cases}$$

证毕。

在此应该说明,定理的证明中,在尾部所描述的 U、V 之间这种奇特的关系,通常称为用于计算 $R(\delta)$ 的"反向"实验信道,如图 13.8 所示,尽管实际上 U 是信源、V 是信宿,可以说它是"正向"实验信道的变形。

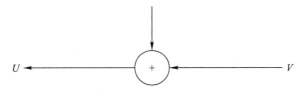

图 13.8 用于高斯信源的一个反向实验信道

定理 13.5 对任意的 K，$R_K(\delta) = KR_1(\delta)$，因而 $R(\delta) = R_1(\delta) = \max([1/2]\log[\sigma^2/\delta,0)$。

证明：选择 $\varepsilon > 0$，令 $U = (U_1, U_2, \cdots, U_K)$，$V = (V_1, V_2, \cdots, V_K)$ 满足式(13.19)，且

$$I(U;V) < R_K(\delta) + \varepsilon \tag{13.27}$$

那么由定理 10.7 可知

$$I(\boldsymbol{U};\boldsymbol{V}) \geq \sum_{i=1}^{k} I(U_i;V_i)$$

若定义 $\delta_i = E[(U_i - V_i)^2]$，那么，根据 $R_1(\delta)$ 的定义 $I(U_i;V_i) \geq R_1(\delta)$，由式(13.19)可知，$\Sigma \delta_i \leq K\delta$。此外，有

$$\sum_{i=1}^{k} R_1(\delta_i) \geq kR_1(\bar{\delta}) \geq kR_1(\delta)$$

式中的 $\bar{\delta} = \dfrac{1}{k}\sum_{i=1}^{k}\delta_i$，由定理 13.4 可知，$R_1(\delta)$ 是下凸的单调减函数，因而

$$R_k(\delta) + \varepsilon > I(\boldsymbol{U};\boldsymbol{V}) \geq \sum_{i=1}^{k} I(U_i;V_i) \geq \sum_{i=1}^{k} R_1(\delta_i) \geq kR_1(\bar{\delta}) \geq kR_1(\delta)$$

由于对任一 $\varepsilon > 0$ 都是成立的，可见 $R_K(\delta) \geq KR_1(\delta)$。为了证明反向不等式，令 $(U_1, V_1), \cdots, (U_K, V_K)$ 是得到 $R_1(\delta)$ 的反问实验信道，是无记忆的，而且 (U_i, V_i) 的取值域相同、概率分布相同。那么，当 $\delta < \sigma^2$ 时，式(13.19)是满足的，而且 $I(\boldsymbol{U};\boldsymbol{V}) = \dfrac{k}{2}\log\dfrac{\sigma^2}{\delta}$。那么

$$R_k(\delta) \leq I(\boldsymbol{U};\boldsymbol{V}) = kR_1(\delta)$$

当 $\delta \geq \sigma^2$ 时，选 $\varepsilon > 0$，令 V_i 是方差为 ε 的高斯随机变量，G_i 是方差为 $\sigma^2 - \varepsilon$ 的高斯随变量(G_i 与 V_i 独立)，那么，设式(13.19)是满足的，因此就有

$$R_k(\delta) \leq I(\boldsymbol{U};\boldsymbol{V}) = h(\boldsymbol{U}) - h(\boldsymbol{U}|\boldsymbol{V}) = h(\boldsymbol{U}) - h(\boldsymbol{G})$$

$$= \frac{k}{2}\log 2\pi e(\sigma_1^2 \cdots \sigma_k^2)^{\frac{1}{k}} - \frac{k}{2}\log 2\pi e[(\sigma_1^2 - \varepsilon) \cdots (\sigma_k^2 - \varepsilon)]^{\frac{1}{k}}$$

$$= \frac{k}{2}\log \frac{(\sigma_1^2 \cdots \sigma_k^2)^{\frac{1}{k}}}{[(\sigma_1^2 - \varepsilon) \cdots (\sigma_k^2 - \varepsilon)]^{\frac{1}{k}}}$$

显然，当 $\varepsilon \to 0$ 时，上式等于 0，由 $R_K(\delta)$ 的非负性，$R_K(\delta) = 0$，所以得到

$$R_K(\delta) = KR_1(\delta)$$

而

$$R(\delta) = \inf_k \frac{1}{k}R_k(\delta) = R_1(\delta) = \max\left(\frac{1}{2}\log\frac{\sigma^2}{\delta}, 0\right)$$

证毕。

例 13.7 信源输出为平稳正态程 $x(t)$，其功率为

$$G(f) = \begin{cases} N_0, & |f| \le F_0 \\ 0, & |f| > F_0 \end{cases}$$

其失真量度为 $d(u,v) = (u,v)^2$，样值的可容失真为 δ，求每秒的最小信息率。

解：由于样值

$$R(\delta) = \frac{1}{2}\log\frac{\sigma^2}{\delta}$$

其中

$$\sigma^2 = \int_{-F_0}^{F_0} N_0 df = N_0 f \Big|_{-F_0}^{F_0} = 2N_0 F_0$$

所以，$R(\delta) = \frac{1}{2}\log\frac{2N_0 F_0}{\delta}$（b/样值）。每秒的抽样速率，在保证不丢失信息的前提下，由抽样定理可知，抽样率 $R = 2F_0$，因而每秒有 $2F_0$ 个样值，故可得

$$R(\delta) = 2F_0 \cdot \frac{1}{2}\log\frac{2N_0 F_0}{\delta} = F_0 \log\frac{2N_0 F_0}{\delta}$$

13.3 限失真信源编码定理

13.3.1 数据压缩系统描述

关于速率失真函数，$R(\delta)$ 表示的含义是：当可容失真为 δ 时，表示一个信源符号所需要的最少比特数。$R(\delta)$ 是 δ 的一个减函数，即是说当 δ 增大时，$R(\delta)$ 是减小的，更大的压缩是可行的，由此"速率失真理论"又称为"数据压缩理论"。下面我们将以概率统计方法从数学上讨论上述意义。

我们首先介绍码的一般概念，对一个离散无记忆信源（DMS），它的 k 个输出 $U = (U_1, U_2, \cdots, U_k)$，设这 k 个符号被"压缩"为 n 比特 $X = (X_1, X_2, \cdots, X_n)$，再从 X 恢复为 k 个信宿符号 $(V_1, V_2, \cdots, V_k) = V$，且满足 $\sum_{i=1}^{k}[d(U_i, V_i)] \le k\delta$。在这种情况下，我们说由 n 比特 $X_1, X_2, \cdots, X_n$ 表示 k 个信源符号 $U_1, U_2, \cdots, U_k$ 时的平均失真 $\le \delta$ 是完全可能的。U、X、V 之间的关系如图13.9所示。

$$(U_1, U_2, \cdots, U_k) \longrightarrow (X_1, X_2, \cdots, X_n) \longrightarrow (V_1, V_2, \cdots, V_k)$$

图 13.9 一个一般的数据压缩方案

现在作如下分析，找出 $R(\delta)$ 与 n、k 之间的关系。由式(13.3)和式(13.12)可知

$$I(U;V) \ge R_K(\delta) \ge KR_1(\delta)$$

再根据数据处理定理 $I(U;V) \le I(X;V)$，从互信息的极值性可见 $I(X;V) \le H(X)$，而由 $H(X)$ 的极值性得到 $H(X) \le n$ 比特。故可得到不等式串 $kR(\delta) \le I(U;V) \le I(X;V) \le H(X) \le n$，即有

$$n/k \geq R(\delta) \tag{13.28}$$

比值 n/k 表示在上述压缩系统中,每信源符号的比特数。由此可见,当失真 $\leq \delta$ 时,表示一个信源符号至少也要 $R(\delta)$ 比特。

下面我们进一步说明,由 n 比特的 $X = X_1, X_2, \cdots, X_n$ 表示 k 个信源符号所产生的平均失真 $\leq \delta$ 的具体含义。要由 X 表示 U,而失真 $\leq \delta$,这实际上就是一个信源编码问题,当 $n \leq k$ 时,一个长为 k 的信源码,就是 A_V^k 上的一个子集,即 $C = \{v_1, v_2, \cdots, v_M\}, M \leq 2^n$,因此 M 个信源码字 v_i 的每一个都对应着一个各异的二进制 n 重矢量 $\boldsymbol{x}_1(v_i) = (x_1(v_i), x_2(v_i), \cdots, x_n(v_i))$,这样一来,$u = (u_1, u_2, \cdots, u_k)$ 由 n 比特 $x = x[f(u)] = x(v_j)$ 表示,而信宿序列 (v) 取为码字 $f(u)$(由于 v 与 $x(v_j)$ 是一对一的,那么 $f(u)$ 是可以从 $x(f(u))$ 唯一地恢复出来)。这就不难看出,系统的平均失真就是由编码所产生,即 $d(C) = \delta$,编码压缩比定义为 $R = n/k = \lceil \log M \rceil / k$。

$f(u)$ 取为一个码字 (v_i),应满足如下不等式

$$d[f(u), u] \leq d[u, f(v_j)] \quad (j = 1, 2, \cdots, M) \tag{13.29}$$

而码 C 的平均失真定义为

$$d(C) = \frac{1}{k} \sum_{u \in A_V^K} p(\boldsymbol{u}) d[\boldsymbol{u}, f(\boldsymbol{u})] \tag{13.30}$$

式中:$p(\boldsymbol{u}) = p(u_1) p(u_2) \cdots p(u_k)$ 是信源发出的 k 个符号 $u_1, u_2, \cdots, u_k$ 的联合概率分布。

下面对定义式(13.30)的物理意义进行分析:

$$\delta = \frac{1}{k} \sum_{\boldsymbol{u} \in A_U^K, \boldsymbol{v} \in C} p(\boldsymbol{u}, \boldsymbol{v}) d[\boldsymbol{u}, \boldsymbol{v}] = \frac{1}{k} \sum_{\boldsymbol{u} \in A_U^K} p(\boldsymbol{u}) p(\boldsymbol{v}|\boldsymbol{u}) d[\boldsymbol{u}, \boldsymbol{v}]$$

$$= \frac{1}{k} \sum_{\boldsymbol{u} \in A_U^K, \boldsymbol{v} \in C} p(\boldsymbol{u}) p(\boldsymbol{v}|\boldsymbol{u}) \min d[\boldsymbol{u}, \boldsymbol{v}] = \frac{1}{k} \sum_{\boldsymbol{u} \in A_U^K} p(\boldsymbol{u}) p(\boldsymbol{v}|\boldsymbol{u}) d[\boldsymbol{u}, f(\boldsymbol{u})]$$

$$\delta_{\min} = \frac{1}{k} \sum_{\boldsymbol{u} \in A_U^K} p(\boldsymbol{u}) d[\boldsymbol{u}, \boldsymbol{v}_i] \left| \begin{array}{l} p(\boldsymbol{v}_j|\boldsymbol{u}) = 0, \quad j \neq i \\ j \in \{1, 2, \cdots, M\}, \\ p(\boldsymbol{v}_i|\boldsymbol{u}) = 1 \end{array} \right. = \frac{1}{k} \sum_{\boldsymbol{u} \in A_U^K} p(\boldsymbol{u}) d[\boldsymbol{u}, \boldsymbol{v}_i] = d(C)$$

可见,码 C 的平均失 $d(C)$ 实际上就是最小平均失真 $\delta_{\min}$。

例 13.8 $A_U = \{-1, 0, +1\}, A_V = \{-1/2, +1/2\}, p(u) = 1/3, u = 0, \pm 1$,而失真矩阵为

$$\boldsymbol{D} = \begin{bmatrix} 1 & 2 \\ 1 & 1 \\ 2 & 1 \end{bmatrix}$$

考虑长度为 2 的信源码,即

$$C = \{(+1/2, -1/2), (-1/2, +1/2)\}$$

这个码的压缩比 $n/k = [1/k] \log_2 M = [1/2] \log_2 2 = 1/2$。

码的平均失真 $d(C)$ 可作如下计算:

$$A_U^2 = \{(-1, -1), (-1, 0), (-1, +1), (0, 0), (0, -1),$$
$$(0, +1), (+1, +1), (+1, 0), (+1, -1)\}$$

我们令 $x(v_1) = 1, x(v_2) = 0$,那么 u 与 $f(u)$、$x(f(u))$、$d(u, v_1)$、$d(u, v_2)$ 之间关系如表 13.1 所列。

表 13.1 u 与 $d(u,v_1),d(u,v_2),v_i,x(v_i)$ 之间的关系

u	$d(u,v_1)$	$d(u,v_2)$	$u \in v_i$	$x(v_i)$
$(-1,-1)$	3	3	v_2	0
$(-1,0)$	3	2	v_2	0
$(-1,+1)$	4	2	v_2	0
$(0,0)$	2	2	v_1	1
$(0,-1)$	2	3	v_1	1
$(0,+1)$	3	2	v_2	0
$(+1,+1)$	3	3	v_2	0
$(+1,0)$	2	3	v_1	1
$(+1,-1)$	2	4	v_1	1

于是,有

$$d(C) = \frac{1}{2}\sum_u p(\boldsymbol{u})d[\boldsymbol{u},f(\boldsymbol{u})] = \frac{1}{2} \times \frac{1}{9}(3+2+2+2+2+2+3+2+2) = \frac{10}{9}$$

而这时的率失真函数为

$$R\left(\frac{10}{9}\right) = \frac{2}{3}\left[1 - H\left(\frac{3(\delta-1)}{2}\right)\right] = \frac{2}{3}\left[1 - H\left(\frac{1}{6}\right)\right] = 0.23\text{bit}$$

可见式(13.28)是满足的。

13.3.2 限失真条件下信源编码定理

定理 13.6(香农信源编码定理) 选择 $\delta \geq \delta_{\min}$。对于任一 $\delta' > \delta, R' > R(\delta)$,当 k 充分大时,存在一个有 M 个码字的,长为 k 的信源码,且有如下结论:

(1) $M \leq 2^{\lceil kR' \rceil}$,$\lceil kR' \rceil$ 表示小于等于 kR' 的最大整数;
(2) $d(C) < \delta'$。

(1) 保证了 $n = \lceil kR' \rceil$ 时,实际压缩比 $(n/k) \leq R'$;(2) 保证了所产生的失真 $< \delta'$,即是说当 $R = n/k$ 趋近于 $R(\delta)$ 时,$d(C)$ 却可趋向于 δ。

证明: 我们首先选择 R''、δ'',使得

$$R(\delta) < R'' < R', \quad \delta < \delta'' < \delta'$$

若 $C = \{v_1, v_2, \cdots, v_M\}$ 为一个长度 k 的信源码,而 $f(u)$ 是一个如在前面定义的编码函数,A_U^k 的子集 S、T 为

$$S = \{\boldsymbol{u}: d(\boldsymbol{u},f(\boldsymbol{u})) \leq k\delta''\}$$
$$T = \{\boldsymbol{u}: d(\boldsymbol{u},f(\boldsymbol{u})) \geq k\delta''\}$$

可见,S 这个集合是由 C 能够很好地表示的信源序列集,而 T 则反之。那么,由 $d(C)$ 的定义可知

$$\begin{aligned}d(C) &= \frac{1}{k}\sum_{\boldsymbol{u}} p(\boldsymbol{u})d[\boldsymbol{u},f(\boldsymbol{u})] \\ &= \frac{1}{k}\sum_{\boldsymbol{u} \in S} p(\boldsymbol{u})d[\boldsymbol{u},f(\boldsymbol{u})] + \frac{1}{k}\sum_{\boldsymbol{u} \in T} p(\boldsymbol{u})d[\boldsymbol{u},f(\boldsymbol{u})]\end{aligned} \quad (13.31)$$

若我们又定义 B 为失真矩阵 $\boldsymbol{D}$ 中最大元素,即 $B = \max\{d(u,v): u \in A_U, v \in A_V\}$,得到

$$d(C) \leq \delta'' + B \sum_{\boldsymbol{u} \in T} p(\boldsymbol{u}) \tag{13.32}$$

显然,$\sum_{\boldsymbol{u} \in T} p(\boldsymbol{u})$ 恰恰就是由 C 不能很好表示的信源序列的概率,即 $p\{d(\boldsymbol{u}, f(\boldsymbol{u})) > k\delta''\}$。

现在进一步分析,当且仅当 $d(\boldsymbol{u}, \boldsymbol{v}_i) > k\delta''$,$i = 1, 2, \cdots, M$ 时,才有 $d(\boldsymbol{u}, f(\boldsymbol{u})) \geq k\delta''$,因而我们定义一个阈值函数

$$\Delta(\boldsymbol{u}, \boldsymbol{v}) = \begin{cases} 1, & d(\boldsymbol{u}, \boldsymbol{v}) \leq k\delta'' \\ 0, & d(\boldsymbol{u}, \boldsymbol{v}) > k\delta'' \end{cases} \tag{13.33}$$

令

$$\begin{aligned} \sum_{\boldsymbol{u} \in T} p(\boldsymbol{u}) &= \sum_{\boldsymbol{u} \in T} p(\boldsymbol{u}) [1 - \Delta(\boldsymbol{u}, \boldsymbol{v}_1)] \cdots [1 - \Delta(\boldsymbol{u}, \boldsymbol{v}_M)] \\ &= \sum_{\boldsymbol{u} \in T} p(\boldsymbol{u}) \prod_{i=1}^{M} [1 - \Delta(\boldsymbol{u}, \boldsymbol{v}_i)] \end{aligned} \tag{13.34}$$

于是,式(13.32)可写成

$$d(C) \leq \delta'' + B \cdot k(C) \tag{13.35}$$

由此可见,若我们可找到一个长度为 k,至多有 $2^{\lceil kR' \rceil}$ 个码字、$k(C) < (\delta' - \delta'')/B$ 的信源码,也就完成了定理的证明。为此,我们可采用随机编码方法非直接地推演出这种码的确是存在的。也就是说,我们可在长为 k 且有 $2^{\lceil kR' \rceil}$ 个码字的所有可能的信源码集上,根据某一概率分布来求 $K(C)$ 的均值,而且可证明,当 $k \to \infty$ 时,$k(C) \to 0$。因此,对于充分大的 k 来说,$E[k(C)] < (\delta' - \delta'')/B$,可见,至少有一个信源码可达到 $k(C) < (\delta' - \delta'')/B$,即该码满足定理中的(1)、(2)。

下面我们就来讨论 $k(C)$ 的求平均问题。令 $p(u,v)$ 是在 $A_U \times A_V$ 可得到 $R(\delta)$ 的一个概率分布,即

$$I(U;V) = R(\delta) \tag{13.36a}$$
$$E[d(U,V)] \leq \delta \tag{13.36b}$$

而 $p(u) = \sum_v p(u,v)$,$p(v) = \sum_u p(u,v)$,我们又设信源和信道都是无记忆的,因此,有

$$p(\boldsymbol{u}) = \prod_{i=1}^{k} p(u_i), \quad p(\boldsymbol{v}|\boldsymbol{u}) = \prod_{i=1}^{k} p(v_i|u_i) \tag{13.37a}$$

$$p(\boldsymbol{u}, \boldsymbol{v}) = \prod_{i=1}^{k} p(u_i, v_i), \quad p(\boldsymbol{v}) = \prod_{i=1}^{k} p(v_i) \tag{13.37b}$$

我们所要求的是在长为 k 且有 M 个码字的所有信源码的集合上以某一概率分布来确定码

$$C = \{v_1, v_2, \cdots, v_M\}$$

即

$$p(C) = \prod_{i=1}^{M} p(\boldsymbol{v}_i)$$

这就是"随机"编码概念的始源,因而,有

$$\begin{aligned} E[k(C)] &= \sum_{\boldsymbol{v}_1, \cdots, \boldsymbol{v}_M} p(\boldsymbol{v}_1) p(\boldsymbol{v}_2) \cdots p(\boldsymbol{v}_M) \sum_{\boldsymbol{u}} p(\boldsymbol{u}) \prod_{i=1}^{M} [1 - \Delta(\boldsymbol{u}, \boldsymbol{v}_i)] \\ &= \sum_{\boldsymbol{u}} p(\boldsymbol{u}) \sum_{\boldsymbol{v}_1, \cdots, \boldsymbol{v}_M} \prod_{i=1}^{M} p(\boldsymbol{v}_i) [1 - \Delta(\boldsymbol{u}, \boldsymbol{v}_i)] \\ &= \sum_{\boldsymbol{u}} p(\boldsymbol{u}) \left\{ \sum_{\boldsymbol{v}_i \in A_U^k} p(\boldsymbol{v}_i) [1 - \Delta(\boldsymbol{u}, \boldsymbol{v}_i)] \right\}^M \end{aligned} \tag{13.38}$$

(这里的最后一步引用了($\left[\sum_{x \in A} f(x)\right]^M = \sum_{x_1 \in A} \cdots \sum_{x_M} f(x_1) \cdots f(x_M)$,$f(x)$是有限集$A$上的函数。)

在式(13.8)中的内和为

$$\sum_v p(v)[1 - \Delta(u,v)] = 1 - \sum_v p(v)\Delta(u,v)$$

因而

$$E[k(C)] = \sum_u p(u)\left[\sum_v p(v)[1 - \Delta(u,v)]\right]^M \tag{13.39}$$

由此可见,式(13.39)表示了由一个"随机"选择的信源码$v_1, v_2, \cdots, v_M$"不能很好地表示"的信源序列的概率。

下面我们讨论$\sum_v p(v)\Delta(u,v)$的估计值问题。为此,定义

$$\Delta_0(u,v) = \begin{cases} 1, & d(u,v) \leq k\delta'', I(X;Y) \leq kR' \\ 0, & 其他 \end{cases}$$

$$I(u;v) = \log_2\left[\frac{p(v|u)}{p(v)}\right]$$

由式(13.33)可见

$$\Delta_0(u,v) \leq \Delta(u,v)$$

因而

$$\sum_v p(v)\Delta_0(u,v) \leq \sum_v p(v)\Delta(u,v) \tag{13.40}$$

若$\Delta_0(u,v) = 1$,那么$I(u;v) = \log_2[p(v|u)/p(v)] \leq kR''$,这样$p(v) \geq 2^{-kR''} p(v|u)$,于是,有

$$\sum_v p(v)\Delta_0(u,v) \geq 2^{-kR''} \sum_v p(v|u)\Delta_0(u,v) \tag{13.41}$$

由式(13.40)和式(13.41)可得

$$\left[1 - \sum_v p(v)\Delta(u,v)\right]^M \leq \left[1 - 2^{-kR''}\sum_v p(v|u)\Delta_0(u,v)\right]^M \tag{13.42}$$

在此要引用下述不等式

$$(1-xy)^M \leq 1 - x + e^{-yM}, \quad x \geq 0, y \leq 1, M > 0$$

那么,令

$$x = \sum_v p(v|u)\Delta_0(u,v), \quad y = 2^{-kR''}$$

有

$$\left[1 - \sum_v p(v)\Delta(u,v)\right]^M \leq 1 - \sum_v p(v|u)\Delta_0(u,v) + \exp[-2^{-kR''}M] \tag{13.43}$$

由式(13.39)和式(13.43)可得

$$E[k(C)] \leq 1 - \sum_{u,v} p(u,v)\Delta_0(u,v) + \exp[-2^{-kR''}M]$$
$$= \sum_{u,v} p(u,v)[1 - \Delta_0(u,v)] + \exp[-2^{-kR''}M] \tag{13.44}$$

接下来,我们再证明当$k \to \infty$时,式(13.44)的极限是0。应该注意到$M = 2^{\lceil kR' \rceil}$和$R' > R''$,那么

$$\exp(-2^{-kR''}M) < \exp(-2^{k(R'-R'')-1})$$

随着 k 的增大很快趋于 0。再者,当且仅当 $d(\boldsymbol{u},\boldsymbol{v}) > k\delta''$ 或 $I(\boldsymbol{u};\boldsymbol{v}) > kR''$ 时,$1 - \Delta_0(\boldsymbol{u},\boldsymbol{v}) = 1$,这就使得

$$\sum_{\boldsymbol{u},\boldsymbol{v}} p(\boldsymbol{u},\boldsymbol{v})[1 - \Delta_0(\boldsymbol{u},\boldsymbol{v})] \leq p\{d(\boldsymbol{u},\boldsymbol{v}) > k\delta''\} + p\{I(\boldsymbol{U};\boldsymbol{V}) > kR''\} \quad (13.45)$$

$p(\boldsymbol{u},\boldsymbol{v})$ 如式 (13.37) 中所描述的是 (U,V) 空间上的概率分布,而

$$d(\boldsymbol{U};\boldsymbol{V}) = \prod_{i=1}^{k} d(U_i;V_i)$$

是独立的、同分布的随机变量之和,由式 (13.36) 可知,$E[d(U,V)] \leq \delta < \delta''$,因此,根据弱大数定理可知,式 (13.45) 中的第一个概率随 k 的增大而趋于 0。类似地,有

$$I(\boldsymbol{U};\boldsymbol{V}) = \sum_{i=1}^{k} I(U_i;V_i)$$

也就是独立的同分布随机变量,而且每一个 $I(U;V) = R(\delta) < R''$ 的 k 项之和,由弱大数定理可知式 (13.45) 中的第二个概率随 k 的增大而趋于 0。综上所述,$E(k(C))$ 趋于 0,而当 k 充分大时,它小于 $(\delta' - \delta'')/B$。于是,定理得证。

证毕。

13.4 限失真信源编译码技术

13.4.1 限失真编译码原理分析

矢量量化的主要概念是把 K 维实数空间 R^K 划分成 M 个子空间 $R_1, R_2, \cdots, R_M$,这 M 个子空间应符合下列两个条件:

(1) $\bigcup_{i=1}^{M} R_i = R^K$,式中 $\cup$ 为并运算符; $\quad(13.46a)$

(2) $R_i \cap R_j = \phi, i \neq j$,式中 $\cap$ 为交运算符,ϕ 为空集。 $\quad(13.46b)$

将 R^K 无遗漏地划分成互不相交的 M 个子空间。

在每个子空间 R_i 中找一个代表矢量 y_i,令

$$Y = \{y\} = \{y_1, y_2, \cdots, y_M\}$$

Y 称为码书,y_i 称为码字。

编码时,当矢量量化器输入一个任意的矢量 $\boldsymbol{x} \in R^K$。一般情况下,根据最小失真原理,分别计算 $\boldsymbol{x}$ 与 y_i 之间的失真,最小失真所对应的 y_j 就是 $\boldsymbol{x}$ 的量化矢量。由此可见,矢量量化过程就是用 $\boldsymbol{y}$ 代表 $\boldsymbol{x}$。因此,可把矢量量化过程看成一个映射 Q,则有

$$Q: R^K \to Y = \{y_1, y_2, \cdots, y_M\}$$

为了进一步描述和分解矢量量化器,我们定义如下示性函数:

$$S_i(x) = \begin{cases} 1, & x \in R_i, i = 1, 2, \cdots, M \\ 0, & \text{其他} \end{cases}$$

于是,R^K 中任一矢量 $\boldsymbol{x}$,总会使 $S_1(\boldsymbol{x}), S_2(\boldsymbol{x}), \cdots, S_M(\boldsymbol{x})$ 中有一个而且仅有一个为 1,其他全为 0。这样一来,任一具体矢量 $\boldsymbol{x}$ 被量化的结果可写成

$$Q(\pmb{x}) = \sum_{i=1}^{M} \pmb{y}_i S_i(\pmb{x})$$

因而,我们可得到如图 13.10 所示的矢量量化器结构。

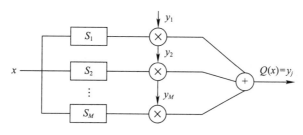

图 13.10　矢量量化器结构

然而,在通信过程中,矢量量化是由发端和收端共同完成的,因此,我们把它分解为两部分:发端完成的部分叫编码;收端完成的部分叫译码。编码和译码的全过程叫矢量量化。编码是 R^K 到 $I = \{1, 2, \cdots, M\}$ 的一个映射 C,即

$$C : R^K \to I \tag{13.47}$$

译码是 I 到 Y 的映射 D,即

$$D : I \to Y \tag{13.48}$$

因此,量化 Q 是 C 和 D 的结合,即

$$Q = C \cdot D$$

式中:"·"是映射的结合符号。

可见,对 R^K 中的任一矢量 $\pmb{x}$ 来说,编码的结果为

$$C(\pmb{x}) = \sum_{i=1}^{M} i \times S_i(\pmb{x}) \tag{13.49}$$

译码器的结构:我们定义另一种指示函数

$$T_j(i) = \begin{cases} 1, & j = i \\ 0, & j \neq i \end{cases}$$

对任一具体的 i,解码输出为

$$D(i) = \sum_{j=1}^{M} \pmb{y}_j \times T_j(i) \tag{13.50}$$

根据式(13.47)和式(13.49)、式(13.48)和式(13.50)可画出矢量量化的编、译器的结构如图 13.11 所示。

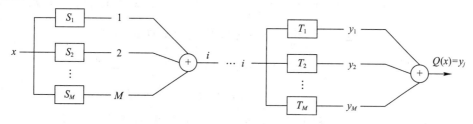

图 13.11　矢量量化编译器结构图示

13.4.2 限失真编译码关键技术分析

矢量量化,是限失真编码的典型实现技术,要解决的问题如下。

(1) M 等于多少?

(2) 如何划分 $R_1,R_2,\cdots,R_M$?

(3) 如何决定 $y_1,y_2,\cdots,y_M$?

矢量量化器的设计中,1980 年,Linder Buzo 和 Gray 提出一种算法,称为 LBG 算法。解决划分问题和码书设计问题,随机收集 N 个信源输出矢量:$x_1,x_2,\cdots,x_N$,称为训练序列,$N \gg M$,从而使序列的概率分布具有一定的统计代表性。这 N 个矢量中,有些是靠得很近的,甚至是相等的,我们可以根据它们的密集程度,划分成 M 个集合,即

$$A_1,A_2,\cdots,A_M$$

根据标量量化的理论分析,为了减小失真,越是密集的部分划分得越细。当然,$A_1,A_2,\cdots,A_M$ 应该将 N 个训练矢量 $x_1,x_2,\cdots,x_N$ 无遗漏地划分成 M 个互不相交的集合,即划分应满足式(13.46a)和式(13.46b)。这就意味着,任一训练矢量必定属于 $A_1,A_2,\cdots,A_M$ 中的一个且仅仅一个。

若量化满足下面两个条件,就称为最优的。

条件 1:对任何码字 y,有

$$y_i = \sum_{m=1}^{N} x_m \times S_i(x_m) / \sum_{m=1}^{N} S_i(x_m), \quad m = 1,2,\cdots,M$$

$$S_i(x_m) = \begin{cases} 1, & x_m \in A_i \\ 0, & x_m \notin A_i \end{cases}$$

(13.51)

式(13.51)中分母表示属于 A_i 的训练矢量的个数,分子表示属于 A_i 的全部矢量相加之和。实质上,y_i 是属于 A_i 的矢量的平均值。若 N 足够大,这个平均值相当接近于数学期望。

条件 2:对于所有的 i 和 m,有

$$|Q(x_m) - x_m| \leq |y_i - x_m|, \quad i = 1,2,\cdots,M; j \neq i$$

这个条件要求任一训练矢量 x_m 应该与 $Q(x_m)$ 距离最近。亦即 x_m 应该被量化为与它距离最近的码字 $Q(x_m)$。

从上述分析可见,矢量量化器的设计主要是码书设计 $Y = \{y_1,y_2,\cdots,y_M\}$。最佳量化器的设计方法如下。

定义:矢量量化器的速率为

$$r = \frac{1}{K}\log_2 M (\text{b/样点})$$

由此出发,在给定矢量量化器的码书大小为 M 的情况下,求最小失真:

$$\delta(M) = \min_{Q \in Q_M} E[d(x,Q(x))]$$

(13.52)

$$\begin{aligned}
\delta(M) &= \min_{Q \in Q_M} E[d(x,Q(x))] \\
&= \min_{Q \in Q_M} E[d(x,Q(x))] = \min_{Q \in Q_M} \sum_{x \in |x_N|, Q(x) \in |y_M|} p(x,Q(x)) d(x,Q(x)) \\
&= \sum_{x \in |x_N|, Q(x) \in |y_M|} \min_{Q \in Q_M} p(x) p(Q(x)|x) d(x,Q(x)) \\
&= \sum_{x \in |x_N|, Q(x) \in |y_M|} p(x) p(y_j|x) d(x,y_j)
\end{aligned}$$

$$\delta_{\min} = \sum_{x \in |x_N|, Q(x) \in |y_M|} p(x) d(x,y_j) \begin{vmatrix} p(y_i|x) = 0, & i \neq j \\ i \in \{1,2,\cdots,M\}, \\ p(y_j|x) = 1 \end{vmatrix} = d(C)$$

Q_M 为所有码书大小为 M 的 K 维矢量量化器集合。

设训练量序列 $x_1, x_2, \cdots, x_N = \{x\}$，如果 x_m 与 y_j 的失真小于其他的 $y_i \in Y$ 与 x_m 的失真，即

$$S_j = \{x_m | x_m \in \{x\} \text{ 且 } d(x_m, y_j) \leq d(x_m, y_i)\}, \quad j \neq i, i = 1, 2, \cdots, M \quad (13.53)$$

由最邻近律所得到的分划称为 Voronoi 分划，对应的子集 $S_j, j = 1, 2, \cdots, M$ 称为 Voronoi 胞腔。

在给定划分 S_i 时，为了使码书的平均失真最小，码矢量必须选为这些划分 S_i 的形心，即

$$y_i = \sum_{m=1}^{N} x_m \times S_i(x_m) / \sum_{m=1}^{N} S_i(x_m)$$

由上述两个必要条件可得到矢量量化器的设计算法。已知训练序列的情况下，算法如下。

（1）输入初始码书 $Y(0)$，置 $D = \infty, n = 0$，给定停止门限 $\varepsilon \geq 0$。

（2）用聚类方法，把训练序列 $\{x\} = \{x_1, x_2, \cdots, x_N\}$，用码书 $Y(n)$ 划分为 M 个类，即 M 个 Voronoi 胞腔：

$$S_j(n) = \{x_m : d(x_m, y_j) \leq d(x_m, y_i), y_j, y_i \in Y(n), x_m \in \{x\}\}, \quad j = 1, 2, \cdots, M \quad (13.54)$$

（3）计算平均失真

$$D^{(n)} = \frac{1}{N} \sum_{m=1}^{N} \min_{y_k \in Y(n)} d(x_m, y_k) \quad (13.55)$$

及相对失真

$$\tilde{D}^{(n)} = \left| \frac{D^{(n-1)} - D^{(n)}}{D^{(n)}} \right|$$

若 $\tilde{D}^{(n)} \leq \varepsilon$，停机，设计好的码书为 $Y(n)$，否则继续到步骤(4)。

（4）利用式(13.55)，计算 Voronoi 胞腔的形心，M 个形心组成新的码书 $Y(n+1)$，置 $n = n+1$，返回步骤(2)。

13.4.3 限失真编译码设计举例

图像波形矢量量化系统的设计。已给一个 256×256 图像，每像素 256 灰度级（即比特/像素），要求用矢量量化技术压缩到 0.5b/像素。

方案讨论：首先要确定用什么样的 VQ 系统来实现。从 8b/pel，压缩到 0.5b/pel，压缩比为 16 倍。若我们用 4×4 的子块形成 16 维矢量，256 正好是 4 的整数倍，并且若用 8bit，即 256 个码字的码书，则每像素正好为 0.5bit。

16 维矢量的个数应为 $256 \times 256 / 4 \times 4 = 64 \times 64$ 个，码书的大小为 $M = 256$，所以压缩比为

$$\frac{64 \times 64}{256} = \frac{64}{4} = 16$$

故我们用一个最简单的全搜索矢量量化系统来实现。

应该指出，码书设计需要首先确定用什么失真量度。图像编码中失真量度的研究是一个非常困难的问题。它与人的视觉系统和心理系统等因素有关。目前，国内外在图像研究中用得比较多的仍然是均方误差准则，但小的失真并不定对应于好的主观质量。因此只能作为参考，还要通过主观测定。

设计时首先将 256×256 的图像变成 16 维的矢量序列。将该矢量序列做成一个数据文件存在计算机中，然后运行码书设计程序，即可得到比较好的码书。码书设计好之后，就可以构成一个系统，如图 13.12 所示。

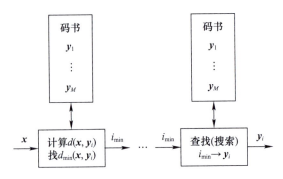

图 13.12 矢量量化系统

系统工作过程:输入一个矢量 x,计算

$$d(x, y_i), \quad i = 1, 2, \cdots, M$$

求出最小的 $d(x, y_i)$,将相应的 i(码矢量的标号)作为编码后的信道符号,经信道传输到收端,接收端根据 i 从码书中找出 y_i 作为重构矢量(即译码结果)输出。再将 16 维矢量恢复成 4×4 的图像子块,放到原来的相同位置,就得到了被量化后每像素 0.5bit 的恢复图像。

应该指出,矢量量化在相同条件下,总是优于标量量化,原因在于它便于在速率与失真之间作全面衡量与折中。理论上就是香农的 $R(\delta)$ 理论,当 $K \to \infty$ 时,我们可以达到 $R(\delta)$ 即速率失率函数值。可见,矢量量化只不过是香农速率失真理论的一种具体实现技术。

矢量量化还有许多研究领域,如快速搜索算法、初始码书设计算法、各种算法的综合应用等领域需要进行研究。

第14章 信源码纠错译码理论与技术

本章讨论如何在译码过程中融入智能信息处理技术,提高抗御传输误码的能力,实现高效高质量信息恢复。

在本章中只讨论无失真信源码纠错译码,第15章探讨图像编码的纠错译码,第16章研究视频编码的纠错译码难题。

14.1 信源码纠错译码分析

14.1.1 信源码纠错译码背景分析

在当今的信息化社会、智能时代,图像通信(静止图像、视频图像)、多媒体通信、多媒体广播业务量的增加,迫切需要展开对图像信源的研究,而图像信息量巨大,目前已成为采用数字方式传输和存储以及处理信息的障碍。因此,为了解决这个问题,一是开发大容量信道,提高传输速度,如光纤通信、5G网络;另一项技术,就是更高压缩比的信源编码技术,减少传输数据中的冗余度,降低传输的数据量。信源码纠错译码技术,就是要解决因传输误码所造成的数据重传问题。

根据信息论中信源冗余度理论分析,要实现信源编码所追求的高压缩比,研制出去相关技术、最大熵编码和序列编码技术,这就使得编码数据具有严重的误码扩散特性,即一比特的误码可能导致若干扫描线无法恢复,甚至整个页面无法恢复。如何在接收端的译码过程中,发现错误、定位错误和纠正错误,实现高质量的信源信息恢复,解决信息丢失的问题。

关于图像与视频接收端的抗误码技术,目前,包括错误隐藏、尽早同步和纠错译码三种技术。信源码的纠错译码算法在对错误进行纠正后能够完全还原原始图像,但其运算量随纠错能力的增强而迅速增长。尽早同步则是在检测到误码时,通过分析码流中的各种特征,尽早达到再同步的技术,可以无失真的还原同步点之后的数据,在一定程度上减少了信息损失,但却主动放弃了错误区域的信息恢复。错误隐藏技术则是利用已获取的邻域图像近似还原含错的图像部分,虽然很难无失真还原原始信息,但可以尽量弥补已经丢失的信息,且其运算量是可以控制的。如何针对具体情况采用最合适的抗误码技术,实现最佳信息恢复,需要研究新的抗误码机制。

信源码纠错译码创新——信源码译码技术与智能信息处理相结合,解决信源码译码级的纠错难题,这是理论和技术创新。这正契合了新工科教育改革大趋势,引领教学内容改革发展新方向;为大学本科生、研究生创新意识、创新能力培养,为"三全"育人、素质教育提供基础性支撑;同时也契合了智能时代科研人员、大学教师创新导向,可提供理论与技术借鉴。

14.1.2 信源码纠错译码目标与分类

信源码纠错译码的目标,是要建立以信道传输误码为研究对象,以信源译码过程中的误码发现、定位、纠正三大难题为主要研究内容,以译码技术与智能信息处理融合为研究方法,以提高恢复信息质量为目标的新科学技术体系。

在译码过程中,融合智能信息处理技术,解决信源编码级的纠错难题,是最具挑战性的研究课题。目的是要通过对这一难题的探索,提高分析问题解决问题的能力,激发创新热情。其具体内容可分为如下两大类。

(1)无失真信源编码类。在 MH、MMR、JBIG、LZSS、deflate 码译码技术中,研制误码发现技术、定位技术,实现误码的纠正。

(2)限失真信源编码类。在 JPEG、JPEG2000、MPEG 码译码技术中,研制纠错译码算法,实现误码纠正或补偿。

在译码过程中,从发现误码机理的角度也可分为两大类。

(1)基于编码规则的误码发现、定位技术,这种技术的特点是根据编码规则或编码语法,实时或准实时发现误码、定位误码,最终纠正误码。

(2)由译码恢复的数据中发现、定位误码,如在 JPEG、JPEG2000、MPEG 码译码技术中,所研制的纠错译码算法,可实现误码纠正或补偿。

14.2　MH 码纠错译码技术

14.2.1　误码分类

在通信信道中有两类噪声:①随机型噪声,由此造成的错误称作随机错误,它的特点是随机的、孤立的;②突发型干扰,由这种干扰导致的错误称为突发错误,该错误的表现形式是有连续的多位比特出错。

在传真通信中,随机错误和突发错误往往是并存的,造成的影响可分为两类。

(1)游程码字错误。在一条扫描线中,随机错误一般会造成单游程码出错,突发错误可使多个游程码同时出错;具体表现是游程的个数没有改变,但译码结果仍然是错误的。例如,MH 码表中的白游程"2"对应的码字为"0111",假设其第一位发生了错误,即"0"变成"1",即"1111"所对应的游程长度为7。

(2)码字分离错误。译码时造成码字分离错误,即一个码字会分解成两个或多个码字。例如,白游程"29"对应的码字为"00000010",假设第一比特位发生了错误,即错成了"10000010",那么在码字分离时就按照如下方式进行:前四位与后四位分开,因为前四位恰好对应于白游程长为"3"的码字,而后四位又对应黑游程长为"6"的码字,译码结果出现错误。

在一条扫描线内,译码过程中错误表现形式如图 14.1 所示。

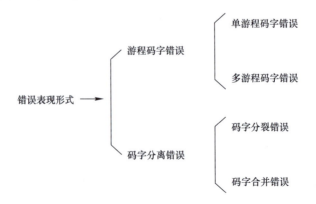

图 14.1　扫描线内错误表现形式图示

14.2.2　MH 码误码发现技术

传真信源码在信道中传输时会受到噪声的污染,从而导致传输误码,影响译码恢复传真副本的质量,因此,需要解决误码纠正难题。首先要能够及时发现误码,下面就以 MH 码为例研究误码发现技术。

第一,基于编码表的误码发现技术。

对一条扫描线进行译码过程中,由于错误比特的存在,可能使得译码过程中出现不能与码表中码字相匹配的比特串,造成译码过程的异常终止。此时,可以断定当前正在译码的编码扫描线中含有错误。

应该指出,译码过程中出现不能与码表中码字相匹配的比特串,并不能将当前比特判断为传输过程中出错的比特。当前出现的错误也可能是受到前面错误比特影响的结果。但是,只要错误不发生在线同步码 EOL 中,对 MH 码而言,错误比特对传真图像的影响可以控制在一条扫描线内。

第二,基于编码规则约束条件的误码发现技术。

信源编码虽然以去相关、去冗余对数据进行压缩为目的,在编码时仍然要遵循一定的编码规则,这样使得编码数据本身具有了内在的约束关系。从 MH 码编译码的基本理论出发,对其压缩机理和编码规则特点进行深入系统的研究,分析总结出 MH 压缩编码数据相互间所具有的约束关系,并且将分析结果作为误码检测的依据,在传真数据中发现错误。只要编码数据不符合这些约束条件,就可以判定为出现了误码。

第三,基于标准长度的误码发现技术。

利用传真编码数据流中的线同步码 EOL 进行错误发现。标准的一条扫描线中所包含的像素个数的标准数值为 1728、2048、2432 等。即使一行 MH 编码数据在译码过程中没有出现无法与码表中码字相匹配的比特模式,也没有出现违背编码规则约束条件的情况,但是,在一条扫描线译码结束时,译码得到的游程总和不等于标准值,那么,同样可以断定该行数据一定有误。为了叙述方便,如果没有特别声明,在算法设计过程中使用的扫描线标准长度均等于 1728。

根据以上分析,在上述三种误码发现技术的基础上,具体给出以下五个非常重要的错误检查条件。

(1) 使用的码表中没有码字能够与接收到的比特模式相匹配。
(2) 一个形成码的后面跟的不是终止码。
(3) 零游程长度的终止码既不是出现在一条扫描线的开头也不是跟在形成码后面。
(4) 接收到 EOL 码字之前已经写了多于 1728 个像素。
(5) 在 1728 个像素写完之前出现了 EOL 码字。

如果满足以上 5 种错误判定条件中任何一种,就被确认为存在传输错误,并且根据出错的不同情况,将分别或者综合使用所提出的错误纠正算法进行纠错。

另外,需要着重指出的是,当译码过程中发现码流中存在错误时,发现错误的位置不一定是真正的出错位置。发生在前面码字中的传输错误可能引起当前的码字错误,或是紧跟着出错码字后面的一些码字产生错误,结果使得接收图像质量严重下降。编码数据中出错的情况是非常复杂的,对错误也是不易定位和纠正的。我们只能通过假设检验的方法对特定的错误模式的错误进行纠正。

14.2.3　基于多游程补偿的 MH 码纠错译码算法

我们设计并实现了基于多游程补偿的 MH 码纠错译码算法。此算法能纠正一条扫描线中多个游程码字错误,在纠错能力以及图像恢复效果上有了显著的提高。

在此要指出的是,该算法也适用于 MR 码中的一维编码行,在 MR 码的纠错译码中,在检测到误码后判断出错行是一维编码行,该算法完全适用,不需作任何改动。

算法描述:

1. 错误模式假设

在对基于多游程补偿的 MH 码纠错译码算法的设计和实现过程进行叙述之前,先给出算法中假设的错误模式,整个算法的设计和实现都建立在这些假设基础之上。

第一,假设传输过程中的噪声污染只是使得编码数据的数值发生改变,即由"0"错成"1",或者由"1"错成"0",而编码数据中比特数目没有发生变化,没有出现增加或者缺失。

第二,假设线同步码字中不含错误。

第三,假设一条扫描线数据在译码过程中不会出现非码表中码字的比特串模式,即不会出现异常的译码终止,只是在该行译码结束时对所有的游程进行累加,其和不等于 1728 标准长度。

第四,假设当前译码扫描线中码字分离无误,即数据中存在的误码使得扫描线中某些游程相应码字错为码长相等的其它游程码字。

第五,假设出错行的游程个数与其上一行的游程个数相当。

对于同时满足上述五个假设条件的误码,我们采用基于多游程补偿的 MH 码纠错译码算法对其进行处理,可以获得较好的纠错效果。

要指出的是,第五条是在游程个数相当的情况下,上下线有较强的相关性,基于多游程补偿的 MH 码纠错译码算法正是充分利用了该相关性,将错误定位到出错行中的多个游程,并用上一行对应的游程替换,可以说基于多游程补偿的 MH 码和 MR 码纠错译码算法是精确到游程的一种误码补偿,即游程替换,与常规的误码补偿(扫描线替换)有本质的区别。

2. 基于多游程补偿的 MH 码纠错译码算法设计与实现

我们首先设定符号:假设第 $M(M>1)$ 条扫描线为当前译码扫描线,经过译码所得到的实际游程序列为 rlM_1、$\cdots$、rlM_i、$\cdots$、rlM_m,各游程对应的码字的长度为 clM_1、$\cdots$、clM_i、$\cdots$、clM_m,其中,若游程长度超过 64,则游程码的长度为形成码和终止码的长度之和,记总游程长度 $RLM = \sum_{i=1}^{m} rlM_i$,记总游程长度与标准长度之间的差值 $RLe = 1728 - RLM$。假设上一行为第 $N(N = M-1)$ 条扫描线,已经正确恢复,其游程序列为 rlN_1、$\cdots$、rlN_j、$\cdots$、rlN_n,各游程对应的码字的长度为 clN_1、$\cdots$、clN_i、$\cdots$、clN_n,记总游程长度 $RLN = \sum_{j=1}^{n} rlN_j$,则 RLN 必然等于标准的扫描线长度 1728。

假设该扫描线数据中的错误模式符合优化纠错译码算法中所假设的错误模式,如果当前扫描线译码结束后,对译出的游程序列求和时发现错误,即 $RLe \neq 0$,首先将上一行游程序列与本行游程序列依次比较,筛选出游程码长度相等的游程序列对,如果对应游程码没有码长相等的,则此纠错算法不适用。再将所得的序列对一一对应相减,得出差值序列,并去除差值为 0 的项,得游程长度差值序列:$\Delta rl_{t_1}, \Delta rl_{t_2}, \cdots, \Delta rl_{t_j}, \cdots, \Delta rl_{t_k}, 1 \leq j \leq k, k \leq \min(m, n)$。下面对差值序列进行操作,从中依次取每一个差值,如 Δrl_{t_j},若 $\Delta rl_{t_j} = RLe$,则得到一个纠错方案:用第 N 行的第 t_j 个游程替换第 M 行的第 t_j 个游程,即 $rlM_{t_j} = rlN_{t_j}$。然后,计算此次替换后上下线的汉明距离 Ham,若小于 Hammin(初始化时设为标准线长),则令 Hammin = Ham,并将此纠错方案作为保留的纠错方案。当穷尽单个差值后,再从差值序列中任取两个差值求代数和,如 $\Delta rl_{t_i}, \Delta rl_{t_j}$,若 $\Delta rl_{t_i} + \Delta rl_{t_j} = RLe$,则又得到一个纠错方案:用第 N 行的第 t_i 和第 t_j 个游程分别替换第 M 行的第 t_i 和第 t_j 个游程,即 $rlM_{t_i} = rlN_{t_i}$,$rlM_{t_j} = rlN_{t_j}$。同样计算此次替换后上下线的汉明距离 Ham,若小于 Hammin,则令 Hammin = Ham,并将此纠错方案作为保留的纠错方案。当穷尽两个差值的组合后,再从差值序列中任取三个、四个直至 k 个做类似的运算,最后保留下来的纠错方案就是最终纠错方案,若没有则纠错失败退出,考虑用其他的纠错算法或进行误码补偿。根据对基于多游程补偿的 MH 码和 MR 码纠错译码算法的描述,设计的详细算法流程如图 14.2 所示。

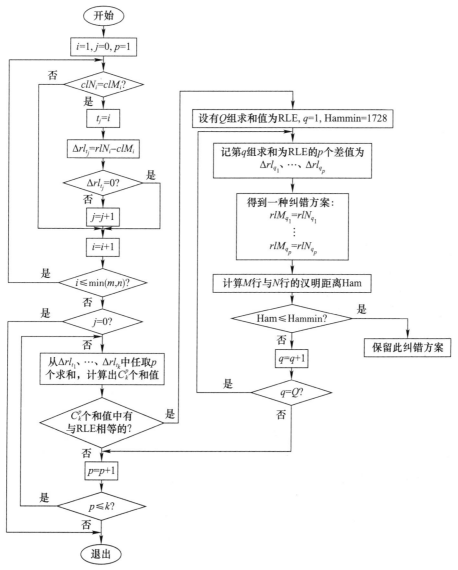

图 14.2 基于多游程补偿的 MH 码纠错译码算法流程图

3. 算法性能分析

下面通过简单的例子详细分析一下该算法的性能。在错误模式假设中提到了出错行的游程个数与其上一行的游程个数相当,从这一点出发,举例研究在不同的情况下该算法的纠错能力。设当前行的游程个数为 x,上一行的游程个数为 y,定义

$$\rho = \frac{|x-y|}{\max(x,y)} \tag{14.1}$$

显然 $0 \leqslant \rho < 1$。下面首先考虑上下线游程个数相等,即 $\rho=0$,且上下线对应游程相等的情况。如图 14.3 所示,假设每条线共有五个游程,而且每个游程对应相等,即 $rlN_i = rlM'_i, 1 \leqslant i \leqslant 5$,$\sum_{i=1}^{5} rlN_i =$

$\sum_{i=1}^{5} rlM'_i$ = 标准线长。显然，各游程对应的码长也相等，即 $clN_i = clM'_i, 1 \leq i \leq 5$。

正确恢复的第N行：(N=M-1)	rlN_1	rlN_2	rlN_3	rlN_4	rlN_5
编码前的第M行：(M>1)	rlM'_1	rlM'_2	rlM'_3	rlM'_4	rlM'_5
产生误码后恢复的第M行：	rlM_1	rlM_2	rlM_3	rlM_4	rlM_5

图 14.3 上下线完全相同时的纠错示意图

假设在传输或接收中产生了满足错误模式的误码，使得在恢复时 rlM'_3 和 rlM'_5 分别错为 rlM_3 和 rlM_5，由错误模式可知，误码导致游程码错为与其码长相等的另一个码字，即 $clM_3 = clM'_3 = clN_3$，$clM_5 = clM'_5 = clN_5$。

当第 M 行译完时，计算发现 $\sum_{i=1}^{5} rlM_i \neq$ 标准线长，则进入纠错模块。

（1）计算 RLe = 标准线长 $- \sum_{i=1}^{5} rlM_i$。

（2）依次比较第 N 行与第 M 行对应游程，如果码长相等则计算差值，此例中所有码长均相等，则得到 Δrl_1、Δrl_2、Δrl_3、Δrl_4、Δrl_5。

（3）去除其中差值为 0 的项得 Δrl_3、Δrl_5。

（4）从非 0 差值序列中依次取一个差值并与 RLe 比较，若 $\Delta rl_3 = RLe$，则得到一个纠错方案：$rlM_3 = rlN_3$，显然，此例中 $\Delta rl_3 \neq RLe$，$\Delta rl_5 \neq RLe$，无法形成纠错方案。

（5）从非 0 差值序列中任取两个求代数和，并与 RLe 比较，此例中 $\Delta rl_3 + \Delta rl_5 = RLe$，则得到一个纠错方案：$rlM_3 = rlN_3$，$rlM_5 = rlN_5$，通过计算替换后的上下线汉明距离 Ham = 0，小于现有的 Hammin（此时为标准线长），则令 Hammin = Ham，将此方案作为保留的纠错方案；

（6）完成纠错，最终的纠错方案：$rlM_3 = rlN_3$，$rlM_5 = rlN_5$。可见，正确地纠正了错误。

此例中非 0 差值序列只有两个，如果有 $k(k>2)$ 个，则继续穷举两个差值的代数和，完成后继续穷举三个、四个直到 k 个，并将每次的 Ham 与 Hammin 比较，将 Ham 最小的纠错方案作为保留纠错方案。当所有计算完成后，所得的保留纠错方案即为最终的纠错方案。需要说明的是：当 k 较大时计算量很大，实际操作时，在穷举到四个或五个的代数和时即可将保留下的纠错方案作为最终的纠错方案，因为在实际中一条扫描线中出现太多同时满足假设模式的误码的概率并不大。

由上例可见，满足错误模式的误码可以被纠正有一个条件：即与错误的游程 rlM_i 对应的 rlN_i 必须等于 rlM'_i。此条件在上下线相关性较大时是很容易满足的。

下面讨论一下 $\rho = 0$，但上下线对应游程不相等的情况。如图 14.4 所示，假设 $rlN_4 = rlM'_4$，$rlN_i \neq rlM'_i, i = 1、2、3、5$。在完成该行译码后，假设误码以及误码造成的影响与上例相同：rlM'_3 和 rlM'_5 分别错为 rlM_3 和 rlM_5 且 $clM_3 = clM'_3$，$clM_5 = clM'_5$。假设 $clN_i \neq clM_i, i = 1、2、3$，只有 $clN_4 = clM_4$，$clN_5 = clM_5$，且 $rlN_5 - rlM_5 =$ 标准线长 $- \sum_{i=1}^{5} rlM_i$。

当第 M 行译完时，计算发现 $\sum_{i=1}^{5} rlM_i \neq$ 标准线长，同样进入纠错模块：因为 $rlN_3 \neq rlM'_3$，$rlN_5 \neq rlM'_5$，所以得不到正确的纠错方案：$rlM_3 = rlM'_3$，$rlM_5 = rlM'_5$。按照本课题设计的算法得到的对应游程码长度相等且差值非 0 的游程差序列为 Δrl_5，而 $\Delta rl_5 =$ 标准线长 $- \sum_{i=1}^{5} rlM_i$，所以得到纠错方案：$rlM_5 = rlN_5$。由图 14.4 可见，虽然没有正确地纠错，但其效果比传统的误码补偿方法更逼近原始行。因为误码补偿是将所有的游程都用上一行的对应游程替换,包括本来正确译码的 rlM_1 和 rlM_2,而基于多游程补偿的 MH 码和 MR 码纠错译码算法只是针对少量几个游程进行补偿,保留了大量正确译码的游程,图像质量得到改善是很显然的,扫描线游程个数越多越明显。

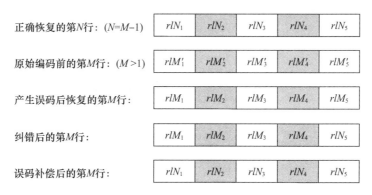

图 14.4　上下线不同但游程个数相等时的纠错示意图

随着 ρ 的增大,即上下线的游程个数相差越来越大,上下扫描线的相关性越来越小,那么与错误的游程 rlM_i 对应的 rlN_i 与 rlM_i' 相等的概率就越来越小,导致纠错性能的降低。通过实验初步分析,当 $\rho > 0.2$ 时,纠错效果已不太明显。传真图像相邻扫描线间的相关性是很大的,一般只有在接近全白线时 ρ 才会大于 0.2,从这一点可见,基于多游程补偿的 MH 码和 MR 码纠错译码算法完全适合于传真 MH 码以及 MR 码一维编码行的纠错,而且很显著地提高了传真图像的恢复质量。

14.2.4　性能测试与结果分析

我们用 C++ 语言实现了设计的基于多游程补偿的 MH 码和 MR 纠错译码算法,并做了如下两个测试。

1. 基于多游程补偿纠错译码算法的纠错结果 –1

表 14.1 给出对同样 10 份 MH 编码传真报文,采用基于多游程补偿的纠错译码算法进行纠错译码的结果,根据纠错译码结果,采用这种算法的平均纠错率达到了 70%。

表 14.1　基于多游程补偿的 MH 码纠错译码算法纠错结果

传真文件	mh01	mh02	mh03	mh04	mh05	mh06	mh07	mh08	mh09	mh10
出错行数	17	12	13	11	8	11	18	32	27	26
纠正行数	13	9	7	8	6	7	12	27	21	14
错误纠正率	76%	75%	54%	73%	75%	64%	67%	84%	78%	54%

应该指出,在很多情况下,经典的误码补偿不能取得很好的效果,甚至会降低图像的恢复质量。基于多游程补偿的纠错译码算法性能有了明显的提高。从主观角度进行评定,采用基于多游程补偿的纠错译码方法恢复的传真文件质量最好。

2. 基于多游程补偿纠错译码算法的纠错结果 –2

为进一步验证算法的有效性,再做如下实验:采用一份无误码的 MH 码传真报,用 UltraEdit 软件人为地加入满足错误模式的误码,用基于多游程补偿的 MH 码纠错译码算法进行纠错实验。

在该传真报中选取一条与其上一线游程个数差不多的扫描线,其游程序列为 rlM_1、rlM_2、…、

rlM_i、…、rlM_{121}、rlM_{122},通过找到该行扫描线对应的编码数据,随机的抽取两个游程码,将其分别修改为码长相等的另外两个游程码,然后分别用基于多游程补偿的 MH 码纠错译码算法和经典误码补偿技术对该行进行处理,将所恢复的该行扫描线分别与原始图像中该行扫描线进行比较,通过将像素对应的比特位依次进行异或运算,得出经过纠错处理和经典误码补偿后的该扫描线与原始的该扫描线之间相差的像素数,表 14.2 给出了实验结果。

表 14.2 基于多游程补偿的纠错译码算法与经典误码补偿技术性能比较

采用的译码算法	修改的游程的序号									
	2、8		6、24		20、82		80、81		100、108	
	纠错算法	误码补偿	纠错算法	误码补偿	纠错算法	误码补偿	纠错算法	误码补偿	纠错算法	误码补偿
与原始线的差距（像素数）	29	105	0	105	0	105	18	105	0	105

由表 14.2 可见,与原始线的像素数差距为 0 意味着得到正确纠错方案,与原始线相差不为 0 意味着最终保留的纠错方案不是完全正确的纠错方案。在五次纠错中有三次恢复了原始扫描线,另外两次未能正确纠错。造成不能正确恢复的原因有两个:一是上一扫描线中与错误游程相对应的游程不等于原始的该游程;二是正确的纠错方案并不是使得上下线汉明距离最小的方案,被错误的舍弃。通过与原始扫描线的比较可见,虽然没有正确纠错而恢复原始线,但却很大程度地逼近了原始扫描线,图像质量比采用经典误码补偿有了显著提高。

14.3 MMR 码纠错译码技术

我们已知,MMR 码、MH 码以及 MR 码都是变长编码,本身都具有误码扩散性。但 MMR 码又取消了线同步码,误码扩散更加严重。因此,设计实现 MMR 码纠错译码算法具有更加重要的意义。由于 MMR 编码压缩比更大,因此,经 MMR 编码后的数据中冗余信息更少,只有根据编码的语法规则找到编码数据间仅存的少量约束关系,才能在译码过程中发现错误,定位错误并且纠正错误。

通过对 MMR 编码数据特点的深入分析,我们对 MMR 码编码数据设计了基于误码多线搜索的纠错译码算法,通过逐步假设误码区域,对数据中存在的误码进行搜索纠正。

14.3.1 MMR 码误码发现技术

MMR 码与 MR 码编码方案基本相同,在误码发现技术上也有相近之处,主要采用了基于二维模码字规则的误码发现技术。通过这些误码发现技术,我们总结了 MMR 码以下八个错误检查条件。

(1) 在码字分离阶段,使用的码表中没有码字能够与接收到的比特模式相匹配。
(2) 出现通过模,但是迁移像素 b_2 超出扫描线的右端。
(3) 出现水平模,使用的码表中没有码字能够与接收到的 a_0a_1 比特模式相匹配。
(4) 出现水平模,游程长度 a_0a_1 被译出,但是迁移像素为 $|a_1 - b_1| \leq 3$ 或者 $b_2 < a_1$。
(5) 出现水平模,游程 a_0a_1 被译码,使用的码表中没有码字能够与接收到的 a_1a_2 比特模式相匹配。
(6) 出现水平模,游程 a_0a_1 和 a_1a_2 被译出,但是 a_2 的绝对位置超出扫描线的右端。

(7) 出现 $V_R(i), i=1,2,3$，但是译出的当前扫描线上 a_1 的绝对位置超出扫描线的右端点。

(8) 出现 $V_L(i), i=1,2,3$，但是迁移像素为 $b_1 - a_0 - i \leq 0$。

在 MMR 码译码过程中，如果满足上述八个错误检查条件中的任何一个，将使用本研究所提出的基于误码多线搜索的 MMR 码纠错译码程序进行纠错译码。在阐述 MMR 码纠错译码算法之前，我们先对 MMR 码重同步技术进行简要的介绍。

14.3.2　MMR 码重同步技术研究

MMR 码重同步技术是借助 MMR 码的编码规则，寻找码流中的自身特征，用来达到扫描线重新同步的目的。下面就此技术进行简要描述。

MMR 码没有线同步码，每一扫描线游程序列的译码，都是建立在上一行扫描线已经译出的基础之上。从这一事实出发，我们可得出结论：在译码过程中出现误码或纠错失败，如果跳过错误区域，往下找到一行可预测的扫描线，则可以此扫描线为参考行继续译码，即重新得到了扫描线同步。通过对 MMR 码码流的仔细观察和研究，不难发现，全白行是一个有效的突破口。根据编码规则，在报文间出现的第一条全白扫描线的编码将是若干个通过模 P（码字为"0001"），最后加上一个垂直模 V(0)（码字为"1"）。通常全白行后还会有若干条全白行，以全白行为参考行的全白行编码时，仅仅是一个 V(0) 模码字。当出现误码或纠错失败时，只要跳过错误区域，在码流中寻找类似"0001　0001…　1 1 … 1"的字段，即连续通过模 P 加连续的垂直模 V(0)，便假定出现了连续的全白行，由此继续译码。如果能够顺利地译出若干行，则可断定重新同步正确，否则，需要继续在下面的码流中寻找该特征字段，进行重新同步。

由算法的描述可知，此方法并不寻求纠正误码的方案，而是跳过误码区域，属于一种容错处理。这样必然会有信息的损失，尤其是此方法的前提是全白行的存在，对于文本文件十分适用，而对于图像文件或文件中含有表格时将无法起到作用，此时，需要使用其他形式的重同步技术。

14.3.3　基于单比特反转的 MMR 码纠错译码算法

1. 错误模式假设

在对基于单比特反转的 MMR 码纠错译码算法进行叙述之前，先给出算法中假设的错误模式，整个算法的设计和实现都建立在这些假设基础之上。

第一，假设信道噪声和干扰的影响只是使得编码数据的数值发生改变，即由"0"错成"1"，或者由"1"错成"0"，而编码数据中比特数目没有发生变化，没有出现增加或者缺失。

第二，在一份传真报数据中只有一个比特的错误。

对于同时满足上述两个假设条件的传输错误，采用基于单比特反转的 MMR 码纠错译码算法对其进行处理，可以获得较好的纠错效果。

2. 基于单比特反转的 MMR 码纠错译码算法设计与实现

在通过误码发现技术发现误码后，记录下检测到错误时的码流的位置 ED_i。显然，此位置在实际误码位置的后面，记实际误码在码流中的位置为 E_i，此位置是未知的。为了能正确纠错，需要寻找到纠错的起始位置，记为 ES_i，使得 $ES_i < E_i < ED_i$，根据实验经验，取 $ES_i = ED_i - 815$ 比特。纠错开始时，从位置 ES_i 开始，依次将每个比特反转。在每次反转后，重新进行译码，若通过误码发现技术检测不到错误，则完成纠错；若再次检测到错误，则说明此次的反转没有纠错，将此比特反转回去。然后反转其后面的一个比特，继续试译码，直到位置 ED_i，若仍没有纠错，则放弃纠错。算法流程图如图 14.5 所示。

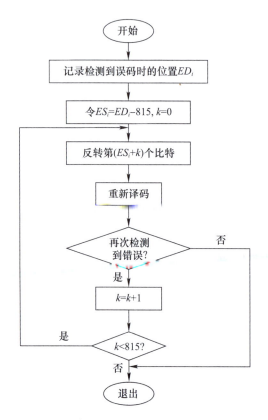

图14.5 基于单比特反转的MMR码纠错译码流程图

14.3.4 基于误码多线搜索的MMR码纠错译码算法

在基于单比特反转的MMR码纠错译码算法的基础上,我们设计并实现了基于误码多线搜索的MMR码纠错译码算法,作为基于单比特反转的MMR码纠错译码算法的优化算法。主要是在误码搜索的区域定位、纠错能力的提高和误码假设的检验方法上做了优化,使纠错能力更强,纠错效率更高。下面就该算法进行具体阐述。

1. 错误模式假设

在对基于误码多线搜索的MMR码纠错译码算法的设计和实现过程进行叙述之前,同样先给出算法中假设的错误模式,整个算法的设计和实现都建立在这些假设基础之上。

第一,假设信道噪声和干扰的影响只是使得编码数据的数值发生改变,即由"0"错成"1",或者由"1"错成"0",而编码数据中比特数目没有发生变化,没有出现增加或者缺失。

第二,将宽度小于H_1的多比特错误称为一处错误,在一份传真报数据中可包含多处错误,只要每处错误之间的距离大于H_2,H_1和H_2将在后面的算法描述中进行介绍。

对于同时满足上述两个假设条件的传输错误,采用基于误码多线搜索的MMR码纠错译码算法对其进行处理,可以获得较好的纠错效果。此算法假设的错误模式与基于单比特反转的MMR码纠错译码算法假设的错误模式相比,第一条相同,第二条放宽了要求,并不限于一份传真报数据中只有一个比特的错误。

2. 基于误码多线搜索的MMR码纠错译码算法设计与实现

1)误码区域定位

在通过误码发现技术发现误码后,首先需要进行误码区域定位。算法中采用的是将误码定位到一条扫描线内的策略。假设检测到误码时正在译的扫描线为第 M 行,追溯到当前行开始时的码流位置并不难,记为 P_M。由于 MMR 码没有线同步码,所以当前译码行对应的码流终点位置并不能确定,在算法设计中假设终点位置在 P_M 后 b 比特处,b 是该算法中的第一个可调参数。则初步将误码位置定位在 P_M 后 b 比特的区域内,在该区域内进行错误搜索。

大量实验表明,误码有近一半的可能在当前扫描线译完前不会被发现。因为译码时当 d_4 增加到标准长度时,只要码流中的下一比特为"1"(V(0)模),当前扫描线就会译完。即使此时译出的扫描线游程序列是错误的,用误码发现技术并无法发现,译码程序会以此扫描线作为参考行继续译码,误码继续扩散下去。所以当纠错程序在 $[P_M, P_M+b]$ 的区域内未能纠错时,可初步认为实际误码在译上一行时就已出现,只是未能及时发现而已。此时,误码需重新定位。追溯到上一扫描线开始时的码流位置,记为 P_{M-1}。将误码位置重新定位在 P_{M-1} 后 b 比特的区域内,在该区域内进行错误搜索。值得一提的是,由于没有线同步码,既然假定了误码在译第 $M-1$ 行时就已出现,那么在上一次译码中,该行的结束位置 P_{M-1} 就不是正确的,也就是说,第 $M-1$ 行对应的码流终点位置也是不能确定的,仍将其假设在 P_{M-1} 后 b 比特处,错误搜索区域为 $[P_{M-1}, P_{M-1}+b]$,而不是 $[P_{M-1}, P_M-1]$。此方法可以往上类推,直到第 $M-s$ 行,s 是该算法中的第二个可调参数。

2) 误码搜索纠正

在将误码定位到某条扫描线后,就可以在该区域内进行误码搜索纠正。

先定义一个长度为 w 比特的滑动窗口,w 是该算法中的第三个可调参数。纠错时,算法假设每一处误码宽度小于 w,错误的比特数小于 n,n 是该算法中的第四个可调参数。误码搜索的具体步骤如下。

(1) 从 $P_{M-i}, 0 \leq i < s$ 位置开始,先假设扫描线前 w 比特中含有错误,错误的形式是其中任意不超过 n 比特的所有组合方式中的一种。对假设的错误比特进行反转。

(2) 从该扫描线开始,对反转处理后的新数据继续进行译码。

(3) 判断比特反转后从该行开始是否能继续译出若干行(记为 d 行,d 是该算法中的第五个可调参数),若能,并且没有再次检测到误码,则认为对该处错误纠错成功,保存反转方案,退出纠错程序。

(4) 若在继续译出 d 行前再次检测到了误码,则认为此次反转方案不是纠错方案,还原反转过的比特。

(5) 判断是否已经对整个扫描行中数据全部做过处理,如果是,令 $i=i+1$,若 $i \leq s$,返回步骤(1),若 $i>s$,纠错失败,寻求其他纠错算法进行纠错或者采用重同步技术跳过该处错误。

(6) 如果还没有对整个扫描行中数据全部做过处理,则接着对数据做另一种形式的反转,返回步骤(2)继续译码。

基于误码多线搜索的 MMR 码纠错译码算法流程图如图 14.6 所示。

3) 算法分析

下面通过例子对算法进行详细分析。

以需要纠 8 比特范围内的 2 比特错为例。初始化:令 $s=4, b=256, d=8$,将窗口长设为 8 比特,即 $w=8$,然后根据拟纠错的比特数设定 n 值,即 $n=2$。

假定实际误码发生在当前译码行的第五比特("1"错为"0")和第十比特("1"错为"0"),并且错误在当前行译码结束前被发现。则开始纠错译码时,先追溯到当前行译码开始时的码流位置,记为 P_M,此位置也是滑动窗口的起始位置。初始化窗口:根据此例中的参数配置 $w=8$ 和 $n=2$,第一个窗口为"10000000",即先假设 8 比特窗长范围内有且只有 1 比特错误。

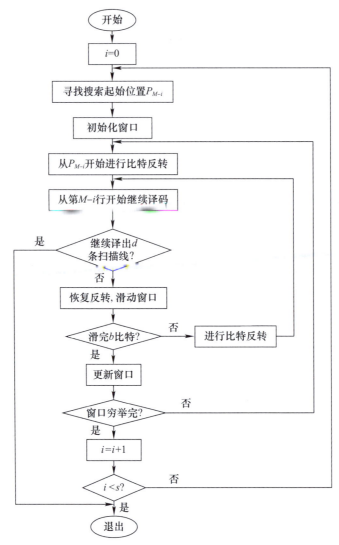

图 14.6 基于误码多线搜索的 MMR 码纠错译码算法

使用第一个窗口"10000000"从起始位置 P_M 开始进行对应位置的比特反转,如图 14.7 所示。接着就从当前行开始位置 P_M 开始进行继续译码。显然,此时不但没有正确纠正原有的两比特错,还将原来正确的第一比特反转错。此时就存在一个纠错验证的问题,即如何确定反转的比特是否正确纠错了。

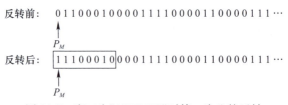

图 14.7 窗口为"10000000"时第一次比特反转

纠错验证需借助误码发现技术,即在从当前行继续译码过程中,在译出 d 行之前无论以误码发现技术中的哪种形式再次检测到误码,都可认定最近一次的比特反转没有正确纠错。此例中将错误反转的第一比特重新反转回去,再将窗口后移一比特,将窗口新位置对应的比特反转,如图 14.8 所示,再进入译码操作进行验证。需要重点指出的是,由前面的分析,比特被错误反转后有近一半的可能在当前行译完前不会被发现,使得误码发现技术判错不判对,即当前行译完前再次发现误码可判断最近一次比特反转错误,而当前行译完前没有发现误码并不能就此判断最近一次比特反转正确。目前算法采用的有明显效果的验证方法是:判断某一次比特反转后是否能顺利的继续译出 d 行,是则认为此次比特反转正确,否则认为未能正确纠错,恢复反转后再将窗口后移一比特继续纠错。

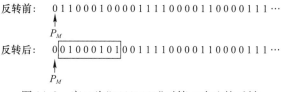

图 14.8　窗口为"10000000"时第二次比特反转

不停地滑动窗口便可实现 $b=256$ 比特范围内 1 比特反转的穷举。此例中该 256 种反转方案都未能实现纠错。由于 $n=2>1$,下面将更新窗口,做 8 比特范围内 2 比特错的纠正。此例中窗口将更新为"10000001",再从当前行译码开始时的码流位置 P_M 开始进行滑动窗口纠错。第一次反转如图 14.9 所示,显然,此时又加入了第一和第八两个比特错误,在纠错验证时将无法通过。则将第一和第八比特反转回来,向后滑动窗口继续纠错。此例中当窗口"10000001"滑动完 $b=256$ 比特时,也无法形成纠错方案,则再次将窗口更新为"10000010",从 P_M 开始进行滑动窗口纠错。如此重复,当窗口更新为"10000100"时,在窗口滑动 5 比特后将能够正确纠错,如图 14.10 所示。

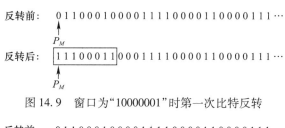

图 14.9　窗口为"10000001"时第一次比特反转

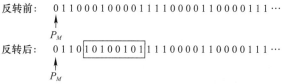

图 14.10　窗口为"10000100"时第五次比特反转

我们在实现基于误码多线搜索的纠错译码算法时同样需要解决如何完全列举出长度 w 比特范围内 n 个比特的所有错误情况,即如何穷举出所有的窗口的问题,另外,更重要的是,如何配置五个可调参数。下面对如何选择它们的大小进行说明。

滑动窗口长 w 和拟纠窗长范围内的比特数 n:这两个参数越大,算法的纠错能力就越强,但其运算量却成指数级增长,不宜太大,在纠错程序设计时默认值为 $w=13$, $n=8$。

退线纠错搜索的行数 s 和一条扫描线对应的码流比特数 b:对于单处误码,这两个参数越大,算法的误码搜索范围越广,从而误码的纠正率越高。对于多处误码,s 不能大到包含上一处误码,d 不能大到包含下一处误码。纠错运算量分别与 s 和 b 成正比。通过深入分析以及大量的实验表明,这两个参数不需要配置太高。对于参数 s,由前面的分析,误码出现后有近一半的可能性(设为 p, $p<0.5$)在当前行译完前不被发现,所以误码出现后到检测到误码前能够译出 x 行的概率为 p^x。也就是说,误码在第 M 行时检测到,则其真正的位置在第 $M-i$ 的概率为 p^i,随着 i 的增大,p^i 迅速减小。s 的上限定为 d,否则有可能将上一处误码也包含到搜索区域内。对于参数 b,显然每条扫描线对应的码流的长度是有一定的上限的,扫描线的标准长度 1728 个像素,每个像素用 1 比特表示需

1728比特,即 b 的上限为1728。MMR码的有较高的压缩比,一般一行的编码数据不会超过300比特。在纠错程序设计时默认值为 $s=4, b=256$。

错误验证行数 d:此参数如果太小,显然将错误的比特反转判为正确的概率会增加。由参数 s 的配置依据可知,对于每个错误的反转方案,能够继续译出 x 行的概率 p^x 随 x 的增大越来越小,但是由于错误方案是采用的一种穷举的方案得到的,方案数很大,那么,其中就很可能存在错误方案,使得继续译码时译出十行甚至几十行,所以 d 在配置时需要大一点,明显大于 s 的取值。但通过实验和研究发现,d 并不是越大越好,如果太大,则可能将正确反转的比特判为错误:如 d 取30,在正确纠错的情况下,从当前行已经正确地译出25行,在第26行的码流段又有第二处错误,此时,在第26行又检测到误码,因为未能正确地译出30行,则会误认为此次比特反转错误,导致将本已正确反转的比特又恢复为错误的。也就是说,d 的配置与两处误码的距离有关,如何配置最合适的 d 值还需要进一步的研究。在纠错程序设计时默认值为 $d=20$。

实际应用时,由于MMR码误码造成的影响在视觉上是很明显的,当使用默认配置进行纠错后,通过视觉观察恢复的报文如果没有纠正误码时,可调整参数,在运算时间可以接受的条件下尽量增大 w、n、b、s,而 d 则需要尝试性的调大或调小,总的目标是最大可能性的纠正错误,恢复出报文。对于某些重要的传真报文,牺牲处理时间换取重要信息也是非常值得的。

一般情况下,在一页传真文件编码数据中,如果每处误码宽度不超过纠错窗口长 w,即错误模式假设中的 H_1,且每两处误码之间的距离超过 $H_2=d*b$,则不管其形式如何,都可以使用本课题所设计的纠错算法,通过在有限范围内穷举反转并且重新译码对错误进行纠正。

4)算法比较

基于误码多线搜索的MMR码纠错译码算法是对基于单比特反转的MMR码纠错译码算法的一种优化,主要体现在如下三个方面。

(1)误码区域定位。由于MMR码无线同步码,检测到误码后无法将其准确定位到某一条扫描线内,基于单比特反转的纠错译码算法在检测到误码后,将错误较笼统地定位到检测点之前的815比特的区域内。本算法先假设误码在当前扫描线,若不能纠错,则假设在其上一条线,是一种逐线搜索的方法,每条线的比特数一般在两三百比特,而且误码真正的位置在当前行的概率最大,越往上概率越小。这样明显提高了搜索效率,从而提高了纠错速度。

(2)误码纠正。基于单比特反转的纠错译码算法中,针对的是随机错误,每次假设的纠错方案为一比特错。本算法针对的是随机错误和突发错误,每次假设的纠错方案为多比特错,显然纠错能力增强。

(3)纠错验证。基于单比特反转的纠错译码算法中,在每次反转一比特后,采用全部重新译码的方法进行纠错验证,这样一是效率低,更重要的这使得在该处一比特误码的后续码流中不允许再有任何误码,否则会因为后续的误码无法使报文正确恢复,而误认为本已正确纠正的当前比特是错误的纠错方案,即单比特纠错算法只能纠正一整份传真报编码数据中的一比特错。本算法采用的纠错验证方法是每次反转后,只需从当前行开始译码,判断是否能继续译出若干行。这样一是提高了运算效率,更重要的是,能排除若干行后的误码对本处错误的影响,使得算法能够纠正一份传真报编码数据中多处误码,而且每处都可以是多比特错误,纠错能力大大加强。

14.3.5 性能测试与结果分析

我们用C++语言实现了课题中设计的基于误码多线搜索的MMR码纠错译码算法,为了将该算法与基于单比特反转的MMR码纠错译码算法以及重同步技术进行比较,作了如下试验。

试验:

为了更好地说明基于误码多线搜索的MMR码纠错译码算法的纠错性能以及可调参数的配置问

题,选用一份无误码的大小为30KB的传真MMR码文件,用UltraEdit软件人为加入六处符合错误模式的误码,通过调整可调参数进行多次纠错译码,根据查看纠错后的编码数据以及视觉观察测试纠错译码效果,结果如表14.3所列。需要说明的是,由前面的分析,MMR码对错误的敏感度很高,往往一比特的错误就能造成后续报文的无法恢复,所以通过视觉观察很容易判断误码是否被纠正。

表14.3 基于误码多线搜索的MMR码纠错译码算法不同参数配置时的纠错情况

参数配置 $(w、n、b、s、d)$	误码一 3280h:1	误码二 8100h:1	误码三 11380h:1101101	误码四 1a000h:110011	误码五 30000h:11011001100111	误码六 32000h:11001
4、2、200、2、10	纠正	纠正	未纠正	未纠正	未纠正	未纠正
14、9、200、2、20	纠正	纠正	未纠正	未纠正	未纠正	未纠正
14、9、300、2、20	纠正	纠正	纠正	未纠正	未纠正	未纠正
14、9、300、5、20	纠正	纠正	纠正	纠正	未纠正	未纠正
14、9、300、5、30	纠正	未纠正	未纠正	未纠正	未纠正	未纠正
14、9、300、5、15	纠正	纠正	纠正	纠正	纠正	纠正

表14.3第一行显示的是将参数配置为 $w=4$、$n=2$、$b=200$、$s=2$、$d=10$ 时的纠错结果,可见,此时纠正了比特位置为3280h和8100h处的两个单比特误码,而后面的四处多比特误码未纠正,原因很明显,至少 w 和 n 的配置太低。接着多次调整各参数,验证各参数对纠错效果的影响。

通过实验,可见 w、n、$b(b<1728)$、$s(s<d)$ 的值越大纠错能力越强,而 d 的配置则不同。在第五次配置参数时,d 配置太高,当纠误码二时,在正确地将e800h处的一比特反转后,由于误码三距离误码二较近,程序在到达误码三时译出的行数不足30,误认为此次的反转错误而使得此处误码未得到纠正,进而导致后面的所有误码未能正确纠正。其实在第四次配置后,误码五未能纠正也正是由于与误码六距离较近而 d 配置偏高,导致无法纠正,从而导致了误码六也未纠正。在降低了 d 值后,不但误码二纠正了,误码五和误码六同样得到了正确纠正。经过多次参数调整后最终纠正了所有的误码,完整地恢复了报文。

实验最后与单比特算法进行了比较,单比特算法只有在加入第一处的单比特误码时才能正确纠错,一旦加入第二处误码、第三处误码、……,就无法正确纠错,纠错能力非常有限。本课题设计的基于误码多线搜索的MMR码纠错译码算法纠错能力得到了显著提高。

直接译码效果如图14.11所示,纠错译码效果如图14.12所示。

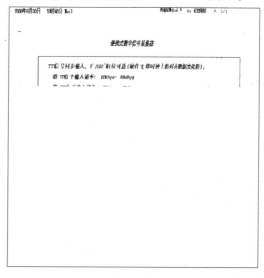

图14.11 直接译码结果

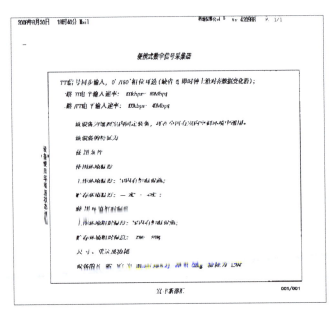

图 14.12 纠错译码结果

14.4 数据压缩编码纠错译码原理与技术

14.4.1 LZSS 压缩编码的检错原理与技术

字典编码作为一种无失真压缩算法,其优势在于压缩效果良好,而且实现方法简单,因此成为许多压缩工具、压缩程序的核心算法。James Storer 和 Thomas Szymanski 在 1982 年提出的 LZSS 算法是 LZ77 算法众多派生算法中实用性最强的算法之一。LZSS 算法已经广泛用于各类文档压缩程序和文件处理工具,如 ZIP、RAR、PDF 等。还用于图形处理单元 GPU 的数据存储和传输、医学数据压缩等领域。

1. LZSS 算法数据格式分析

由 LZ77 算法可知,若能在字典中找到与输入字符串相匹配的内容时,这种算法可取得较好的效果;但是若在字典中找不到与输入字符串相匹配的字符串时,这种处理方法仍然要给每个字符输出 $\langle 0,0,C(d) \rangle$。尤其在编码之初,压缩器很难为文件的前十几或几十个字符找到匹配的短语,却又不得不用较长的代码来表示这些单个字符,这样编码所需的比特数远大于字符本身的比特数,从而抵消了压缩效果。为了克服这一缺陷,LZSS 算法对 LZ77 算法作了如下改进:只有找到长度达到规定值的匹配字符串时才使用压缩编码,否则字符不经编码原形输出;编码输出由匹配串长度和位置两部分构成。为了区分字符原形输出还是编码输出,为每个输出加一个标识位,一般原形字符输出前加"1",编码输出前加"0"。

在 LZSS 算法中,窗口长度通常设置为 4096 字节,其中搜索缓存区为 4078 字节,前视缓存区为 18 字节。将以欲编码字符为串首、长度为 18 的串与搜索缓存区内字符为串首同样长度的字符串相比较,寻找最大匹配字符串。

当所找到的匹配字符串的长度 $l<3$,则将当前待编码的字符原形输出,窗口向后滑动一个字节;当 $3 \leqslant l < 18$,则输出匹配字符串的长度 $l-3$(4 比特)和 d(12 比特),d 为该串首字符在搜索缓存区中的位置

$$d = (n + 4078) \bmod 4096$$

式中:n 为最大匹配字符串首字符在源文件中的位置,窗口向后滑动 1 字节。位置和长度共占用 2 字节,其中地址占用 12 比特,长度占用 4 比特。当 $d = 605(001100100101)$,$l = 17$,$l - 3 = 14(1110)$,地址长度子单元如图 14.13 所示。

第一字节	第二字节	
8比特	4比特	4比特
$d_7\ d_6\ d_5\ d_4\ d_3\ d_2\ d_1\ d_0$	$d_{11}\ d_{10}\ d_9\ d_8$	$L-3$
0 0 1 0 0 1 0 1	0 0 1 1	1 1 1 0

图 14.13 地址长度子单元的比特放置

压缩编码序列并不直接写进输出文件,而先存放在一个缓冲区,对其重新组织。如图 14.14 所示,压缩文件被分割成若干数据单元,每个数据单元由 9 个子单元构成,其中第 1 子单元为标识(记为 F),余下 8 个子单元存放地址长度码(记为 d)或字符原形(记为 c)。标识子单元的 8 位比特指示随后 8 个子单元为子单元 d 还是子单元 c,如前所述,当标识比特为 0 相应子单元为 d,当标识比特为 1 相应子单元为 c。由于子单元 c 占一个字节而子单元 d 占 2 个字节,故数据单元长度不等,为 9~17 字节。

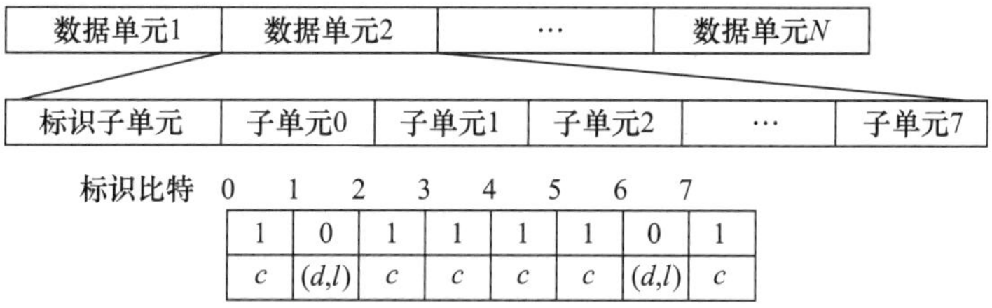

图 14.14 压缩文件格式

LZSS 压缩数据在实际传输过程中,由于噪声和干扰的影响会产生误码,存储介质的损坏和污染在数据交互时,也可能导致 LZSS 压缩数据出现错误。

常规的错误检测方案,包括奇偶校验码、重复码、汉明码等,也常用于对 LZSS 压缩数据进行错误检测。然而,这些错误检测方案都需要添加额外比特才能检测错误。根据下式所示的编码效率 η 的定义可知,如果对 LZSS 压缩数据采用常规错误检测方案,必定会影响编码效率 η,且 η 与附加位的长度成反比,即

$$\eta = \frac{L_s}{L_s + L_c} \tag{14.2}$$

式中:L_s 为压缩数据长度;L_c 为添加到压缩数据中用以检测压缩数据错误的附加位长度。

为了既不降低压缩性能和编码效率,又不需要添加附加位,就可检测 LZSS 压缩数据中的误码,我们首先研究了 LZSS 算法的压缩机制以及生成的压缩数据,发现在 LZSS 压缩数据中有 4 种特定的关系模式,这 4 种关系模式可以用作错误检测条件。在这 4 种关系模式的基础上,在接收机预先知道压缩算法类型的前提下,提出了 LZSS 压缩数据的错误检测方法,该方法实现了不添加额外的附加位即可检测压缩数据中的误码。

2. LZSS 的压缩机制分析

在 LZSS 压缩算法中使用了两个滑动窗口,分别是前视窗口和搜索窗口。当进行压缩时,LZSS 算法会寻找存储在前视窗口和搜索窗口中的最长匹配字符串。如果最长匹配字符串的长度不小于

规定的最小匹配长度 l,则算法输出码字 (d,l),前视窗口和搜索窗口分别向后滑动 l 个字符,其中 d 为搜索窗口中匹配字符串的起始位置到搜索窗口结束位置的距离,l 为搜索到的最长匹配字符串的长度。如果最长匹配字符串的长度小于 l,则算法输出存储在前视窗口中的第一个字符 c,前视窗口和搜索窗口分别向后滑动 1 个字符。上述压缩过程会重复执行,直到前视窗口变为空为止。由于 LZSS 算法依据最小匹配长度确定编码结果的类型是 (d,l) 还是 c,因此需要使用 1 比特标志位指示对应的码字代表 (d,l) 还是 c。

LZSS 算法把编码数据分成若干单元结构,每个单元结构由 9 个子单元构成,第 1 子单元为 1 字节的标志子单元 F,其余 8 个子单元存放编码数据,标志子单元的 8 位比特依次分别指示随后 8 个子单元存放的是 (d,l) 还是 c。当标志比特为 0,相应子单元为码字 (d,l),当标志比特为 1,相应子单元为单字符 c。LZSS 压缩数据按照图 14.15 所示的结构进行存储和传输。

图 14.15 LZSS 压缩数据的结构

当输入数据流为"abcacbabcaccac"时,前视窗口和搜索窗口的大小分别设置为 9 和 12,最小匹配长度设为 3,使用 LZSS 算法进行无损数据压缩,图 14.16 给出了编码结果。其对应的十六进制数据为"FC 61 62 63 61 63 62 36 35 33 33"。

图 14.16 编码结果

3. LZSS 压缩数据的错误检测

在 LZSS 压缩算法中,分别用 M 比特和 N 比特表示码字 (d,l) 中 d 和 l 的二进制编码的长度,则 (d,l) 的总长度为 $(M+N)$ 比特,采用美国信息交换标准码(ASCII)的 c 用 8 比特表示。设前视窗口和搜索窗口的长度分别为 W 和 Q,为了充分利用每个比特,M、N 与 W、Q 之间需要满足下式给定的条件

$$2^{M-1} < Q \leq 2^M, 2^{N-1} < W \leq 2^N \tag{14.3}$$

如图 14.17 所示,前视窗口的大小 $W=9$,搜索窗口的大小 $Q=12$,则满足式(14.3)条件的 $M=4$、$N=4$,因此 (d,l) 的二进制码字需要用 8 比特表示。

根据 LZSS 的压缩机制,以及通过分析 LZSS 压缩数据的结构可以发现,LZSS 压缩数据中的码字存在 4 种特殊的关系模式,需要满足 4 个条件。

(1) 在 LZSS 压缩数据的单元结构中,通过标志子单元 F 的 8 位比特计算得到的数据单元长度,需要与其余 8 个子单元的总长度一致,这种情况可表示为

$$\sum_{i=1}^{8} 2^{1-F_i} = \sum_{i=1}^{8} L_i \tag{14.4}$$

式中:$F_i(1 \leq i \leq 8)$ 表示标志子单元中的第 i 个标志位的取值;$L_i(1 \leq i \leq 8)$ 表示 F_i 对应的第 i 个压缩数据子单元的长度。

(2) 匹配字符的数量 l 的上限是前视窗口的起始位置与结束位置之间的距离,即前视窗口的长度。所以,l 应当不大于前视窗口 W 的大小,如下式所示:

$$l \leq W \tag{14.5}$$

(3) 匹配字符的距离 d 的上限是搜索窗口的起始位置与结束位置之间的距离,即搜索窗口的长度。所以,d 应当不大于搜索窗口 Q 的大小,如下式所示:

$$d \leq Q \tag{14.6}$$

(4) 为了实现有效压缩,压缩过程中前视窗口的长度必定小于搜索窗口的长度,因此 l 应当不大于 d,这种情况可表示为

$$l \leq d \tag{14.7}$$

如果 LZSS 压缩数据中没有出现错误,则 LZSS 压缩数据必定满足式(14.4)~式(14.7)所示的 4 种关系模式。4 种关系中只要有 1 个未满足,则 LZSS 压缩数据中一定存在错误。因此,这 4 个表达式可作为发现误码的条件,用于检测 LZSS 压缩数据中是否存在错误。

图 14.17 显示了所提出的错误检测算法的流程图。因为 LZSS 算法使用 1 比特的标志位来指示对应的子单元是 (d,l) 还是 c,所以错误检测算法首先在 LZSS 压缩数据的标志子单元中读取 1 比特的标志位。如果标志位为 1,则意味着对应的子单元是代表单字符 c 的二进制编码。如果标志位为 0,则获取对应子单元中表示二进制码字 (d,l) 的 $(M+N)$ 个比特,M 比特是 d 的二进制编码,N 比特是 l 的二进制编码。然后,检查数据单元是否满足式(14.4)~式(14.7)规定的 4 种关系模式。重复执行这些过程,直到前视窗口为空。在错误检测期间,4 种关系模式中只要有 1 种不满足,则确定 LZSS 压缩数据中存在误码。

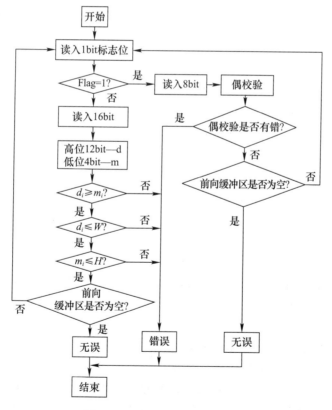

图 14.17 LZSS 的错误检测算法

14.4.2 ZIP 文件中参数区数据格式分析

在 ZIP 文件中,采用 Deflate1 算法的文件并无参数区,它的字符树与距离树都已经固定。对于

Deflate2 算法,将参数区中的 C – DATA 与 P – DATA 区分开进行处理。

在 C – DATA 区存放的数据是用来构造码长编码树的,先看下面的例子。

C – DATA 区数据如下:

$$011,001,111,001,110,110,110,110,110,001,110,101,000,111$$

(对应码长:P1,P2,P3,0,8,7,9,6,10,5,11,4,12,3)

由它所构造的 Huffman 树,如图 14.18 所示。相关码字如下:

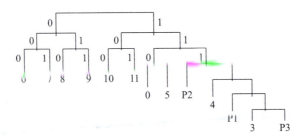

图 14.18　正确的码长编码树

6:000　　7:001　　8:010　　9:011　　10:100　　11:101

0:1100　　5:1101　　P2:1110

4:11110

P1:111110

3:1111110　　P3:1111111

在随意改动其中一个比特后,设第 3 个比特由"1"变成了"0",则

$$010,001,111,001,110,110,110,110,110,001,110,101,000,111$$

(对应码长:P1,P2,P3,0,　8,　7,　9,　6,10,5,　11,4,12,3)

按照与原例中相同处理办法进行处理后,得到如下结果:

码长为 0:{12:000}

码长为 2:{P1:010}

码长为 3:{6:011　7:011　8:011　9:011　10:011　11:011}

码长为 4:{0:100　5:100　P2:100}

码长为 5:{4:101}

码长为 7:{3:111　P3:111}

这样的数据,实际已经不是 Huffman 树,如果按照 Huffman – Shannon – Fano 编码的构造方法强制构造,就会出现崩溃性的结果:

P1:00

6:010,7:011,8:100,9:101,10:110,11:111

按照编码规则,由于下一个码字的码长已经发生变化,由 3 变到了 4,所以下一个码字"0"的编码码值应该是:$(7+1)\times 2^{(4-3)}=16$,但四位二进制数是无法表示 16 的。也就是说,下一码字"0"的编码是"10000",码长为 5,而"0"的编码码长已经确定了为 4,此时已经出现了问题。将本例中已经编码的码字与正确的码字比较也大相径庭可以得出结论:C – DATA 区的一个比特的错误,就会使解压无法进行。

应该指出,P – DATA 的构造方法与 C – DATA 区基本一致,不同的只是 C – DATA 区的长度可以预先知道,而 P – DATA 区不能。说明以下几点结论。

(1) P-DATA 区分两部分,第一部分 P-DATA1 区存放的是构建字符树的数据,P-DATA2 区存放的是构建距离树的数据,字符树与距离树都是 HSF 树。

(2) 在 C-DATA 区数据正确或 C-DATA 区数据能正确纠正的情况下,P-DATA1 有可能纠正一个错误,与 C-DATA 区类似。当发现 P-DATA1 区的数据所构造的码字不符合定理 2 时,可以采用比特依次反码的做法。

(3) 在 P-DATA1 区已正确恢复出字符树的情况下,P-DATA2 区也有可能纠正一个比特的错误,其情形与 P-DATA1 区一致。

14.4.3 Deflate 编码的纠错译码原理与技术

自 1993 年 PKWare 推出的 PKZip 2.0 版首次使用 Deflate 无损压缩算法以来,已经广泛应用于 zip 类型的压缩数据、PDF 数据、PNG 数据以及许多其他格式的数据、应用程序以及网络协议中。不仅 zip 文档仍然是文件存储和传送的重要工具,许多文件类型实际上都是 zip 格式的文档。Microsoft Office 文档(.docx,.pptx,.xlsx)、OpenDocument 文档(.odt,.odp,.ods)、电子书 ePub 等格式的数据,都是由 XML 文件和文本、图像等其他嵌入文件的集合组成,这些文件集合都使用 zip 格式作为存储数据的容器。Java 应用程序(.jar)和 Android 应用程序(.apk)也都是包含编译代码和源文件的 zip 文档。

应该指出,一是 Deflate 压缩算法应用极其广泛,二是 Deflate 压缩算法是字典编码和熵编码联合构成的,熵编码是无失真的变长编码,这两种编码都具有误码扩散特性,即对误码极其敏感,一比特误码可能造成整个文件"全无"。因此,从含错的 Deflate 压缩文件中恢复数据的能力就显得格外重要。

1. Deflate 算法的编码与译码

Deflate 算法由字典编码和熵编码两部分组成。在字典编码过程中,Deflate 算法把待压缩的源数据,在先前输入的长度为 32KB 的源数据形成的搜索窗口中进行匹配,搜索与当前位置的符号相同且匹配长度不少于 3 的符号序列,然后,把当前位置的符号序列替换为指向搜索窗口中最佳匹配符号串的距离长度码,从而把源数据转换为由单字节符号和距离长度码组成的混合压缩数据流。

在熵编码阶段,对上述字典编码得到的 LZSS 的冗余最小化的压缩数据进行 Huffman 编码,并以最少的比特数表示编码结果。这一过程使用三棵 Huffman 树进行编码,第一棵 Huffman 树包含 256 个单字节符号、数据结束符号和匹配长度符号所对应的码字,第二棵 Huffman 树包括匹配距离符号所对应的码字,第三棵 Huffman 树包含前两棵树中所有码字的码长信息。编码数据中,匹配长度码后面总是跟随匹配距离码,匹配长度码和匹配距离码后面都可以添加可变数量的比特位,以指定匹配长度或匹配距离的确切值。

压缩算法可能会做出各种影响压缩比特流大小的决定,输出结果可以有多种选择。如果针对压缩速度进行调整,则选择是固定的,而针对最大压缩进行调整时,压缩算法将检查多种压缩方案,并选择在字典编码和熵编码之后,产生较小编码比特流的作为最终方案。

Deflate 压缩算法可以在任何位置重构 Huffman 树,并把编码流分成不同的数据分组。数据分组的标志位只有 3 比特,没有其他标记符号。标志位的第一位比特表示该数据分组是否是压缩数据中的最后一个数据分组,其余两比特表示该数据分组具体属于三种分组类型中的哪一种。当压缩算法认为更换 Huffman 树可以提升压缩性能时,就使用数据结束符号来标识当前数据分组已完成,然后立即生成以 3 比特标志位起始的新数据分组,后面紧接着就是更换后的数据分组构造码表所需的信息。尽管使用新的数据分组,会重新构造 Huffman 树,但是不会重置搜索窗口。新数据分组可以是未压缩的数据,用预定义的 Huffman 树的固定码表进行编码得到的压缩数据,或者是使用新数据分组中构造的Huffman树进行编码得到的压缩数据。因为数据分组的大小不影响解压过程的内存需求，所以Deflate算法对压缩数据分组的大小没有预先限制，都是通过数据结束符号来表示分组结束。未压缩的数据分组则有16比特表示的长度字段，因此不需要使用数据结束符号。在实践中，每个数据分组对应的源数据大小通常不超过300KB。

Deflate算法解压时，首先，根据Deflate编码参数构造解压所需的三棵Huffman树；然后，按照Huffman树对应的码表，把压缩比特流解译为LZSS编码符号序列；最后，依LZSS译码算法，如果是单字节符号则将其直接添加到源数据序列中，如果是距离长度码则把搜索窗口中指定位置处指定数目的符号串复制到源数据序列中。最新的32KB的已解压输出符号，始终保留在搜索窗口中作为译码字典使用。

2. 含错Deflate数据中的误码

Deflate算法是由字典编码和Huffman编码组成的混合压缩算法，编码时先使用LZSS编码算法对源数据进行压缩，再使用Huffman编码算法对字典编码结果中的单字节符号、匹配长度、匹配距离以及码字长度分别进行压缩。由于算法流程和数据构成比较复杂，当Deflate压缩数据出现损坏时，无论是修复压缩数据还是重构解压数据都很困难。

Deflate数据的比特流中错误符号的影响分为两种情况，如果是单字节符号含错，译码会生成不正确的符号，如果是距离长度码含错，译码时则会从搜索窗口把错误序列复制到输出结果中。在这两种情况下，后续的距离长度码的匹配引用会通过直接复制错误符号，由于匹配距离有错造成从错误的位置复制序列，或由于匹配长度有错造成输出符号数量的变化，导致了错误进一步的传播扩散，以及误码数量的累积增加。其中，匹配长度有错形成的后续影响最为深远，因为该种错误会使得搜索窗口中字典符号序列出现错位并失去同步。

目前，有一些工具能够从zip文档中提取完整的成员压缩数据。但是从损坏的压缩比特流中恢复数据的方法和工具却很少。例如，zip Recovery通过扫描zip文档中的文件头记录并生成由完整成员组成的新zip文档，numa File Recovery利用了压缩文档中每个成员数据文件头所包含的标志符号提取成员数据。有的工具还可以运行译码器直到遇到无效比特或用尽数据序列为止，这样可以在损坏点或截断点之前恢复出部分压缩文件。然而，这些工具都无法恢复损坏点之后的压缩数据。

Gzip Recovery Toolkit为了跳过gzip文档中损坏的部分并继续解压，通过逐字节扫描试译的方法，直到zlib译码器能够成功解压数据流。这种方法适用于包含Deflate数据流的任何文件，但前提是需要在压缩过程中定期插入zlib样式的同步点，即长度为零的数据包并重置压缩程序的搜索窗口。

Park使用逐比特扫描可解压Deflate数据分组的方法，在压缩数据的比特流中每次推进1位并尝试解压，在某些情况下成功地恢复了部分文件。但是只能处理使用预先指定的固定Huffman码表压缩的数据分组，并且解压数据中没有复制引用任何的未知符号。由于该方法无法解压引用未知符号的数据分组，因此无法生成包含未知符号的解压数据流，所以也就无法对恢复的数据执行任何的匹配重构。Brown提出了基于一元单词模型和三元字节模型的重建方法，通过从压缩包尾部的反向扫描，找到第一个未损坏的压缩数据分组并恢复了部分文件。但是无法恢复解压码表存在错误的压缩数据分组，而且由于不支持单个字符使用多个字节的情形，导致存在大量误报。

上述现有能够从损坏Deflate数据中恢复部分文件的方法，均无法纠正压缩数据中的错误，仅能在Huffman码树和LZSS码表没有受损的情况下恢复部分解压数据。上述方法不能重构含有未知符号的解压数据，因此对于使用动态Huffman码表进行编码的压缩数据，这些方法均无法恢复损坏区域以后的解压数据，而使用动态Huffman码表在Deflate算法的应用中占了绝大多数。

为了能够从损坏的 Deflate 数据中尽可能多地提取信息,我们分别针对 Deflate 算法的压缩数据和解压数据中的误码进行检测纠正,通过联合使用共同实现了破损 Deflate 数据的修复和重构。首先,采用 Huffman 编码数据和 LZSS 编码数据的错误检测方法,实现了 Deflate 压缩数据的错误检测,并使用动态修复窗口纠正了错误。然后,利用 LZSS 编码数据的距离长度码与搜索窗口中符号序列的引用关系,结合可靠度得分的计算,实现了 Deflate 解压数据的误码检测与重构。

3. Deflate 压缩数据中误码检测与纠错译码

Deflate 压缩数据是经过 LZSS 编码和 Huffman 编码级联压缩得到的无损压缩数据,解压时需要先进行 Huffman 译码再进行 LZSS 译码才能得到源数据。当 Deflate 压缩数据中含有误码时,采用 Huffman 码的满树码长准则和 LZSS 的编码规则关系,设计了 Deflate 压缩数据的错误检测与修复算法。该算法在 Deflate 压缩数据中,首先检测构造的三棵 Huffman 树和 Huffman 码字是否正确,如果有错误就进行纠正。当没有错误或纠错完毕后,再使用 LZSS 的编码规则关系对 LZSS 编码数据进行误码检测,如果有错误就进行纠正,当没有错误或纠错完毕后,再进行 LZSS 译码,最终还原得到源数据。如果无法纠正错误,则进行 Deflate 解压数据的误码检测与重构。Deflate 压缩数据的误码检测与修复的流程如图 14.19 所示。

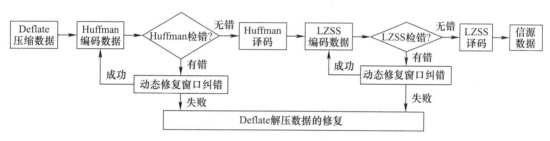

图 14.19 Deflate 压缩数据的误码检测与修复

当使用误码检测规则发现 Deflate 压缩数据中存在错误之后,把检测到错误的位置设为发现点。根据大量实验统计,误码的实际位置都会在发现点附近,因此可以根据发现点估计出误码位置的区间范围。为了找到误码的准确位置,使用动态修复窗口对误码可能所在的区间范围里的压缩数据,进行数据模式扩展以得到备选的译码数据来纠正错误。动态修复窗口式纠错方法,需要在动态修复窗口区间内的含有误码的压缩数据上,按规则修改相应比特的数值,修改了比特值的压缩数据就是具有纠错模式的备选数据。如果修改了数值的比特所在的位置,与压缩数据中出现错误比特的位置相同,则具有该纠错模式的备选数据通过动态修复窗口,就能够修复相应的错误比特。由于错误比特的具体数量和准确位置未知,因此必须多次迭代试验以获得足够多的具有纠错模式的备选数据。

在生成具有纠错模式的备选数据时,需要把纠错模式叠加到动态修复窗口中的含错压缩数据上,这个叠加过程相当于在动态修复窗口区间内翻转对应位置的比特值。由于数据中误码的位置和数量不能准确计算,所以需要用动态修复窗口式方法,在含错的压缩数据上分别叠加 n_D 个纠错模式,从而生成 n_D 个具有纠错模式的备选数据。

每个纠错模式都是二进制比特序列,其长度等于动态修复窗口的长度。把所有纠错模式组成的集合表示为

$$S_D^L = \{D_1, D_2, D_3, \cdots, D_{n_D}\} \tag{14.8}$$

式中:L 表示集合中所有纠错模式采用的动态修复窗口的长度;n_D 是集合中纠错模式的数量,也是能够生成的备选压缩数据的数量;D_x 表示集合中的第 x 个纠错模式。D_x 的二进制比特序列形式为

$$D_x = (d_x^1, d_x^2, d_x^3, \cdots, d_x^L) \tag{14.9}$$

$d_x^i(1 \leq i \leq L)$ 有两种取值：如果 $d_x^i = 1$，表示在含错压缩数据上叠加纠错模式时，翻转动态修复窗口中的第 i 个比特；如果 $d_x^i = 0$，表示叠加后，动态修复窗口中的第 i 个比特保持不变。纠错模式的二进制比特序列中，1 的数量决定了纠错模式的权重 W_D 和备选数据中翻转比特的数量，1 的位置决定了备选数据中翻转比特的位置。纠错时，集合 S_D^L 中的所有模式依次与含错压缩数据进行异或运算，生成备选压缩数据。

因为动态修复窗口的长度是 L，所以纠错模式的权重 W_D 取值范围是 $0 \leq W_D \leq L$。当权重取最小值 0 时，备选压缩数据的数量为 C_L^0；当权重取最大值 L 时，备选压缩数据的数量为 C_L^L；当权重取值为 $0 < W_D < L$ 时，备选压缩数据的数量为 $C_L^{W_D}$。因此，由动态修复窗口生成的备选压缩数据的数量 n_D 满足

$$n_D \leq C_L^0 + C_L^1 + C_L^2 + \cdots + C_L^{L-1} + C_L^L = 2^L \tag{14.10}$$

动态修复窗口式方法生成备选压缩数据的过程如图 14.20 所示。

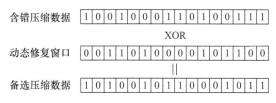

图 14.20　动态修复窗口式方法生成备选压缩数

生成 n_D 个具有纠错模式的备选压缩数据以后，再次使用上述方法检测误码以获得新的发现点。如果新的错误发现点的位置已超过上一次的位置，并且两次发现点之间的距离较大，则说明上一处错误已被纠正。因此，在所有纠错模式中，选择具有最大发现点的备选压缩数据作为此次纠错的修复结果。随后，继续执行上述操作，直到没有错误或数据处理完毕为止。

4. 基于 Deflate 译码数据的误码检测与纠错译码

如果从 Deflate 压缩数据的层面无法纠正全部错误，则需要从 Deflate 解压数据的层面进一步进行误码的检测与解压数据的重构工作。Deflate 解压数据的误码检测和重构流程包括以下几个部分：找到损坏区域的起始点和损坏区域后的重新同步点；对数据分组进行解压直到损坏区域的起始点为止；跳转到损坏区域后的重新同步点，清空搜索窗口并用未知符号填充；从同步点起继续解压后续压缩数据，根据损坏区域前后的解压结果以及数据间的引用关系，重构恢复解压数据和搜索窗口中的未知符号。总体流程如图 14.21 所示。

当数据分组的头部损坏时，为了重构 Deflate 压缩数据的源文件，首先需要确定损坏点之后第一个完整数据分组的位置。由于数据分组之间没有填充位和同步位，因此表示 6 种数据分组类型的 3 比特起始标志位，可以从压缩数据流的任何比特开始。在没有其他可用信息的情况下，8 种可能的 3 比特取值中有 6 种可能是有效分组数据的起始位置。一旦找到正确的位置，就可以构造 Huffman 码表，并将比特流划分为单字节符号和距离长度码组成的编码流。由于距离长度码从搜索窗口复制引用的符号串可能包括或跨越损坏区域，因此解压数据可能包含未知符号，而且这些未知符号本身也可能被后续的距离长度码复制引用。如果单个未知符号存在多个位置的复制引用，则每个副本的上下文关系都提供了对该符号可能取值的约束信息。

当在数据分组的中间位置发生损坏时，最重要的是重建出 Deflate 数据的三棵 Huffman 树，包括用来构造码表的码长信息，以及由此生成的对单字节符号和距离长度码进行熵编码的码表。生成 Huffman 树后，可以从任意符号开始，将比特流分割为 Huffman 编码序列，从而能够重新生成由

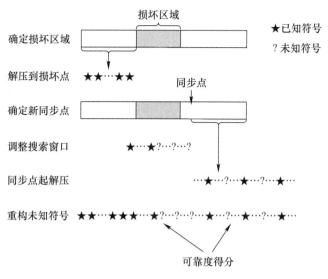

图 14.21 Deflate 解压数据的误码检测和重构

编码器创建的由单字节符号和距离长度码组成的压缩数据。但是,如果从数据分组的中间部分进行解压,由于缺少了压缩数据开始部分的解压结果,则作为字典使用的搜索窗口中的内容是未知的。因此,最终从解压点之前的位置复制引用的所有符号都必须标记为未知符号。

如果构造 Huffman 树的比特序列存在错误,则需要通过从数据分组末尾起执行反向搜索,跟踪从该点到数据分组末尾能够生成 Huffman 树的集合,推断当前分组使用的 Huffman 树,这将大大增加从开头丢失或损坏的文件中恢复的数据量。

确定 Deflate 数据流中错误符号的范围后,译码器需要跳过这些区域,将搜索窗口清空并用未知符号进行填充,然后重新开始解压。但是,在完成解压和 CRC 检验失败之前,很可能都不会注意到数据中存在错误,也很难检测到损坏的具体位置。目前,zip Recovery 只有在压缩数据中,至少有 128 个连续相同字节的情况下,才能实现损坏数据的自动检测,而在实际文件中出现这种情况的概率是微乎其微的。

在跳过损坏区域后,重新开始解压的位置是不确定的,任何比特边界都有可能是有效的起始位置。由于 Huffman 码是变长码,因此必须根据 Huffman 码字的最长可能比特数,搜索能够重新解压的起始点。在这些可能的起始点中,大多数会将错误的符号引入解压数据流,使得解压无法继续。为了得到有效的 Huffman 码字,需要对压缩数据的比特流进行准确的切分,当起始点不同的切分方法能够到达相同位置的比特时,这些方法就以同种方式切分后续的比特流。为了确保不引入错误的符号,所有可能的起始位置均需要作为起始点进行码字切分,直到所有码字切分过程都能到达同一位置的比特,也就是新的同步点,从此比特位起,继续进行后续压缩数据的解压。

当解压 LZSS 压缩数据流中的距离长度码时,译码器根据匹配距离计算搜索窗口中的准确位置,然后在从该位置起依次复制匹配长度指定数量的符号作为解压结果。当匹配长度大于匹配距离时,则继续依序复制已经解压的符号直到满足数量为止。在同步点之后的解压过程中,如果是对距离长度码而不是单字节符号进行译码,为了处理对搜索窗口中未知符号的复制引用,需要在不连续点做出标记。在距离长度码的后期重构时,这些标记表明涉及对损坏区域的未知符号的复制引用,需要清空并重新填充搜索窗口。LZSS 压缩数据解压完成后,会产生由一系列的单字节符号和距离长度码对应的匹配符号串组成的源数据。

解压数据中的每个未知符号,都是由相关的距离长度码,从搜索窗口中的损坏区域复制引用未知符号的结果。因此,这些通过索引复制的未知符号是相同的,结合语言模型的上下文线索可以帮助推断出它们的取值。

根据香农的信息论,事件发生的概率越大,那么事件的信息量越小;事件发生的概率越小,则事件的信息量就越大。因此,如果 Deflate 压缩数据没有损坏,则解压数据中出现的符号序列的信息量通常很小。反之,如果 Deflate 压缩数据中存在损坏区域,则通过解压得到的符号序列在实际数据里必定极少出现,从而信息量很大。因此,可以使用包含未知符号的解压数据序列的信息量来区分损坏的压缩数据和未损坏的压缩数据。

通过扫描已解压的数据,确定具有足够可靠的信息来选择替换的距离长度码,并使用这些替换对每个距离长度码的解压匹配结果进行打分,从而推断未知符号的值。评分是通过搜索待匹配未知符号附近的符号序列,通过计算其左侧和右侧的 n 元语言模型以及跨越未知符号的 n 元模型匹配得到的。如果左右两侧的上下文都匹配,或者找到了跨越未知符号的匹配,则认为该替换有效,将其分数添加到总数中。如果只找到上文或下文,则认为该替换是无效的,以避免将现有符号串错误地扩展为连续的未知符号。因为根据语言模型,这种扩展都是基于最可能的序列的延续。

左侧 n-gram 语言模型上下文的计算方法是,在前向语言模型中,把未知符号与其左侧最多 $n-1$ 个符号进行组合并匹配。右侧 n-gram 语言模型上下文的计算方法是,针对后向语言模型,把未知符号与其右侧最多 $n-1$ 个符号进行组合并匹配。然后,使用 n-gram 模型中每个匹配结果对应的符号序列的条件概率,计算可靠度得分并用来度量未知符号的可能取值。上下文匹配从最长模型 n-gram 开始计算,模型长度逐次减1,直到 bigram。一旦找到有效匹配,就不再进行更短长度的匹配了。

对于长度为 n 的符号序列 $S = s_1 s_2 \cdots s_{n-1} s_n$,其前向 n-gram 语言模型可靠度得分的计算方法为

$$I_S = -\log_2 [P(s_n | s_{n-(m-1)} : s_{n-1})] \quad (2 \leq m \leq n) \tag{14.11}$$

式中:$P(s_n | s_{n-(m-1)} : s_{n-1})$ 是未知符号 s_n 的前向条件概率;$s_{n-(m-1)} : s_{n-1}$ 是序列的第 $(n-(m-1)) \sim (n-1)$ 个符号。

S 的后向 n-gram 语言模型可靠度得分的计算方法为

$$I_S = -\log_2 [P(s_1 | s_2 : s_m)] \quad (2 \leq m \leq n) \tag{14.12}$$

式中:$P(s_1 | s_2 : s_m)$ 是未知符号 s_1 的后向条件概率;$s_2 : s_m$ 是序列的第 $(2 \sim m)$ 个符号。式(14.11)和式(14.12)中,m 表示语言模型的长度,最长的是 n-gram,最短的是 bigram。

跨越未知符号的 n 元模型上下文的计算方法类似,但是由于要确定的未知符号位于上下文的中部,不再是 n-gram 语言模型的第 n 个最终符号,所以此时不再使用计算左右两侧上下文的条件概率,而是使用联合概率度量未知符号的可能取值。计算时,通过对包括未知符号在内的所有可能位置进行匹配,并从最长的 n 元组开始计算,依次减少到三元组为止。对于长度为 n 的符号序列 $S = s_1 s_2 s_3 \cdots s_{n-1} s_n$,其 n 元模型可靠度得分的计算方法为

$$I_S = -\log_2 [P(s_1 \cdots s_x \cdots s_m)] \quad (3 \leq m \leq n \text{ 且 } 2 \leq x \leq m-1) \tag{14.13}$$

式中:$P(s_1 \cdots s_x \cdots s_m)$ 是未知符号 s_x 的联合概率。

可靠度得分 I_S 的值是非负数,如果可靠度得分越接近零,则说明满足匹配条件的未知符号的替换值越可靠。未知符号的所有备选替换的可靠度得分中,分数最低的称为最优可靠度得分,当某个替换的可靠度得分与最优可靠度得分的比值不大于阈值,则把该替换值归属于可靠替换集合。在使用可靠替换后,继续通过由替换产生的更新内容,对剩余的未知符号进行评分。一旦无法找到可靠替换,就终止迭代。此时,对于含有未知符号且尚未进行替换的已解压数据,如果其替换值的可靠度次优得分与最优得分的比值不大于阈值,就选择最优可靠度得分对应的符号来进行替换。

每次选择替换对象时,都会分析距离长度码来确定它们的位置,并且所有可能受到该替换影响的未知符号的可靠度分数都会根据最初接收到的分数而调整。当使用新推断出的符号进行替换时,相同的未知符号的分数将随着语言模型的分数一起调整。为了优化性能提高运算速度,在未知符号替换的迭代过程中,使用仅由替换符号及其改变的分数增量,来更新解压结果和可靠度得分。

一旦重构了损坏区域的符号,就可以推断出受该部分影响的解压数据中的符号数量。确定数量后,在解压得到的源数据流中,任何经由距离长度码,通过引用搜索窗口中同步点之前的未知符号,都可以得到确认,从而大大减少未知符号的数量。然后,再次对剩余的未知符号进行重构。根据损坏区域的已解压数据的大小,可以精确地输出正确数量的重构符号来填充该区域,从而生成与源数据大小相同的输出文件。

为了在搜索窗口中能够给跳过损坏区域的匹配串找到正确的位置,需要根据已解压数据以及距离长度码确定的引用关系,对每个可能的位置计分,选择得分最高的作为最终位置并更新搜索窗口。未知符号根据其与解压起始点的距离进行复制引用,当因为存在损坏区域而导致跳过部分压缩数据时,索引距离就需要根据跳过区域对应的解压符号数量进行调整。

因此,需要对跳过损坏区域的重新解压同步点之前的搜索窗口进行数据重构,从而确定正确的符号和位置。通过同步点之后的不同距离长度码,反推出来的搜索窗口中的符号和位置,可能无法完全匹配,需要进行匹配计分。总体得分是搜索窗口对齐后,重叠区域中对应符号的编辑距离。编辑距离就是指两个符号序列之间,由一个序列转换成另一个序列所需的最少编辑操作的次数,许可的编辑操作主要有三种方式:将一个符号替换成另一个符号、增加符号以及删除符号。编辑距离越小,说明两个符号序列的相似度就越大。对于压缩数据中损坏区域后的后续分组,解压符号可能是未知的,如果对应位置的任何一个符号未知,则把该位置符号的编辑距离设为零,因为未知符号可以用任意符号替换。

在调整更新了搜索窗口之后,需要根据压缩数据中的级联引用,对解压数据中相应的复制符号进行替换。当存在多个损坏区域时,搜索窗口中未知的和重构的符号按原样复制。当用其他未知符号替代当前未知符号时,需合并它们的匹配符号,以提高重构效率。一旦通过符号替换更新了搜索窗口,就会再次进行已解压数据的重构,以替换剩余的未知符号。紧跟在损坏区域之后的数据部分是最难重构的,因为该部分已知符号的比例最小,而且与后面的数据部分相比,该部分的距离长度码引用的未知符号的比例更高。

14.5 JBIG 码纠错译码技术

实际上,在传输过程中错误图样的码重有可能大于 1。针对这种单个数据帧内错误比特数大于 1 的情况,我们提出了基于自动综合判决准则的纠错译码算法,提高系统的纠错能力。

14.5.1 算法描述

根据前面分析,说明当前错误模式。

第一,假设传输过程和接收过程中的噪声与系统干扰只是使得编码数据的数值发生改变,即由 0 错成 1,或者由 1 错成 0,而编码数据中比特数目没有发生变化,没有出现增加或者缺失。

第二,假设 JBIG 编码的 HDLC 数据帧内错误图样码重等于 2,即数据帧只有两个比特错误。

第三,第二条说明的数据帧只有一个,即有 2 个误码的数据帧只有一个。

基于自动综合判决准则的 JBIG 码纠错译码流程图如图 14.22 所示。

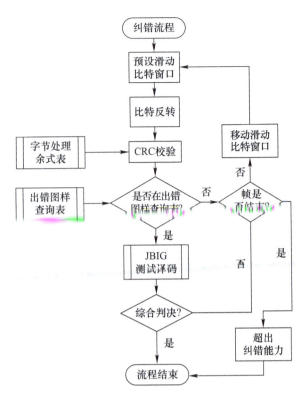

图 14.22 基于自动综合判决准则的纠错译码流程图

测试译码,执行图 14.22 的纠错译码程序,发现有错误但是 CRC 校验和不在错误图样查询表中,确定错误图样码重大于 1。首先采用比特翻转法,设置比特滑动窗口从帧开始的字节,每次翻转一个比特。如果该帧内只有 2 个错误比特,此时有两种情况:情况 1 是翻转的就是其中一个错误比特,那么帧内还有一个错误比特,对该帧做 CRC 校验,所得的校验字段就在错误图样查询表内,从而确定了另一个错误位置,再通过综合判决准则判断恢复图像正确,纠错完成;情况 2 即翻转的不是错误的比特,那么此时帧内有 3 个错误。由于 CRC 码的最小距离为 4,又有两种可能:其一是误认为错误只有一个,在图样查询表内找到了 CRC 校验和,那么用综合判决法来判断是否正确纠错;其二是在错误图样查询表中没有找到相应的校验和,确定纠错失败。如果确定当前纠错失败,那么就移动比特滑动窗口,对下一比特进行翻转,依此类推,完成对该帧的纠错。

14.5.2 综合判决准则

算术编码从全序列出发编码,一个比特的错误会导致严重的误码扩散。JBIG 编码过程中以色带来分割图像,在色带内进行自适应算术编码。如果色带以参数 SDRST 作为结束,下一色带编码时需要重置概率估算表,编码器把下一色带的第一行像素作为图像的第一行像素编码,则色带之间不会有误码扩散,如果当前色带以 SDNORM 结束,则下一色带不会重置概率估算表,同时顺序编码下一色带的第一行,此时,当前色带的错误会导致下一色带的误码扩散。经过对有误码的 JBIG 码数据测试译码后得到的位图数据即错误译码传真样张具有 3 种明显特性:文本行与空白行交替出现特性丢失;图像两侧边缘密度一致性被破坏;马赛克图样大面积出现特性。本课题提出了自动综合判决准则,通过对测试译码后的图像数据分析,提取相应的图像特征综合判决是否正确译码,首先必须对图像进行分割,提取出译码错误的条带图像区域,由于 JBIG 码以色带编码分割整个图片,通过 HDLC 帧的 CRC 检测可以确定错误帧中的数据属于那个色带。

对于文本行和空白行交替的图像特性,本课题采用空白行检测的办法,首先对图像去噪点,然后检测空白行是否交替周期出现。对于图像两侧边缘密度一致性的判定,本课题根据传真图像边缘黑像素分布来判定图像两侧是否出现了错误图像,当边缘黑像素分布小于5%,判定比特翻转正确。对于出现的大量马赛克形状的错误图像,可以通过提取相应的图像纹理特征来判决。纹理特征的提取通常基于统计分析与结构分析两种思想。本课题主要采用统计分析进行判断。在空间域上,根据图像像素间灰度的统计性质得到纹理特征作为判决准则。在本课题中主要选取了图像的二阶矩,图像的信息熵,对比判别错误图像中色带的灰度变化。

图像的第 n 阶矩为

$$\mu_n(z) = \sum_{i=0}^{L-1} (z_i - m)^n p(z_i)$$

式中:m 为图像的平均灰度级;z 表示所求灰度级;L 为灰度级的数目,当前情况取值为 2。

图像的信息熵为

$$e = -\sum_{i=0}^{L-1} p(z_i) \log_2 p(z_i)$$

为了设计判决门限,本课题选取 15 份的 JBIG 编码数据,分别提取相应的图像特征,确定了 $\mu_2 = 0.2, e = 0.75$ 作为门限值。当有误码的色带译码后的图像特征 $\mu_2 < 0.2, e < 0.75$ 时判定比特翻转正确。

综合三种判决如果同时成立则比特翻转正确。如果只有其中两种成立,也可以判定纠错正确。如果只有其中一种成立或者三种判决都不成立,则判定比特翻转错误,移动滑动比特窗口,对下一比特进行判断。本课题所选取的用于综合判决的图像特征参数比较明显且易于实现,但下一步仍然需要研究是否有更好的特征进行综合判决。

14.5.3 纠错算法性能测试

1. 基于快速 CRC 的 JBIG 码纠错译码测试

选用 5 份无误码的传真 JBIG 码文件,用 UltraEdit 软件人工加入若干误码,对比纠错后的 JBIG 码数据并视觉观察纠错译码效果,验证基于快速 CRC 的 JBIG 码纠错译码算法的纠错性能。测试结果如表 14.4 所列。

表 14.4 纠错能力测试

测试数据	误码总数	有误码的数据帧	是否纠错	备注
1	1	第 6 帧	是	帧内单比特纠错
2	3	第 4、5、8 帧	是	帧内单比特纠错
3	6	第 11、12、13、14、75、76 帧	是	帧内单比特纠错
4	4	第 10、13、17、21 帧	是	帧内单比特纠错
5	3	第 35 帧 1 个,第 42 帧 2 个	否	不能纠帧内 2 个误码的情况

2. 基于自动综合判决准则的纠错译码测试

选用 5 份无误码的传真 JBIG 码文件,用 UltraEdit 软件人工加入若干误码,对比纠错后的 JBIG 码数据并视觉观察纠错译码效果,验证基于自动综合判决准则的纠错译码算法的纠错性能。测试结果如表 14.5 所列。

表 14.5 纠错能力测试

测试数据	误码总数	有误码的数据帧	是否纠错	备注
1	3	第 35 帧 1 个，第 42 帧 2 个	是	帧内单比特纠错 帧内两比特纠错
2	2	第 43 帧 2 个	是	帧内两比特纠错
3	6	第 11、12、13、14、75、76 帧	是	帧内单比特纠错
4	2	第 50 帧 2 个	是	帧内两比特纠错
5	4	第 3 帧 2 个，第 5 帧 2 个	否	两个错误帧都 含有 2 个错误

结论：基于快速 CRC 的 JBIG 码纠错译码算法能够纠正所有数据帧内单个比特错误，达到了设计要求。基于自动综合判决准则的纠错译码算法在纠正单个比特错误的基础上，能够纠正数据帧内 2 比特错误，但是不能纠正有多个数据帧都含有 2 比特错误的情况，因为当各个数据帧都含有 2 个错误时用综合判决的技术无法准确判断测试译码的图像是否正确。

14.5.4 JBIG2 纠错译码算法

高压缩率的 JBIG2 编码中的冗余已经是非常少了，误码影响译码的正常进程，甚至造成报文无法恢复。

我们提出并设计了"基于逻辑校正的纠错译码算法"。按照误码发现、误码定位、误码纠正的基本思路进行了研究，其基本条件：

（1）只有随机错误，而没有突发错误发生；
（2）数据流的编码方式是标准的。

纠错译码，误码发现技术是关键技术之一，主要是根据编码数据流提供的信息，在译码过程中实时进行监查，当出现悖论时，就可断定出现了误码。例如，可根据段数据长度 < 文件长度 − 已读取部分长度，算术编码的数据都以 0xFF 0xAC 结束等规则，就可发现错误。

当出现错误时，可采用比特翻转 + 检验的方法，实现误码的定位与纠正，这是纠错译码的核心技术。比特翻转法，实质是错误比特位置的假设，实施比特反转后，必须对这一假设进行检验，才能够达到定位错误比特之目的。

关于检验准则，如根据数据流格式以及解码过程的特点，分析得到的某种规律。例如，对所有的段，段数据的长度 < 文件长度 − 已读取部分长度，如图 14.23 所示。

段头的最后一个字段表明了本段数据的长度，根据这个值，解码器才能够得到完整的本段的数据，并准确定位下一段的开头，所以这个数值非常重要，一旦出现错误就会导致后续数据流的解码全部错误。

图 14.23 段数据结构示意图

因为解码器可知已经解码的数据的长度（len_decoded），于是，剩余的数据长度（len_left） = 全部数据的长度（len_all） − len_decoded，所以本段数据的长度（len_cur） < len_all − len_decoded。因此一旦发现解码得到 len_cur 不复合该不等式，则可以调用比特翻转假设检验法进行纠错。

第15章 图像编码分析与纠错译码技术

15.1 JPEG 码分析与译码技术

15.1.1 JPEG 码编码规则分析

1. JPEG 标准

1986年,国际标准化组织成立了联合影像专家组(Joint Photographic Expert Group,JPEG),致力于制定静态图像的帧内编码标准,可用于连续色调的灰度和彩色静态图像,可适用于大部分通用计算机平台,包括 JPEG 以及最近的 JPEG-2000 等。这种编码采用了综合压缩技术,如离散余弦变换 DCT、DCT 系数的分级量化、Huffman 编码或算术码(JBIG)。用扫描仪扫描得到的图像或传真文件是 BMP 图像文件,它所占的存储空间非常大。对 BMP 文件数据进行 JPEG 压缩处理,有利于系统的存储和数据的网络传输实时化。

JPEG 采用的是有损的编码格式(也可以是无损模式,此时采用预测+熵编码),也就是说编码后得到的图像、像素和编码前的原始图像中的图像、像素不一样。这与 GIF 等无损编码图像格式不一样。JPEG 格式文件可适用大部分图像类型,对于处理摄影或扫描之类的图像,JPEG 编码是最佳的选择。在传真通信中,随着彩色传真和网络传真通信的发展,JPEG 编码已成为 ITU-T 推荐的一种压缩编码。

2. JPEG 编码

JPEG 编码一般是基于 DCT 的,它的流程图如图 15.1 所示,图中只说明了单分量图像的特殊情形,以便于理解。

基于 DCT 的 JPEG 的编码过程可分四步:颜色转换、DCT 变换、量化、熵编码(Huffman 码或算术编码)。

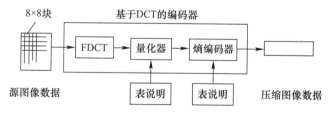

图 15.1 基于 DCT 的编码器结构

1) 颜色编码

JPEG 压缩只支持 YC_bC_r 颜色模式的数据结构,而不支持 RGB 颜色模式的图像数据结构。为此,必须进行颜色空间的转换,这通过一个颜色编码公式来实现,具体的公式如下:

$$Y = 0.299R + 0.587G + 0.114B$$
$$U = -0.169R - 0.3313G + 0.5B$$
$$V = 0.5R - 0.4187G - 0.0813B$$

式中:Y 代表亮度基色;U 和 V 代表颜色基色,分别代表像素的蓝色度和红色度。

通过上述公式进行颜色转换后,产生的亮度信号和色度信号分别存入不同的基色文件中。进行颜色编码后,数据将会得到了很好的压缩。例如,一个 4×4 的像素块,它的基色是 48,在进行转换后,其基色数变为 18,这样节省了 60% 的空间。如果是一个 2×2 的像素块,转换前的基色数是 12,转换后将为 6,也压缩了一半。

对于转换后得到的三个基色值而言,每个基色都可当作一个独立的图像平面,独立地进行 DCT 等转换和压缩。但对于灰度图像,颜色编码公式不适用,它的像素值可以直接进行 DCT 变换。

2) DCT 变换

DCT 变换是 JPEG 基本内容之一。DCT 变换是指离散余弦变换,它的变换矩阵的基矢量与托伯利兹矩阵的特征矢量很相似,而托伯利兹矩阵又体现了图像信号的相关特性。因此,DCT 被认为是对图像信号的准最佳变换。

JPEG 中进行 DCT 变换之前,必须先将过滤后的图像作 8×8 矩阵划分;由于离散变换公式所能接受的值的范围为 -128~127,所以还需要将图像数据值减去 128,然后可以将图像数据代入 DCT 变换公式中进行变换处理。具体的变换公式为

$$F(u,v) = \frac{1}{4}C(u)C(v)\sum_{x=0}^{7}\sum_{y=0}^{7}f(x,y)\cos\frac{(2x+1)u\pi}{16}\cos\frac{(2y+1)v\pi}{16}$$

式中:x、y 表示在图像数据矩阵中某个数据值的坐标位置;$f(x,y)$ 表示图像数据矩阵中在该坐标点的数据值;u、v 表示经过变换后矩阵中的某个数值点的坐标位置;$F(u,v)$ 表示变换后该坐标点的数据值,并且

$$u=0, v=0, C(u)C(v) = 1/\sqrt{2}$$
$$u>0, v>0, C(u)C(v) = 1$$

经过变换后的数据值 $F(u,v)$ 称为频率系数。从上面公式可以看出,当 $u=0, v=0$ 时,$F(u,v)$ 的值最大,该值称为 DC;其他频率系数的数据值称为 AC。得到的频率系数 8×8 的矩阵由一个 DC 和 63 个 AC 所组成。

3) 量化

由于编码表是针对整数而言的,而频率系数是一些浮点数,所以需要对数据进行处理。数据编码前,将矩阵中的浮点数转变成整数的处理过程,称为数据的量化。数据量化的过程需要用到两个 8×8 的量化矩阵,一个是用来处理亮度频率系数,另一个是处理色度频率系数,它们与 8×8 的频率系数是一一对应的。数据的量化是将频率系数值除以对应量化矩阵中对应的值,然后结果取接近的整数值。这样,和原始图像的数据值之间就有了差异,这是造成图像在压缩后失真的主要原因。

亮度和色度两类矩阵可自行定义。若降低图像的失真度,则在矩阵中定义的数据值变小,此时数据压缩比小;反之,可定义的数据值变大,此时失真度也增大,但数据的压缩比高。

量化表 15.1、表 15.2 是经验数据,是根据大量实验和分析得到的。在 JPEG 标准中将它们作为例子列出。

表 15.1 亮度量化表

16	11	10	16	24	40	51	61
12	12	14	19	26	58	60	55
14	13	16	24	40	57	69	56

续表

14	17	22	29	51	87	80	62
18	22	37	56	68	109	80	77
24	35	55	64	81	104	113	92
49	64	78	87	103	121	120	101
72	92	95	98	112	100	103	99

表15.2 色度量化表

17	18	24	47	99	99	99	99
18	21	26	66	99	99	99	99
24	26	56	99	99	99	99	99
47	66	99	99	99	99	99	99
99	99	99	99	99	99	99	99
99	99	99	99	99	99	99	99
99	99	99	99	99	99	99	99
99	99	99	99	99	99	99	99

4）熵编码

JPEG基本压缩算法中,有两种熵编码方式:一种是算术编码;另一种是可变长度编码。在实际应用中,由于专利保护以及它的复杂性,算术编码使用很少,大都采用Huffman码。

由前面可知,在JPEG中的DCT变换后,得到的频率系数是由一个DC值和63个AC值组成的。这样对亮度和色度的DC以及AC分量进行编码就需要四个不同的Huffman编码表,可查阅介绍JPEG的有关资料。

DC编码并不是直接对频率系数进行压缩编码,而是将当前频率系数矩阵的DC值减去上一矩阵中对应的DC值,然后再对这一差值进行Huffman压缩编码。

AC值的编码和DC值的编码方法不一样,进行AC编码之前,必须先将所有的AC值按指定的顺序——"Z"形序列串起来,然后对串接好的数据首先进行RLE(行程长度编码),之后再对照Huffman编码表对它进行Huffman编码。

关于JPEG压缩质量因子选择项,质量因子的值越小,则压缩倍数越大,但质量越差;一般的选择范围为30~100,默认值75。

15.1.2 JPEG码流分析

JPEG编码器输出一个包括参数、标记和压缩数据单元的压缩文件。即JPEG格式由参数、标记和编码数据段的有序集合。它比GIF、BMP等图像格式复杂得多。参数可以为4位（总是成对出现）、1字节或2字节长。标记用于定义文件的不同部分,每个长2字节,其中第一个字节为0x"FF",第二不是零或0x"FF"。一个标记之前可能有多个字节的0x"FF",JPEG的所有标记如表15.3所列,前4组是帧起始标记。把压缩的数据单元结合在最小编码单元（MCU）中,其中MCU要么是单个数据单元（非交织模式）,要么是从3个图像分量得到的3个数据单元（交织模式）。JPEG图像压缩文件的主要部分如图15.2所示,图中方括号标出的是可选的。

表 15.3 JPEG 标记

值	名称	说明
不差分的 Huffman 编码		
FFC0	SOF0	基本 DCT
FFC1	SOF1	扩展的顺序 DCT
FFC2	SOF2	渐进 DCT
FFC3	SOF3	无损(顺序)
差分的 Huffman 编码		
FFC5	SOF5	差分的顺序 DCT
FFC6	SOF6	差分的渐进 DCT
FFC7	SOF7	差分的无损(顺序)
不差分的算术编码		
FFC8	JPG	为扩展而保留
FFC9	SOF9	扩展的顺序 DCT
FFCA	SOF10	渐进 DCT
FFCB	SOF11	无损(顺序)
差分的算术编码		
FFCD	SOF13	差分的顺序 DCT
FFCE	SOF14	差分的渐进 DCT
FFCF	SOF15	差分的无损(顺序)
Huffman 编码规范		
FFC4	DHT	定义 Huffman 编码表
算术编码条件规范		
FFCC	DAC	定义算术编码条件
重启动间隔终点		
FFD0 – FFD7	RSTm	用模 8 和计算数值 m 重启动
其他标记		
FFD8	SOI	图像开始
FFD9	EOI	图像结束
FFDA	SOS	扫描开始
FFDB	DQT	定义量化表
FFDC	DNL	定义线数
FFDD	DRI	定义重启动间隔
FFDE	DHP	定义等级渐进
FFDF	EXP	扩展的参改分量
FFE0 – FFEF	APPn	为应用段而保留
FFF0 – FFFD	JPGn	为 JPEG 扩展而保留
FFFE	COM	注释
保留标记		
FF01	TEM	临时私用
FF02 – FFBF	RES	保留

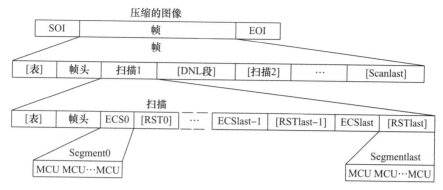

图 15.2 JPEG 文件格式

文件从 SOI 标记开始,至 EOI 标记结束。在这些标记中间,压缩的文件按顺序进行组织。分级模式中有几帧,而所有其他模式都只有一个帧。每帧的图像信息包含一个或多个扫描中,但是帧中还包含一个头和几个可选表(表中又可能包括标记)。第一个扫描后面可能跟着一个可选的 DNL 段(线的定义数),它从 DNL 标记开始,并包含着图像中由帧表示的线数。一个扫描从可选表开始,后面是扫描头,再后面是几个熵编码段(ECS),由(可选的)重新开始标记(RST)隔开。每个 ECS 包含一个或多个 MCU,与前面解释一样,MCU 不是单个数据单元就是三个这样的单元。

JPEG 文件交换格式:JPEG 是一种压缩方法,不是一种图形文件格式,因此,它不规定图像宽高比、彩色空间等特征。为了能使计算机之间能交换 JPEG 压缩图像,规定引入了 JFIF,它是一个图形文件格式。

JFIF 的主要特点是对彩色图像使用 YcbCr 彩色空间,并用标记来规定 JPEG 中损失的特征,例如图像分辨率、宽高比和与应用有关的特征。

JFIF 标记(称为 APP0 标记)从零终止串 JFIF 开始,后跟像素信息和其他规定,再后面可以是一个规定 JFIF 扩展的附加段。JFIF 扩展中有更多的图像与平台有关的信息。每个扩展都从零终止串 JFXX 开始,而后是标识扩展的 1 字节码字。扩展可能包含应用信息,此时,它不从 JFIF 或 JFXX 开始,而是从某些用来辨识具体应用的串或其标记开始。

APP0 标记第一段的格式如下。

(1) APP0 标记(4 字节):FFD8FFE0。

(2) Length(2 字节):标记的总长,包含 2 字节的"Length"字段,但除去 APP0 标记本身(字段1)。

(3) Identifier(5 字节):4A46494600。这是一个标识 APP0 标记的 JFIF 串。

(4) Version(2 字节):如 0102_{16} 指定版本 1.02。

(5) Units(1 字节):X 和 Y 的密度单元。0 表示没有单元;Xdensity 和 Ydensity 字段指定像素宽高比;1 表示 Xdensity 和 Ydensity 为每英寸的点数,2 表示它们是每厘米的点数。

(6) Xdensity(2 字节)、Ydensity(2 字节):水平和垂直的像素密度(二者均应非零)。

(7) Xthumbnail(1 字节)、Ythumbnail(1 字节):缩略图的水平和垂直像素计数。

(8) $(RGB)_n$(3n 字节):缩略图像素的分组(24 位)值,n = Xthumbnail × Ythumbnail。

JFIF 扩展 APP0 标记段的句法如下。

(1) APP0 标记。

(2) Length(2 字节):标记的总长,包含 2 字节的"Length"字段,但除去 APP0 标记本身(字段1)。

(3) Identifier(5 字节):4A46494600。这是一个 JFXX 串,标识一个扩展。

(4) 扩展码字(1 字节):10_{16} = 用 JPEG 编码的缩略图;11_{16} = 用 1 字节/像素编码的缩略图(单

色);13_{16} = 用3字节/像素编码的缩略图(8色)。

(5)扩展数据(变量):这个段由特定的扩展决定。

15.1.3 JPEG 码译码技术

1. JPEG 码译码原理

基于 DCT 的 JPEG 解码器的结构,如图 15.3 所示。图中每一个功能模块所完成的工作恰恰就是编码器相对应模块的逆过程。

JPEG 算法可分为基本 JPEG(Baseline System)和扩展 JPEG(Extended System)。其中 Baseline System 应用尤其广泛。本文主要讨论 Baseline System 的解码。

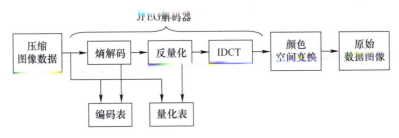

图 15.3 JPEG 解码算法框图

1)颜色空间变换

JPEG 算法本身与颜色空间无关,因此"RGB 到 YUV 变换"和"YUV 到 RGB 变换"不包含在 JPEG 算法中。但由于作为输出的位图数据一般要求 RGB 的表示,所以将颜色空间变换也表示在算法框图中。

2)JPEG 的编解码单元

在 JPEG 中,对于图像的编、解码是分块进行的。整个图像被划分为若干个 8×8 的数据块,称为最小编码单元(MCU),每一个块对应于原图像的一个 8×8 的像素阵列;各行的编解码顺序是从上到下,行内的编解码顺序是从左到右。

值得注意的是,由于一幅图像的高和宽不一定是 MCU 尺寸的整数倍,因此需要对图像的最右边一列或其最下边一行进行填充,扩展其高或宽,使得可以将整个图像划分为整数个 MCU;而在解码输出时,这些填充的行列要抛弃。

3)熵解码器

在 JPEG 的熵解码时,首先利用空间相关性和各块的直流值采用差分编码,即对相邻块之间的直流差值编码,以达到压缩码长的目的。然后,对于交流部分以 ZigZag 方式扫描块中的元素,对块内元素采用先游程编码后霍夫曼编码的混合编码方式,得到一维二进制块码流。熵编码过程是由直流部分的差分编码和交流部分的 ZigZag 扫描、游程编码、Huffman 编码组成。相应的熵解码过程是编码的逆过程,在解码端接收到的是由变长码(VLC)和变长整数(VLI)组成的数据流。为了从此数据流中恢复编码前的 DCT 系数,必须根据 Huffman 编码的原理及其各级码表生成的细节,生成 Huffman 解码表,再根据解码算法来恢复 DCT 的直流和交流系数。

4)反量化

在 JPEG 解码端要利用发送过来的量化表对量化值进行译码,JPEG 文件里一般含有两个量化表:一个是亮度分量的量化表;另一个是色度分量的量化表。反量化就是对熵解码出来的系数矩阵乘上相应的量化矩阵:

$$F(u,v) = C(u,v) \times Q(u,v)$$

式中：$C(u,v)$代表熵解码输出；$Q(u,v)$代表相应的量化矩阵。

5) IDCT 变换

JPEG 解码算法能否满足实时应用,关键在于 8×8 的二维 IDCT 的计算速度。在编码阶段,正向离散余弦变换(FDCT)把空间域表示的图像变换成频率域表示的图像；相应地,在解码阶段,逆向离散余弦变换(IDCT)将频率域表示的图像变换为空间域表示的图像。

在 IDCT 的实现上,目前有多种算法。传统的方法是行 - 列法,即先对每行(列)进行一维 IDCT 计算,再对每列(行)进行一维 IDCT 计算。

2. Huffman 码解码

基于 IDCT 的解码过程包括 Huffman 解码、反量化和 IDCT 变换。如 JPEG 文件中的压缩数据是以 MCU 形式存储的,因此解码过程也必须以 MCU 为单元来实现,即不断对 MCU 单元进行循环解,直到取完所有压缩数据为止。JPEG 文件中 MCU 可以定义成多种模式,下面以 MCU 的 4:1:1 模式进行说明。

Huffman 解码的实现：

如图 15.4 所示,对一个 MCU 进行 Huffman 解码,需要在完成亮度解码后才能进行色度解码。

取数据→调亮度 Huffman 表→亮度解码→调色度 Huffman 表→色度解码

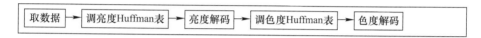

图 15.4　MCU 解码流程图

解码后得到 6 个具有 64 位元素的一维数组,分别是 4 个 Y 亮度数组、一个色度 C_b 数组、1 个 Cr 色度数组。对亮度和色度进行解码其实就对亮度数组和色度数组的解码。对一个数组来说,Huffman 解码包括直流解码和交流解码。对数组第一个元素的解码称为直流解码(简记为 DC 解码),对剩下的 63 个元素的解码称为交流解码(简记为 AC 解码)。JPEG 文件中一般包括 4 个 Huffman 表,即亮度 DC 表、AC 表,色度 DC 表、AC 表。对不同的数据进行解码需要调用不同的 Huffman 表。DC 解码出的数据称为 DC 值,但最终的 DC 值却是直接解码出的 DC 值与该数组紧跟的前面一个数组的 DC 值之和。AC 解码一般会得到多个数据,包括一些连续 0 数据和一个非 0 数据。

不管是亮度还是色度解码,也不管是 AC 还是 DC 解码,Huffman 码是其最小的解码单位,且每个 Huffman 码的解码流程都是大致相同的。

15.2　JPEG2000 码分析与译码技术

15.2.1　JPEG2000 编码规则分析

1. 概述

数据压缩,是不断推出新的思想、方法和技术的研究领域。JPEG 不是尽善尽美的。其中,对 8×8 的像素块进行 DCT 时会导致重建图像中出现块效应；同时当压缩比较大时,失真较大。因此,1995 年,JPEG 委员会就决定推出一种新的基于小波变换的静止图像压缩标准,称为 JPEG2000。JPEG2000 是 2000 年 12 月制定完成的,新标准在如下方面有所改进。

(1) 高压缩比,高细节灰度图像的码率小于 0.25bpp。

(2) 处理大型图像的能力($2^{32}×2^{32}$ 个像素),JPEG 能处理 $2^{16}×2^{16}$ 个像素的图像。

（3）渐进图像传输，可根据信噪比、分辨率、色彩分量或感兴趣的区域渐进进行压缩。

（4）可一便捷、快速地访问压缩流的不同点。

（5）当图像的一部分正在解压缩时，解码器可摇摄/缩放整幅图像。

（6）解压缩时，解码器可以旋转、裁剪图像。

（7）误差弹性，为了改善噪声环境下传送的可靠性，压缩流中可以包含纠错码。

1996年，为了JPEG2000，成立了WG1工作组。1997年3月，WG1征集并开始评估提案。在提交的众多算法中，WTCQ（小波网格编码量化，包括小波变换和量化方法）的性能最好，1997年11月被选为JPEG2000的参考算法。1998年11月，David Taubman向工作组提交了EBCOT算法，被采纳为对小波系数进行编码的方法。1999年3月，MQ编码器被提交给工作组，并被采纳为JPEG2000的算术编码器。1999年开发并测试了位流格式，直到1999年年底，所有JPEG2000的主要部分都已经确定。1999年12月，工作组发布了委员会草案（CD），2000年3月，发布了最终的委员会草案（FCD）。

2. JPEG2000 编码原理图

关于算法的简单描述：

若要压缩彩色图像，首先将它分成三个分量（R,G,B），再将（R,G,B）转换为（Y,Cr,Cb），再把每个分量都分割成不重叠的矩型区域，称为贴片或分片（Tiles），这是将多种类型的图像压缩加入到统一框架中的关键。

对贴片进行压缩，主要分为四步，如图15.5所示。

图15.5 JPEG2000 编码原理图

第一步，与JPEG相比，JPEG2000的最大改进之一就是以小波变换替代了DCT变换。离散小波变换是近十年来兴起的现代谱分析工具，其最大的特点是具有良好的时-频局部特性，既能考察局部时域过程的频谱特征，也能考察局部频域过程的时域特征；并且可以在高频市考察窄的时域窗，而在低频时考察宽的时域窗，因此，不论是对于平稳过程还是非平稳过程，它都是强有力的分析工具。计算小波变换，其基本单位是贴片或分片，贴片的二级小波分解得到了小波系数子带，如图15.6所示。

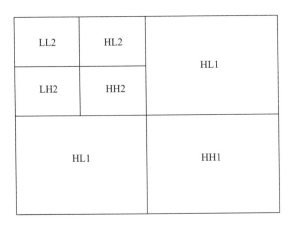

图15.6 贴片的二级小波分解图示

第二步,如果用户指定了目标码率,则量化小波系数。码率越小,小波系数的量化就越粗糙,即量化误差或量化噪声越大。JPEG2000 与 JPEG 的量化过程基本相同,都采用了均匀量化。但也有独到之处,在此略。

第三步,JPEG2000 的核心算法为嵌入式编码,称为 EBCOT。EBCOT 算法也是首先用小波变换去除空间相关性,然后对小波系数进行量化,再用 MQ 编码器对小波系数进行算术编码,该算法的原理是将每个子带分成块,称为码块(Code-blocks),分别独立进行编码,这样具有一定的容错能力。将几个码块的编码结果打成一个包(Packet),是位流的分量。

第四步,构造位流,将包连同许多标记(Markers)一起写进位流。

3. JPEG2000 编码码流分析

JPEG2000 的各种渐进传输方式,是在最后的码流组织阶段进行选择和实现的。为了明确码流的组织结构,首先引入几个概念及它们之间的相互关系。

(1) 层(Layer)。码流是按照层来组织的,它是对贴片上所有码块比特平面上边码通道的分解。层内包含特定码块的编码通道。分层的基本原则是:随着层述的增高,解码恢复的图像质量要随之提高。

(2) 包。对层的继续分解就是包。包是 JPEG2000 码流的基本单位,它是分片上特定编码数据的组织实体,可以实现数据的随机存取与传输过程中的差错控制。

(3) 界(Precinct)。它是与包密切相关的一个概念,界是指某一分辨率下,空间某连续区域在所有子带中对应码块的集合。该组码块是原始图像的某一矩形区域经小波变换后在某一分辨率下的系数,如图 15.7 所示。该界包括 HL 子带、LH 子带、HH 子带中的各 4 个码块。包与界之间是多对一的关系,一个界对应于多个包;每个包封装了与之相对应的界中所有码块贡献给某一层的数据,如图 15.8 所示。

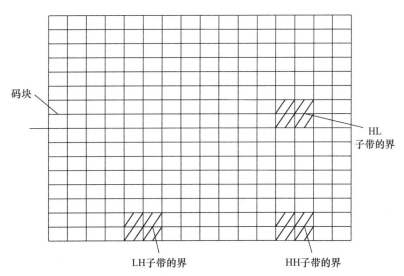

图 15.7　码块和界的图示

JPEG2000 提供了多种渐进传输方式,这是它的一个特色。包作为压缩图像数据集合的单位,具有 4 个自由度:层、分辨率(Resolution)、分量(Component)以及位置(Position),这使得包的组织顺序相当灵活。JPEG2000 规定了 5 种渐进顺序。

(1) LRCP:层—分辨率—分量—位置。

(2) RLCP:分辨率—层—分量—位置。

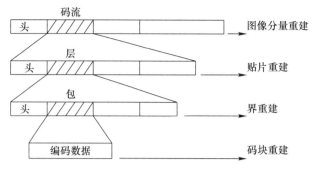

图 15.8 码流结构图示

（3）CPRL:分量—位置—分辨率—层。
（4）RPCL:分辨率—位置—分量—层。
（5）PCRL:位置—分量—分辨率—层。

15.2.2 JPEG2000 关键技术分析

1. EBC0T 算法分析

EBCOT 算法是由 David Taubman 于 1998 年 12 月在 JPEG Los Angeles 会议上提出的。其基本思想是将小波变换后的子带分成编码块,并对每个编码块独立地执行位平面编码。其主要特点是编解码时需要较少的内存;容易进行速率控制;较高的压缩特性;ROI 访问;错误恢复;简单量化;复杂性适度。EBCOT 算法分为两部分:T1 和 T2,如图 15.9 所示。T1 由内嵌比特平面编码和自适应算术编码器 MQ 组成,而 T2 部分完成率控制和码流组织。不同的码块产生的位流长度是不相同的,它们对恢复图像质量的贡献也是不同的。因此,对于所有码块产生的位流,T2 部分采用了率失真优化技术进行后压缩处理(PCRD),即对各码块的码流按对恢复图像的质量贡献分层,完成码流的率控制和组织。

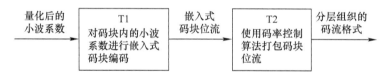

图 15.9 JPEG2000 两层编码框图

1）位平面编码

编码块中的每一个量化系数 $q_b(u,v)$ 都用一个二进制数表示:

$$\pm b_1 b_2 \cdots b_n$$

式中:b_1 是最高位(最重要);b_n 是最低位(最不重要);± 是该系数的符号。在整个编码块内的所有量化系数的 b_1 位组成最高位平面,直到所有 b_n 位组成最低位平面。首先对最高位平面进行编码,然后再对次高位平面编码。这样输出的比特流就具有可伸缩的性质,可以通过截断高速率的比特流,使其速率变低,不过此时是对所有量化系数的部分解码。

位平面编码器对每个编码块进行独立的编码操作,对于编码块的每一个位平面,存在三种编码过程:重要性传播过程;精练过程;清除过程。

重要性传播过程处理的是不重要的且有非零上下文的系数,幅度精练过程处理已经是重要的系数,清理过程处理的是上面两个过程未处理的系数,即不重要的且有零上下文的系数。除了第一个位平面之外,每一个位平面都由这三个处理过程生成的系数位组成。生成的位平面和对应的上下文状态送到 MQ 算术编码器中进行熵编码。

2) MQ 算术编码器

对于一个给定的当前系数,上下文矢量是通过其邻域内的已编码系数得到的,是一个含有 8 邻域系数重要性状态信息的二进制矢量(图 15.10),H 为当前系数的水平邻域,V 为垂直邻域,D 为对角邻域。我们将重要性、精练和符号与上下文状态一起送到 MQ 算术编码器中进行熵编码,这称为上下文自适应熵编码。属于同一上下文的位具有同样的统计概率,那样,后面的熵编码器就可以根据每个上下文的概率分布,有效地对数据进行压缩编码。

我们通过查表(JPEG2000 标准中给出),可以得到位于不同子波(LL、LH、HL、HH)内系数的各种上下文。

$$\begin{array}{ccc} D_0 & V_0 & D_1 \\ H_0 & X & H_1 \\ D_2 & V_1 & D_3 \end{array}$$

图 15.10 形成上下文的邻点状态

熵编码器的任务就是把二进制比特位和上下文数据转换到一个紧缩的码流里,使它的长度尽可能地接近信息熵。熵编码器的输入输出如图 15.11 所示,其中 D 为输入判决比特,CX 为编码上下文,CD 为编码产生的比特流。

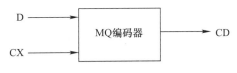

图 15.11 算术编码器的输入和输出

熵编码器是一种自适应的二进制算术编码器,算术编码的实质是对一个区间进行递归的概率划分(图 15.12),MPS 子区间(对应大概率编码)在 LPS 子区间(对应小概率编码)之上,输出码流指向当前子区间的底部。下面以 MPS 编码来说明编码过程。设当前的区间为 A,当前的 LPS 概率为 Qe,对当前输入进行 MPS 编码,则 A(1 − Qe) 为 MPS 子区间,AQe 为 LPS 的子区间。为了实现自适应的算术编码,要使用 JPEG2000 所推荐的两种表查询(Qe 概率表和 CX 表)。整个算术编码的 LPS 概率源于 Qe 概率表,从位平面编码器得到输入 CX 和决断 D,首先由 CX 表查出 Qe 表的索引(即地址)I(CX) 和 MPS 值,再由 I(CX) 查询 Qe 表得出当前编码所需的 Qe 值,由 MPS 和 D 决定进入 MPS 编码或 LPS 编码,编码结束后,再更新 CX 表中的 I(CX) 和 MPS 值

2. 率失真优化

对于给定一个目标码率 R^{max},我们可以以一种优化的方法来截断每一个独立的编码块比特流,以便使受限于这一码率的失真达到最小化。EBCOT 把编码块 B_i 的嵌入式比特流截断到速率 B_i^n。由于对 B_i 的截断所造成的失真 D_i^n(对于每个截断点),则 $D = \sum D_i^{n_i}$,其中 D 为图像的总失真。n_i 为编码块所选择的截断点。我们可以通过对截断点的优化选择,使失真在给定码率下达到最小化,即 $R^{max} \geq R = \sum R_i^{n_i}$。因为率失真算法是在对所有的子波采样压缩完成之后才应用的,所以我们称为压缩后率失真优化(PCRD)。PCRD 的优点是算法简单,图像只是需要被压缩一次,更重要的是,不需要缓冲存储整幅图像,节省了存储空间。

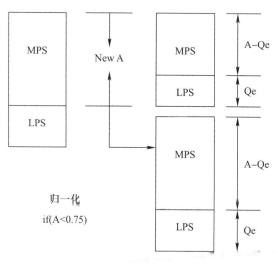

图 15.12 MPS 编码示意图

层次构成：

在码流中,每一个编码子块的编码数据分布在一个或多个层次中。每一个层次由叠块中各编码子块的若干相邻比特面的编码通过组成。一次编码通过包括了该叠块所有分量的所有子带。层次中编码通过的次数可以对不同编码子块各不相同,并且可以少到对任何或所有编码子块为零,如图 15.13 所示。把最重要的数据放到最低层,涉及细节的数据放到较高的层。每个层次将连续且单调地增加图像的质量,所以,解码图像质量随着对各个层的处理逐渐提高。这样,由"质量层结构"构成的码流形式具有"失真率可伸缩性",编码后的压缩数据就具有渐进传输的性质了。

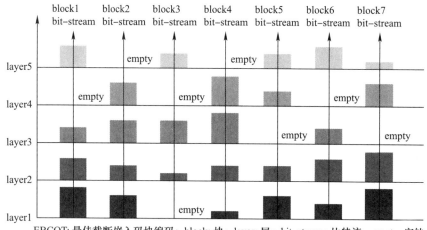

EBCOT: 最佳截断嵌入码块编码；block: 块；layer: 层；bit-stream: 比特流；emoty: 空缺

图 15.13 EBCOT 质量层

最终的比特流就是由一组质量层组成的。这可以通过以下操作完成:定义一组速率点 $B^{(1)}$, $B^{(2)}, \cdots, B^{(n)}$,首先,可以计算出 $B^{(1)}$ 点处失真率曲线的斜率 $\lambda^{(1)}$,对于每个编码块的第一个截断点 $n_i^{(1)}$ 就得到了。把在同一位置处于同一个分辨率级的比特流段打成一包,所有包含第一段比特流的包组成第一层;接着再计算出 $B^{(2)}$ 点处失真率曲线的斜率 $\lambda^{(2)}$,以及相应的第二个截断点 $n_i^{(2)}$, 所有在 $n_i^{(1)}$ 和 $n_i^{(2)}$ 之间的比特流组成编码块的第二个比特流段,再把同一位置处于同一个分辨率级的比特流段打成一包,所有包含第二段比特流的包组成第二层;这样一直重复到 q 层,JPEG2000 的压缩比特流就产生了。

3. JPEG2000 码译码技术

解码是编码的逆变换，解码流程图如图 15.14 所示。

图 15.14　JPEG2000 解码框图

由于加入了标记码，解码时根据标记跳过某些部分，进而更快地找到某些点。例如，可以利用标记，最先解某些码块，进而首先显示图像中的某些区域。

标记的另一个作用是使解码器可以用几种方法中的一种渐进地对图像进行解码。以层的方式组织位流，每一层都包含了更高分辨率的图像信息。因此，对图像逐层解码是一种获得渐进传输和解压缩的自然方法。

15.3　针对高权重比特域突发错误的纠错译码算法

15.3.1　算法分析与设计

JPEG2000 采用了一定的抗误码技术，归纳如表 15.4 所列。但是，如果编码数据中的高权重比特域发生错误，该错误所在的码块将被丢弃，这将会对图像重建造成灾难性的影响，直接影响译码报文的阅报和信息提取，而在某些特殊应用环境下，接收方无法要求发送方重新传送正确数据，只能通过后端处理来尽量恢复丢失信息，因此高权重比特域的误码纠正有重要的意义。

表 15.4　JPEG2000 采用的抗误码方法

应用阶段	采用的技术
熵编码	独立编码块 每个编码过程设置编码终止 每个编码过程后重设上下文 选择性算术编码旁路
打包	短数据包格式 带有再同步标记的数据包

与 MMR 码纠错译码相同，首先给出算法中假设的错误模式，整个算法的设计和实现都建立在这些假设基础之上。

（1）假设错误只发生在编码数据的高权重比特域数据流中，在编码数据的码头和结尾中没有比特错误。

（2）假设信道噪声和干扰的影响只是使得编码数据的数值发生改变，即由"0"错成"1"，或者由"1"错成"0"，编码数据中比特数目没有发生变化，没有出现增加或者缺失。

（3）将宽度小于 H 的多比特错误称为一处错误，假设编码数据中只有一处比特发生错误。

算法具体描述如下。

1. 误码发现技术

通过对 JPEG2000 协议的研究，总结了以下 3 个错误检查条件。

（1）译码时码表中没有能够与接收到的比特模式相匹配的码字。

（2）解码的分段标记不正确。

（3）比特流结尾信息不一致。

2. 错误区域定位

根据假设的错误模型,将错误区域定位在高权重比特域,也就是数据起始位置"0xFF 0x93"第一个比特位置开始,根据 JPEG2000 图像大小的不同,高权重比特域的大小也不同。图像越大其高权重比特越多,越小高权重比特越少。设编码数据的起始位置为 P_M,假设高权重比特域终点位置在 P_M 后 b 比特处,b 根据图像的大小进行估计,具体设置见实验部分,则将误码位置定位在[P_M, $P_M + b$]区域内,在此区域内进行误码搜索。

3. 穷举比特组合

同样定义一个长度为 w 比特的滑动窗口,w 是该算法中的第二个可调参数。纠错时,算法假设每一处误码宽度小于 w,错误的比特数小于 n,n 是该算法中的第三个可调参数。误码搜索的具体步骤如下。

(1) 从 P_M 位置开始,先假设前 w 比特中含有错误,错误的形式是其中任意不超过 n 比特的所有组合方式中的一种。对假设的错误比特进行反转。

(2) 对反转处理后的新数据继续进行译码。

(3) 译码后使用穷举验证判断此次比特组合反转是否纠正了错误,若是,则认为对该处错误纠错成功,保存反转方案,退出纠错程序;否则,认为此次反转方案不是纠错方案,还原反转过的比特。

(4) 判断是否已经对整个错误区域数据全部做过处理,如果是,则纠错失败,寻求其它纠错算法进行纠错;如果还没有对整个错误区域中数据全部做过处理,则将此滑动窗口后移继续穷举比特组合对应的比特反转,返回步骤(3)继续译码。

4. 穷举验证

每次比特组合对应的比特反转后,需要进行验证,判断此次反转是否正确,是否影响图像的恢复质量即为每次穷举后的验证依据。使用误码发现技术进行验证,若能发现错误,则认为此次错误纠正失败,将其反转还原后继续搜索。若在译出图像之前解码器发现不了错误,则评价图像的恢复质量来判断此次纠错是否成功。最常用的图像质量评价准则为峰值信噪比(Peak Signal – to – Noise, PSNR), PSNR 定义如下:

$$\mathrm{PSNR} = 10 \times \log\left[\frac{M \times N \times m^2}{\sum_{x=0}^{M-1}\sum_{y=0}^{N-1}[g(x,y) - f(x,y)]^2}\right] \quad (15.1)$$

式中:$f(x,y)$ 为原始图像,$x = 0,1,\cdots,M-1$;$y = 0,1,\cdots,N-1$;含错图像恢复后为 $g(x,y)$,同样包含 $M \times N$ 个像素;m 是一个像素能取到的最大灰度值(如对于 8 比特的灰度图像,$m = 255$)。

此处对还原后的 JPEG2000 图像质量评定时原始图像未知,即不存在 $f(x,y)$,属于无参考图像质量评价,显然 PSNR 并不适用。目前,无参考图像失真度量一般是针对某一种或几种类型的失真,如模糊效应、分块效应、噪声效应等。JPEG2000 压缩图像的质量评价则主要通过模糊效应的度量或者图像小波系数的统计特性分析来实现。本文采用的是基于人眼视觉特性的无参考图像质量评价准则 HVSNR,其运算复杂度低、主客观评价较一致。

首先进行噪声点检测,通过每点的梯度值使用阈值法求得噪声分布

$$S(x,y) = \begin{cases} 1, & P(x,y) \text{是噪声} \\ 0, & \text{其他} \end{cases} \quad (15.2)$$

然后根据 Mannos 和 Sakrison 等人建立的对比敏感度函数(Contrast Sensitivity Function, CSF)得到图像的对比敏感度权值 $Q(x,y)$:

$$Q(x,y) = 2.6(0.0192 + 0.114 \times \sqrt{2} \times f)\exp[-(0.114 \times \sqrt{2} \times f)^{1.1}] \quad (15.3)$$

式中:f 为归一化的空间频率。

令

$$K = \frac{\sum_{x=0}^{N-1}\sum_{y=0}^{M-1}Q(x,y) \times S(x,y)}{M \times N} \tag{15.4}$$

最终

$$\text{HVSNR} = 10\log\frac{255^2}{K} \tag{15.5}$$

HVSNR 越大,表示所评价的图像信噪比越高,质量越好。对于每种比特组合的反转,求出其 HVSNR 值,使得 HVSNR 取最大值的比特组合所对应的反转位置上的比特,即认为是错误比特,将其反转后,即完成纠错。

15.3.2 实验结果与分析

使用工具软件 Morgan JPEG ToolBox V2 读取标准图像,将其转换为 JPEG2000(∗.jp2)文件,通过 UltraEdit 软件在高权重比特域,即从数据起始位置"0xFF 0x93"开始,修改单比特,测试高权重比特对图像恢复的影响。图 15.15 显示了 512×512 像素的 Lena 图像和 256×256 像素的 Pepper 重要区域单比特位置出错时恢复图像的 PSNR。

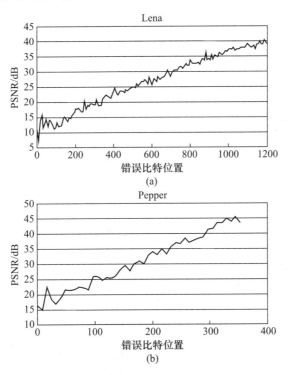

图 15.15 单比特错误对图像恢复质量的影响
(a)512×512 像素 Lena;(b)256×256 像素 Pepper。

根据实际经验,对于 8 比特表示一个像素的灰度图像,PSNR 高于 40dB 说明图像质量极好(即非常接近原始图像);在 30~40dB 通常表示图像质量是好的(即失真可以察觉但可以接受),在 20~30dB 说明图像质量差;最后,PSNR 低于 20dB 图像不可接受。由图 15.15(a)可见,当第 800 比特错时,Lena 恢复图像的 PSNR 已超过 30dB,而当接近第 1200 比特错时,PSNR 达到 40dB,恢复的图像质量非常接近原始图像。同样,由图 15.15(b)可见,当第 200 比特错时,Pepper 恢复图像的 PSNR 已超过 30dB;当第 300 比特错时,PSNR 已达到 40dB。图 15.16 和图 15.17 分别为 Lena 与 Pepper 单比特错后恢复的图像实际效果图。

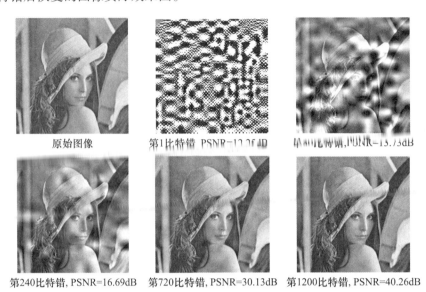

图 15.16　512×512Lena 高权重比特域错误比特位置对图像恢复质量的影响

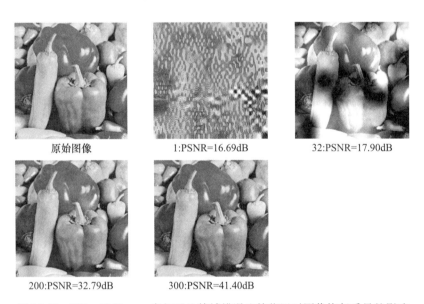

图 15.17　256×256Pepper 高权重比特域错误比特位置对图像恢复质量的影响

由图 15.16 可见,对于 512×512 的 Lena 图像,当高权重比特域第 720 个左右比特错时,其恢复的图像视觉上基本能接受,而由图 15.17 可见 256×256 的 Pepper 图像,当高权重比特域第 200 个左右比特错时,其恢复的图像视觉上基本能接受,可见高权重比特域的长度与图像大小 b 有关,设宽高分别为 W、H 的图像,通过实验可设置经验值 $b = \left\lfloor \dfrac{W}{20} \times \dfrac{H}{20} \right\rfloor$,$\lfloor \bullet \rfloor$ 表示向下取整。

为了更好地说明 JPEG2000 纠错译码算法的纠错性能以及可调参数的配置问题,选用一份无误码的 JPEG2000 文件,用 UltraEdit 软件人为地加入符合错误模式的误码,通过调整可调参数进行多次纠错译码,根据查看纠错后的编码数据以及视觉观察测试纠错译码效果,结果如表 15.5 所列。

需要说明的是,由前面的分析,JPEG2000数据对高权重比特域的比特错误敏感度很高,一比特的错误就能对图像恢复质量造成很明显的影响,所以通过视觉观察很容易判断误码是否被纠正。

表 15.5　JPEG2000 纠错译码算法不同参数配置时的纠错情况

参数配置 (b, w, n)	测试一 第 4 比特开始:错误图样:1	测试二 第 90 比特开始:错误图样:1011	测试三 第 580 比特开始:错误图样:101001
200、4、2	纠正	未纠正	未纠正
200、8、6	纠正	纠正	未纠正
600、8、6	纠正	纠正	纠正

表 15.5 第一行显示的是将参数配置为 $b=200$、$w=4$、$n=2$ 时的纠错结果,此时纠正了高权重比特域第 4 比特的单比特错,而后面的两次测试的多比特误码均未纠正,原因很明显,至少 b、w、n 的配置太低。接着多次调整各参数,验证各参数对纠错效果的影响,效果如表中第二行和第三行所示,错误模型中一处错误的宽度 H 即是此处的参数值 n。

通过实验,可见 b、w、n 的值越大纠错能力越强,但同时带来的是计算量指数级的增长。图 15.18 为纠错效果视觉对比图,从图中可见,高权重比特区域的少量比特错误就会对整个图像的恢复质量造成影响,当错误得到纠正后,可以正确地还原原始信息。

图 15.18　JPEG2000 纠错效果对比图

第16章 视频编码分析与纠错译码技术

16.1 研究视频码纠错的技术背景

16.1.1 视频编码技术发展

本章以视频编码为例讨论智能信息处理与译码技术的融合,其目的是构建优化译码技术。

1. 视频编码技术发展

目前,国际上视频编码标准主要有两大系列:ISO/IEC JTC1 制定的 MPEG(Moving Picture Expert Group)系列标准,ITU-T 针对多媒体通信制定的 H.26x 系列视频编码标准,如图 16.1 所示。

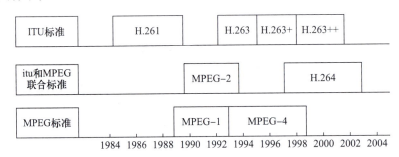

图 16.1 视频编码标准示意图

1) ITU-T

1988 年通过了 P×64kb/s(P=1,2,3,…,30)视像编码标准 H.261 建议,称为视频编码的里程碑。1996 年 5 月,ITU-T(1992 年由 CCITT 改组而成)颁布了 H.263 建议,称为"低比特率通信视频编码"。与 H.261 相比,提高了编码效率,能保证在可接受的视频质量前提下允许比 P×64kb/s 更低的信道码率。此后,在进行短期研究中,于 1998 年 1 月,推出 H.263+,它提供了 12 个新的可协商模式和其他特征,进一步提高了压缩编码性能,扩充了源格式,图像形状和时钟频率也有多种选择,拓宽了应用范围;另一重要的改进是可扩展性,它允许多显示率、多速率及多分辨率,增强了视频信息在易误码、易丢包异构网络环境下的传输能力,增强了应用的灵活性。2000 年 11 月又推出 H.263++,新增加了 3 个高级模式,使其应用范围更进一步扩大、压缩效率、抗误码能力以及重建图像的主观质量等均得到了提高。长期研究中制定低比特率的视频通信新标准,即 1999 年推出的 H.26L,称为高级视频编码。

2) MPEG

1992 年 11 月,颁布了 MPEG-1;1994 年 11 月,又推出 MPEG-2;1999 年 1 月,推出 MPEG-4。另一类有关视听信息处理的国际标准 MPEG-7,MPEG-7 的目标是"多媒体内容描述接口",只提供描述各种媒体信息的描述符,而不是具体的音像压缩算法的规则;这种描述与媒体信息的内容有关,便于用户进行基于内容和对象的视听信息的搜索和查询。1999 年,启动了与 MPEG-7 对应的 MPEG-21 的研究制定工作,也称为"多媒体框架"标准,2003 年公布了 MPEG-21。其目的是为所有使用多媒体信息的用户提供透明而有效的电子交易和使用环境,使得用户能以各种方式使用分布在全球不同设备上各种各样的多媒体信息。MPEG－21的基本要素包括数字项目说明、内容描述、数字项目的识别和描述、内容管理和使用、知识产权管理和保护、终端和网络、事件报告。

2001年7月，MPEG和ITU－T VCEG合作成立了联合视频小组JVT，共同制定高级视频编码AVC(Advanced Video Coding),2003年公布结果，MPEG称为MPEG－4Part10，ITU－T称为H.264，全称为H.264/MPEG－4Part10。

经过十多年的演变，音视频编码技术本身和产业应用背景都发生了明显变化，后起之秀辈出。目前，音视频产业可以选择的信源编码标准有四个：MPEG－2、MPEG－4、MPEG－4第10部分（简称AVC，也称H.264/AVC或H.264)、AVS(Audio Video coding Standard)。

从制定者分，前两个标准是由MPEG专家组完成的，第三个是MPEG和ITU－T联合制定的，第四个是我国自主制定的，我国具有自主产权。

从发展阶段分，MPEG－2是第一代信源标准，其余三个为第二代标准。从主要技术指标——编码效率比较：MPEG－4是MPEG－2的1.4倍，AVS和AVC相当，都是MPEG－2两倍以上。

2. 目前的发展趋势：高质量视频编码

新技术是由市场新需求推动的，视频编码技术也是在视频应用的进一步需求下得到发展的。"高质量视频"的应用是今天和未来最重要的趋势。

ITU－T SG16 VCEG(Video Coding Experts Group)，为H.265制定者。

H.265的主要特征：压缩比高，至少为目前H.264的2倍；复杂度低，目前H.264的复杂度高，不宜芯片实现；健壮性好，高压缩比的视频信息再IP网络上传输易误码，必须提高抗误码能力的健壮性；对IP网络的友好性。

应该指出，虽然有不少改进，但依然是基于方块的混合编码，无突破性进展，因此，可称为H.264＋。

3. H.265的几个方向性研究课题

（1）小波算法。

（2）基于模型的混合编码。

（3）分布式视频编码。

（4）多描述视频编码。

（5）HVS(人的视觉系统)的利用。

（6）利用视频信号新的数学表示。

16.1.2　MPEG－2中三类图像的编码方法分析

1. 三种类型图像编码

在MPEG－2中将图像分为三种类型：I图像(Intrapictures，帧内图像)、P图像(Predicted Picture，预测图像)和B图像(Bidirectional Prediction双向预测图像)。

（1）I图像是利用图像自身的相关性压缩，提供压缩数据流中的随机存取的点，采用基于DCT的编码技术，编码不需要其他帧的图像作为参考，这些帧图像为译码器提供随机存取的点，是预测图像(P)帧和双向预测图像(B)帧的参考图像，所以压缩率不高。具体编码过程如图16.2所示。

（2）P图像是参考过去的帧内图像或者过去预测得到的图像用运动补偿预测技术进行编码，P图像的编码也是以图像宏块为基本编码单元。预测编码的基础是运动估值，它将直接影响到整个系统的编码效率和压缩性能，因此，希望找到一种预测精度高同时计算量又小的运动估值算法。

运动估值算法被归纳为两大类：一类是像素递归算法PRA；另一类是块匹配算法BMA。块匹配算法则是基于当前帧中一定大小的块，在当前帧的前后帧的一定区域内搜索该像素块的最佳匹

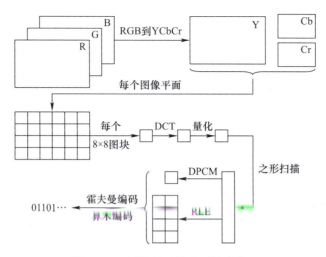

图 16.2　I 图像的压缩编码算法流程

配块,作为它的预测块。块匹配算法是 MPEG 推荐使用的。

BMA 算法认为第 N 帧中的内容是由第 $N-1$ 帧中的相应部分经不同方向的平移而形成的,于是,将每帧图像分成二维的 16×16 像素的子块,假定每个子块内的像素都做相同的平移运动,在其相邻帧中相对应的几何位置周围的一定范围内,通过某种匹配准则,寻找这些 16×16 像素块的最佳匹配块,一旦找到,便将最佳匹配块与当前块的相对位移 (d_x,d_y),即通常所说的运动矢量送出,并传输到接收端。

实际应用时,只将运动矢量 (d_x,d_y) 及最佳匹配块与当前块之间的差值块一起编码传输。在接收端,通过运动矢量在已经恢复的相邻帧中找到当前块的最佳匹配块,并与接收到的差值相加恢复出当前块,这就是运动补偿的基本过程。

2. 运动补偿压缩编解码技术

第一步,将储存的前帧与运动矢量相比较(实为相加),产生当前估计帧。

第二步,当前估计帧与差值相比较(实为相加),产生当前帧。显然,这个再生的当前帧已非常接近当前帧,故可输出及储存起来作为下一时刻的前帧使用,如图 16.3 所示。

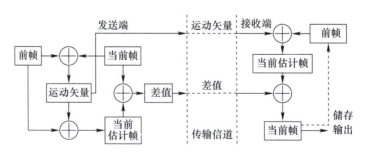

图 16.3　运动补偿压缩编码的基本过程

第三步,B 图像在预测时,既可使用前一个图像作参照,也可使用下一个图像作参照或同时使用前后两个图像作为参照图像,它的压缩率最高,但双向预测图像不作为预测的参考图像。因此,对 B 图像而言,在 B 帧中的每一个宏块既可以是前向预测方式,也可以是后向预测方式,还可以是双向预测后取平均方式,当然也可以是帧内方式,其相应的 16×16 宏块也有四种类型。

(1) 前向预测宏块(Forward Predicted Macroblock),简称 F 块。

(2) 后向预测宏块(Backward Predicted Macroblock),简称 B 块。

(3) 平均宏块(Average Macroblock),简称 A 块。

(4) 帧内宏块(Intra Macroblock),简称 I 块。

3. MPEG-2 视频流分层结构分析

为了便于误码处理、随机搜索及编辑,并考虑到与 MPEG-1 兼容,MPEG-2 将视频编码数据划分为六层数据结构。从上到下依次为视频序列层、图像组层、图像层、像条层、宏块层和像块层,每层都有确定的功能与其对应。MPEG-2 图像层结构如图 16.4 所示。

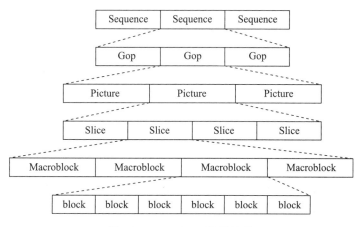

图 16.4 MPEG-2 数据结构

(1) 视频序列层(Sequence)。序列指构成某路节目的图像序列,序列起始码后的序列头中包含了图像尺寸、宽高比、图像速率等信息。序列扩展中包含了一些附加数据。为保证能随时进入图像序列,序列头是重复发送的。

(2) 图像组层(Gop)。序列层下是图像组层,一个图像组由相互间有预测和生成关系的一组 I、P、B 图像构成,但头一帧总是 I 帧。GoP 头中包含了时间信息。

(3) 图像层(Picture)。图像组层下是图像层,分为 I、P、B 三种类型。PIC 头中包含了图像编码的类型和时间参考信息。

(4) 像条层(Slice)。图像层下是像条层,一个像条包含一定数量的宏块,其顺序与扫描顺序一致。

(5) 宏块层 MB(Macroblock)。像条层下是宏块层。MPEG-2 定义了三种宏块结构:4:2:0 宏块、4:2:2 宏块和 4:4:4 宏块,分别代表构成一个宏块的亮度像块和色差像块的数量关系。

4:2:0 宏块中包含四个亮度像块、一个 Cb 色差像块和一个 Cr 色差像块;4:2:2 宏块中包含四个亮度像块、两个 Cb 色差像块和两个 Cr 色差像块;4:4:4 宏块中包含四个亮度像块、四个 Cb 色差像块和四个 Cr 色差像块。这三种宏块结构实际上对应于三种亮度和色度的抽样方式。

(6) 像块层(Block)。宏块层下是像块层,像块是 MPEG-2 码流的最底层,是 DCT 变换的基本单元。

16.2 信源码抗误码译码新理论与新技术

16.2.1 信源码抗误码译码新机制

在信源码译码过程中,充分发挥三种技术各自的优势,并有效融合智能处理技术,一种新的抗误码机制如图 16.5 所示。

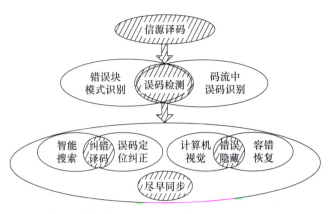

图 16.5 信源译码抗误码新机制

(1) 总体思想。将译码理论技术与模式识别、智能搜索、计算机视觉等智能理论技术进行有机融合,实现高性能的抗误码恢复,具体包括码流中误码识别与图像域错误块的模式识别的融合,智能搜索与误码定位纠正的融合,计算机视觉与容错恢复的融合,纠错、隐藏与尽早同步的融合。

(2) 关于误码检测(或称误码识别)。误码检测其本质是图像块是否为错误块的二分类问题,在本文提出的抗误码新机制中,误码检测是所有抗误码技术的前提,本文将人工智能领域的模式识别理论引入误码检测中,使用基于编码语法悖论的误码识别与译码恢复图像域错误检测技术相融合的技术。基于语法规则的误码识别可以准确地将部分误码识别出来,对于语法规则未检测到的误码,使用传统的基于统计的模式识别和基于支持矢量机的模式识别相结合的技术进行检测,有效提高了错误的总体检测率。

(3) 关于纠错译码。当检测到误码并确定了错误区域时,采用基于假设检验的误码定位策略。所谓"假设",是一种误码搜索技术,其实质就是与检验准则相结合的"正确比特序列"的识别。一是研究了基于概率统计的局部搜索策略,这种策略的实质是基于训练指导的"正确比特序列"的识别,其目的是缓解高纠错能力与高运算量的矛盾;二是研究了基于编码分析成果的高权重比特域的局部搜索策略。关于检验准则,其实质是与搜索相匹配实现误码精确定位的判决准则,包括压缩域和恢复图像域两大类若干准则。

(4) 关于错误隐藏。图像视频具有复杂性和多样性,很难设计一种通用的效果好的错误隐藏算法。根据计算机视觉原理,由于人眼感知中的注意机制,即在某一时刻表现为对一定对象的指向和集中,而忽略其余对象,在设计错误隐藏算法时,首先识别分割不同区域、不同对象,对不同区域采取不同的隐藏策略,对重点对象进行重点精细隐藏,是一种基于对象的智能处理技术,可以获得总体优化的效果。

(5) 关于抗误码技术的融合。在对含错图像视频进行恢复时,根据对象不同采取不同的抗误码策略,同样可以看作是一种基于对象的智能处理技术。

16.2.2 视频信源码译码抗误码新技术

信源码纠错译码技术、尽早同步技术、错误隐藏技术各有其优缺点,纠错译码技术虽然在错误得到纠正的情况下可以完全正确的还原原始信息,但其运算量却随着纠错能力的提高成指数级增长,在某些情况下,由于人眼的视觉冗余,丢失图像的近似估计已经能够满足信息获取的需要。信源解码抗误码新机制其实质是以上三种抗误码技术的有机融合,根据具体对象的不同,其融合的方法不同,目的都是综合三种抗误码技术,充分发挥各自的优势,较好地缓解抗误码性能与运算速度之间的矛盾。本节以 MPEG-2 为例介绍抗误码融合技术,具体步骤是:当通过错误检测算法检测到误码后,根据一定的条件检测,择优选择纠错译码技术和错误隐藏技术;若使用纠错译码技术无法实现有效的错误区域定位或无法完成误码纠正时,根据编码类型的不同,判断是否可实现尽早同步或者错误隐藏,使用不同的策略进行容错处理,尽量挽回信息损失,如图 16.6 所示。

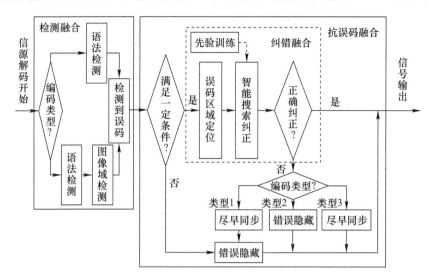

图 16.6 信源解码抗误码融合技术

下面我们介绍 MPEG-2 中帧内编码帧抗误码融合技术。

MPEG-2 是视频标准,视频序列是由一系列相关的单帧图像组合而成的,就其每一帧来说是单幅图像,尤其是帧内编码帧,与静止图像 JPEG 编码相似,用于 MPEG-2 帧内编码帧的抗误码技术同样适用于 JPEG 图像。在视频通信中,针对误码常用的后处理方法是错误隐藏技术。由于 MPEG-2 解码第一个环节是熵解码,在静止图像中使用的纠错译码算法在此处也具有借鉴意义,但同样面临计算量大的问题。最后,由于 MPEG-2 可以进行尽早同步,属于图 16.6 中类型 1 的编码类型,最终设计出融合纠错译码、尽早同步和错误隐藏的抗误码技术。

1. 基于假设检验的纠错译码算法

先给出算法中假设的错误模式,整个算法的设计和实现都建立在这些假设基础之上。

(1) 假设错误只发生在 DCT 块编码数据比特流中,在码流数据的各层码头数据中没有比特错误。

(2) 假设信道噪声和干扰的影响只是使得编码数据的数值发生改变,即由"0"错成"1",或者由"1"错成"0",编码数据中比特数目没有发生变化,没有出现增加或者缺失。

(3) 将宽度小于 H 的多比特错误称为一处错误,假设每一个 DCT 块编码数据中只有一处比特发生错误。

1) 误码检测技术

本文设计了基于多特征的视频分级误码检测算法,在 SVM 检测前先后进行了基于语法规则的误码检测和基于安全阈值的误码检测,算法框如图 16.7 所示。

(1) 基于语法规则的误码检测技术。语法规则,就是大家说话时必须遵守的习惯,它是客观存在的,而不是语言学家规定的。语言学家只是对其进行归纳、整理,并选择恰当的方式把它们描写出来。基于语法规则的错误检测即是根据已经存在的编码协议总结出可以用来检测错误的方法,目前使用较广,虽然误检率为零,但正确检测率却很较低。MPEG-2 基于语法规则的误码检测技

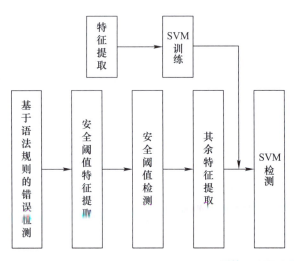

图 16.7　基于多特征的视频分级误码检测算法框图

术可归纳如下。

① VLC 码字无法映射到 VLC 码表中。

② 预知或保留参数出现未定义的数值。

③ 错误运动矢量,如超越图像边界。

④ 一个 DCT 块的系数超过 64 个。

⑤ 一个 slice 的解码宏块出现不等于其应有的宏块个数。

⑥ I 帧中有宏块被跳过(macroblock_address_increment 不等于 1)。

⑦ 同步头出现错误。

将上述解码误码检测条件写入解码器,在译码过程中,只要有其中一个条件满足,则终止译码,判断当前宏块为错误宏块。该步错误检测融合在解码过程中,不消耗计算量,且误检率为零。

(2) 基于安全阈值的误码检测。首先提取图像块相关的特征值。

① 边界像素均值差异(Average Inter-Sample Difference across Boundaries,AIDB)为

$$\text{AIDB}(M:X) = \left[\sum_{i=1}^{K}|p_i^{\text{in}} - p_i^{\text{out}}|\right]/K \tag{16.1}$$

式中:M 表示当前宏块;X 表示相邻已译码的正确宏块;p^{in} 表示当前宏块位于边界的像素值;p^{out} 表示相邻宏块位于边界的像素值;K 是边界长度,对于宏块 $K=16$。

② 内部边界像素均值差异(Internal AIDB,IAIDB)为

$$\text{IAIDB} = \frac{1}{2K}\left\{\sum_{i=1}^{K}|p_i^{\text{above}} - p_i^{\text{below}}| + \sum_{i=1}^{K}|p_i^{\text{left}} - p_i^{\text{right}}|\right\} \tag{16.2}$$

式中:p_i^{above} 和 p_i^{below} 分别是宏块内部 DCT 块的上下边界的像素值;p_i^{left} 和 p_i^{right} 分别是宏块内部 DCT 块的左右边界的像素值。

对各维特征进行分析,由相关文献可知,AIDB 无论对于亮度分量还是色度分量存在安全阈值,而 IAIDB 仅对于亮度分量存在安全阈值,因此,当图像块通过基于语法规则的误码检测算法检测未发现误码时,首先依次提取以上所述特征,进行阈值判断,只要某一个特征超过安全阈值便可以很快速地判断当前检测块为错误宏块,而不需要再提取其他特征。

(3) 基于 SVM 的错误检测。若被检测图像块通过阈值检测也未发现误码时,则进行基于 SVM

的错误检测,此时需进一步提取相关的特征值。

① 平均像素差异(Mean Pixel Difference,MPD)为

$$\mathrm{MPD}_4 = \left| \overline{p_0} - \frac{1}{n} \sum_{m=1}^{n} \overline{p_m} \right| \tag{16.3}$$

式中:$\overline{p_0}$ 表示当前宏块的像素平均值;$\overline{p_m}$ 表示相邻第 m 个宏块的像素平均值。

② DCT 块平均像素差异(DCT Mean Pixel Difference,DCT MPD)为

$$\mathrm{MPD}_3^{\mathrm{block}} = \left| \overline{p_0} - \frac{1}{3} \sum_{m=1}^{3} \overline{p_m} \right| \tag{16.4}$$

式中:$\overline{p_0}$ 是当前宏块中某一个块的像素平均值;$\overline{p_m}$,$m=1,2,3$ 是其他三个块的像素平均值。

③ 帧间平均差值(Average Difference across Frames,ADF)为

$$\mathrm{ADF} = \frac{1}{N \times N} \sum_{i=0}^{N-1} \sum_{j=0}^{N-1} \left| p_{(i,j)}^{\mathrm{cur\_mb}} - p_{(i,j)}^{\mathrm{pre\_mb}} \right| \tag{16.5}$$

式中:$p_{(i,j)}^{\mathrm{cur\_mb}}$ 是当前宏块位置 (i,j) 上的像素值;$p_{(i,j)}^{\mathrm{pre\_mb}}$ 是参考帧中用来预测当前宏块的宏块位置 (i,j) 上的像素值,该特征利用了视频的时间相关性。对于宏块,此处 $N=16$。

将 MB 所有特征值提取后送入使用这些特征预先训练过的 SVM 进行检测,获得最终的检测结果,最终确定该宏块是否包含误码。

2) 误码纠正技术

从 MPEG-2 语法可知,Huffman 码是解码的第一个环节,在这一环节上若能纠正错误,对于提高解码质量至关重要。因此,我们将重点研究 Huffman 码的纠错译码算法。在将误码定位到某 MB 后,就可以进一步定位误码的位置,我们采用了"区域定位"与"精确定位"相结合的误码搜索定位与纠正策略。

(1) 误码区域定位。在确定了第一个错误 MB 的基础上,初步将误码位置定位在该 MB 的起始位置 P_M 后的 b 比特(b 是该算法中的第一个可设置参数,为防止错误位置在宏块码流中偏后,b 取值可适当偏大)的区域内,在该区域内进行错误搜索。

(2) 误码搜索定位与纠正。先定义一个长度为 w 比特的滑动窗口,w 是该算法中的第二个可设置参数。纠错时,算法假设每一处误码宽度小于 w,错误的比特数小于 n,n 是该算法中的第三个可设置参数。基于宏块的 MPEG-2 纠错译码算法流程如图 16.8 所示,误码搜索的具体步骤如下。

① 从 P_M 位置开始,先假设该 MB 前 w 个比特中含有错误,错误的形式是其中任意不超过 n 个比特的所有组合方式中的一种。对假设的错误比特进行反转。

② 从该 MB 开始,对反转处理后的新数据继续进行译码。

③ 比特反转后继续译码的过程中,仍采用错误发现技术中的准则,对每次译码过程进行检验,在该条带译完前若没有再次检测到错误,则认为对该处错误纠错成功,保存反转方案,退出纠错程序。

④ 若再次检测到了错误,则认为此次反转方案不是成功的纠错方案,还原反转过的比特。

⑤ 判断是否已经对定位的误码区域中的数据全部做过处理,如果是,则认为纠错失败,对当前条带该 MB 及以后的宏块进行错误隐藏。

⑥ 如果还没有对整个误码区域中数据全部做过处理,则接着对数据做另一种形式的反转,返回步骤②继续译码。

2. 抗误码融合技术

在某些情况下,如误码发生在平坦区域,通过一个好的错误隐藏算法能够将错误隐藏起来而不

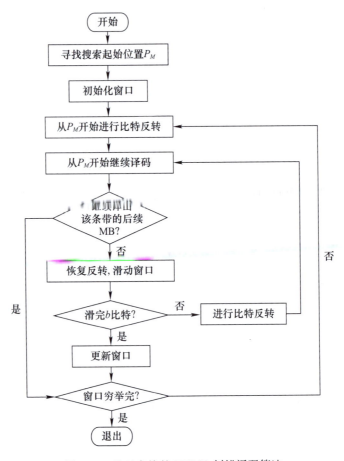

图 16.8 基于宏块的 MPEG2 纠错译码算法

被人眼察觉,很好的弥补信息的损失。但在某些情况下,如误码发生在纹理复杂区域,虽然误码率不高,甚至是一比特误码,就可能会造成整个条带的错误,而目前的错误隐藏算法又无法很好地隐藏纹理复杂区域而不被人眼察觉,同时错误会在时域上继续传播下去,造成视频恢复质量的明显下降。此时,若在错误隐藏前进行一定的纠错处理,如能纠正错误,哪怕是单比特错误,就会还原出正确的译码结果,达到所有隐藏算法都无法达到的效果。据此本文设计了 MPEG-2 帧内编码帧抗误码融合技术,具体流程图如图 16.9 所示,其主要步骤如下。

(1) 在译码过程中,当检测到错误宏块时,首先统计周边相邻正确接收的宏块中 DCT 编码块的 DCT 系数,计算各自的交流系数绝对值之和 T_{AC},当 T_{AC} 小于预定的阈值 T_{THR} 时,判定图像块为平坦块。

(2) 若与出错宏块相邻的 DCT 块都为平坦块,则判定出错宏块为平坦块,使用错误隐藏技术恢复错误宏块。

(3) 从该宏块编码数据的开始位置尝试纠错译码,若成功纠错则输出恢复图像,否则使用尽早同步算法,最后对仍未恢复或者错误的宏块使用错误隐藏技术进行处理。

3. 错误隐藏技术

在纠错译码失效或基于运算量缩减而退出纠错译码时,记录该宏块在当前帧中的位置,当该帧译码结束时转入错误隐藏环节。对于记录的宏块以及其所在条带中后续的宏块都依次进行错误隐藏。受损的 I 帧,由于缺少参考帧,一般在帧内进行空域错误隐藏,利用相邻接收的边界像素值插值出丢失宏块的像素值,特别是对于序列的第一个 I 帧。在本算法中,错误隐藏采用经典的双线性

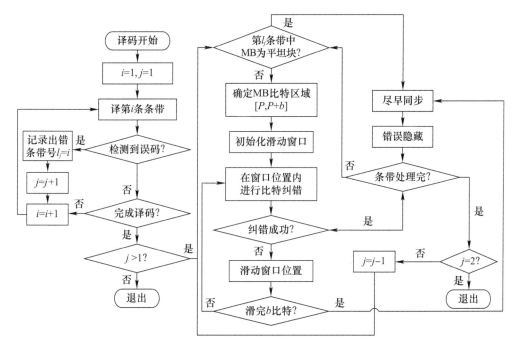

图 16.9 MPEG-2 码抗误码融合技术流程图

插值算法。

双线性插值算法对丢失宏块内的一个特定像素,利用水平和垂直方向 4 个相邻宏块边界像素的加权值得到此像素的恢复值,权值与此像素到边界像素的距离成反比,用公式表示为

$$p_{i,j} = \left(\sum a_i \times (n - d_i)\right) \Big/ \sum (n - d_i) \tag{16.6}$$

式中:$p_{i,j}$ 为丢失像素;a_i 为相邻宏块的边界像素;n 为宏块的垂直或水平尺寸大小;d_i 为像素 a_i 到像素 $P_{i,j}$ 的距离,如图 16.10 所示。若丢失宏块的相邻宏块也丢失,则该相邻宏块的边界像素不参与加权插值;若丢失宏块相邻完好宏块的个数小于两个,则已掩盖相邻宏块的边界像素也参与到此加权插值过程中。

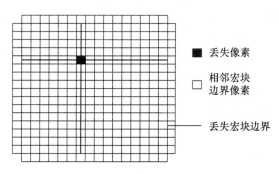

图 16.10 双线性插值错误隐藏

16.2.3 实验结果

本算法在多组 MPEG-2 视频序列中进行实验,这里给出视频序列图像实验结果,对恢复图像的质量,采用 PSNR 和主观观测相结合的方法作为衡量标准,图 16.11 显示了各种方法处理后前 10 帧的峰值信噪比,可见,一旦错误得到纠正,则图像的信噪比将得到大幅提高,即使未能准确纠正错

误,在纠错过程中,会恢复出错误检测算法检测不出的图像块,同样有效地提高了视频恢复质量。图 16.12 则给出了第一帧的原始图像、受损图像、错误隐藏图像和本文错误处理图像的实际效果图。参数集(b、w、n)对算法纠错性能的影响以及 H 的含义与 JPEG2000 纠错译码算法中相同,b、w、n 的值越大纠错能力越强,但同时带来的是计算量指数级的增长,因此,根据视频较高的实时性要求以及人眼对视频序列的掩蔽效应,融合入错误隐藏技术会取得很好的效果。

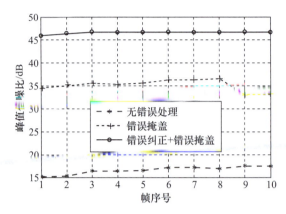

图 16.11　各种方法处理后前 10 帧的峰值信噪比的统计结果

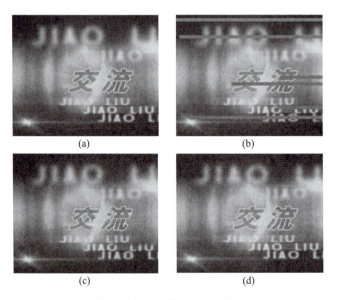

图 16.12　第一帧经各种算法处理后恢复的效果图
(a)原始图像;(b)直接译码,PSNR = 15.2dB;(c)错误隐藏;PSNR = 34.6dB;
(d)抗误码融合技术,PSNR = 46.1dB。

第17章 通信系统优化设计

17.1 通信系统优化指标

17.1.1 衡量编码性能的主要指标

1. 客观保真度准则

直接通过计算原始数据与解码恢复数据之间的误差,客观地评价编码的效果。它们都是建立在度量均方误差的基础上,主要用于较高速率的波形编码。

均方根误差为

$$e_{\text{rms}} = \sqrt{\frac{1}{N}\sum_{x=0}^{N-1}|g(x)-f(x)|^2}$$

式中:$g(x)$为原信号;$f(x)$为恢复信号。

均方根信噪比为

$$(\text{SNR})_{\text{rms}} = \sqrt{\frac{\sum_{x=0}^{N-1}g^2(x)}{\sum_{x=0}^{N-1}[g(x)-f(x)]^2}}$$

式中:$g(x)$为原信号;$f(x)$为恢复信号。

2. 主观保真度准则

根据人们的生理和心理特性由观察者对编码结果做出主观评价的一种方法。MOS 判分五级标准及级别描述如表 17.1 所列。

表 17.1 MOS 判分五级标准及级别描述形容词

MOS 判分	质量级别	失真级别
5	优	无察觉
4	良	刚有察觉
3	可	有察觉且稍觉可厌
2	差	明显察觉且可厌但可忍受
1	坏	不可忍受

3. 语音通信中编码评价指标

语音信号的高效、高质量的传输问题。所谓高效,就是单位时间内传输的语音信息要多;高质量,就是传输的语音信息要清晰。这就涉及语音编、解码的研究。语音编码的评价指标如下。

(1)编码速率。比特率(Bit Rate),表明每秒的语音信号需要多少比特来表示。

(2)算法复杂度。包含时间复杂度和空间复杂度,它将决定硬件实现的复杂程度、体积、功耗以及成本等。

(3)算法可扩展性。一种编码算法不仅能解决当前的实际应用,而且可以兼顾将来的发展,随着运算器性能的增强,算法稍加修改可获得更高的语音质量。

(4) 编解码延时。计算时间延时,与处理器有关;算法延时:编解码器的有限冲激响应(FIR)滤波器的阶数及帧长等决定。FIR 在设计任意幅频特性的同时保证严格的线性相位特性,在语音、数据传输中应用非常广泛。端到端时延 >150ms,感到反应迟钝。

(5) 编码质量。

① 可懂度(Intelligibility)。语音中有意义的语言单元(如单词、单句等)内容可识别程度。

② 清晰度(Articulation)。语音中语言单元为意义不连贯的(如音素、声母、韵母等)单元的清晰程度。

③ 自然度(Naturalness)。与语音的保真性密切相关。

目前,对语音可懂度、清晰度的主观评测已有国际和国内标准,对自然度还缺乏公认的评价准则。

4. 客观测量的手段

常用方法有信噪比、加权信噪比、平均分段信噪比等,即

$$\text{SNR} = 10 \log_{10} \frac{\sum_{n=0}^{M-1} s^2(n)}{\sum_{n=0}^{M-1} [s(n) - \hat{s}(n)]^2}$$

式中:$s(n)$ 为原始语音信号;$\hat{s}(n)$ 为合成语音信号。

5. 主观评价方法

1) 主观平均得分法(MOS)

具体内容见表 17.2。

表 17.2 语音 MOS 分

MOS 判分	质量级别	失真级别
5	优	不察觉
4	良	刚有察觉
3	可	有察觉且稍觉可厌
2	差	明显察觉且可厌、可忍受
1	坏	不可忍受

在数字语音通信中,通常认为 MOS 分为 4.0~4.5,是高质量数字化语音,达到长途电话网的质量要求,也称为网络质量。MOS 分为 3.5 左右,此时能感到话音质量有所下降,但不妨碍正常通话。MOS 分为 3.0 以下,称为合成语音质量,是指一些声码器的语音所能达到的质量,一般都具有足够高的可懂度,但自然度及讲话人识别等方面的性能较差。

2) 诊断押韵测试(DRT)

"东"(dong)、"灯"(deng)、"穷"(qiong)、"情"(qing)之类字的字音不易分辨。原因:ong 和 ing 是元音 i、o 与后鼻辅音 ng 合成的韵母,而 eng、ing 是元音 e、i 与后鼻辅音 ng 合成的韵母。

ong 的发音要领是:唇拢圆,舌根部隆起接近软腭,让气流完全从鼻腔中送出。i 和 ong 拼合,就是 iong 的音。eng 的发音要领是:口微张、嘴角向左右展开,舌根部隆起接触软腭,让气流完全从鼻腔中出来。i、u 分别和 eng 相拼读就是 ing、ueng 的音。

3) 判断满意度测量(DAM)

对话音质量的综合评估,在多种条件下对话音质量可接受程度的一种度量,采用百分比评分。

17.1.2 提高语音编码质量的途径

(1) 充分利用语音信号所具有的冗余,语音信号的冗余主要来自于信号样点之间的相关性和幅度分布的非均匀性。

(2) 利用人耳的听觉特性,人耳分辨率有限特性,即人耳对于语音幅度的微小变化是分辨不出来的,线性量化中取 12~14b/p,已经听不出量化失真;采用非线性量化,8b/p 就可得到满意的语音;若采用自适应量化,可进一步压缩。

(3) 掩蔽效应,通过采用非最小均方准则或其他方法,改变量化噪声的频谱形状,使得量化噪声在主观听觉上能够部分或全部被语音信号所屏蔽,从而达到提高语音编码主观质量之目的。

(4) 失真不敏感性,如人耳对相位失真就不敏感,不传送相位信息可使压缩比进一步提高。

17.2 通信系统优化设计

17.2.1 通信系统优化设计原理

一个通信系统(或一个信息系统)的优化设计,必须遵循一定的准则和具体目标来进行,香农信息论中的信源编码定理和信道编码定量指出了优化设计所追求的传输效率和传输可靠性的目标,$C(\beta)$ 函数的提出以及下面所要讨论的定理 16.1,为我们进行通信系统优化设计提出了系统经济性目标,这就为我们设计高效、可靠、经济的通信系统提供了理论依据。

为了讨论系统优化设计原则,首先定义三个参数。

(1) 平均代价 $\bar{\beta} = \frac{1}{n}E[b(\boldsymbol{X})]$,每符号的平均代价。

(2) 平均失真 $\bar{\delta} = \frac{1}{K}E[d(\boldsymbol{U},\boldsymbol{V})]$,每符号的平均失真。

(3) 传输速率 $\bar{r} = \frac{K}{n}$,每传输符号的信息传输速率。

对一个给出的信源和信道,我们总是希望设计一个 $\bar{\beta}$、$\bar{\delta}$ 较小且 $\bar{r}$ 较大的最佳系统,当然,这些目标是相悖的,那么在什么情况下才是可能的呢?

定理 17.1 对一个已给出的信源和信道:

(1) $\bar{\beta}$、$\bar{\delta}$ 和 $\bar{r}$ 必须满足

$$\bar{r} \leq \frac{C(\bar{\beta})}{R(\bar{\delta})} \tag{17.1}$$

(2) 逆命题:给出 $\beta > \beta_{\min}$,$\delta > \delta_{\min}$,以及

$$r < \frac{C(\beta)}{R(\delta)} \tag{17.2}$$

设计一个如图 17.1 所示的系统是可能的,且使得 $\bar{\beta} \leq \beta$,$\bar{\delta} \leq \delta$,以及 $\bar{r} \geq r$。$(\boldsymbol{U}_k, \boldsymbol{X}_n, \boldsymbol{Y}_n, \boldsymbol{Y}_k)$ 形成一马尔可夫链。

证明: 由定理 10.5 可知

```
    U_k          信源、信道     X_n         Y_n    信源、信道     V_k
──────────▶│   编码器    │──────▶│ 信道 │──────▶│   译码器    │──────▶
```

图 17.1　通信系统模型

$$I(\boldsymbol{U};\boldsymbol{V}) \leqslant I(\boldsymbol{X};\boldsymbol{Y})$$

$$E[b(\boldsymbol{X})] = n\bar{\beta}, I(\boldsymbol{X};\boldsymbol{Y}) \leqslant C_n(\bar{\beta})$$

由

$$C(\beta) = \sup_n \frac{1}{n} C_n(\beta), n = 1, 2, \cdots$$

可得

$$C_n(\beta) \leqslant nC(\bar{\beta})\ (\mathrm{DMC}) \tag{17.3}$$

和

$$I(\boldsymbol{U};\boldsymbol{V}) \leqslant nC(\bar{\beta}) \tag{17.4}$$

同样地,$E[d(\boldsymbol{U},\boldsymbol{V})] = k\delta$,由

$$R_k(\delta) = \min\{I(\boldsymbol{X};\boldsymbol{Y}) : E[d(\boldsymbol{U},\boldsymbol{V})] \leqslant k\delta\}$$

故有

$$I(\boldsymbol{U};\boldsymbol{V}) \geqslant R_k(\bar{\delta}) = k \times R(\bar{\delta})$$

又由

$$R(\delta) = \inf_k \frac{1}{k} R_k(\delta), k = 1, 2, \cdots \tag{17.5}$$

$$I(\boldsymbol{U};\boldsymbol{V}) \geqslant k \times R(\bar{\delta}) \tag{17.6}$$

综上述式可得

$$nC(\bar{\beta}) \geqslant kR(\bar{\delta})$$

$$\bar{r} = \frac{k}{n} \leqslant \frac{C(\bar{\beta})}{R(\bar{\delta})}$$

由上述证明我们可以看出收发端联合最优化的观点,收发端均采用了信源编、译码和信道编、译码。这从物理意义上是可以理解的。

任何信源都有冗余的成分,不经过信源编码、去除多余成分,就不可能有高的传输效率,也不可能实现低 $\bar{\beta}$ 的目标。

任何信道都有一定的噪声,不经过信道编码就不可能提高可靠性,也就不可能降低 $\bar{\beta}$、$\bar{\delta}$,提高 $\bar{r}$。一句话,不经过源道编码,就不可能建立可靠、高效、经济的通信系统或信息系统。图 17.2 所示给出了直观的图示。

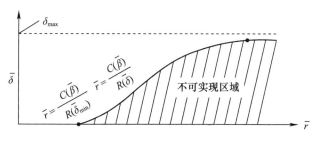

图 17.2 系统的优化设计指标图示

17.2.2 通信系统优化设计举例

例 17.1 有一个系统设计者,准备设计一个编码通信系统,信源是一个高斯过程、信道为 BSC,其比特错误率为 0.1,每秒可接收 10^4 个二元符号。传输 0、1 的代价为 $b(0)=0, b(1)=10^{-5}$ 元,以每秒为 R 的抽样速率对高斯过程进行抽样(每个样值为一个 0 均值,方差为 1 的高斯随机变量)并进行二元编码,编码所容许的最大失真为 δ,使用信道所能承担的平均费用为每分钟 B 元,试检验下述 B、δ、R 数组,在理论上可实现吗?

$$\begin{array}{ccc} B(元) & \delta & R \\ 0.6 & 0.1 & 1250 \end{array}$$

解: 由 $b(0)=0, b(1)=10^{-5}$,而

$$\beta = \sum_x p(x)b(x) = p(1) \times 10^{-5}$$
$$\Rightarrow$$
$$p(1) = 10^5 \beta, \quad p(0) = 1 - 10^5 \beta$$
$$p(y_0) = (1 - 10^5 \beta)q + 10^5 \beta p$$

由题意可得

$$10^4 \times p(1) \times 10^{-5} = \frac{0.6}{60} = \frac{1}{100} \quad (每秒的平均代价)$$

$$\Rightarrow p(1) = \frac{1}{100} \times 10 = \frac{1}{10}, \quad p(0) = 1 - p(1) = \frac{9}{10}$$

$$\beta = p(1) \times 10^{-5} = \frac{1}{10} \times 10^{-5} = 10^{-6}$$

代入 $C(\beta)$ 表达式,即

$$\begin{aligned} C(\beta) &= H(Y) - H(Y|X) \\ &= H[(1 - 10^5 \beta)q + 10^5 \beta p] - H(P) \\ &= H\left[\left(1 - \frac{1}{10}\right)\frac{9}{10} + \frac{1}{10} \times \frac{1}{10}\right] - H\left(\frac{1}{10}\right) \\ &= H\left(\frac{82}{100}\right) - H\left(\frac{1}{10}\right) \\ &= \frac{82}{100}\log\frac{100}{82} + \frac{18}{100}\log\frac{100}{18} - \frac{1}{10}\log 10 - \frac{9}{10}\log\frac{10}{9} \\ &= 0.082 + 0.133 - 0.1 - 0.045 \\ &= 0.2333 \text{b/符号} \end{aligned}$$

每秒的信道传输速率为

$$0.2333 \times 10^4 = 2333.3 (\text{b/s})$$

而每抽样值的 $R(\delta)$ 为

$$R(\delta) = \frac{1}{2}\log\frac{\sigma^2}{\delta} = \frac{1}{2}\log\frac{1}{0.1} = \frac{1}{2}\log 10 = 1.66 (\text{b/样值})$$

每秒的信源输出速率为

$$1250 \times 1.66 = 2083.3 (\text{b/s}) < 2333.3 (\text{b/s})$$

由信源-信道编码定理可得

$$\frac{k}{n} \leq \frac{C(\bar{\beta})}{R(\bar{\delta})} \Rightarrow kR(\delta) \leq nC(\beta)$$

可见在理论上是可实现的。

例 17.2 条件如同例 17.1，B、δ、R 如下所示。理论上可实现吗？

B(元)	δ	R
1.8	0.2	15000

解：每符号的平均费用为

$$10^4 \times p(1) \times 10^{-5} = \frac{1.8}{60} = \frac{3}{100} \Rightarrow p(1) = \frac{30}{100}$$

$$\beta = p(1) \times 10^{-5} = \frac{30}{100} \times 10^{-5} = 0.3 \times 10^{-5}$$

$$C(\beta = 0.3 \times 10^{-5})$$
$$= H\left[0.7 \times \frac{9}{10} + 0.3 \times \frac{1}{10}\right] - H\left(\frac{1}{10}\right)$$
$$= H\left(\frac{66}{100}\right) - H\left(\frac{1}{10}\right)$$
$$= 0.92 - 0.47$$
$$= 0.45 (\text{bit})$$

每秒的信源输出速率为

$$0.45 \times 10^4 = 4500 (\text{b/s})$$

每样值为

$$R(\delta) = \frac{1}{2}\log\frac{1}{0.2} = \frac{1}{2}\log 5 = \frac{1}{2} \times 2.32 = 1.16 (\text{bit})$$

每秒的输出信息率为

$$1.16 \times 15000 = 17400 (\text{bit}) > 4500 (\text{bit})$$

所以这一组 β、δ、R 是不可实现的。

参 考 文 献

[1] 刘立柱,等. 信息理论与编译码技术[M]. 北京:国防工业出版社,2013.
[2] 刘立柱,等. 无失真信源编码纠错译码理论与技术[M]. 北京:国防工业出版社,2008.
[3] 丁志鸿. 图像与视频含错恢复技术研究[D]. 郑州:解放军信息工程大学,2011.
[4] (美)MeEliece R J. The Theory of Information and Coding[M]. Addison – Wesley Publishing Company,1968.
[5] 刘立柱,王刚,等. 新工科建设的探索与实践[J]. 社会科学,2022(5):36 – 38.
[6] 刘立柱,王刚,等. 智能经济人才与新工科人才知识体系研究[J]. 科研,2022(10):28 – 30.